Engenharia Mecânica
Estática

E. W. NELSON graduou-se como B.S.M.E. e M.Adm.E. pela New York University. Ensinou Engenharia Mecânica na Faculdade de Lafayette e, mais tarde, integrou a consultoria em engenharia da Western Electric Company (atualmente Lucent Technologies). Aposentado, deixou a Western Electric, e atualmente é membro da Sociedade Americana de Engenharia Mecânica. Detém o título de Professional Engineer e é membro de Tau Beta Pi e Pi Tau Sigma.

CHARLES L. BEST é professor emérito da Faculdade de Engenharia de Lafayette. Graduou-se B.S.M.E. em Princeton, M.S. em Matemática pelo Instituto Politécnico do Brooklyn e é Ph.D. em Mecânica Aplicada pelo Instituto Politécnico da Virgínia. É coautor de dois livros de Engenharia Mecânica e de outro de programação em FORTRAN, para estudantes de engenharia. É membro da Tau Beta Pi.

W. G. McLEAN é diretor emérito da Faculdade de Engenharia de Lafayette. Graduou-se B.S.M.E. pela Faculdade de Lafayette e Sc.M. pela Brown University. É Eng. D. honorário da Faculdade de Lafayette. É coautor de dois livros em engenharia mecânica, ex-presidente da Sociedade de Profissionais de Engenharia da Pennsylvania e é participante ativo nos comitês de normalização e padronização da Sociedade Americana de Engenharia Mecânica. Detém o título de Professional Engineer e é membro de Phi Beta Kappa e de Tau Beta Pi.

MERLE C. POTTER graduou-se B.S. e M.S. pela Universidade Tecnológica de Michigan, B.S. e Ph.D. pela Universidade de Michigan. É autor de livros em Mecânica dos Fluidos, Termodinâmica, Ciências do Calor, Equações Diferenciais, Matemática Avançada em Engenharia e Resistência dos Materiais, além de revisor técnico de inúmeros cadernos de exames para engenheiros. Suas pesquisas envolvem estabilidade de escoamento de fluidos e tópicos relacionados à energia. Além de receber vários prêmios na área do ensino, a ASME o premiou com a Medalha de Ouro James Harry Potter em 2008. É professor emérito de Engenharia Mecânica na Universidade Estadual de Michigan e continua a escrever e jogar golfe.

E57 Engenharia mecânica : estática / E. W. Nelson ... [et al.] ;
tradução: Jose Benaque Rubert ; revisão técnica: Walter
Libardi. – Porto Alegre : Bookman, 2013.
viii, 288 p. : il. ; 28 cm. – (Coleção Schaum)

ISBN 978-85-8260-042-9

1. Engenharia mecânica. 2. Estática. I. Nelson, E. W.

CDU 621:531.2

Catalogação na publicação: Ana Paula M. Magnus – CRB 10/2052

E. W. Nelson
Engenheiro Supervisor Aposentado
Western Electric Company

Charles L. Best
Professor Emérito
Faculdade de Lafayette

W. G. McLean
Diretor Emérito de Engenharia
Faculdade de Lafayette

Merle C. Potter
Professor Emérito de Engenharia Mecânica
Universidade Estadual de Michigan

Engenharia Mecânica Estática

Tradução
Jose Benaque Rubert
Doutor em Engenharia Civil pela Universidade de São Paulo
Doutor em Programa Sanduiche pela Universitá Politécnica de Catalunya International Center For Numerical Meth
Professor adjunto e coordenador do curso de Engenharia Mecânica da UFSCAR

Revisão técnica
Walter Libardi
Doutor em Engenharia Civil pela Universidade de São Paulo
Pós-Doutor pela Northwestern University/USA
Professor associado do Departamento de Engenharia de Materiais/UFSCAR

bookman

2013

Obra originalmente publicada sob o título
Schaum's Outline of Engineering Mechanics: Statics

ISBN 0071632379/9780071632379

Original edition copyright ©2010, The McGraw-Hill Companies,Inc., New York, New York 10020
All rights reserved.

Portuguese language translation copyright ©2013 Bookman Companhia Editora Ltda.,
a Grupo A Educação S.A. company.
All rights reserved.

Gerente editorial: *Arysinha Jacques Affonso*

Colaboraram nesta edição:

Coordenadora editorial: *Denise Weber Nowaczyk*

Capa: *VS Digital (arte sobre capa original)*

Leitura final: *Maria Eduarda Fett Tabajara*

Editoração eletrônica: *Techbooks*

Reservados todos os direitos de publicação, em língua portuguesa, à
BOOKMAN EDITORA LTDA., uma empresa do GRUPO A EDUCAÇÃO S.A.
Av. Jerônimo de Ornelas, 670 – Santana
90040-340 – Porto Alegre – RS
Fone: (51) 3027-7000   Fax: (51) 3027-7070

É proibida a duplicação ou reprodução deste volume, no todo ou em parte, sob quaisquer
formas ou por quaisquer meios (eletrônico, mecânico, gravação, fotocópia, distribuição na Web
e outros), sem permissão expressa da Editora.

Unidade São Paulo
Av. Embaixador Macedo Soares, 10.735 – Pavilhão 5 – Cond. Espace Center
Vila Anastácio – 05095-035 – São Paulo – SP
Fone: (11) 3665-1100   Fax: (11) 3667-1333

SAC 0800 703-3444 – www.grupoa.com.br

IMPRESSO NO BRASIL
PRINTED IN BRAZIL
Impresso sob demanda na Meta Brasil a pedido de Grupo A Educação.

Prefácio

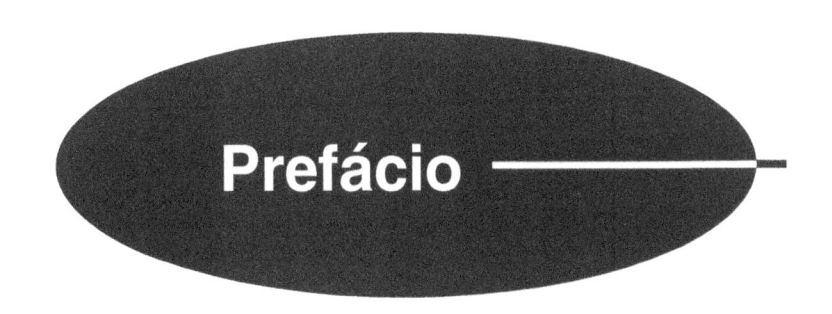

Este livro se destina a complementar os textos tradicionais, principalmente ajudando estudantes de engenharia e de ciências a aprofundar o conhecimento e a proficiência em Estática. Ele se baseia na convicção que os autores têm de que uma boa quantidade de exercícios resolvidos é uma das melhores formas de esclarecer os princípios básicos. Embora este livro não se relacione precisamente com qualquer outro texto, os autores sentem que ele pode ser um valioso complemento para todos eles.

As edições anteriores deste livro foram muito bem aceitas. Esta edição utiliza apenas unidades do SI. Os autores procuraram usar conhecimentos de matemática acessíveis a estudantes de nível intermediário. Portanto, a abordagem vetorial é utilizada apenas em capítulos onde ela simplifica a parte teórica e a solução de problemas. Por outro lado, não hesitamos em utilizar o método escalar, já que ele redunda em soluções perfeitamente adequadas para a maioria dos problemas. O capítulo 1 é uma revisão completa das operações vetoriais e definições mínimas necessárias para todo o livro, e aplicações deste capítulo introdutório são feitas ao longo de todo livro.

Os tópicos dos capítulos correspondem ao material frequentemente estudado em cursos de Estática tradicionais. Cada capítulo começa com definições e princípios pertinentes. O material do texto é seguido por conjuntos selecionados de problemas resolvidos e de problemas complementares. Os problemas resolvidos ilustram e ampliam a teoria, apresentam métodos de análise, proporcionam exemplos práticos e colocam detalhes dos pontos importantes, habilitando o estudante a aplicar de forma correta e confiável os princípios básicos. Várias deduções de fórmulas são derivadas nas soluções dos problemas resolvidos. Os muitos problemas complementares destinam-se a revisar os conteúdos abordados em cada capítulo.

Originalmente, este livro era a primeira parte de *Engenharia Mecânica Estática e Dinâmica*, da Coleção Schaum's. Tomou-se a decisão de separar a Estática e a Dinâmica em dois livros, porque os currículos dos cursos de engenharia oferecem essas disciplinas separadamente. O material sobre momentos de primeira e segunda ordem dos dois últimos capítulos geralmente incluem-se na disciplina de Estática, mas são utilizados quando se estuda a "Resistência dos Materiais" e a "Dinâmica". A inclusão deste material na disciplina de "Estática" poupa tempo em ambas as disciplinas. Ele pode ou não estar incluído em uma disciplina de estática.

Na primeira edição, os autores agradeceram a Paul B. Eaton e a J. Warrem Gillon. Na segunda edição, os autores receberam críticas e sugestões úteis de Charles L. Best e de John W. McNabb. Ainda naquela edição, Larry Freed e Paul Gary verificaram a solução dos problemas. Para esta quinta edição, os autores agradecem William Best por verificar as soluções dos novos problemas e por revisar o novo material adicionado. Pela digitação dos manuscritos da terceira e quarta edições, estamos em débito com Elizabeth Bullock.

E. W. Nelson
C. L. Best
W. G. McLean
M. C. Potter

Sumário

CAPÍTULO 1	**Vetores**	**1**
	1.1 Definições	1
	1.2 Adição de vetores	1
	1.3 Subtração de vetor	2
	1.4 Vetor zero	2
	1.5 Composição de vetores	2
	1.6 Multiplicação de vetores por escalares	3
	1.7 Tríada ortogonal de vetores unitários	3
	1.8 Vetor posição	4
	1.9 Produto escalar	4
	1.10 O produto vetorial	5
	1.11 Cálculo vetorial	6
	1.12 Unidades e dimensões	7
CAPÍTULO 2	**Operações com Forças**	**21**
	2.1 O momento de uma força	21
	2.2 O conjugado	22
	2.3 O momento de um conjugado	22
	2.4 Substituindo uma força	23
	2.5 Sistemas de forças coplanares	23
	2.6 Notas	23
CAPÍTULO 3	**Resultantes dos Sistemas Coplanares de Forças**	**35**
	3.1 Forças coplanares	35
	3.2 Sistemas concorrentes	35
	3.3 Sistemas paralelos	35
	3.4 Sistemas não concorrentes e não paralelos	36
	3.5 Resultantes de sistemas de forças distribuídas	36
CAPÍTULO 4	**Resultantes dos Sistemas não Coplanares de Forças**	**55**
	4.1 Sistemas de forças não coplanares	55
	4.2 Resultantes das forças de um sistema não coplanar	55
	4.3 Sistema concorrente	55
	4.4 Sistemas paralelos	56
	4.5 Sistema não concorrente, não paralelo	56
CAPÍTULO 5	**Equilíbrio de Sistemas de Forças Coplanares**	**67**
	5.1 Equilíbrio de sistemas de forças coplanares	67
	5.2 Elementos de dupla-força	67
	5.3 Sistemas concorrentes	67
	5.4 Sistemas paralelos	68
	5.5 Sistemas não concorrentes e não paralelos	68
	5.6 Observações – diagramas de corpo livre	69
CAPÍTULO 6	**Equilíbrio de Sistemas de Forças não Coplanares**	**98**
	6.1 Equilíbrio de sistemas de forças não coplanares	98
	6.2 Sistemas concorrentes	98

	6.3	Sistema paralelo	98
	6.4	Sistemas não concorrentes e não paralelos	99
CAPÍTULO 7	**Treliças e Cabos**		**118**
	7.1	Treliças e cabos	118
	7.2	Treliças	118
	7.3	Cabos	119
CAPÍTULO 8	**Esforços em Vigas**		**139**
	8.1	Vigas	139
	8.2	Tipos de vigas	139
	8.3	Cortante e momento	139
	8.4	Diagramas de cortante e momento	140
	8.5	Declividade do diagrama de cortantes	140
	8.6	Variação na cortante	141
	8.7	Declividade do diagrama de momentos	141
	8.8	Variação no momento	141
CAPÍTULO 9	**Atrito**		**150**
	9.1	Conceitos gerais	150
	9.2	Leis do atrito	151
	9.3	Macaco de parafuso	151
	9.4	Correia de atrito e cintas de freio	152
	9.5	Resistência ao rolamento	152
CAPÍTULO 10	**Trabalho Virtual**		**184**
	10.1	Deslocamento virtual e trabalho virtual	184
	10.2	Equilíbrio	184
	10.3	Equilíbrio estável	184
	10.4	Equilíbrio instável	185
	10.5	Equilíbrio neutro	185
	10.6	Resumo do equilíbrio	186
CAPÍTULO 11	**Centroides e Momentos de Primeira Ordem**		**199**
	11.1	Centroide de uma seção composta	199
	11.2	Centroide de quantidades contínuas	199
	11.3	Teorema de Pappus Guldinus	200
	11.4	Centro de pressão	201
CAPÍTULO 12	**Momentos de Inércia**		**235**
	12.1	Momento de inércia de uma área	235
	12.2	Momento de inércia polar de uma área	235
	12.3	Produto de inércia de uma área	236
	12.4	Teorema dos eixos paralelos	236
	12.5	Áreas compostas	237
	12.6	Sistemas de eixos rotacionados	237
	12.7	Círculo de Mohr	238
	12.8	Momento de inércia de massa	238
	12.9	Produto de inércia de massa	239
	12.10	Teorema dos eixos paralelos para a massa	239
	12.11	Massa composta	239
APÊNDICE A	**Unidades em SI**		**279**
APÊNDICE B	**Momentos de Primeira Ordem e Centroides**		**283**
ÍNDICE			**287**

Capítulo 1

Vetores

1.1 DEFINIÇÕES

Grandezas escalares possuem apenas magnitude; o tempo, o volume, a energia, a massa, a densidade e o trabalho são alguns exemplos. Escalares somam-se pelo método algébrico usual, por exemplo, 2 s + 7 s = 9 s; 14 kg − 5 kg = 9 kg.

Grandezas vetoriais possuem magnitude e direção*; os exemplos são a força, o deslocamento, a velocidade. Um vetor é representado por uma seta e um ângulo dado. A orientação da seta indica o sentido, e seu comprimento representa a magnitude do vetor. O símbolo que indica um vetor é formatado em negrito, por exemplo, **P**. A magnitude é representada por |**P**| ou P. Frequentemente, em manuscritos, usaremos $\overline{P}$.

Um *vetor livre* pode ser trasladado para qualquer posição no espaço desde que se mantenham a mesma direção e magnitude.

Um *vetor deslizante* pode ser posicionado em qualquer ponto ao longo da sua linha de ação. Pelo *princípio da transmissibilidade*, os efeitos externos de um vetor deslizante permanecem os mesmos.

Um *vetor fixo* deve permanecer sempre no mesmo ponto de aplicação.

Um *vetor unitário* é um vetor cujo comprimento é a unidade. Ele é representado por **i**, **n**, ou na forma manuscrita por $\hat{i}$, $\hat{n}$.

O negativo de um vetor **P** é um vetor −**P** que tem a mesma magnitude e a mesma direção, porém o seu sentido é o oposto.

A *resultante* de um sistema de vetores é a menor quantidade possível de vetores que pode substituir um sistema dado.

1.2 ADIÇÃO DE VETORES

(*a*) A *regra do paralelogramo* determina que a resultante **R** de dois vetores **P** e **Q** é a diagonal do paralelogramo do qual **P** e **Q** são os lados adjacentes. Os três vetores, **P**, **Q** e **R**, são concorrentes, como mostra a Fig. 1-1(*a*). **P** e **Q** são também denominados componentes de **R**.

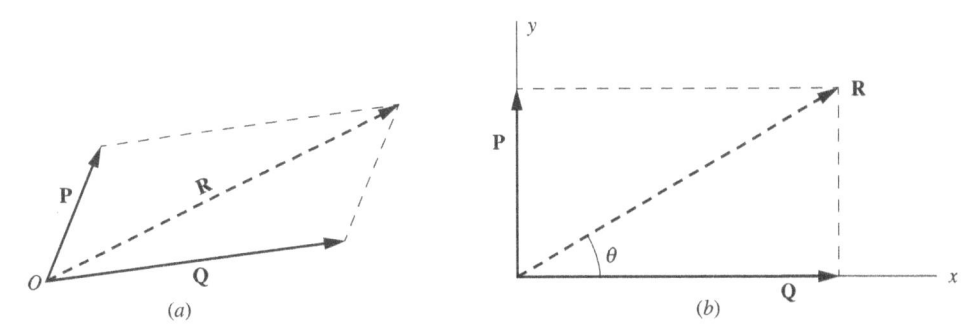

Figura 1-1 Adição de vetores.

---

* Entende-se que a direção inclui o ângulo que a linha de ação do vetor forma com a referência dada e o sentido do vetor ao longo dessa linha de ação.

(b) Se os lados do paralelogramo da Fig. 1-1(a) forem perpendiculares, os vetores **P** e **Q** serão chamados de componentes retangulares do vetor **R**. As componentes retangulares estão ilustradas na Fig. 1-1(b). As magnitudes das componentes retangulares são dadas por

$$\begin{aligned} \mathbf{Q} &= \mathbf{R}\cos\theta \\ \mathbf{P} &= \mathbf{R}\cos(90° - \theta) = \mathbf{R}\operatorname{sen}\theta \end{aligned} \quad (1.1)$$

(c) *Regra do triângulo*. Posicione a origem de um vetor na extremidade da seta do outro vetor. O vetor resultante será obtido unindo a origem do primeiro vetor à extremidade da seta do segundo vetor. A regra do triângulo resulta da regra do paralelogramo, os lados opostos do paralelogramo são vetores livres, conforme mostra a Fig. 1-2.

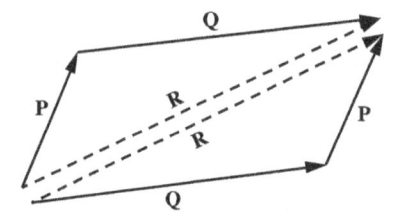

Figura 1-2 A regra do triângulo.

(d) A adição de vetores é comutativa; i.e., **P** + **Q** = **Q** + **P**.

1.3 SUBTRAÇÃO DE VETOR

A subtração de um vetor é efetuada adicionando o negativo desse vetor:

$$\mathbf{P} - \mathbf{Q} = \mathbf{P} + (-\mathbf{Q}) \quad (1.2)$$

Note também que

$$-(\mathbf{P} + \mathbf{Q}) = -\mathbf{P} - \mathbf{Q}$$

1.4 VETOR ZERO

O *vetor zero* é obtido quando um vetor é subtraído de si mesmo; i.e., **P** − **P** = **0**. Também é chamado de *vetor nulo*.

1.5 COMPOSIÇÃO DE VETORES

A composição de vetores é o processo pelo qual se determina a resultante de um sistema de vetores. Um polígono de vetores é desenhado posicionando a origem de cada vetor na extremidade da seta do vetor precedente, conforme mostrado na Fig. 1-3. A resultante é obtida conectando a origem do primeiro vetor à seta do último vetor. Como será mostrado adiante, nem todos os sistemas de vetores reduzem-se a um único vetor. Uma vez que a ordem na qual os vetores são dispostos é imaterial, para três vetores **P**, **Q** e **S** dados, verifica-se que

$$\begin{aligned} \mathbf{R} &= \mathbf{P} + \mathbf{Q} + \mathbf{S} = (\mathbf{P} + \mathbf{Q}) + \mathbf{S} \\ &= \mathbf{P} + (\mathbf{Q} + \mathbf{S}) = (\mathbf{P} + \mathbf{S}) + \mathbf{Q} \end{aligned} \quad (1.3)$$

A equação dada pode ser estendida para qualquer número de vetores.

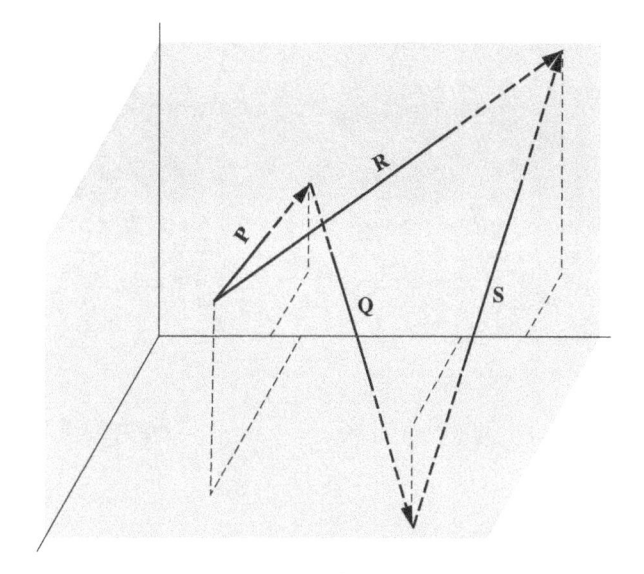

Figura 1-3 Composição de vetores.

1.6 MULTIPLICAÇÃO DE VETORES POR ESCALARES

(*a*) O produto de um vetor **P** por um escalar m é o vetor $m\mathbf{P}$ cuja magnitude é $|m|$ vezes a magnitude do vetor **P** e será orientado de acordo ou em oposição a **P**, dependendo de m ser positivo ou negativo.

(*b*) Outras operações com os escalares m e n são

$$(m+n)\mathbf{P} = m\mathbf{P} + n\mathbf{P}$$
$$m(\mathbf{P}+\mathbf{Q}) = m\mathbf{P} + m\mathbf{Q} \quad (1.4)$$
$$m(n\mathbf{P}) = n(m\mathbf{P}) = (mn)\mathbf{P}$$

1.7 TRÍADA ORTOGONAL DE VETORES UNITÁRIOS

Uma *tríada ortogonal* de vetores unitários **i**, **j** e **k** é formada por vetores unitários nas direções dos eixos x, y e z, respectivamente. Um conjunto de eixos dextrorso é mostrado na Fig. 1-4.

O vetor **P** é escrito como

$$\mathbf{P} = P_x\mathbf{i} + P_y\mathbf{j} + P_z\mathbf{k} \quad (1.5)$$

onde $P_x\mathbf{i}$, $P_y\mathbf{j}$ e $P_z\mathbf{k}$ são as componentes de **P** nas direções dos eixos x, y e z, respectivamente, conforme mostrado na Fig. 1-5.

Observe que $P_x = P\cos\theta_x$, $P_y = P\cos\theta_y$, $P_z = P\cos\theta_z$.

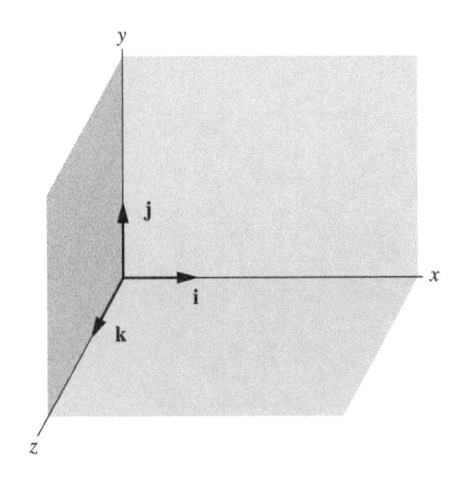

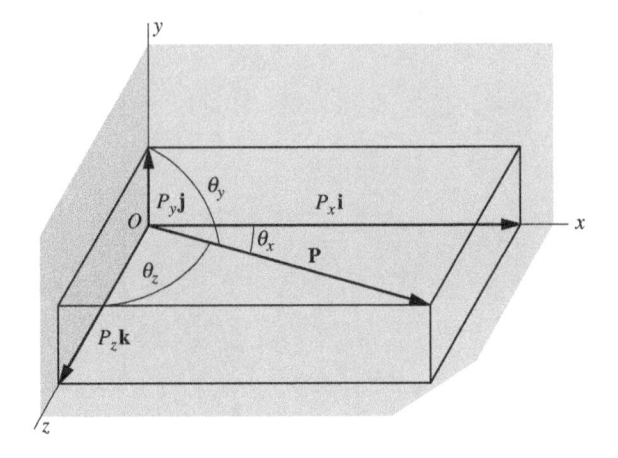

Figura 1-4 Vetores unitários **i**, **j**, **k**.

Figura 1-5 Componentes do vetor **P**.

1.8 VETOR POSIÇÃO

O *vetor posição* **r** de um ponto (x, y, z) no espaço é escrito como

$$\mathbf{r} = x\mathbf{i} + y\mathbf{j} + z\mathbf{k} \tag{1.6}$$

onde $r = \sqrt{x^2 + y^2 + z^2}$, ver Fig. 1-6.

1.9 PRODUTO ESCALAR

O *produto escalar* de dois vetores **P** e **Q**, denotado por **P · Q**, é uma quantidade escalar e é definida pelo produto dos módulos dos dois vetores e do cosseno do ângulo θ entre eles (ver Fig. 1-7). Portanto,

$$\mathbf{P} \cdot \mathbf{Q} = PQ \cos \theta \tag{1.7}$$

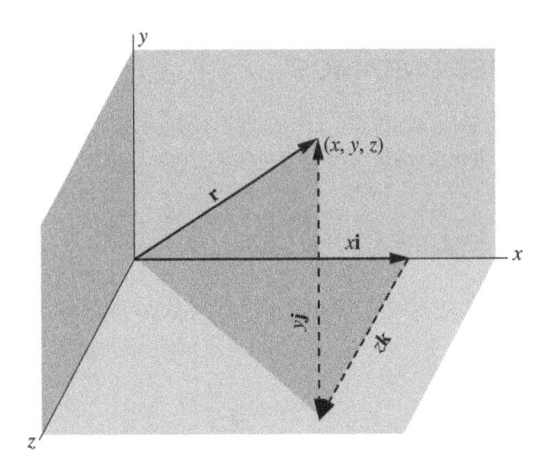

Figura 1-6 O vetor posição **r**.

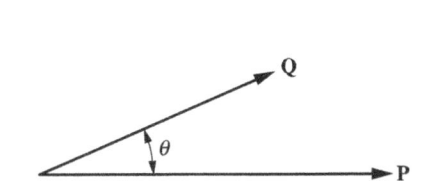

Figura 1-7 O ângulo θ entre os vetores.

As regras a seguir aplicam-se aos seguintes produtos escalares, onde m é escalar:

$$\begin{aligned}
\mathbf{P} \cdot \mathbf{Q} &= \mathbf{Q} \cdot \mathbf{P} \\
\mathbf{P} \cdot (\mathbf{Q} + \mathbf{S}) &= \mathbf{P} \cdot \mathbf{Q} + \mathbf{P} \cdot \mathbf{S} \\
(\mathbf{P} + \mathbf{Q}) \cdot (\mathbf{S} + \mathbf{T}) &= \mathbf{P} \cdot (\mathbf{S} + \mathbf{T}) + \mathbf{Q} \cdot (\mathbf{S} + \mathbf{T}) = \mathbf{P} \cdot \mathbf{S} + \mathbf{P} \cdot \mathbf{T} + \mathbf{Q} \cdot \mathbf{S} + \mathbf{Q} \cdot \mathbf{T} \\
m(\mathbf{P} \cdot \mathbf{Q}) &= (m\mathbf{P}) \cdot \mathbf{Q} = \mathbf{P} \cdot (m\mathbf{Q})
\end{aligned} \tag{1.8}$$

Desde que **i**, **j** e **k** sejam ortogonais,

$$\begin{aligned}
\mathbf{i} \cdot \mathbf{j} = \mathbf{i} \cdot \mathbf{k} = \mathbf{j} \cdot \mathbf{k} &= (1)(1)\cos 90° = 0 \\
\mathbf{i} \cdot \mathbf{i} = \mathbf{j} \cdot \mathbf{j} = \mathbf{k} \cdot \mathbf{k} &= (1)(1)\cos 0° = 1
\end{aligned} \tag{1.9}$$

Também, se $\mathbf{P} = P_x\mathbf{i} + P_y\mathbf{j} + P_z\mathbf{k}$ e $\mathbf{Q} = Q_x\mathbf{i} + Q_y\mathbf{j} + Q_z\mathbf{k}$, então

$$\begin{aligned}
\mathbf{P} \cdot \mathbf{Q} &= P_xQ_x + P_yQ_y + P_zQ_z \\
\mathbf{P} \cdot \mathbf{P} &= P^2 = P_x^2 + P_y^2 + P_z^2
\end{aligned} \tag{1.10}$$

As magnitudes das componentes do vetor P na direção dos eixos retangulares pode ser escrita por

$$P_x = \mathbf{P} \cdot \mathbf{i} \qquad P_y = \mathbf{P} \cdot \mathbf{j} \qquad P_z = \mathbf{P} \cdot \mathbf{k} \tag{1.11}$$

e, exemplificando,

$$\mathbf{P} \cdot \mathbf{i} = (P_x\mathbf{i} + P_y\mathbf{j} + P_z\mathbf{k}) \cdot \mathbf{i} = P_x + 0 + 0 = P_x$$

Analogamente, a magnitude de uma componente de **P** em qualquer direção L pode ser dada por $\mathbf{P} \cdot \mathbf{e}_L$, onde $\mathbf{e}_L$ é o vetor unitário na direção L. (Alguns autores utilizam **u** para designar vetores unitários.) A Fig. 1-8 mostra um plano que passa pela origem A e outro plano que passa pela seta B de um vetor **P**, ambos os planos perpendiculares à direção L. Os planos interceptam a linha L nos pontos C e D. O vetor **CD** é a componente de **P** na direção L, e sua magnitude será igual a $\mathbf{P} \cdot \mathbf{e}_L = Pe_L \cos \theta$.

Aplicações desses princípios podem ser encontradas nos Problemas 1.15 e 1.16.

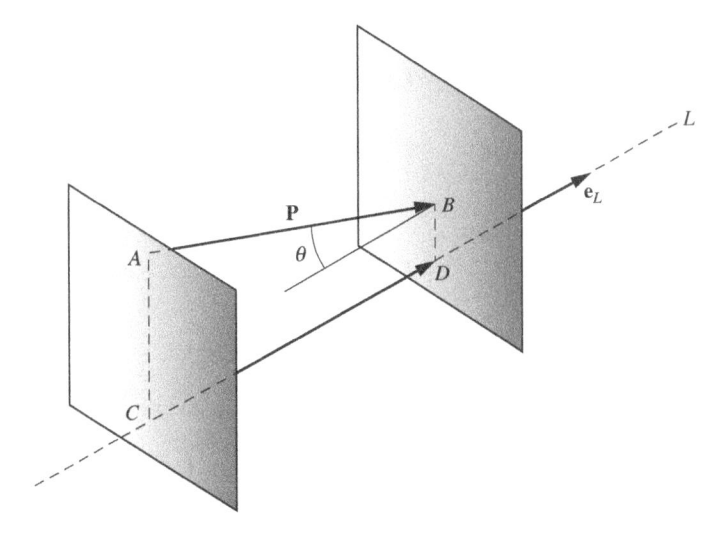

Figura 1-8 Componente de P na direção de uma linha.

1.10 O PRODUTO VETORIAL

O *produto vetorial* de dois vetores **P** e **Q**, denotado por $\mathbf{P} \times \mathbf{Q}$, é um vetor **R** cujo módulo é dado pelo produto dos módulos dos dois vetores e o seno do ângulo entre eles. O vetor $\mathbf{R} = \mathbf{P} \times \mathbf{Q}$ é normal ao plano que contém **P** e **Q**, com direção e sentido dados pela regra da mão direita quando aplicada girando de **P** para **Q** segundo o menor ângulo θ entre eles. Assim, se **e** é um vetor unitário que dá a direção de $\mathbf{R} = \mathbf{P} \times \mathbf{Q}$, o produto vetorial pode ser escrito

$$\mathbf{R} = \mathbf{P} \times \mathbf{Q} = (PQ \operatorname{sen} \theta)\mathbf{e} \qquad 0 \leq \theta \leq 180° \tag{1.12}$$

A Figura 1-9 indica $\mathbf{P} \times \mathbf{Q} = -\mathbf{Q} \times \mathbf{P}$ (não comutativa).

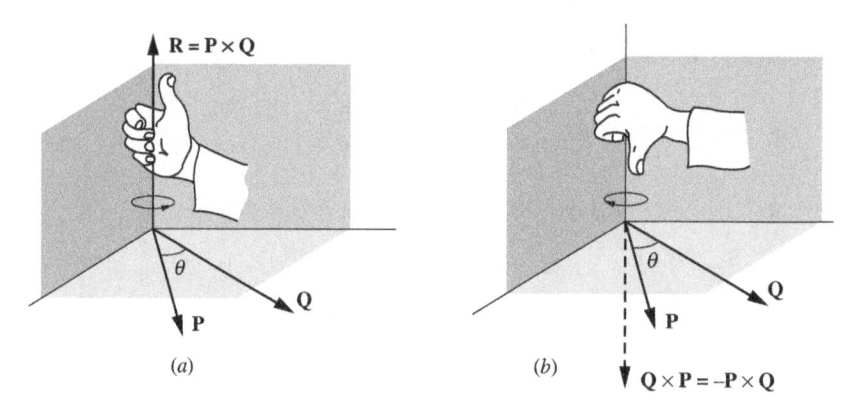

Figura 1-9 Produto vetorial entre dois vetores.

As seguintes regras aplicam-se aos produtos vetoriais, com m escalar:

$$\begin{aligned}
\mathbf{P} \times (\mathbf{Q} + \mathbf{S}) &= \mathbf{P} \times \mathbf{Q} + \mathbf{P} \times \mathbf{S} \\
(\mathbf{P} + \mathbf{Q}) \times (\mathbf{S} + \mathbf{T}) &= \mathbf{P} \times (\mathbf{S} + \mathbf{T}) + \mathbf{Q} \times (\mathbf{S} + \mathbf{T}) \\
&= \mathbf{P} \times \mathbf{S} + \mathbf{P} \times \mathbf{T} + \mathbf{Q} \times \mathbf{S} + \mathbf{Q} \times \mathbf{T} \\
m(\mathbf{P} \times \mathbf{Q}) &= (m\mathbf{P}) \times \mathbf{Q} = \mathbf{P} \times (m\mathbf{Q})
\end{aligned} \tag{1.13}$$

Uma vez que **i**, **j** e **k** são ortogonais,

$$\begin{aligned}
\mathbf{i} \times \mathbf{i} = \mathbf{j} \times \mathbf{j} = \mathbf{k} \times \mathbf{k} &= 0 \\
\mathbf{i} \times \mathbf{j} = \mathbf{k} \quad \mathbf{j} \times \mathbf{k} = \mathbf{i} \quad \mathbf{k} \times \mathbf{i} &= \mathbf{j}
\end{aligned} \tag{1.14}$$

e se $\mathbf{P} = P_x\mathbf{i} + P_y\mathbf{j} + P_z\mathbf{k}$ e $\mathbf{Q} = Q_x\mathbf{i} + Q_y\mathbf{j} + Q_z\mathbf{k}$, então

$$\mathbf{P} \times \mathbf{Q} = (P_yQ_z - P_zQ_y)\mathbf{i} + (P_zQ_x - P_xQ_z)\mathbf{j} + (P_xQ_y - P_yQ_x)\mathbf{k} = \begin{vmatrix} \mathbf{i} & \mathbf{j} & \mathbf{k} \\ P_x & P_y & P_z \\ Q_x & Q_y & Q_z \end{vmatrix} \tag{1.15}$$

Para a demonstração desse produto vetorial, veja o Problema 1.12.

1.11 CÁLCULO VETORIAL

(a) A *diferenciação* de um vetor **P** que varia com relação a uma grandeza escalar, assim como o tempo, é feita da seguinte forma.

Façamos $\mathbf{P} = \mathbf{P}(t)$; isto é, **P** é uma função do tempo t. Um acréscimo $\Delta\mathbf{P}$ em **P** à medida que o tempo vai de t para $(t + \Delta t)$ é dado por

$$\Delta\mathbf{P} = \mathbf{P}(t + \Delta t) - \mathbf{P}(t)$$

Então

$$\frac{d\mathbf{P}}{dt} = \lim_{\Delta t \to 0} \frac{\Delta\mathbf{P}}{\Delta t} = \lim_{\Delta t \to 0} \frac{\mathbf{P}(t + \Delta t) - \mathbf{P}(t)}{\Delta t} \tag{1.16}$$

Se $\mathbf{P}(t) = P_x\mathbf{i} + P_y\mathbf{j} + P_z\mathbf{k}$, onde P_x, P_y e P_z são funções do tempo t, teremos

$$\frac{d\mathbf{P}}{dt} = \lim_{\Delta t \to 0} \frac{(P_x + \Delta P_x)\mathbf{i} + (P_y + \Delta P_y)\mathbf{j} + (P_z + \Delta P_z)\mathbf{k} - P_x\mathbf{i} - P_y\mathbf{j} - P_z\mathbf{k}}{\Delta t}$$

$$= \lim_{\Delta t \to 0} \frac{\Delta P_x\mathbf{i} + \Delta P_y\mathbf{j} + \Delta P_z\mathbf{k}}{\Delta t} = \frac{dP_x}{dt}\mathbf{i} + \frac{dP_y}{dt}\mathbf{j} + \frac{dP_z}{dt}\mathbf{k} \qquad (1.17)$$

As seguintes operações serão válidas:

$$\frac{d}{dt}(\mathbf{P} + \mathbf{Q}) = \frac{d\mathbf{P}}{dt} + \frac{d\mathbf{Q}}{dt}$$

$$\frac{d}{dt}(\mathbf{P} \cdot \mathbf{Q}) = \frac{d\mathbf{P}}{dt} \cdot \mathbf{Q} + \mathbf{P} \cdot \frac{d\mathbf{Q}}{dt} \qquad (1.18)$$

$$\frac{d}{dt}(\mathbf{P} \times \mathbf{Q}) = \frac{d\mathbf{P}}{dt} \times \mathbf{Q} + \mathbf{P} \times \frac{d\mathbf{Q}}{dt}$$

$$\frac{d}{dt}(\phi\mathbf{P}) = \phi\frac{d\mathbf{P}}{dt} + \frac{d\phi}{dt}\mathbf{P} \quad \text{onde } \phi \text{ é uma função escalar de } t$$

(b) A *integração* de um vetor $\mathbf{P}$ que varia com relação a uma grandeza escalar, assim como o tempo t, será efetuada conforme segue. Seja $\mathbf{P} = \mathbf{P}(t)$; isto é, $\mathbf{P}$ é uma função do tempo t. Então

$$\int_{t_0}^{t_1} \mathbf{P}(t)\,dt = \int_{t_0}^{t_1} (P_x\mathbf{i} + P_y\mathbf{j} + P_z\mathbf{k})\,dt$$

$$= \mathbf{i}\int_{t_0}^{t_1} P_x\,dt + \mathbf{j}\int_{t_0}^{t_1} P_y\,dt + \mathbf{k}\int_{t_0}^{t_1} P_z\,dt \qquad (1.19)$$

1.12 UNIDADES E DIMENSÕES

No estudo da mecânica, as características de um corpo e seus movimentos podem ser descritas em termos de um conjunto básico de grandezas designadas por dimensões. Nos Estados Unidos, os engenheiros geralmente empregam um sistema gravitacional baseado nas dimensões de força, comprimento e tempo. Em muitos países, usa-se o sistema absoluto no qual as dimensões consideradas são a massa, o comprimento e o tempo. Existe uma tendência de que também nos Estados Unidos cresça o uso deste segundo sistema.

Ambos os sistemas derivam da segunda lei de Newton sobre o movimento, a qual escreve-se como

$$\mathbf{R} = m\mathbf{a} \qquad (1.20)$$

onde $\mathbf{R}$ é a resultante de todas as forças que atuam em uma partícula, $\mathbf{a}$ é a aceleração da partícula, e m é uma constante de proporcionalidade chamada de massa.

O Sistema Internacional (SI)

No Sistema Internacional (SI),* a unidade de massa é o kilograma (kg), a unidade de comprimento é o metro (m) e a unidade de tempo é o segundo (s). A unidade de força é o Newton (N), que é definida como sendo a força que acelera uma massa de um kilograma a um metro por segundo ao quadrado (m/s²). Portanto

$$1\,\text{N} = (1\,\text{kg})(1\,\text{m/s}^2) = 1\,\text{kg} \cdot \text{m/s}^2 \qquad (1.21)$$

---

* SI é um acrônimo para Système International d'Unités (sistema métrico internacional modernizado).

A massa de um 1 kg que cai livremente próxima à superfície terrestre experimenta uma aceleração gravitacional que varia de ponto para ponto. Neste livro, assumiremos um valor médio igual a 9,80 m/s². Portanto, a força gravitacional que atua em 1 kg de massa vem a ser

$$W = mg = (1 \text{ kg})(9,80 \text{ m/s}^2) = 9,80 \text{ kg} \cdot \text{m/s}^2 = 9,80 \text{ N} \qquad (1.22)$$

Naturalmente, os problemas da estática envolvem forças; mas, nos problemas, a massa dada em quilogramas não é uma força. A força gravitacional agindo na massa é o que devemos utilizar. Em todo trabalho onde a massa está envolvida, o estudante deve lembrar-se de multiplicar a massa em quilogramas por 9,80 m/s² para obter a força gravitacional em newtons. Uma massa de 5 kg é submetida a uma força gravitacional de $5 \times 9,8 = 49$ N.

Ao resolver os problemas da estática, a massa pode não ser mencionada. É importante notar que a massa em quilogramas é uma constante para um dado corpo. Na superfície da Lua, a mesma massa dada sofrerá a ação de uma força gravitacional de cerca de um sexto daquela observada na Terra.

O estudante deve notar também que, no SI, o milímetro (mm) é a unidade padrão para designar medidas de comprimento em desenhos de engenharia. O uso dos centímetros é tolerado no sistema SI e será usado quando for conveniente representar medidas com menos zeros. Além disso, um espaço em branco deve ser deixado entre o número e o símbolo da unidade, isto é, 2,85 mm, e não 2,85mm. Ao usar cinco ou mais algarismos, represente-os em grupos de três, começando a partir do ponto que separa os decimais assim como em 12 830 000. Não use vírgulas no SI. Um número com quatro algarismos pode ser escrito sem o espaçamento mencionado desde que ele não faça parte de uma coluna onde há números com cinco ou mais algarismos.

Tabelas com as unidades do SI, prefixos do SI e fatores de conversão para o sistema métrico moderno (SI) estão incluídas no apêndice A. Nesta sexta edição, todos os problemas estão formulados em unidades do SI.

Terminamos esta seção com comentários sobre algarismos significativos. Na maior parte dos cálculos está envolvida alguma propriedade dos materiais. As forças que agem nos elementos estruturais e nas máquinas que são de interesse para a Estática são determinadas por meio desses cálculos. As propriedades dos materiais são fornecidas em geral com quatro algarismos significativos e eventualmente com três. Como consequência, os dados fornecidos nos problemas são precisos até o terceiro algarismo significativo ou, possivelmente, até o quarto dígito significativo. Portanto, não é apropriado exprimir as respostas com cinco ou mais algarismos significativos. Nossos cálculos serão tão precisos quanto os algarismos significativos mínimos. Por exemplo, usamos a aceleração da gravidade dada por 9,80 m/s², apenas três dígitos significativos. Uma dimensão igual a 10 mm é considerada precisa até três ou no máximo quatro algarismos significativos. É frequentemente aceitável exprimir as respostas utilizando quatro algarismos significativos, mas não cinco ou seis. O uso de calculadoras pode fornecer até oito. O engenheiro geralmente não trabalha com cinco ou seis algarismos significativos. Observe que se o primeiro dígito significativo em uma resposta for 1, ele não será considerado como algarismo significativo, ou seja, 124,8 terá três algarismos significativos.

Problemas Resolvidos

1.1 Encontre, no plano, a resultante de uma força de 300 N a 30° e de uma força de -250 N a 90° utilizando o método do paralelogramo. Veja a Fig. 1-10(*a*). Adicionalmente, determine o ângulo α entre a resultante e o eixo *y*. (Os ângulos são sempre medidos no sentido anti-horário com início no eixo *x* positivo.)

Solução

Desenhe um esquema do problema, não necessariamente em escala. O sinal menos indica que a força de 250 N age na direção de uma linha que forma 90° a contar da origem. Isso é equivalente a uma força positiva de 250 N na direção de uma linha que forma 270° com a mesma origem, de acordo com o princípio da transmissibilidade.

Como mostrado na Fig. 1-10(*b*), posicione a extremidade inicial dos dois vetores em um mesmo ponto. Complete o paralelogramo. Considere o triângulo cujo lado está no eixo *y*, na Fig. 1-10(*b*). Os lados desse triângulo são *R*, 250 e 300. O ângulo entre os lados de 250 e 300 é 60°. Aplicando a lei dos cossenos,

$$R^2 = 300^2 + 250^2 - 2(300)(250)\cos 60°. \quad \therefore R = 278,3$$

Agora, aplicando a lei dos senos,

$$\frac{300}{\text{sen } \alpha} = \frac{278,3}{\text{sen } 60°}. \quad \therefore \alpha = 69°$$

Observação: Se as forças e os ângulos forem desenhados em escala, a intensidade de *R* e o ângulo α poderão ser medidos no desenho.

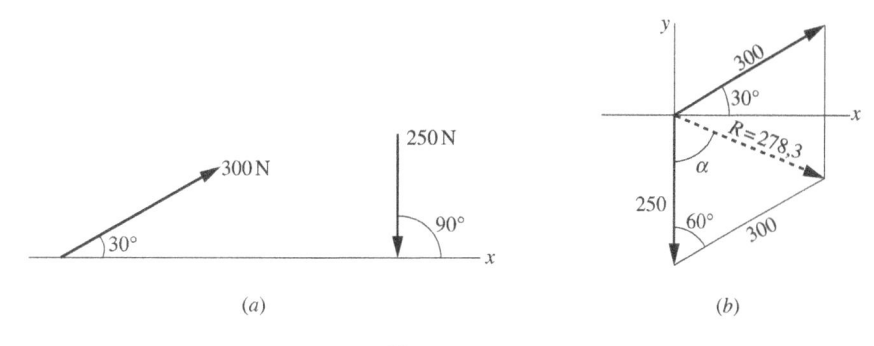

Figura 1-10

1.2 Use a lei do triângulo para o Problema 1.1. Veja a Fig. 1-11.

Solução

É indiferente qual vetor será escolhido primeiro. Use a força de 300 N. À seta desse vetor, posicione a extremidade do vetor força de 250 N. Desenhe a resultante iniciando na extremidade do vetor força de 300 N e terminando na seta do vetor força de 250 N. Utilizando o triângulo mostrado, os resultados serão os mesmos daqueles do Problema 1.1.

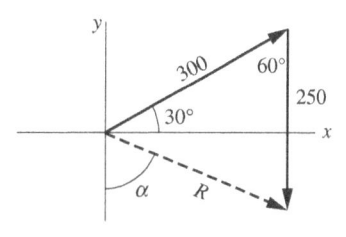

Figura 1-11

1.3 A resultante de duas forças no plano é 400 N a 120°, conforme mostrado na Fig. 1-12. Uma das forças é de 200 N a 20°. Determine a força *F* e o ângulo α.

Solução

Escolha um ponto pelo qual passem a resultante e a força de 200 N dada. Desenhe a força que conecta as setas da força dada e da resultante. Essa força representa a incógnita *F*.

O resultado é obtido aplicando as leis da trigonometria. O ângulo entre *R* e a força de 200 N é 100°, e, pela Lei dos Cossenos, a força *F* desconhecida é

$$F^2 = 400^2 + 200^2 - 2(400)(200)\cos 100°. \quad \therefore F = 477\,\text{N}$$

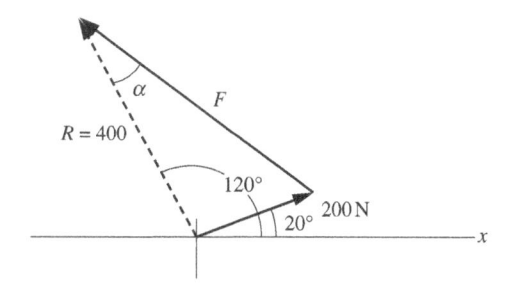

Figura 1-12

Então, pela lei dos Senos, o ângulo α é determinado:

$$\frac{477}{\text{sen}\,100°} = \frac{200}{\text{sen}\,\alpha}. \quad \therefore \alpha = 24,4°$$

1.4 Em um plano, subtraia a força de 130 N a 60° da força de 280 N a 320°. Veja a Fig. 1-13.

Solução

À força de 280 N a 320° adicione a negativa da força de 130 N a 60°. A resultante é obtida conforme segue:

$$R^2 = 280^2 + 130^2 - 2(280)(130)\cos 100°. \quad \therefore R = 329\,\text{N}$$

A Lei dos Senos nos permite encontrar α:

$$\frac{329}{\text{sen}\,100°} = \frac{130}{\text{sen}\,\alpha}. \quad \therefore \alpha = 22,9°$$

Portanto, R forma com o eixo x um ângulo de $-62,9°$.

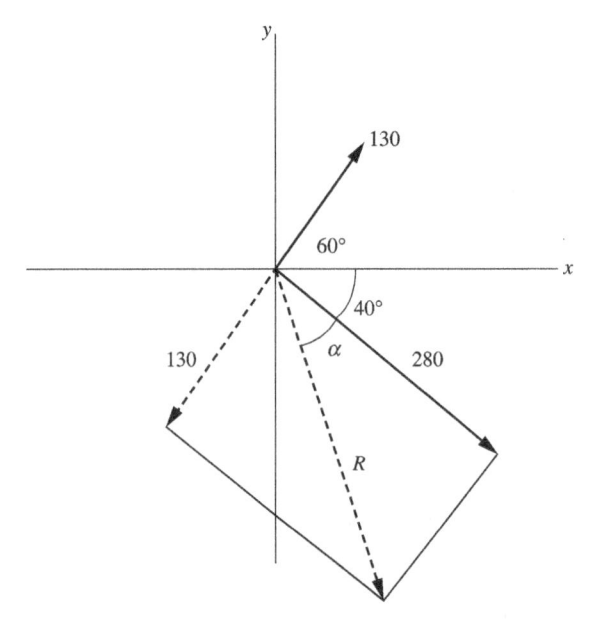

Figura 1-13

1.5 Determine a resultante do seguinte sistema coplanar de forças: 26 N a 10°; 39 N a 114°; 63 N a 183°; 57 N a 261°. Veja a Fig. 1-14.

Solução

Este problema pode ser resolvido utilizando a noção de componentes retangulares. Decomponha cada força na Fig. 1-14 nas suas componentes x e y. Uma vez que todas as componentes em x são colineares, elas podem ser adicionadas algebricamente, assim como as componentes em y. Agora, se as componentes em x e y forem somadas, as duas somas formarão as componentes x e y da resultante. Portanto

$$R_x = 26\cos 10° + 39\cos 114° + 63\cos 183° + 57\cos 261° = -62,1\,\text{N}$$
$$R_y = 26\,\text{sen}\,10° + 39\,\text{sen}\,114° + 63\,\text{sen}\,183° + 57\,\text{sen}\,261° = -19,5\,\text{N}$$

$$R = \sqrt{(-62,1)^2 + (-19,5)^2}. \quad \therefore R = 65\,\text{N}$$

$$\text{tg}\,\theta = \frac{-19,5}{-62,1}. \quad \therefore \theta = 17°$$

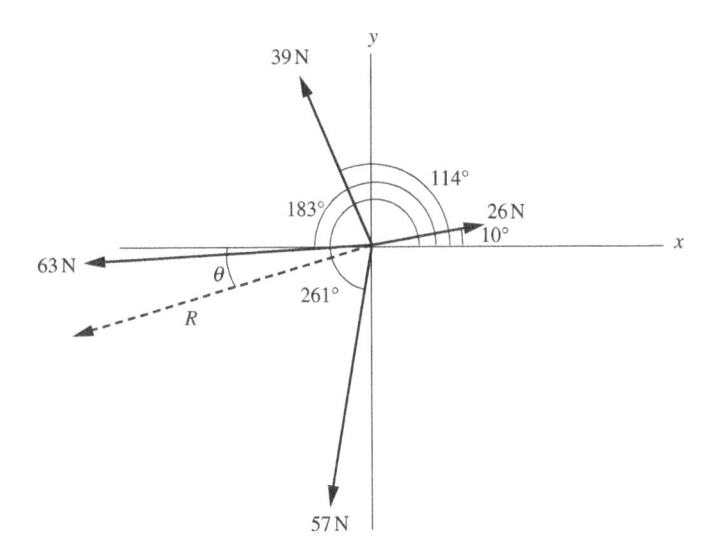

Figura 1-14

1.6 Na Fig. 1-15, a componente retangular da força **F** é igual a 10 N na direção *OH*. A força **F** atua a 60° do eixo *x* positivo. Qual é o módulo da força?

Solução

A componente de **F** na direção *OH* é $F \cos \theta$. Assim,

$$F \cos 15° = 10. \quad \therefore F = 10,35 \text{ N}$$

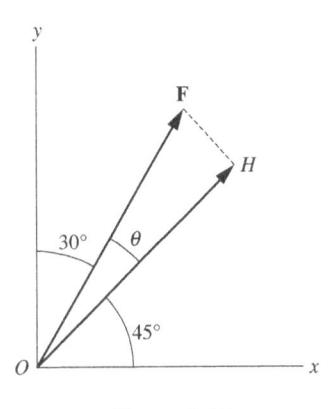

Figura 1-15

1.7 Um bloco de 80 kg é posicionado em um plano inclinado de 20° com a horizontal. Qual é a componente gravitacional (*a*) normal ao plano inclinado e a (*b*) paralela ao plano inclinado? Veja a Fig. 1-16.

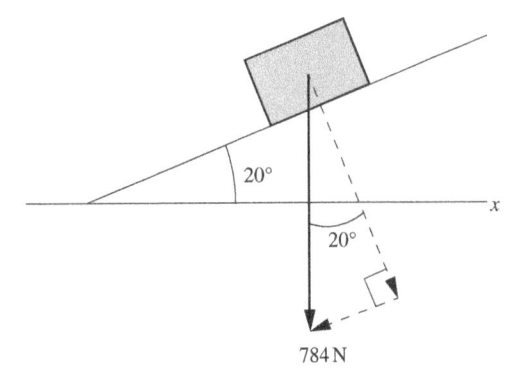

Figura 1-16

Solução

(a) A componente normal forma um ângulo de 20° com o vetor força gravitacional (o peso), o qual tem módulo de 80(9,8) = 784 N. A componente normal é

$$F_\perp = 784 \cos 20° = 737 \text{ N}$$

(b) A componente paralela é

$$F_\parallel = 784 \cos 70° = 268 \text{ N}$$

1.8 A força P de 235 N atua formando um ângulo de 60° com a horizontal em um bloco que repousa em um plano inclinado de 22°. Determine (a) as componentes vertical e horizontal de P e (b) as componentes de P perpendicular e contida no plano. Veja a Fig. 1-17(a)

Solução

(a) A componente P_h atua para a esquerda e vale

$$P_h = 235 \cos 60° = 118 \text{ N}$$

A componente vertical P_v atua para cima e vale

$$P_v = 235 \operatorname{sen} 60° = 204 \text{ N}$$

conforme mostrado na Fig. 1-17(b).

(b) A componente $P_\parallel$ paralela ao plano é

$$P_\parallel = 235 \cos(60° - 22°) = 185 \text{ N}$$

agindo para cima no plano. A componente $P_\perp$ normal ao plano é

$$P_\perp = 235 \operatorname{sen} 38° = 145 \text{ N}$$

conforme mostrado na Fig. 1-17(c).

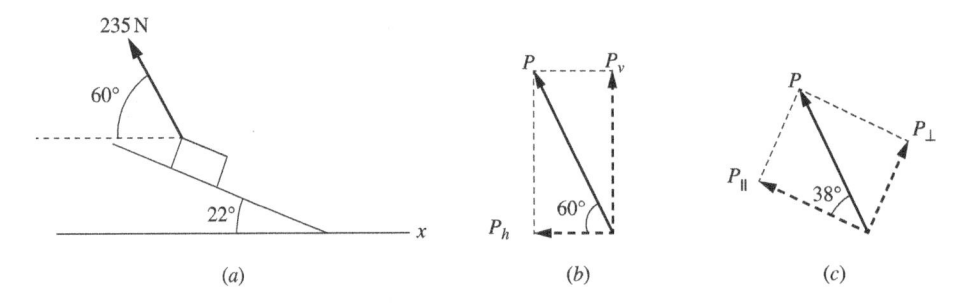

Figura 1-17

1.9 As três forças mostradas na Fig. 1-18 produzem uma força resultante de 20 N atuando para cima, na direção do eixo y. Determine o módulo de **F** e **P**.

Solução

Para que a resultante seja uma força de 20 N para cima, na direção do eixo y, $R_x = 0$ e $R_y = 20$ N. Como a soma das componentes em x deve ser igual a componente x da resultante:

$$R_x = P \cos 30° - 90 \cos 40° = 0. \quad \therefore P = 79,6 \text{ N}$$

Analogamente

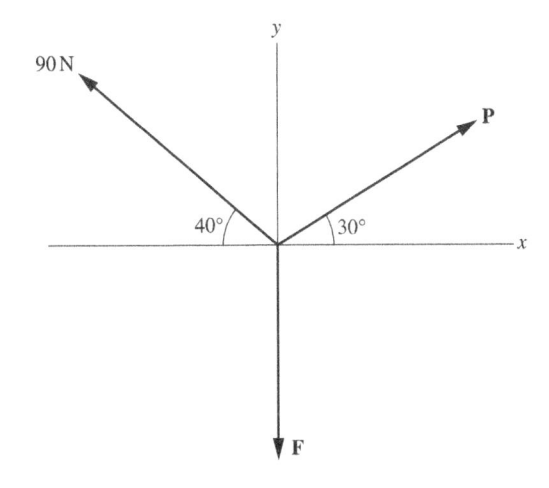

$$R_y = P\,\text{sen}\,30° + 90\,\text{sen}\,40° - F = 20. \quad \therefore F = 77{,}7\,\text{N}.$$

Figura 1-18

1.10 Observe a Fig. 1-19. As extremidades x-, y- e z- de um paralelepípedo são 4, 3 e 2 m, respectivamente. Se a diagonal OP desenhada a partir da origem representa uma força de 50 N, determine as componentes x, y e z da força. Exprima a força como um vetor em termos dos vetores unitários **i**, **j** e **k**.

Solução

Admitamos que θ_x, θ_y, θ_z representem, respectivamente, os ângulos entre a diagonal OP e os eixos x, y e z. Então

$$P_x = P\cos\theta_x \qquad P_y = P\cos\theta_y \qquad P_z = P\cos\theta_z$$

Comprimento de $OP = \sqrt{4^2 + 3^2 + 2^2} = 5{,}38$ m. Assim,

$$\cos\theta_x = \frac{4}{5{,}38} \qquad \cos\theta_y = \frac{3}{5{,}38} \qquad \cos\theta_z = \frac{2}{5{,}38}$$

Desde que cada componente na figura esteja no sentido positivo do eixo em relação ao qual atua,

$$P_x = 50\cos\theta_x = 37{,}2\,\text{N} \qquad P_y = 50\cos\theta_y = 27{,}9\,\text{N} \qquad P_z = 50\cos\theta_z = 18{,}6\,\text{N}$$

O vetor **P** é escrito como

$$\mathbf{P} = P_x\mathbf{i} + P_y\mathbf{j} + P_z\mathbf{k} = 37{,}2\mathbf{i} + 27{,}9\mathbf{j} + 18{,}6\mathbf{k}\,\text{N}$$

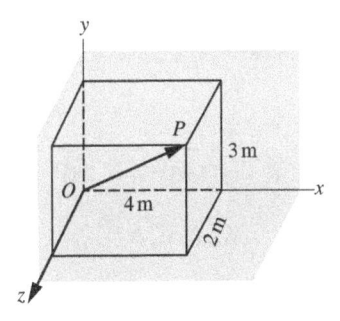

Figura 1-19

1.11 Determine as componentes x, y e z da força de 100 N que passa pela origem e pelo ponto (2, −4, 1). Exprima o vetor em termos dos vetores unitários **i**, **j** e **k**.

Solução

Os cossenos diretores da linha de ação da força são

$$\cos \theta_x = \frac{2}{\sqrt{(2)^2 + (-4)^2 + (1)^2}} = 0{,}437 \qquad \cos \theta_y = \frac{-4}{\sqrt{21}} = -0{,}873 \qquad \cos \theta_z = 0{,}281$$

Assim, $P_x = 43{,}7$ N, $P_y = -87{,}3$ N, $P_z = 21{,}8$ N. O vetor **P** é

$$\mathbf{P} = 43{,}7\mathbf{i} - 87{,}3\mathbf{j} + 21{,}8\mathbf{k} \text{ N}$$

1.12 Mostre que o produto vetorial entre dois vetores **P** e **Q** pode ser escrito como

$$\mathbf{P} \times \mathbf{Q} = \begin{vmatrix} \mathbf{i} & \mathbf{j} & \mathbf{k} \\ P_x & P_y & P_z \\ Q_x & Q_y & Q_z \end{vmatrix}$$

Solução

Escreva os vetores dados na forma de suas componentes e expanda o produto vetorial para obter

$$\begin{aligned}\mathbf{P} \times \mathbf{Q} &= (P_x\mathbf{i} + P_y\mathbf{j} + P_z\mathbf{k}) \times (Q_x\mathbf{i} + Q_y\mathbf{j} + Q_z\mathbf{k}) \\ &= (P_xQ_x)\mathbf{i} \times \mathbf{i} + (P_xQ_y)\mathbf{i} \times \mathbf{j} + (P_xQ_z)\mathbf{i} \times \mathbf{k} \\ &\quad + (P_yQ_x)\mathbf{j} \times \mathbf{i} + (P_yQ_y)\mathbf{j} \times \mathbf{j} + (P_yQ_z)\mathbf{j} \times \mathbf{k} \\ &\quad + (P_zQ_x)\mathbf{k} \times \mathbf{i} + (P_zQ_y)\mathbf{k} \times \mathbf{j} + (P_zQ_z)\mathbf{k} \times \mathbf{k} \end{aligned}$$

Mas $\mathbf{i} \times \mathbf{i} = \mathbf{j} \times \mathbf{j} = \mathbf{k} \times \mathbf{k} = 0$; e $\mathbf{i} \times \mathbf{j} = \mathbf{k}$ e $\mathbf{j} \times \mathbf{i} = -\mathbf{k}$, etc. Assim,

$$\mathbf{P} \times \mathbf{Q} = (P_xQ_y)\mathbf{k} - (P_xQ_z)\mathbf{j} - (P_yQ_x)\mathbf{k} + (P_yQ_z)\mathbf{i} + (P_zQ_x)\mathbf{j} - (P_zQ_y)\mathbf{i}$$

Esses termos podem ser agrupados como

$$\mathbf{P} \times \mathbf{Q} = (P_yQ_z - P_zQ_y)\mathbf{i} + (P_zQ_x - P_xQ_z)\mathbf{j} + (P_xQ_y - P_yQ_x)\mathbf{k}$$

ou na forma de um determinante como

$$\mathbf{P} \times \mathbf{Q} = \begin{vmatrix} \mathbf{i} & \mathbf{j} & \mathbf{k} \\ P_x & P_y & P_z \\ Q_x & Q_y & Q_z \end{vmatrix}$$

Seja cuidadoso e observe que as componentes escalares do primeiro vetor **P** no produto vetorial devem ser escritas na linha do meio do determinante.

1.13 A força $\mathbf{F} = 2{,}63\mathbf{i} + 4{,}28\mathbf{j} - 5{,}92\mathbf{k}$ N atua passando pela origem. Qual é o módulo dessa força e qual o ângulo que ela forma com os eixos x, y e z?

Solução

$$F = \sqrt{(2{,}63)^2 + (4{,}28)^2 + (-5{,}92)^2} = 7{,}75 \text{ N}$$

$$\cos \theta_x = +\frac{2{,}63}{7{,}75} \qquad \theta_x = 70{,}2°$$

$$\cos \theta_y = +\frac{4{,}28}{7{,}75} \qquad \theta_y = 56{,}3°$$

$$\cos \theta_z = -\frac{5{,}92}{7{,}75} \qquad \theta_z = 139{,}8°$$

1.14 Encontre o produto escalar de $\mathbf{P} = 4,82\mathbf{i} - 2,33\mathbf{j} + 5,47\mathbf{k}$ N e $\mathbf{Q} = -2,81\mathbf{i} - 6,09\mathbf{j} + 1,12\mathbf{k}$ m.

Solução

$$\mathbf{P} \cdot \mathbf{Q} = P_x Q_x + P_y Q_y + P_z Q_z = (4,82)(-2,81) + (-2,33)(-6,09) + (5,47)(1,12) = 6,72 \, \text{N} \cdot \text{m}$$

1.15 Determine o vetor unitário $\mathbf{e}_L$ para a reta L com origem no ponto $(2, 3, 0)$ e que passa pelo ponto $(-2, 4, 6)$. Em seguida, determine a projeção do vetor $\mathbf{P} = 2\mathbf{i} + 3\mathbf{j} - \mathbf{k}$ na direção da reta L.

Solução

O segmento de reta L varia de $+2$ a -2 na direção x, ou uma variação de -4. A variação na direção y é $4 - 3 = 1$. A variação na direção de z é $6 - 0 = 6$. O vetor unitário é

$$\mathbf{e}_L = \frac{-4\mathbf{i} + \mathbf{j} + 6\mathbf{k}}{\sqrt{(-4)^2 + 1^2 + 6^2}} = -0,549\mathbf{i} + 0,137\mathbf{j} + 0,823\mathbf{k}$$

A projeção de $\mathbf{P}$, então, é

$$\mathbf{P} \cdot \mathbf{e}_L = 2(-0,549) + 3(0,137) - 1(0,823) = -1,41$$

1.16 Determine a projeção da força $\mathbf{P} = 10\mathbf{i} - 8\mathbf{j} + 14\mathbf{k}$ N na direção da reta L com origem no ponto $(2, -5, 3)$ e que passa pelo ponto $(5, 2, -4)$.

Solução

O vetor unitário na direção da reta L é

$$\mathbf{e}_L = \frac{(5-2)\mathbf{i} + [2-(-5)]\mathbf{j} + (-4-3)\mathbf{k}}{\sqrt{3^2 + 7^2 + (-7)^2}}$$
$$= 0,290\mathbf{i} + 0,677\mathbf{j} - 0,677\mathbf{k}$$

A projeção de $\mathbf{P}$ em L é

$$\mathbf{P} \cdot \mathbf{e}_L = (10\mathbf{i} - 8\mathbf{j} + 14\mathbf{k}) \cdot (0,29\mathbf{i} + 0,677\mathbf{j} - 0,677\mathbf{k})$$
$$= 2,90 - 5,42 - 9,48 = -12,0 \, \text{N}$$

O sinal menos indica que a projeção está no sentido oposto ao da orientação de L.

1.17 Encontre o produto vetorial de $\mathbf{P} = 2,85\mathbf{i} + 4,67\mathbf{j} - 8,09\mathbf{k}$ m e $\mathbf{Q} = 28,3\mathbf{i} + 44,6\mathbf{j} + 53,3\mathbf{k}$ N.

Solução

$$\mathbf{P} \times \mathbf{Q} = \begin{vmatrix} \mathbf{i} & \mathbf{j} & \mathbf{k} \\ P_x & P_y & P_z \\ Q_x & Q_y & Q_z \end{vmatrix} = \begin{vmatrix} \mathbf{i} & \mathbf{j} & \mathbf{k} \\ 2,85 & 4,67 & -8,09 \\ 28,3 & 44,6 & 53,3 \end{vmatrix}$$
$$= \mathbf{i}[(4,67)(53,3) - (44,6)(-8,09)] - \mathbf{j}[(2,85)(53,3) - (28,3)(-8,09)]$$
$$+ \mathbf{k}[(2,85)(44,6) - (28,3)(4,67)]$$
$$= \mathbf{i}(249 + 361) - \mathbf{j}(152 + 229) + \mathbf{k}(127 - 132) = 610\mathbf{i} - 381\mathbf{j} - 5\mathbf{k} \, \text{N} \cdot \text{m}$$

1.18 Determine a derivada no tempo do vetor posição $\mathbf{r} = x\mathbf{i} + 6y^2\mathbf{j} - 3z\mathbf{k}$, onde $\mathbf{i}, \mathbf{j}, \mathbf{k}$ são vetores fixos.

Solução

A derivada no tempo é

$$\frac{d\mathbf{r}}{dt} = \frac{dx}{dt}\mathbf{i} + 12y\frac{dy}{dt}\mathbf{j} - 3\frac{dz}{dt}\mathbf{k}$$

1.19 Determine a integral no tempo do tempo $t_1 = 1$ s até o tempo $t_2 = 3$ s do vetor velocidade

$$\mathbf{v} = t^2\mathbf{i} + 2t\mathbf{j} - \mathbf{k} \text{ m/s}$$

onde **i**, **j** e **k** são vetores fixos.

Solução

$$\int_1^3 (t^2\mathbf{i} + 2t\mathbf{j} - \mathbf{k})\,dt = \mathbf{i}\int_1^3 t^2\,dt + \mathbf{j}\int_1^3 2t\,dt - \mathbf{k}\int_1^3 dt = 8{,}67\mathbf{i} + 8{,}00\mathbf{j} - 2{,}00\mathbf{k} \text{ m}$$

Problemas Complementares

1.20 Determine a resultante das forças coplanares 100 N a 0° e 200 N a 90°.
Resp. 224 N, $\theta_x = 64°$

1.21 Determine a resultante das forças coplanares 32 N a 20° e 64 N a 190°.
Resp. 33,0 N, $\theta_x = 180°$

1.22 Encontre a resultante das forças coplanares 80 N a −30° e 60 N a 60°.
Resp. 100 N, $\theta_x = 6{,}87°$

1.23 Encontre a resultante das forças concorrentes e coplanares 120 N a 78° e 70 N a 293°.
Resp. 74,7 N, $\theta_x = 45{,}2°$

1.24 A resultante de duas forças coplanares é 18 N a 30°. Se uma das forças é 28 N a 0°, determine a outra.
Resp. 15,3 N, 144°

1.25 A resultante de duas forças coplanares é 36 N a 45°. Se uma das forças é 24 N a 0°, determine a outra.
Resp. 25,5 N, 87°

1.26 A resultante de duas forças coplanares é 50 N a 143°. Uma das forças é 120 N a 238°, determine a força desconhecida.
Resp. 134 N, $\theta_x = 79{,}6°$

1.27 A resultante de duas forças, uma na direção positiva do eixo x e a outra na direção positiva do eixo y, é 100 N a 50° no sentido anti-horário a partir da direção positiva do eixo x. Quais são as duas forças?
Resp. $R_x = 64{,}3$ N, $R_y = 76{,}6$ N

1.28 Uma força de 120 N tem uma componente retangular de 84 N agindo na direção de uma linha que faz com o eixo positivo de x um ângulo de 20° no sentido anti-horário. Qual é o ângulo que a força de 120 N faz com o eixo positivo de x?
Resp. 65,6°

1.29 Determine a resultante das forças coplanares: 6 N a 38°; 12 N a 73°; 18 N a 67° e 24 N a 131°.
Resp. 50 N, $\theta_x = 91°$

1.30 Determine a resultante das forças coplanares: 20 N a 0°; 20 N a 30°; 20 N a 60°; 20 N a 90°; 20 N a 120°; 20 N a 150°.
Resp. 77,2 N, $\theta_x = 75°$

1.31 Determine a única força que pode substituir o seguinte sistema de forças coplanares: 120 N a 30°; 200 N a 110°; 340 N a 180°; 170 N a 240°; 80 N a 300°.
Resp. 351 N, 175°

1.32 Encontre a única força que substitui o seguinte sistema coplanar de forças: 150 N a 78°; 320 N a 143°; 485 N a 249°; 98 N a 305°; 251 N a 84°.

Resp. 321 N, 171°

1.33 Um trenó é puxado por uma força de 100 N por um plano inclinado que forma com a horizontal um ângulo de 30°. Qual é a componente da força que efetivamente puxa o trenó? Qual é a componente que tende a levantar o trenó na vertical?

Resp. $P_h = 86{,}6$ N, $P_v = 50$ N

1.34 Determine a resultante das seguintes forças coplanares: 15 N a 30°; 55 N a 80°; 90 N a 210°; 130 N a 260°.

Resp. 136 N, $\theta_x = 235°$

1.35 Um automóvel viaja com velocidade constante por um túnel em rampa de 1% de inclinação. Se o automóvel mais os passageiros pesam 12,4 kN, qual deverá ser a força motriz provida pelo motor capaz de superar a componente da força gravitacional que age na direção da parte mais baixa do túnel?

Resp. 124 N

1.36 Um poste telefônico é suportado por um cabo fixo no seu topo e puxado por um homem que lhe aplica uma força de 800 N. Se o ângulo entre o cabo e o poste é 50°, quais serão as componentes vertical e horizontal do esforço aplicado ao poste?

Resp. $P_h = 613$ N, $P_v = 514$ N

1.37 Um barco é conduzido através de um canal por um cabo horizontal que forma um ângulo de 10° com a costa. Se o esforço no cabo é de 200 N, encontre a força que tende a mover o barco na direção do canal.

Resp. 197 N

1.38 Exprima em termos dos vetores unitários **i**, **j** e **k** a força de 200 N que se origina no ponto (2, 5, −3) e passa pelo ponto (−3, 2, 1).

Resp. **F** = − 141**i** − 84,9**j** +113**k** N

1.39 Determine a resultante das três forças $\mathbf{F}_1 = 2{,}0\mathbf{i} + 3{,}3\mathbf{j} - 2{,}6\mathbf{k}$ N, $\mathbf{F}_2 = -\mathbf{i} + 5{,}2\mathbf{j} - 2{,}9\mathbf{k}$ N e $\mathbf{F}_3 = 8{,}3\mathbf{i} - 6{,}6\mathbf{j} + 5{,}8\mathbf{k}$ N, que concorrem no ponto (2, 2, −5).

Resp. **R** = 9,3**i** + 1,9**j** + 0,3**k** N em (2, 2, −5)

1.40 A polia mostrada na Fig. 1-20 é livre para deslizar pelo cabo de suporte. Se a polia suporta um peso de 160 N, qual será o esforço no cabo?

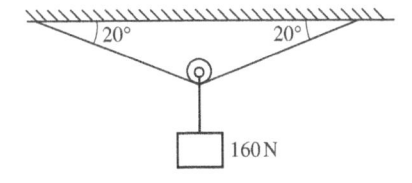

Resp. $T = 234$ N

Figura 1-20

1.41 Dois cabos suportam um peso de 500 N, conforme mostrado na Fig. 1-21. Determine o esforço em cada cabo.

Resp. $T_{AB} = 433$ N, $T_{BC} = 250$ N

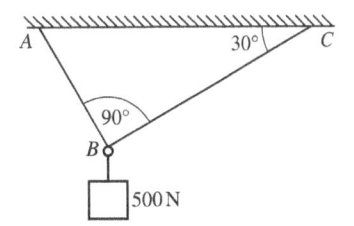

Figura 1-21

1.42 Qual é a força *P*, horizontal, necessária para manter o peso *W* de 10 N na posição mostrada na Fig. 1-22?

Resp.   *P* = 3,25 N

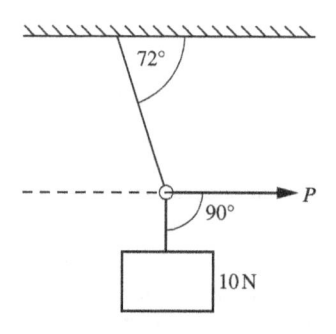

Figura 1-22

1.43 Uma partícula carregada, em repouso, está submetida a ação de outras três partículas carregadas. A força exercida por duas das partículas é mostrada na Fig. 1-23. Determine a intensidade e a direção da terceira força.

Resp. $F = 0{,}147$ N, $\theta_x = 76{,}8°$

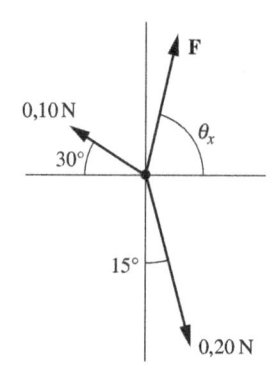

Figura 1-23

1.44 Determine a resultante das forças coplanares 200 N a 0° e 400 N a 90°.

Resp.   448 N, $\theta_x = 64°$. (Uma vez que as forças do Problema 1-20 foram multiplicadas pelo escalar 2, a intensidade da resultante neste problema deverá ser igual ao dobro daquela do Problema 1-20. O ângulo permanecerá o mesmo.)

1.45 Qual o vetor que deverá ser adicionado ao vetor **F** = 30 N a 60° para obter o vetor nulo?

Resp.   30 N, $\theta_x = 240°$

1.46 No instante de tempo $t = 2$ s, um ponto que se move em uma curva tem as coordenadas (3, −5, 2). No instante de tempo $t = 3$ s, as coordenadas do ponto são (1, −2, 0). Qual é a mudança na posição do vetor?

Resp.   **Δr** = − 2**i** + 3**j** − 2**k**

1.47 Determine o produto escalar de **P** = 4**i** + 2**j** − **k** e **Q** = −3**i** + 6**j** −2**k**.

Resp.   +2

1.48 Encontre o produto escalar de **P** = 2,12**i** + 8,15**j** − 4,28**k** N e **Q** = 6,29**i** − 8,93**j** −10,5**k** m.

Resp.   −14,5 N · m

1.49 Determine o produto vetorial dos vetores do Problema 1.47.

Resp.   **P** × **Q** = 2**i** + 11**j** + 30**k**

1.50 Determine o produto vetorial de $\mathbf{P} = 2{,}12\mathbf{i} + 8{,}15\mathbf{j} - 4{,}28\mathbf{k}$ N e $\mathbf{Q} = 2{,}29\mathbf{i} - 8{,}93\mathbf{j} - 10{,}5\mathbf{k}$.

Resp. $-124\mathbf{i} + 12{,}5\mathbf{j} - 37{,}6\mathbf{k}$

1.51 Determine a derivada em relação ao tempo de $\mathbf{P} = x\mathbf{i} + 2y\mathbf{j} - z^2\mathbf{k}$.

Resp. $\dfrac{d\mathbf{P}}{dt} = \dfrac{dx}{dt}\mathbf{i} + 2\dfrac{dy}{dt}\mathbf{j} - 2z\dfrac{dz}{dt}\mathbf{k}$

1.52 Se $\mathbf{P} = 2t\mathbf{i} + 3t^2\mathbf{j} - t\mathbf{k}$ e $\mathbf{Q} = t\mathbf{i} + t^2\mathbf{j} + t^3\mathbf{k}$, mostre que

$$\dfrac{d}{dt}(\mathbf{P} \cdot \mathbf{Q}) = 4t + 8t^3$$

Verifique o resultado usando

$$\dfrac{d\mathbf{P}}{dt} \cdot \mathbf{Q} + \mathbf{P} \cdot \dfrac{d\mathbf{Q}}{dt} = \dfrac{d}{dt}(\mathbf{P} \cdot \mathbf{Q})$$

1.53 No problema anterior, mostre que

$$\dfrac{d}{dt}(\mathbf{P} \times \mathbf{Q}) = (15t^4 + 3t^2)\mathbf{i} - (8t^3 + 2t)\mathbf{j} - 3t^2\mathbf{k}$$

Verifique o resultado usando

$$\dfrac{d\mathbf{P}}{dt} \times \mathbf{Q} + \mathbf{P} \times \dfrac{d\mathbf{Q}}{dt} = \dfrac{d}{dt}(\mathbf{P} \times \mathbf{Q})$$

1.54 Determine os produtos escalares entre os seguintes vetores:

	P	Q	Resp.
(a)	$3\mathbf{i} - 2\mathbf{j} + 8\mathbf{k}$	$-\mathbf{i} - 2\mathbf{j} - 3\mathbf{k}$	-23
(b)	$0{,}86\mathbf{i} + 0{,}29\mathbf{j} - 0{,}37\mathbf{k}$	$1{,}29\mathbf{i} - 8{,}26\mathbf{j} + 4{,}0\mathbf{k}$	$-2{,}77$
(c)	$a\mathbf{i} + b\mathbf{j} - c\mathbf{k}$	$d\mathbf{i} - e\mathbf{j} + f\mathbf{k}$	$ad - be - cf$

1.55 Determine os produtos vetoriais entre os seguintes vetores:

	P	Q	Resp.
(a)	$3\mathbf{i} - 2\mathbf{j} + 8\mathbf{k}$	$-\mathbf{i} - 2\mathbf{j} - 3\mathbf{k}$	$22\mathbf{i} + \mathbf{j} - 8\mathbf{k}$
(b)	$0{,}86\mathbf{i} + 0{,}29\mathbf{j} - 0{,}37\mathbf{k}$	$1{,}29\mathbf{i} - 8{,}26\mathbf{j} + 4{,}0\mathbf{k}$	$-1{,}90\mathbf{i} - 3{,}92\mathbf{j} - 7{,}48\mathbf{k}$
(c)	$a\mathbf{i} + b\mathbf{j} - c\mathbf{k}$	$d\mathbf{i} - e\mathbf{j} + f\mathbf{k}$	$(bf - ec)\mathbf{i} - (af + cd)\mathbf{j} - (ae + bd)\mathbf{k}$

1.56 Determine a componente do vetor $\mathbf{Q} = 10\mathbf{i} - 20\mathbf{j} - 20\mathbf{k}$ na direção do segmento de reta que inicia em $(2, 3, -2)$ e passa pelo ponto $(1, 0, 5)$.

Resp. $-11{,}72$

1.57 Determine a componente do vetor $\mathbf{P} = 1{,}52\mathbf{i} - 2{,}63\mathbf{j} + 0{,}83\mathbf{k}$ na direção do segmento de reta que inicia em $(2, 3, -2)$ e passa pelo ponto $(1, 0, 5)$.

Resp. $P_L = +1{,}59$

1.58 Dados os vetores $\mathbf{P} = \mathbf{i} + P_y\mathbf{j} - 3\mathbf{k}$ e $\mathbf{Q} = 4\mathbf{i} + 3\mathbf{j}$, determine o valor de P_y para que o produto vetorial dos dois vetores seja $9\mathbf{i} - 12\mathbf{j}$.

Resp. $P_y = 0{,}75$

1.59 Dados os vetores $\mathbf{P} = \mathbf{i} - 3\mathbf{j} + P_z\mathbf{k}$ e $\mathbf{Q} = 4\mathbf{i} - \mathbf{k}$, determine o valor de P_z para que o produto escalar dos dois vetores seja 14.

Resp. $P_z = -10$

1.60 Exprima os vetores mostrados na Fig. 1-24 na notação **i**, **j** e **k**.

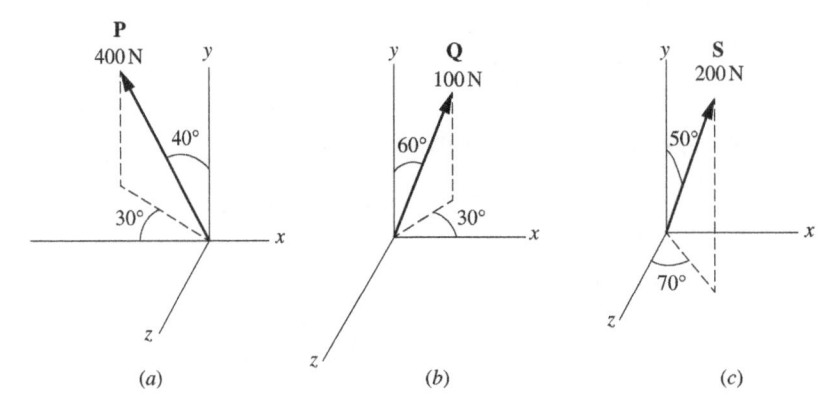

Resp. (a) **P** = −223**i** + 306**j** − 129**k**; (b) **Q** = +75**i** + 50**j** − 43,3**k**; (c) **S** = +144**i** + 129**j** + 52,4**k**

Figura 1-24

Capítulo 2

Operações com Forças

2.1 O MOMENTO DE UMA FORÇA

O momento **M** de uma força **F** em relação ao ponto O é o produto vetorial $\mathbf{M} = \mathbf{r} \times \mathbf{F}$, onde **r** é o vetor posição relativa ao ponto O de qualquer ponto P na linha de ação da força **F**. Fisicamente, **M** representa a tendência que a força **F** tem de rotacionar o corpo (no qual ela atua) em torno de um eixo que passa por O e é perpendicular ao plano que contém a força **F** e o vetor posição **r**.

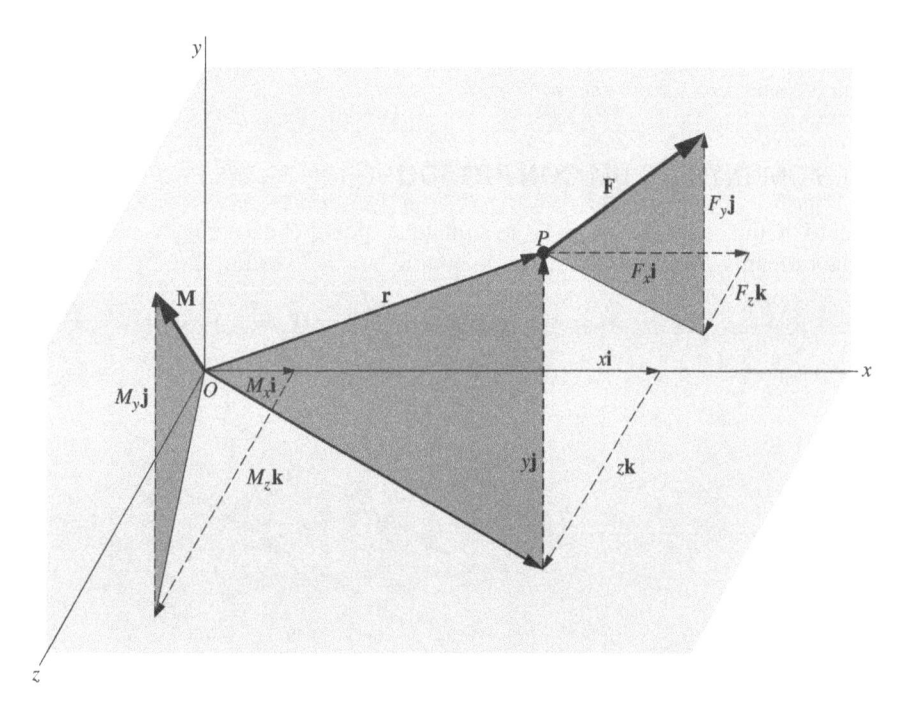

Figura 2-1 O momento M de uma força F.

Se os eixos x, y e z são desenhados passando por O, conforme mostrado na Fig. 2-1,

$$\mathbf{r} = x\mathbf{i} + y\mathbf{j} + z\mathbf{k} \qquad \mathbf{F} = F_x\mathbf{i} + F_y\mathbf{j} + F_z\mathbf{k} \qquad \mathbf{M} = M_x\mathbf{i} + M_y\mathbf{j} + M_z\mathbf{k} \tag{2.1}$$

e, por definição,

$$\mathbf{M} = \mathbf{r} \times \mathbf{F} = \begin{vmatrix} \mathbf{i} & \mathbf{j} & \mathbf{k} \\ x & y & z \\ F_x & F_y & F_z \end{vmatrix} \tag{2.2}$$

Expandindo o determinante,

$$\mathbf{M} = \mathbf{i}(F_z y - F_y z) + \mathbf{j}(F_x z - F_z x) + \mathbf{k}(F_y x - F_x y) \qquad (2.3)$$

Comparando essa expressão para **M** com aquela mostrada acima, observa-se que

$$M_x = F_z y - F_y z \qquad M_y = F_x z - F_z x \qquad M_z = F_y x - F_x y \qquad (2.4)$$

As quantidades escalares M_x, M_y e M_z são as intensidades dos momentos respectivos da força **F** em relação aos eixos x, y e z pelo ponto O. Veja os Problemas 2.3 e 2.4.

Note que M_x pode ser obtido fazendo o produto escalar do momento **M** pelo vetor unitário **i** orientado segundo o eixo x. Portanto,

$$\mathbf{M} \cdot \mathbf{i} = (M_x \mathbf{i} + M_y \mathbf{j} + M_z \mathbf{k}) \cdot \mathbf{i} = M_x(1) + M_y(0) + M_z(0) = M_x \qquad (2.5)$$

Analogamente, a intensidade do momento da força **F** em relação a um eixo L que passa por O é a componente escalar de **M** na direção de L. Ela pode ser obtida realizando o produto escalar de **M** pelo vetor unitário $\mathbf{e}_L$ orientado segundo L. Portanto,

$$M_L = \mathbf{M} \cdot \mathbf{e}_L \qquad (2.6)$$

2.2 O CONJUGADO

Um *conjugado* consiste em um par de forças paralelas e de mesma intensidade, mas com sentidos opostos. Obviamente, a soma das componentes dessas duas forças, em qualquer direção, é zero. Essas duas forças não tendem a transladar o corpo, mas a rotacioná-lo.

2.3 O MOMENTO DE UM CONJUGADO

O momento de um conjugado em relação a qualquer ponto O é a soma dos momentos em relação a O das duas forças que formam o binário. O momento do binário mostrado na Fig. 2-2 é

$$\mathbf{M} = \mathbf{r}_1 \times \mathbf{F} + \mathbf{r}_2 \times (-\mathbf{F}) = (\mathbf{r}_1 - \mathbf{r}_2) \times \mathbf{F} = \mathbf{a} \times \mathbf{F} \qquad (2.7)$$

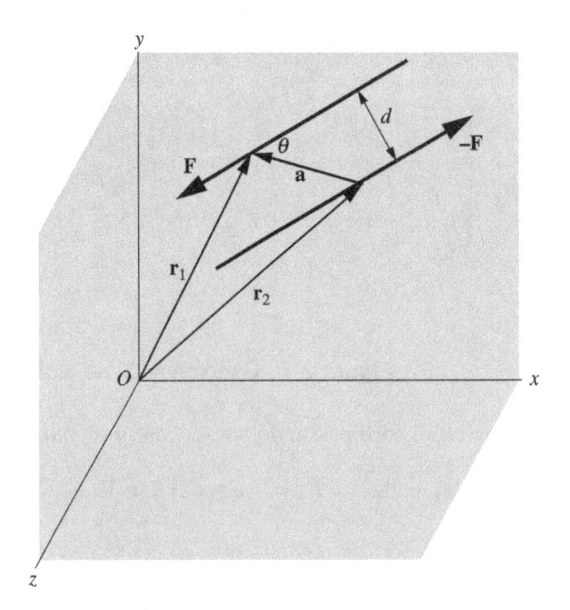

Figura 2-2 O momento de um binário.

Portanto, **M** é um vetor perpendicular ao plano que contém as duas forças (**a** está no mesmo plano). Por definição de produto vetorial, a intensidade de **M** é $|\mathbf{a} \times \mathbf{F}| = aF \operatorname{sen} \theta$. Uma vez que d, a distância perpendicular entre as duas forças do conjugado, é igual a $a \operatorname{sen} \theta$, a intensidade de **M** é

$$M = Fd \qquad (2.8)$$

Conjugados obedecem às leis dos vetores. Qualquer conjugado **M** pode ser escrito como $\mathbf{M} = M_x \mathbf{i} + M_y \mathbf{j} + M_z \mathbf{k}$, onde M_x, M_y e M_z são as intensidades das componentes.

Observe que o ponto O pode ser qualquer um; consequentemente, o momento de um conjugado independe da escolha desse ponto O.

2.4 SUBSTITUINDO UMA FORÇA

Uma força **F** atuando em um ponto P pode ser substituída por (a) uma força igual e de mesma direção atuando em qualquer ponto O e (b) um conjugado $\mathbf{M} = \mathbf{r} \times \mathbf{F}$, onde **r** é o vetor posição de P em relação a O. Veja os Problemas 2.11 e 2.12.

2.5 SISTEMAS DE FORÇAS COPLANARES

Sistemas coplanares de forças ocorrem em muitos problemas de mecânica. O tratamento na forma escalar seguinte é conveniente ao lidar com problemas de duas dimensões.

1. O *momento* M_O de uma força em relação a um ponto O em um plano que contém essa força é o momento escalar dessa força em relação a um eixo que passa pelo ponto e é perpendicular ao plano. Consequentemente, o momento é o produto de uma (a) força por uma (b) distância medida na perpendicular entre o ponto e a linha de ação da força. É usual atribuir o sinal positivo ao momento se a força tende a girar no sentido horário em relação ao ponto. Veja o Problema 2.1.
2. O *teorema de Varignon* estabelece que o momento de uma força em relação a qualquer ponto é igual, algebricamente, à soma dos momentos de suas componentes em relação a esse ponto. Veja o Problema 2.2.
3. O momento de um conjugado não mudará se (a) o conjugado for rotacionado ou trasladado em seu próprio plano, se (b) o conjugado for transferido para um plano paralelo, ou se (c) a intensidade da força for alterada, desde que o braço de momento seja alterado para que a intensidade do momento seja a mesma.
4. Um conjugado e uma força no mesmo plano, ou em planos paralelos, podem ser substituídos por uma única força de mesma intensidade e sentido, paralela à força dada. Veja o Problema 2.9.
5. Uma força pode ser substituída por (a) outra força, de mesma intensidade e orientação, aplicada em qualquer ponto e (b) um conjugado situado no mesmo plano que a força e o ponto escolhido. Veja o Problema 2.11.

2.6 NOTAS

Em alguns dos problemas resolvidos são utilizadas equações vetoriais, mas em outros problemas são utilizadas equações escalares. Nas figuras, os vetores são identificados pelas suas intensidades quando sua orientação é óbvia.

Note também que, no sistema SI, as unidades de momento são os newton-metros (N · m).

Problemas Resolvidos

2.1 Determine o momento de uma força de 20 N em relação a um ponto O dado. Veja a Fig. 2-3.

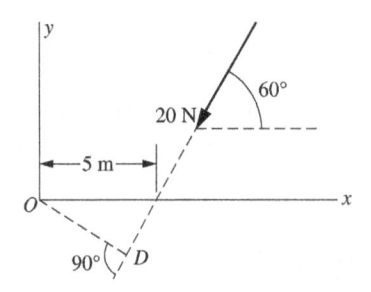

Figura 2-3

Solução

Trace pelo ponto O um segmento de reta OD perpendicular à linha de ação da força de 20 N. Seu comprimento é 5 cos 30° = 4,33 m. O momento da força em relação a O (precisamente em relação a um eixo perpendicular ao plano xy que passa por O) é, portanto,

$$\mathbf{M} = -20 \times 4{,}33 = -86{,}6\,\mathrm{N}\cdot\mathrm{m}$$

O sinal de menos é usado porque o sentido de rotação observado a partir da extremidade positiva do eixo z (não mostrado) é horário.

2.2 Resolva o Problema 2.1 utilizando o teorema de Varignon. Veja a Fig. 2-4.

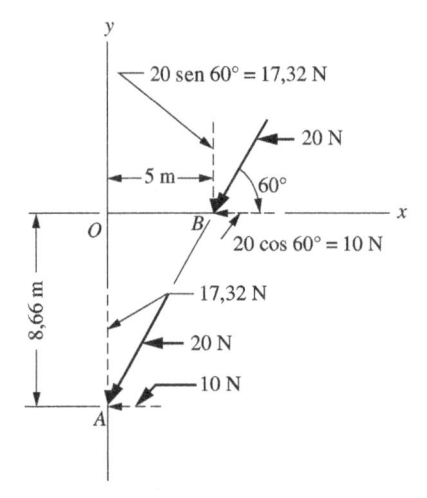

Figura 2-4

Solução

Usando este teorema, a força de 20 N é substituída pelas suas componentes retangulares paralelas aos eixos x e y e atuando no ponto que for mais conveniente ao longo de sua linha de ação.

Se o ponto B é escolhido no eixo x, é evidente que a componente x não produzirá momento em relação a O. O momento da força de 20 N em relação a O será função apenas do momento de sua componente orientada segundo o eixo y, ou

$$\mathbf{M} = -17{,}32 \times 5 = -86{,}6\,\mathrm{N}\cdot\mathrm{m}$$

Se for escolhido um ponto A no eixo y, então a componente y não produzirá momento em relação ao ponto O. O momento da força de 20 N em relação a O será apenas o momento de sua componente x em relação a O, ou

$$M = -10 \times 8{,}66 = -86{,}6\,\text{N} \cdot \text{m}$$

2.3 Uma força de 100 N é orientada na direção da reta que une os pontos (2, 0, 4) m e (5, 1, 1) m. Quais serão os momentos dessas forças em relação aos eixos x, y e z?

Solução

Na Fig. 2-5, a força de 100 N é a diagonal do paralelepípedo cujos lados são paralelos aos eixos. Os lados representam as componentes da força.

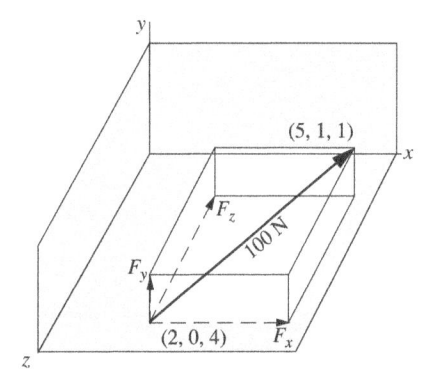

Figura 2-5

O comprimento do lado x é $5 - 2 = 3$ m, o comprimento do lado y é $1 - 0 = 1$ m e o comprimento do lado z é $1 - 4 = -3$ m. Isso significa que a componente F_z tem sentido contrário ao da orientação do eixo z.

$$F_x = \frac{\text{comprimento do lado } x}{\text{comprimento da diagonal}} \times 100\,\text{N} = \frac{3}{\sqrt{3^2 + 1^2 + 3^2}} \times 100 = \frac{3}{\sqrt{19}} \times 100 = 68{,}7\,\text{N}$$

Analogamente,

$$F_y = \frac{1}{\sqrt{19}} \times 100 = 22{,}9\,\text{N}, \quad F_z = \frac{-3}{\sqrt{19}} \times 100 = -68{,}7\,\text{N}$$

Para determinar o momento da força de 100 N em relação ao eixo x, determine o momento de suas componentes em relação a esse eixo. Por inspeção, a única componente que produz momento em relação a esse eixo é F_y. Assim, M_x para a força de 100 N é o momento da força F_y em relação ao eixo x e

$$M_x = -22{,}9 \times 4 = -91{,}6\,\text{N} \cdot \text{m}$$

O sinal de menos indica que a rotação que F_y produz é horária em relação ao eixo x quando vista a partir da extremidade positiva do eixo x.

Ao determinar o momento em relação ao eixo y, note que F_y é paralela ao eixo y e não produzirá momento em relação a esse eixo. No entanto, ambas, F_z e F_x, devem ser consideradas. É melhor determinar o sinal do momento por inspeção em vez de atribuir sinais para as componentes e para as distâncias. Portanto,

$$M_y = 68{,}7 \times 2 + 68{,}7 \times 4 = 412\,\text{N} \cdot \text{m}$$

Por razões semelhantes, utilizando apenas F_y (uma vez que F_z é paralela ao eixo z e F_x intercepta o eixo z),

$$M_z = 22{,}9 \times 2 = 45{,}8\,\text{N} \cdot \text{m}$$

2.4 Repita o Problema 2.3 utilizando o produto vetorial que define momento.

Solução

No Problema 2.3, $\mathbf{F} = 68{,}7\mathbf{i} + 22{,}9\mathbf{j} - 68{,}7\mathbf{k}$. O vetor $\mathbf{r}$ é o vetor posição de qualquer ponto sobre a linha de ação de $\mathbf{F}$ em relação à origem. Se usarmos o ponto $(2, 0, 4)$, $\mathbf{r}_1 = 2\mathbf{i} + 0\mathbf{j} + 4\mathbf{k}$. Então,

$$\mathbf{M} = \mathbf{r}_1 \times \mathbf{F} = \begin{vmatrix} \mathbf{i} & \mathbf{j} & \mathbf{k} \\ 2 & 0 & 4 \\ 68{,}7 & 22{,}9 & -68{,}7 \end{vmatrix}$$

$$= \mathbf{i}[0 - 4(22{,}9)] - \mathbf{j}[2(-68{,}7) - 4(68{,}7)] + \mathbf{k}[2(22{,}9) - 0]$$

$$= -91{,}6\mathbf{i} + 412\mathbf{j} + 45{,}8\mathbf{k} \, \text{N} \cdot \text{m}$$

Da mesma forma, utilizando o ponto $(5, 1, 1)$ na linha de ação de $\mathbf{F}$, $\mathbf{r}_2 = 5\mathbf{i} + \mathbf{j} + \mathbf{k}$, então

$$\mathbf{M} = \mathbf{r}_2 \times \mathbf{F} = \begin{vmatrix} \mathbf{i} & \mathbf{j} & \mathbf{k} \\ 5 & 1 & 1 \\ 68{,}7 & 22{,}9 & -68{,}7 \end{vmatrix}$$

$$= \mathbf{i}[-1(68{,}7) - 22{,}9(1)] - \mathbf{j}[5(-68{,}7) - 1(68{,}7)] + \mathbf{k}[5(22{,}9) - 68{,}7(1)]$$

$$= -91{,}6\mathbf{i} + 412\mathbf{j} + 45{,}8\mathbf{k} \, \text{N} \cdot \text{m}$$

Os momentos escalares em relação aos eixos x, y e z são os coeficientes dos vetores unitários $\mathbf{i}$, $\mathbf{j}$ e $\mathbf{k}$.

2.5 Determine o momento da força $\mathbf{F} = 2\mathbf{i} + 3\mathbf{j} - \mathbf{k}$ N atuando no ponto $(3, 1, 1)$ e na direção de uma reta que passa pelos pontos $(2, 5, -2)$ e $(3, -1, 1)$. As coordenadas são dadas em metros.

Solução

O braço do momento $\mathbf{r}$ de uma força pode ser obtido utilizando um vetor posição com origem em qualquer ponto sobre a linha de ação dessa força. Considerando o ponto $(2, 5, -2)$, o vetor $\mathbf{r} = \mathbf{i} - 4\mathbf{j} + 3\mathbf{k}$. O momento $\mathbf{M}$ em relação ao ponto escolhido é

$$\mathbf{M} = \mathbf{r} \times \mathbf{F} = \begin{vmatrix} \mathbf{i} & \mathbf{j} & \mathbf{k} \\ 1 & -4 & 3 \\ 2 & 3 & -1 \end{vmatrix} = -5\mathbf{i} + 7\mathbf{j} + 11\mathbf{k}$$

Agora,

$$\mathbf{e}_L = \frac{[(3-2)\mathbf{i} + (-1-5)\mathbf{j} + (1+2)\mathbf{k}]}{\sqrt{(1)^2 + (-6)^2 + (3)^2}} = \frac{\mathbf{i} - 6\mathbf{j} + 3\mathbf{k}}{\sqrt{46}}$$

O momento de $\mathbf{F}$ em relação à reta é a componente de $\mathbf{M}$ na direção dessa reta:

$$\mathbf{M}_L = \mathbf{M} \cdot \mathbf{e}_L = (-5\mathbf{i} + 7\mathbf{j} + 11\mathbf{k}) \cdot \frac{\mathbf{i} - 6\mathbf{j} + 3\mathbf{k}}{\sqrt{46}} = \frac{-5 - 42 + 33}{\sqrt{46}} = \frac{-14}{\sqrt{46}} = -2{,}06 \, \text{N} \cdot \text{m}$$

Se o braço do momento é escolhido com origem em $(3, -1, 1)$, o braço será $\mathbf{r} = 2\mathbf{j}$. O momento $\mathbf{M}$ é

$$\mathbf{M} = \mathbf{r} \times \mathbf{F} = \begin{vmatrix} \mathbf{i} & \mathbf{j} & \mathbf{k} \\ 0 & 2 & 0 \\ 2 & 3 & -1 \end{vmatrix} = -2\mathbf{i} - 4\mathbf{k}$$

Assim, o momento de $\mathbf{M}$ em relação à reta é

$$\mathbf{M} \cdot \mathbf{e}_L = (-2\mathbf{i} + 0\mathbf{j} - 4\mathbf{k}) \cdot \frac{\mathbf{i} - 6\mathbf{j} + 3\mathbf{k}}{\sqrt{46}} = \frac{-2 - 12}{\sqrt{46}} = \frac{-14}{\sqrt{46}} = -2{,}06 \, \text{N} \cdot \text{m}$$

2.6 Determine o momento da força **P** cujas componentes retangulares são $P_x = 22$ N, $P_y = 23$ N, $P_z = 7$ N, atuando no ponto $(1, -1, -2)$. Obtenha o momento em relação à reta que passa pela origem e pelo ponto $(3, -1, 0)$. As coordenadas estão em metros.

Solução

$$\mathbf{P} = 22\mathbf{i} + 23\mathbf{j} + 7\mathbf{k} \text{ N}$$

O braço do momento, $\mathbf{r} = (1-0)\mathbf{i} + (-1-0)\mathbf{j} + (-2-0)\mathbf{k} = \mathbf{i} - \mathbf{j} - 2\mathbf{k}$ m,

$$\mathbf{M} = \mathbf{r} \times \mathbf{F} = \begin{vmatrix} \mathbf{i} & \mathbf{j} & \mathbf{k} \\ 1 & -1 & -2 \\ 22 & 23 & 7 \end{vmatrix} = 39\mathbf{i} - 51\mathbf{j} + 45\mathbf{k} \text{ N} \cdot \text{m}$$

2.7 O conjugado de momento 60 N · m age no plano do papel. Indique esse conjugado com (*a*) forças de 10 N e (*b*) forças de 30 N.

Solução

Em (*a*) o braço de momento deverá ser de 6 m, enquanto que em (*b*) deverá ser de 2 m.

O sentido de rotação deverá ser anti-horário, uma vez que o momento é positivo. As forças paralelas poderão ser dadas com qualquer ângulo, conforme mostrado na Fig. 2-6.

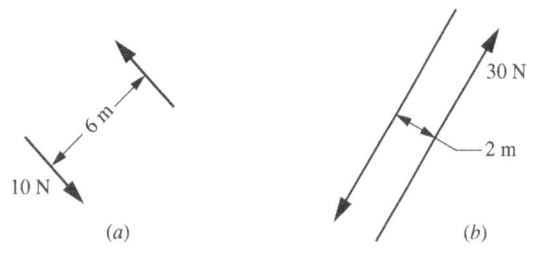

Figura 2-6

2.8 Combine o conjugado $M_1 = 20$ N · m com o conjugado $M_2 = -50$ N · m, ambos no mesmo plano. Veja Fig. 2-7.

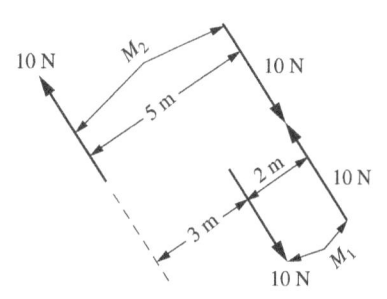

Figura 2-7

Solução

É evidente que forças colineares cancelam-se, ficando duas forças de 10 N distantes 3 m entre si. O conjugado resultante é − 30 N · m, resultado que também pode ser obtido por uma adição algébrica.

$$\mathbf{M} = M_1 + M_2 = 20 - 50 = -30 \text{ N} \cdot \text{m}$$

2.9 Substitua o conjugado de momento − 100 N · m e a força vertical de 50 N atuando na origem, conforme mostrado na Fig. 2-8(a), por uma única força. Qual deverá ser a posição dessa força única?

Solução

Na Fig. 2-8(b), o conjugado é representado por duas forças iguais e opostas de 50 N distantes 2 m na direção perpendicular. Uma das forças do conjugado está alinhada com a força dada de 50 N na origem. Essas duas forças se cancelam, deixando apenas uma força de 50 N para cima e agindo a 2 m à esquerda da origem.

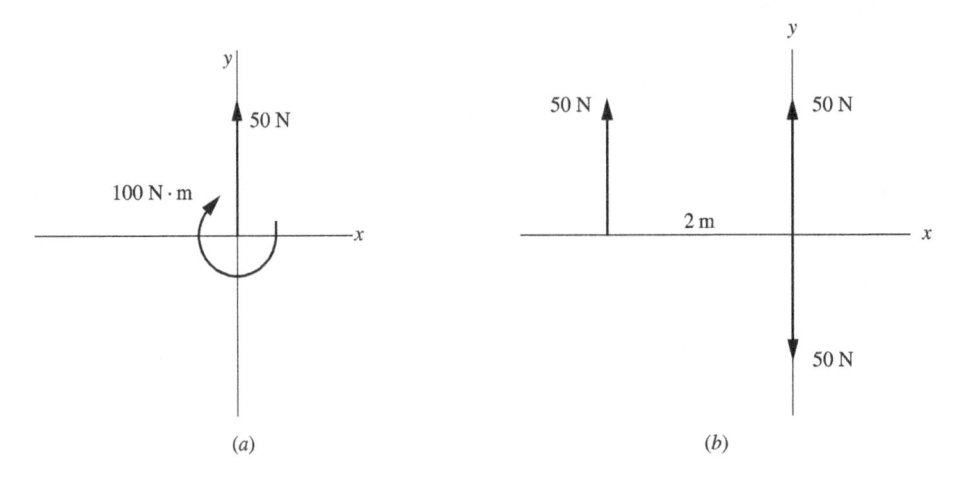

Figura 2-8

2.10 Combine uma força de 30 N a 60° com um conjugado de 50 N · m no mesmo plano. Veja a Fig. 2-9.

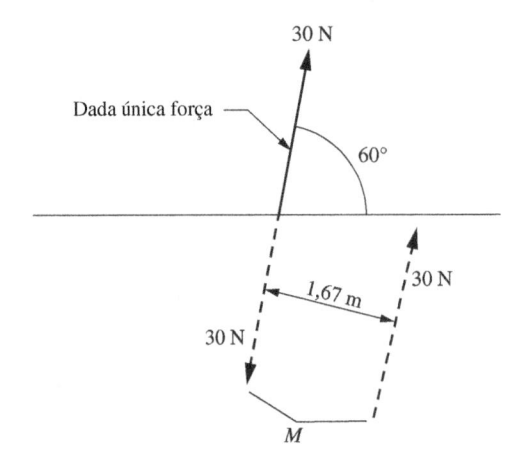

Figura 2-9

Solução

Um conjugado não pode ser reduzido a um sistema mais simples, mas pode ser combinado à outra força. Desenhe o conjugado com forças de 30 N de forma que uma de suas forças seja colinear à força dada de 30 N, mas com sentido oposto.

Por inspeção, as forças colineares anulam-se, restando apenas uma única força de 30 N paralela e na mesma direção da força original, mas a uma distância de 1,67 m desta.

2.11 Conforme mostrado na Fig. 2-10, um conjugado M_1 de 20 N · m atua no plano xy, um conjugado M_2 de 40 N · m age no plano yz e um conjugado M_3 de -55 N · m age no plano xz. Determine o conjugado resultante.

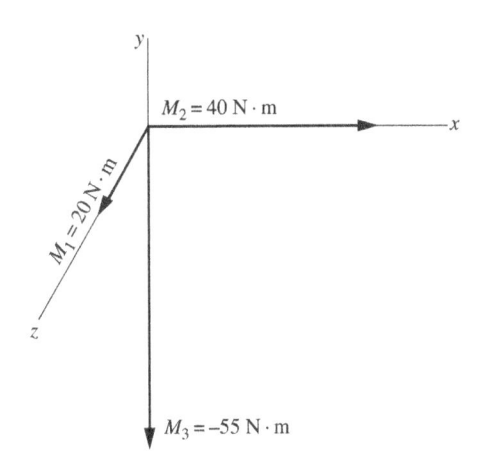

Figura 2-10

Solução

O conjugado M_1 é positivo e atua no plano xy. Quando observado a partir da extremidade positiva do eixo z, ele tende a girar no sentido anti-horário em relação ao eixo z. Pela regra da mão direita, ele será representado por um vetor ao longo do eixo z positivo. Utilizando este tipo de raciocínio, os três conjugados são representados na figura.
Somando vetorialmente,

$$M = \sqrt{M_1^2 + M_2^2 + M_3^2} = \sqrt{(20)^2 + (40)^2 + (-55)^2} = 70{,}9\,\text{N} \cdot \text{m}$$

$$\cos\phi_x = \frac{M_2}{M} = 0{,}564 \qquad \cos\phi_y = \frac{M_3}{M} = -0{,}777 \qquad \cos\phi_z = \frac{M_1}{M} = 0{,}282$$

Esses são os cossenos diretores do conjugado **M**. O conjugado age em um plano perpendicular a esse vetor.
Utilizando a notação vetorial, o conjugado **M** pode ser escrito como

$$\mathbf{M} = 40\mathbf{i} - 55\mathbf{j} + 20\mathbf{k}\,\text{N} \cdot \text{m}$$

de onde se pode obter a intensidade de **M** igual à determinada acima.

2.12 Um tubo de 2 cm de diâmetro está submetido a uma força de 250 N aplicada verticalmente para baixo em relação a uma haste distante 14 cm do eixo do tubo. Substitua a força de 250 N por (1) uma força na extremidade do tubo que produz momento e (2) um conjugado que distorce o eixo, submetendo-o à torção. Quais serão os momentos da força e do conjugado? Veja a Fig. 2-11(*a*).

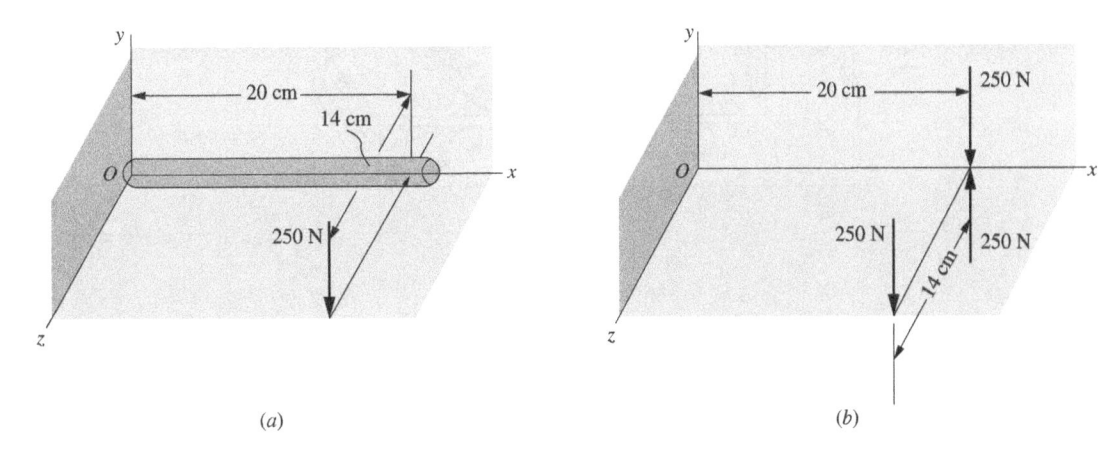

(*a*)   (*b*)

Figura 2-11

Solução

Posicione duas forças verticais de 25 N com sentidos contrários passando pelo centro do tubo, conforme mostrado na Fig. 2-11(b). As três forças continuarão a ser equivalentes à força original.

A força para cima combinada com a força original forma o conjugado

$$M = 250 \times 0{,}14 = 35 \text{ N} \cdot \text{m}$$

Esse conjugado tende a torcer o tubo no sentido anti-horário em relação ao eixo x.

A outra força de 250 N para baixo no tubo produzirá um momento

$$M = 250 \times 0{,}20 = -50 \text{ N} \cdot \text{m}$$

em relação ao eixo z.

2.13 Resolva o Problema 2.12 determinando o momento da força de 250 N em relação ao ponto O.

Solução

O vetor posição do ponto de aplicação da força de 250 N com relação à origem é $\mathbf{r} = 0{,}2\mathbf{i} + 0{,}14\mathbf{k}$. A força $\mathbf{F} = -250\mathbf{j}$. Portanto, o momento da força de 250 N em relação à origem é

$$\mathbf{M} = \mathbf{r} \times \mathbf{F} = \begin{vmatrix} \mathbf{i} & \mathbf{j} & \mathbf{k} \\ 0{,}2 & 0 & 0{,}14 \\ 0 & -25 & 0 \end{vmatrix} = \mathbf{i}[0 - 0{,}14(-250)] - \mathbf{j}[0 - 0] + \mathbf{k}[0{,}2(-250) - 0] = 35\mathbf{i} - 50\mathbf{k} \text{ N} \cdot \text{m}$$

Isto está de acordo com os resultados do Problema 2.12.

2.14 O guincho mostrado na Fig. 2-12 está no nível do solo. O eixo x passa pelos pontos de contato das rodas traseiras com o solo, o eixo y é paralelo à linha de centro e o eixo z é vertical, conforme mostrado. O assento (plataforma) do guincho está 1 m acima do solo. Para fins práticos, o pivô na parte de baixo da lança pode ser considerado no assento do guincho e a 2 m do centro da cabine. O centro da cabine está sobre a linha de centro e 5 m à frente (à esquerda) do eixo traseiro. A lança de 16 m forma um ângulo de 60° com o assento do guincho em um plano vertical, a cabine e a lança estão giradas horizontalmente de 45° em relação à linha de centro que passa pelo assento. Considerou-se a distância entre os pontos de contato das rodas traseiras igual a 2,6 m. Determine o momento de giro da força de 40 kN em relação ao eixo x.

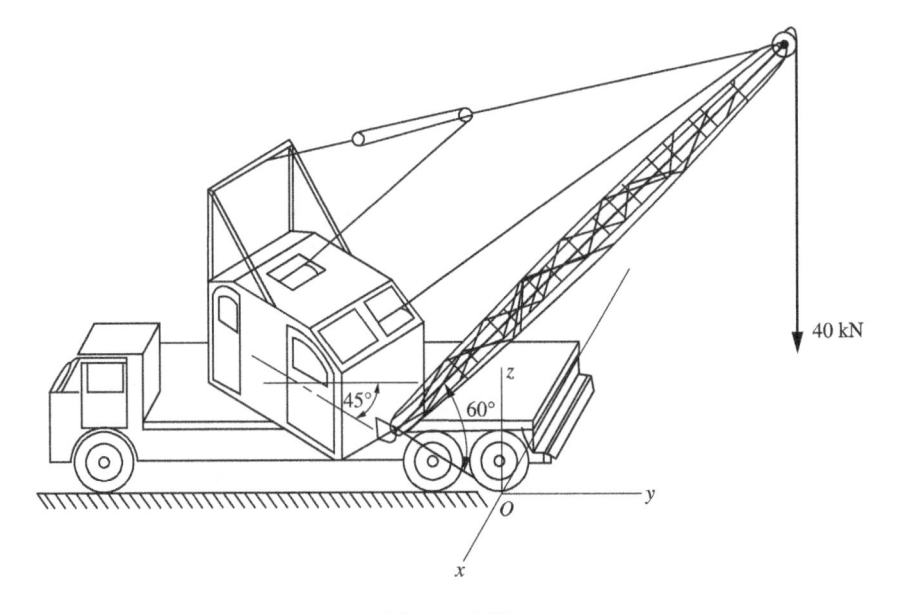

Figura 2-12

Solução

Em relação à origem O dos eixos, as coordenadas do centro da cabine são $(-1,3, -5, 1)$. As coordenadas do fundo da lança são $(-1,3 + 2 \text{ sen } 45°, -5 + 2\cos 45°, 1)$ ou $(0,114, -3,47, 1)$. As coordenadas do topo da lança são $(0,114 + 16 \cos 60° \text{ sen } 45°, -3,47 + 16 \cos 60° \cos 45°, 1 + 16 \text{ sen } 60°)$ ou $(5,77, 2,19, 14,86)$.

O momento do peso de 40 kN em relação ao ponto O é

$$\mathbf{M} = \mathbf{r} \times \mathbf{F} = \begin{vmatrix} \mathbf{i} & \mathbf{j} & \mathbf{k} \\ 5,77 & 2,19 & 14,86 \\ 0 & 0 & -40 \end{vmatrix} = -87,6\mathbf{i} + 231\mathbf{j}$$

O coeficiente escalar do termo $\mathbf{i}$ é o momento em relação ao eixo x. Portanto $M_x = -87,6$ kN · m. Além do que, o momento é horário em relação ao eixo x quando em vista lateral.

Problemas Complementares

2.15 Em cada caso, encontre o momento da força $\mathbf{F}$ em relação à origem. Utilize o teorema de Varignon.

Intensidade de F	Ângulo de F com a horizontal	Coordenadas do ponto de aplicação de F	Resposta
20 N	30°	(5, −4) m	119 N · m
64 N	140°	(−3, 4) m	72,9 N · m
15 N	337°	(8, −2) m	−19,3 N · m
0,8 N	45°	(6, 1) m	0,0283 N · m
4 kN	90°	(0, −20) m	0
96 N	60°	(4, 2) m	236 N · m

2.16 No Problema 2.15, use a definição de momento via produto vetorial ($\mathbf{M} = \mathbf{r} \times \mathbf{F}$) para determinar o momento. Cada resposta será acompanhada do vetor unitário $\mathbf{k}$. A intensidade do momento não se alterará.

2.17 Uma força de 50 N está orientada segundo a reta que vai de $(8, 2, 3)$ m até $(2, -6, 5)$ m. Quais serão os momentos escalares das forças em relação aos eixos x, y e z?

Resp. $M_x = 137$ N · m, $M_y = -167$ N · m, $M_z = -255$ N · m

2.18 Dada a força $\mathbf{P} = 32,4\mathbf{i} - 29,3\mathbf{j} + 9,9\mathbf{k}$ N atuando na origem, encontre o momento em relação à reta que passa pelos pontos $(0, -1, 3)$ e $(3, 1, 1)$. As coordenadas estão em metros.

Resp. $M = -88,2$ N · m

2.19 Uma força atua na origem. As componentes retangulares dessa força são $P_x = 68,7$ N, $P_y = 22,9$ N, $P_z = -68,7$ N. Determine o momento da força $\mathbf{P}$ em relação à reta que passa pelos pontos $(1, 0, -1)$ e $(4, 4, -1)$. As coordenadas são em metros.

Resp. $M = -13,7$ N · m

2.20 Combine $M_1 = 20$ N · m, $M_2 = -80$ N · m e $M_3 = -18$ N · m, todos no mesmo plano.

Resp. $M = -78$ N · m atuando no mesmo plano ou em plano paralelo.

2.21 Substitua a força vertical para baixo de 270 N atuando na origem por uma força vertical de 270 N atuando em $x = -5$ cm mais um conjugado. Qual é a intensidade e a orientação desse conjugado?

Resp. $M = -13,5$ N · m

2.22 Determine o vetor resultante dos três conjugados 16 N · m, −45 N · m, 120 N · m que agem respectivamente nos planos xy, yz, xz.

Resp. $M = 129,2$ N · m, $\cos \theta_x = -0,348$, $\cos \theta_y = 0,929$, $\cos \theta_z = 0,124$ ou $-45\mathbf{i} + 120\mathbf{j} + 16\mathbf{k}$ N · m

2.23 Adicione o conjugado $\mathbf{M} = 30\mathbf{i} - 20\mathbf{j} + 35\mathbf{k}$ N · m ao conjugado resultante do Problema 2.22.

Resp. $\mathbf{M} = -15\mathbf{i} + 100\mathbf{j} + 51\mathbf{k}$ N · m

2.24 As forças de 24 N aplicadas aos vértices A e B do paralelepípedo mostrado na Fig. 2-13 atuam ao longo dos lados AE e BF, respectivamente. Mostre que o conjugado dado pode ser substituído por um conjunto de forças verticais de 18 N para cima no ponto C e para baixo no ponto D.

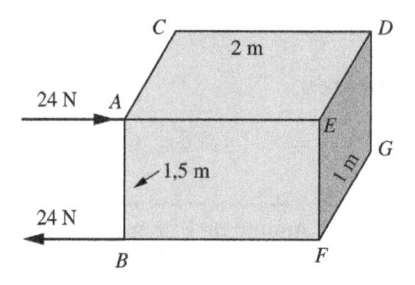

Figura 2-13

2.25 Substitua o conjunto de forças paralelas mostrado na Fig. 2-14 por uma única força. Qual é a intensidade, a orientação e a posição dessa força?

Resp. 80 N, vertical e para cima, aplicada a 0,75 m à esquerda de A

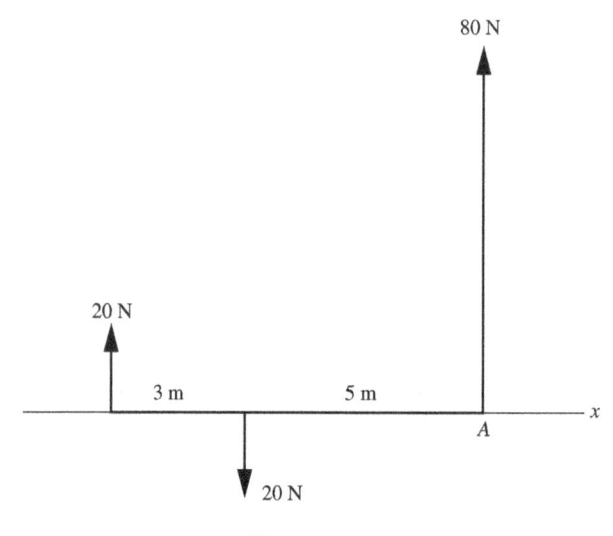

Figura 2-14

2.26 Uma barra horizontal de 8 m de comprimento está solicitada por uma força vertical de 12 N na extremidade direita, conforme mostrado na Fig. 2-15. Mostre que isso é equivalente a uma força vertical para baixo de 12 N agindo na extremidade esquerda acompanhada de um conjugado horário de 96 N · m.

CAPÍTULO 2 • OPERAÇÕES COM FORÇAS 33

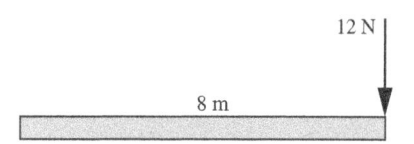

Figura 2-15

2.27 Uma chave inglesa na posição horizontal é ajustada à extremidade esquerda de um tubo. Uma força de 20 N vertical será aplicada na extremidade direita, a uma distância efetiva de 300 mm do centro do tubo. Mostre que isso seria equivalente a uma força vertical para baixo de 20 N atuando pelo centro do tubo e um conjugado horário de 6 N · m. Veja a Fig. 2-16.

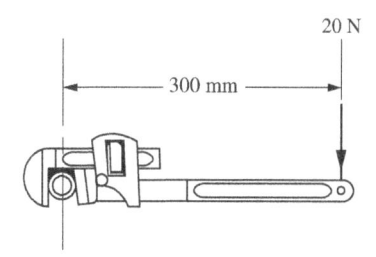

Figura 2-16

2.28 Reduza o sistema de forças nas polias mostradas na Fig. 2-17 a uma força única em O e um conjugado. As forças são tanto verticais como horizontais.

Resp.   78,3 N, $\theta_x = 296{,}5°$, $M = 0$

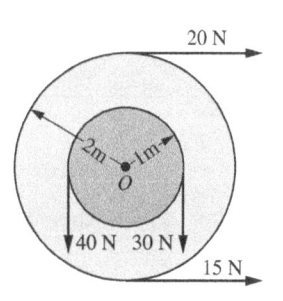

Figura 2-17

2.29 Reduza o sistema de forças que agem na viga mostrada na Fig. 2-18 a uma força em A e um conjugado.

Resp. $R = 100$ N para cima em A, $M = 6000$ N · m

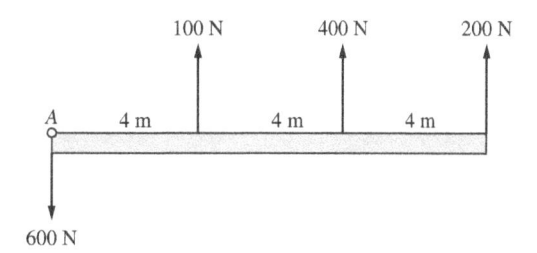

Figura 2-18

2.30 Com base na Fig. 2-19, reduza o sistema de forças e conjugados ao sistema mais simples em relação ao ponto A.

Resp. $R_x = 48,1$ N, $R_y = -3,9$ N, $M = 36,2$ N · m

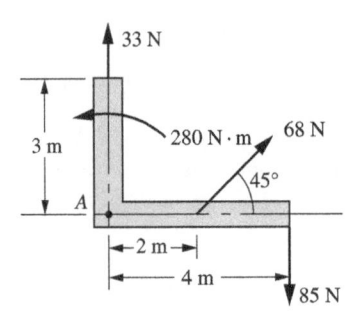

Figura 2-19

2.31 Determine os momentos das duas forças em relação aos eixos x, y e z mostrados na Fig. 2-20.

Resp. $\mathbf{M} = 488\mathbf{i} + 732\mathbf{k}$ N · m ou $M_x = 488$ N · m, $M_y = 0$, $M_z = 732$ N · m

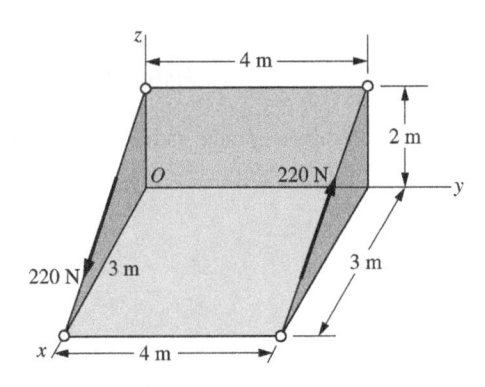

Figura 2-20

Capítulo 3

Resultantes dos Sistemas Coplanares de Forças

3.1 FORÇAS COPLANARES

Forças coplanares repousam em um mesmo plano. Um sistema concorrente de forças consiste em forças que se interceptam em um ponto chamado de *concorrente*. Um sistema de forças paralelas é formado por forças que se interceptam no infinito. Um sistema de forças não concorrente e não paralelo consiste em forças que não são todas concorrentes nem todas paralelas.

Equações vetoriais poderão ser empregadas para os sistemas mencionados a fim de determinar suas resultantes, mas equações escalares também poderão ser utilizadas em alguns dos sistemas dados.

3.2 SISTEMAS CONCORRENTES

A resultante **R** pode ser (*a*) uma força simples que passa pelo ponto concorrente ou (*b*) zero. Algebricamente,

$$R = \sqrt{\left(\sum F_x\right)^2 + \left(\sum F_y\right)^2} \qquad \text{e} \qquad \tan \theta_x = \frac{\sum F_y}{\sum F_x} \qquad (3.1)$$

onde $\sum F_x, \sum F_y$ = somas algébricas das componentes *x* e *y* das respectivas forças que formam o sistema
θ_x = ângulo que a resultante **R** forma com o eixo *x*.

3.3 SISTEMAS PARALELOS

A resultante poderá ser (*a*) uma única força **R** paralela ao sistema, (*b*) um conjugado no plano do sistema ou em um plano paralelo, ou (*c*) zero. Algebricamente,

$$R = \sum F \qquad \text{e} \qquad R\bar{a} = \sum M_O \qquad (3.2)$$

onde $\sum F$ = soma algébrica das forças do sistema
O = um ponto de referência no plano
$\bar{a}$ = distância perpendicular do ponto de referência O à resultante R
$R\bar{a}$ = momento de R em relação a O
$\sum M_O$ = soma algébrica dos momentos das forças do sistema em relação ao ponto O

Se $\sum F$ não for zero, aplique a equação $R\bar{a} = \sum M_O$ para determinar $\bar{a}$ e, portanto, a linha de ação de R.
Se $\sum F = 0$, o conjugado resultante, se existir um, terá a intensidade $\sum M_O$.

3.4 SISTEMAS NÃO CONCORRENTES E NÃO PARALELOS

A resultante poderá ser (*a*) uma única força **R**, (*b*) um conjugado no plano do sistema ou em um plano paralelo a este, ou (*c*) zero. Algebricamente,

$$R = \sqrt{\left(\sum F_x\right)^2 + \left(\sum F_y\right)^2} \qquad \text{e} \qquad \tan \theta_x = \frac{\sum F_y}{\sum F_x} \qquad (3.3)$$

onde $\sum F_x, \sum F_y =$ somas algébricas das componentes *x* e *y*, respectivamente, das forças do sistema
$\theta_x =$ ângulo que a resultante **R** forma com o eixo *x*

Para determinar a linha de ação da força resultante, emprega-se a equação

$$R\bar{a} = \sum M_O \qquad (3.4)$$

onde $O =$ um ponto de referência no plano
$\bar{a} =$ distância perpendicular do ponto de referência O à resultante R
$R\bar{a} =$ momento de R em relação a O
$\sum M_O =$ soma algébrica dos momentos das forças do sistema em relação ao ponto O

Observe que, embora $R = 0$, pode haver um conjugado cuja magnitude seja $\sum M_O$.

3.5 RESULTANTES DE SISTEMAS DE FORÇAS DISTRIBUÍDAS

Um sistema de forças distribuídas caracteriza-se quando não é possível representar as forças por vetores individuais agindo em pontos específicos no espaço; elas devem ser representadas por um número infinito de vetores, cada um como função do ponto no qual a força atua. Considere o sistema de forças distribuídas coplanares (paralelas) mostrado na Fig. 3-1. As unidades para $w(x)$ serão, por exemplo, N/m. A resultante R do sistema de forças e sua posição podem ser determinadas por integração. Portanto,

$$R = \int_A^B w(x)\, dx \qquad \text{e} \qquad Rd = \int_A^B xw(x)\, dx \qquad (3.5)$$

Os Problemas de 3.13 a 3.15 são exemplos específicos.

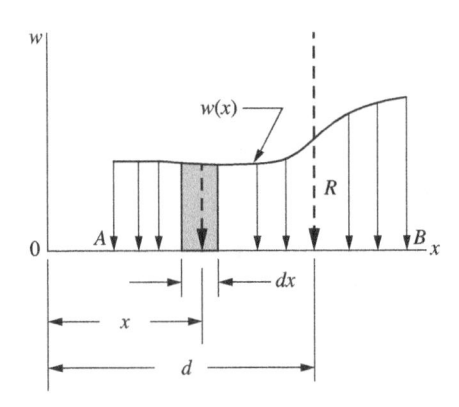

Figura 3-1 Um sistema de forças distribuídas.

CAPÍTULO 3 • RESULTANTES DOS SISTEMAS COPLANARES DE FORÇAS

Problemas Resolvidos

3.1 Determine a resultante do sistema de forças concorrentes mostrado na Fig. 3-2(a).

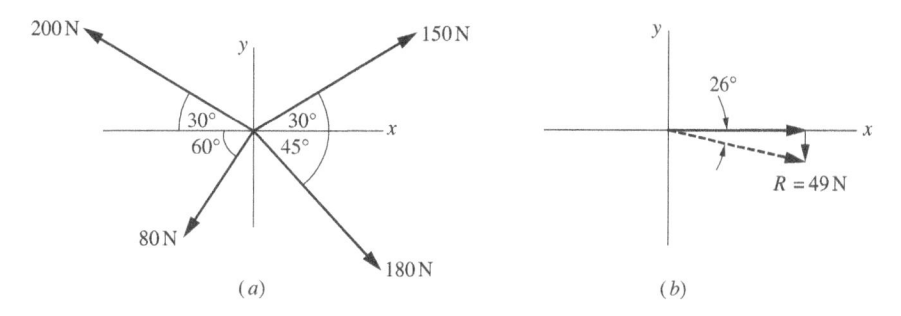

Figura 3-2

Solução

Encontre as componentes x e y de cada uma das quatro forças dadas. Some algebricamente as componentes em x para determinar $\sum F_x$. Encontre $\sum F_y$ utilizando as componentes em y. As informações podem ser mais claramente organizadas na forma de uma tabela.

FORÇA	$\cos \theta_x$	$\sen \theta_x$	F_x	F_y
150	0,866	0,500	129,9	75,0
200	−0,866	0,500	−173,2	100,0
80	−0,500	−0,866	−40,0	−69,2
180	0,707	−0,707	127,3	−127,3

$$\sum F_x = 44,0, \quad \sum F_y = -21,5 \quad \text{e} \quad R = \sqrt{\left(\sum F_x\right)^2 + \left(\sum F_y\right)^2} = \sqrt{(44,0)^2 + (-21,5)^2} = 49,0 \text{ N}$$

$$\tg \theta_x = \frac{\sum F_y}{\sum F_x} = \frac{-21,5}{44,0} = -0,489$$

$$\therefore \theta_x = -26°$$

A resultante é mostrada na Fig. 3-2(b).

3.2 Determine a resultante do sistema de forças mostrado na Fig. 3-3(a). Note que a declividade da linha da ação de cada força está indicada na figura.

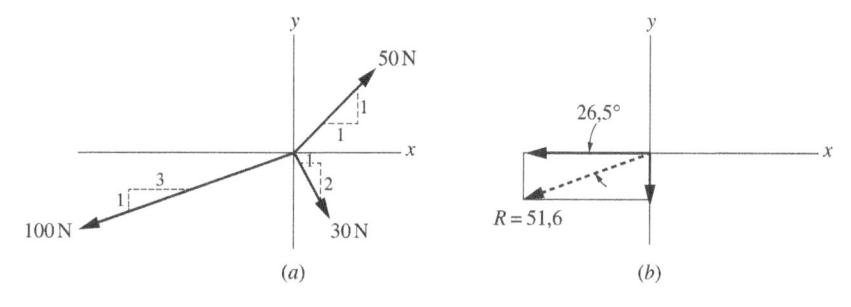

Figura 3-3

Solução

FORÇA	F_x	F_y
50	$50 \times \dfrac{1}{\sqrt{1^2 \times 1^2}}$	$50 \times \dfrac{1}{\sqrt{2}}$
100	$-100 \times \dfrac{3}{\sqrt{1^2 + 3^2}}$	$-100 \times \dfrac{1}{\sqrt{10}}$
30	$30 \times \dfrac{1}{\sqrt{1^2 \times 2^2}}$	$-30 \times \dfrac{2}{\sqrt{5}}$

$\sum F_x = -46{,}1$, $\sum F_y = -23{,}0$ e $R = \sqrt{(-46{,}1)^2 + (-23{,}0)^2} = 51{,}6$ N, com $\theta_x = 206{,}5°$. A resultante é mostrada na Fig. 3.3(b).

3.3 Encontre a resultante do sistema de forças coplanares e concorrente da Fig. 3-4(a).

Solução

$$\sum F_x = 70 - 100 \cos 30° - 125 \sen 10° = -38{,}3 \text{ N}$$

$$\sum F_y = 125 \cos 10° - 100 \sen 30° = 73{,}1 \text{ N}$$

$$R = \sqrt{\left(\sum F_x\right)^2 + \left(\sum F_y\right)^2} = \sqrt{(-38{,}3)^2 + (73{,}1)^2} = 82{,}5 \text{ N}$$

De acordo com a Fig. 3-4(b),

$$\tg \phi = \frac{38{,}3}{73{,}1} = 0{,}524. \quad \therefore \phi = 27{,}7°$$

Relativamente ao eixo x, o ângulo mais próximo é $\theta = 90° + 27{,}7° = 118°$.

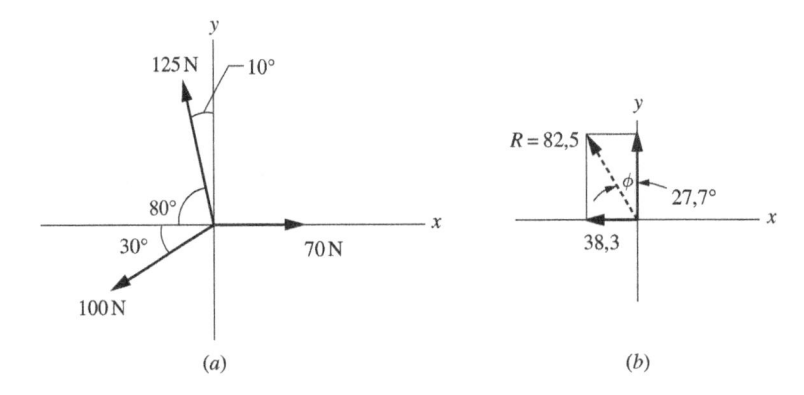

Figura 3-4

CAPÍTULO 3 • RESULTANTES DOS SISTEMAS COPLANARES DE FORÇAS

3.4 Determine a resultante do sistema de forças paralelas da Fig. 3-5.

Solução

De acordo com o mostrado na Fig. 3-5, as linhas de ação das forças são verticais.

$$R = -20 + 30 + 5 - 40 = -25 \text{ N (i.e., para baixo)}$$

Para determinar a linha de ação dessa força de 25 N, escolha um ponto qualquer de referência O. Uma vez que o momento de uma força em relação a um ponto na sua própria linha de ação é zero, é aconselhável, mas não necessário, escolher uma posição para o ponto O que se encontre na linha de ação de uma das forças dadas. Considere o ponto O na linha de ação da força de 30 N.

$$\sum M_O = (20 \times 6) + (30 \times 0) + (5 \times 8) - (40 \times 13) = -360 \text{ N} \cdot \text{m}$$

Consequentemente, o momento de R deve ser igual a -360 N · m. Isso significa que R, que é para baixo $(-)$, deve ser posicionada à direita de O, porque apenas dessa forma o momento será no sentido horário $(-)$.

Aplica-se $R\bar{a} = \sum M_O$ para obter

$$\bar{a} = \frac{360 \text{ N} \cdot \text{m}}{25 \text{ N}} = 14,4 \text{ m} \qquad \text{à direita de } O$$

Observe que determinamos $\bar{a}$ sem levar em conta os sinais de R ou $\sum M_O$, mas usando a lógica.

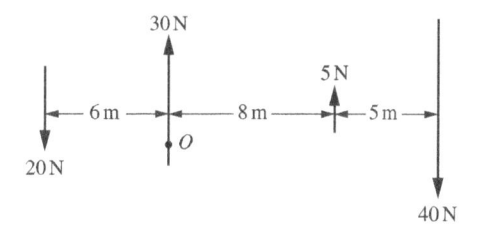

Figura 3-5

3.5 Determine a resultante do sistema de forças paralelas da Fig. 3-6. As distâncias estão em metros.

Solução

$R = -100 + 200 - 200 + 400 - 300 = 0$. Isso significa que a resultante não é uma força única. Agora determine $\sum M_O$. Escolha o ponto O na linha de ação da força de 100 N, conforme mostrado:

$$\sum M_O = +(100 \times 0) + (200 \times 2) - (200 \times 5) + (400 \times 9) - (300 \times 11) = -300 \text{ N} \cdot \text{m}$$

A resultante é, portanto, um conjugado $M = -300$ N · m, que pode ser representado no plano do papel de acordo com as leis que governam os conjugados:

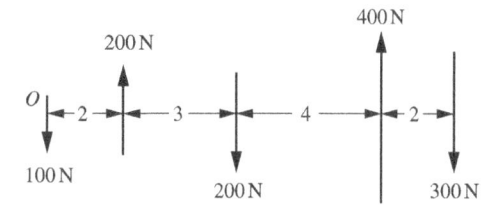

Figura 3-6

3.6 Determine a resultante horizontal do sistema de forças que atua na barra mostrada na Fig. 3-7. As distâncias estão dadas em metros.

Solução

$R = \sum F_h = 20 + 20 - 40 = 0$. Isso significa que a resultante não é uma força única, mas ele pode ser um conjugado.

$$\sum M_O = -(20 \times 3) + (20 \times 3) = 0$$

Portanto, nesse sistema, a resultante das forças é zero e a resultante dos conjugados também é zero.

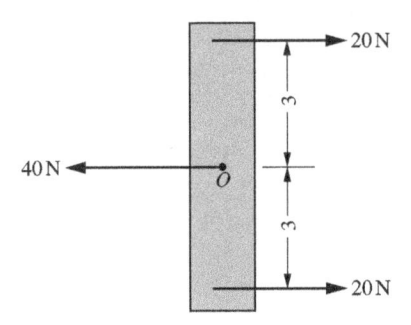

Figura 3-7

3.7 As três forças paralelas e o conjugado atuam na viga engastada conforme mostrado na Fig. 3-8. Qual é a resultante das três forças e do conjugado?

Solução

$$R = \sum F = 500 - 400 - 200 = -100 \, \text{N}$$
$$\sum M_O = 2 \times 500 - 4 \times 400 - 6 \times 200 + 1500 = -300 \, \text{N} \cdot \text{m}$$
$$R\bar{a} = \sum M_O \qquad \bar{a} = \frac{-300}{-100} = 3 \, \text{m}$$

Para que a resultante, que é para baixo, produza um momento negativo, ela precisa estar localizada à direita do ponto O. A resultante, com sua localização, está mostrada como um vetor tracejado na Fig. 3-8.

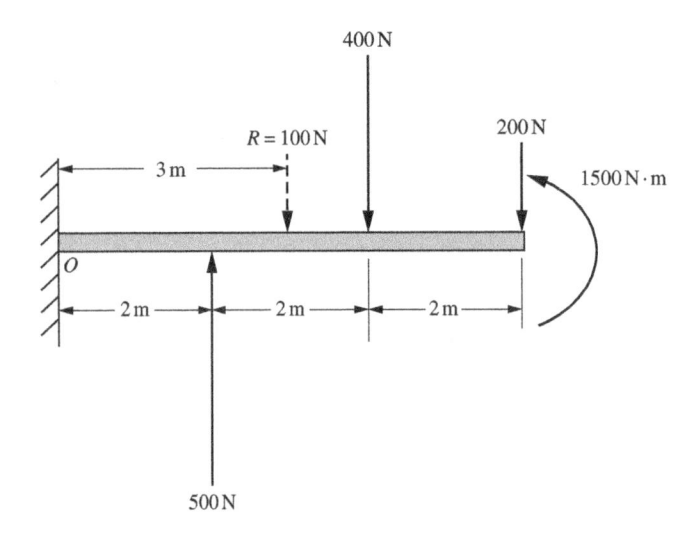

Figura 3-8

3.8 Determine a resultante do sistema coplanar e não concorrente de forças mostrado na Fig. 3-9. As distâncias estão em metros.

Solução

$$\sum F_x = 50 - 100\cos 45° = -20{,}7\,\text{N}$$
$$\sum F_y = 50 - 100\,\text{sen}\,45° = -20{,}7\,\text{N}$$

$$R = \sqrt{(-20{,}7)^2 + (-20{,}7)^2} = 29{,}3\,\text{N} \qquad \theta_x = \text{tg}^{-1}\frac{\sum F_y}{\sum F_x} = 45°$$

$$\sum M_O = 5 \times 50 - 4 \times 50 = 50\,\text{N}\cdot\text{m}$$
$$R\bar{a} = \sum M_O = 50 \qquad \bar{a} = 50/29{,}3 = 1{,}71\,\text{m}$$

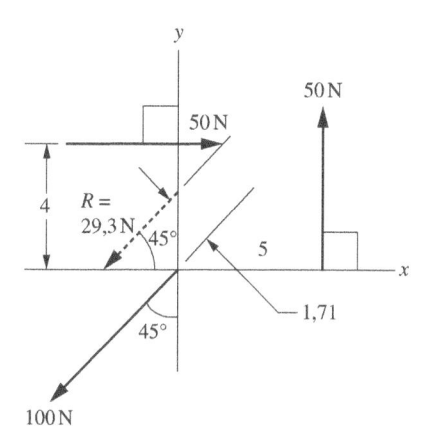

Figura 3-9

R está orientada para baixo e para a esquerda, e, portanto, deverá estar acima da origem para produzir um momento positivo.

3.9 Determine a resultante do sistema das quatro forças não paralelas e não concorrentes mostrado na Fig. 3-10(*a*). As coordenadas estão em metros.

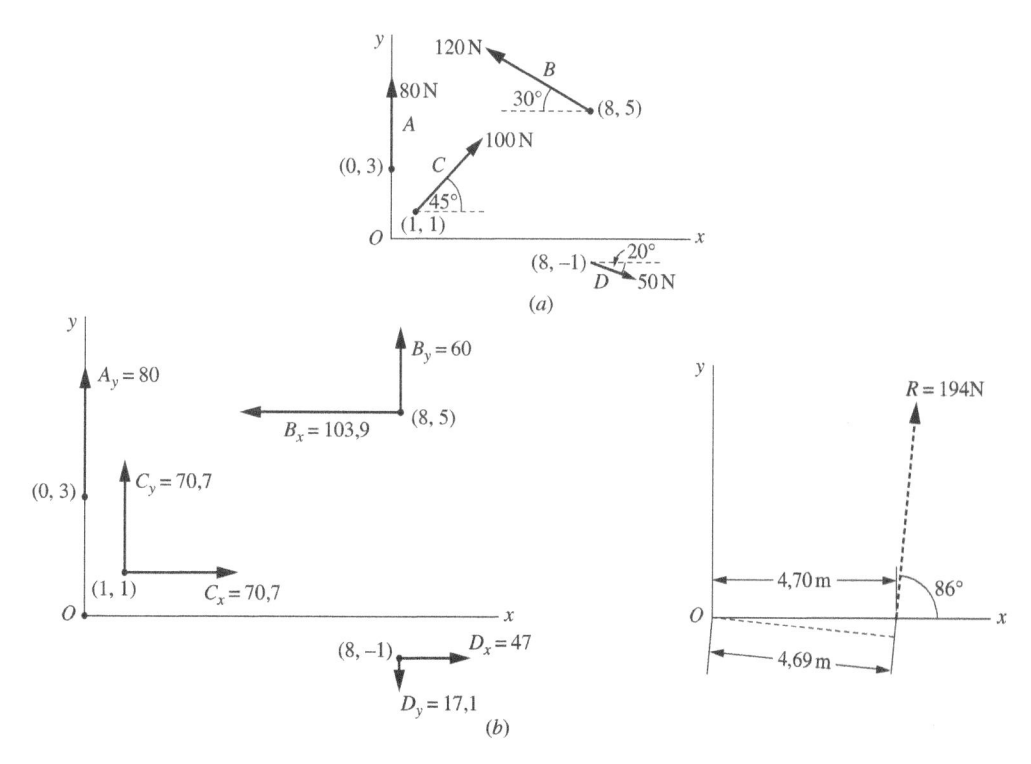

Figura 3-10

Solução

Por conveniência, as forças serão designadas por A, B, C e D. O método mais simples de confrontar o problema é decompor cada força em suas componentes, conforme mostrado na Fig. 3-10(b). O somatório das componentes das forças fornece

$$\sum F_x = -103,9 + 70,7 + 47 = 13,8 \text{ N} \qquad \sum F_y = 60 + 80 + 70,7 - 17,1 = 193,6 \text{ N}$$

$$R = \sqrt{13,8^2 + 193,6^2} = 194 \text{ N} \qquad \text{e} \qquad \theta_x = \text{tg}^{-1} \frac{193,6}{13,8} = 86°$$

Para localizar onde a resultante atua, os momentos em relação ao eixo z fornecem

$$\sum M_O = 80 \times 0 + 60 \times 8 + 103,9 \times 5 + 70,7 \times 1 - 70,7 \times 1 + 47 \times 1 - 17,1 \times 8 = 910 \text{ N} \cdot \text{m}$$

$$R\bar{a} = \sum M_O. \qquad \therefore \bar{a} = \frac{910}{194} = 4,69 \text{ m}$$

Uma vez que R age para cima e ligeiramente para a direita, ela deverá ser posicionada conforme mostrado, porque $\sum M_O$ é positivo; i.e., R deve produzir um momento anti-horário.

Outra forma de localizar a linha de ação da força resultante é determinar onde ela intercepta, por exemplo, o eixo x. Se as componentes da resultante são desenhadas de modo a interceptar o eixo x, a componente em x não produzirá momento em relação ao ponto O. O momento será determinado considerando apenas a componente y e será igual ao produto da componente y pela distância na direção de x até a intersecção (coordenada x da intersecção).

A resultante é mostrada interceptando o eixo x a 4,70 m à direita, porque $\sum F_x$ é positivo e $\sum M_O$ é positivo.

Pode ser interessante, em algumas situações, usar as componentes em posições sobre a linha de ação da força diferentes daquela que é dada; por exemplo, a força C atuando a 45° tem sua linha de ação passando pela origem O. É fácil verificar que o momento em relação a O é igual a zero neste caso.

3.10 Determine a resultante do sistema de forças mostrado na Fig. 3-11(a). Assuma que as coordenadas são em metros.

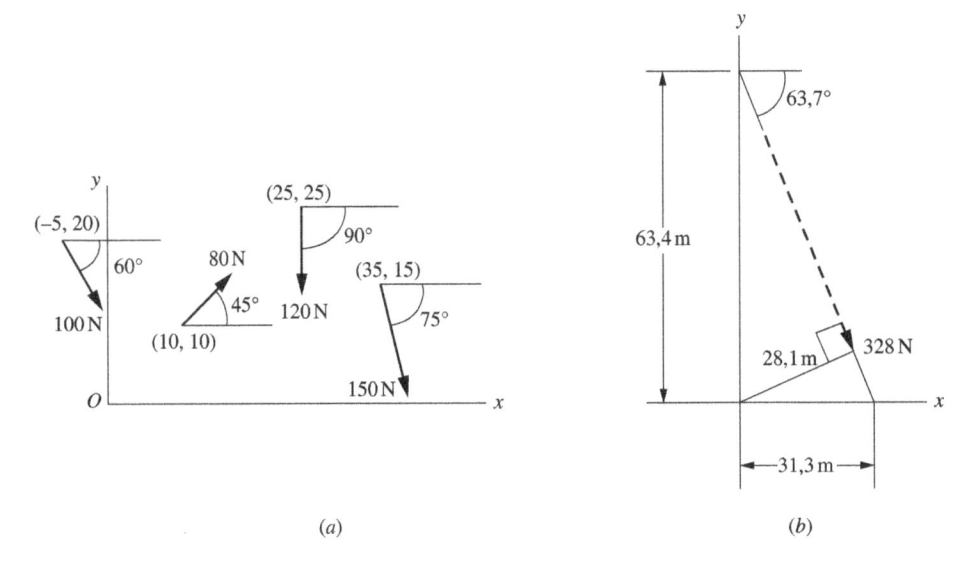

Figura 3-11

Solução

O somatório das componentes pode ser efetuado diretamente como

$$\sum F_x = 100 \cos 60° + 80 \cos 45° + 150 \cos 75° = 145,4 \text{ N}$$

$$\sum F_y = -100 \text{ sen } 60° + 80 \text{ sen } 45° - 120 - 150 \text{ sen } 75° = -294,9 \text{ N}$$

$$R = \sqrt{(145,4)^2 + (-294,9)^2} = 328 \text{ N}, \qquad \theta_x = \text{tg}^{-1} \frac{-294,9}{145,4} = -63,7°$$

Somam-se os momentos das componentes em relação a O:

$$\sum M_O = -(20)100\cos 60° + (5)100\,\text{sen}\,60° - (10)80\cos 45°$$
$$+ (10)80\,\text{sen}\,45° - (25)120 - (15)150\cos 75° - (35)150\,\text{sen}\,75° = -9220\,\text{N}\cdot\text{m}$$

Para determinar a intersecção da resultante com o eixo x, usa-se

$$\left(\sum F_y\right)\bar{x} = \sum M_O. \qquad \therefore \bar{x} = 31{,}3\,\text{m}$$

Para determinar a intersecção da resultante com o eixo y, usa-se

$$\left(\sum F_x\right)\bar{y} = \sum M_O. \qquad \therefore \bar{y} = 63{,}4\,\text{m}$$

A resultante é mostrada na Fig. 3-11(b) com $\bar{a} = 9220/328 = 28{,}1$ m.

3.11 Determine a resultante das quatro forças tangentes ao círculo de raio 3 m mostrado na Fig. 3-12(a). Qual será a localização dessa resultante em relação ao centro do círculo?

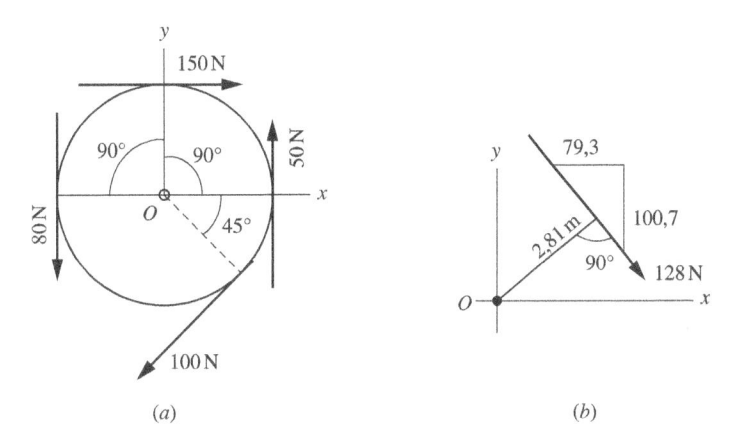

Figura 3-12

Solução

Note que as componentes vertical e horizontal da força de 100 N são ambas iguais a −70,7 N. Portanto, $\sum F_h = 150 - 70{,}7 = 79{,}3$ N, i.e., para a direita; e $\sum F_v = 50 - 80 - 70{,}7 = -100{,}7$ N, i.e., para baixo. A resultante

$$R = \sqrt{\left(\sum F_h\right)^2 + \left(\sum F_v\right)^2} = 128\,\text{N}$$

O momento de R em relação a O é $R \times a$, e isso é igual à soma dos momentos de todas as forças dadas em relação ao ponto O. Portanto

$$128a = 50 \times 3 - 150 \times 3 + 80 \times 3 - 100 \times 3 = -360. \qquad \therefore a = 2{,}81\,\text{m}$$

A resultante é mostrada, na Fig. 3-12(b), à distância de 2,81 m do centro O do círculo, causando um momento negativo.

3.12 Encontre a resultante do sistema de forças que atuam na cobrejunta de chapa fina da Fig. 3-13. Localize a resultante fornecendo a intersecção com o eixo x. As dimensões são em cm.

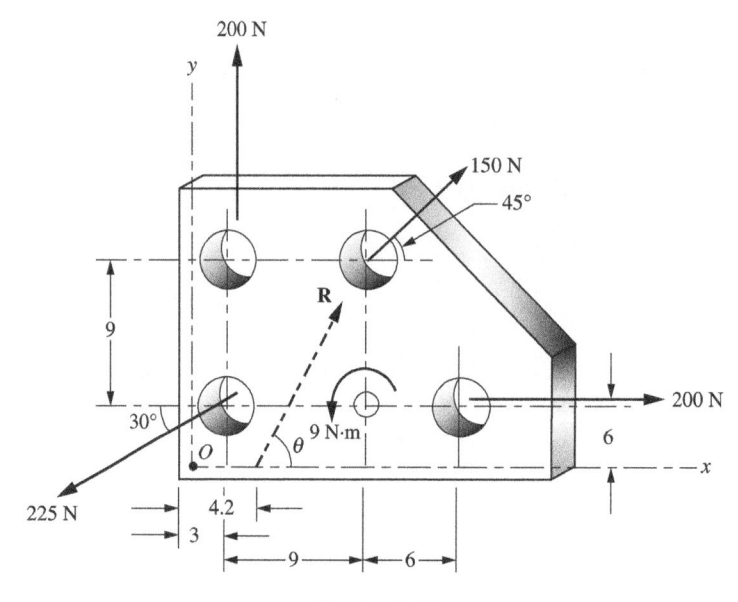

Figura 3-13

Solução

$$\sum F_x = 150 \cos 45° + 200 - 225 \cos 30° = 111,2\,\text{N}$$
$$\sum F_y = 150 \,\text{sen}\, 45° - 225 \,\text{sen}\, 30° + 200 = 193,6\,\text{N}$$

$$R = \sqrt{(111,2)^2 + (193,6)^2} = 223\,\text{N} \qquad \theta_x = \text{tg}^{-1}\frac{193,6}{111,2} = 60,1°$$

$$\sum M_O = (0,03)200 - (0,15)150 \cos 45° + (0,12)150 \,\text{sen}\, 45°$$
$$- (0,06)200 + 9 + (0,06)225 \cos 30° - (0,03)225 \,\text{sen}\, 30°$$
$$= 8,13\,\text{N} \cdot \text{m}$$

Para localizar a resultante pela sua intersecção em x, usamos

$$\left(\sum F_y\right)\bar{x} = \sum M_O \qquad \bar{x} = \frac{8,13}{194} = 0,0419\,\text{m} \quad \text{ou} \quad 41,9\,\text{mm}$$

3.13 Na Fig. 3-14, o carregamento de 20 N/m está uniformemente distribuído na viga de comprimento igual a 6 m. Determine R e d.

Solução

O somatório das forças e momentos é feito por integrações:

$$R = \int_0^6 20\,dx = 120\,\text{m}, \qquad Rd = \int_0^6 x(20)\,dx = 360\,\text{N} \cdot \text{m}, \qquad d = \frac{360}{120} = 3\,\text{m}$$

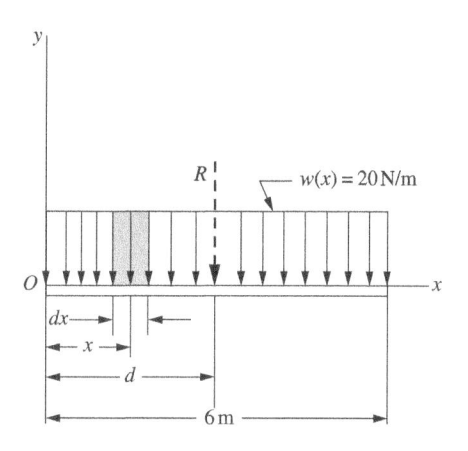

Capítulo 3 • Resultantes dos Sistemas Coplanares de Forças

Figura 3-14

3.14 Na Fig. 3-15, o carregamento é triangular. A altura do diagrama na distância x do ponto O é proporcionalmente igual a $(x/9)30$ N/m. Determine R e d.

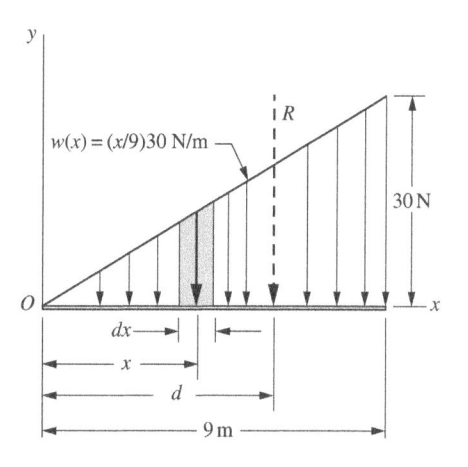

Figura 3-15

Solução

A integração fornece as quantidades desejadas:

$$R = \int_0^9 \frac{x}{9}(30)\,dx = 135\,\text{N}, \qquad Rd = \int_0^9 x\left[\frac{x}{9}(30)\right]dx = 810\,\text{N}\cdot\text{m}, \qquad d = \frac{810}{135} = 6\,\text{m}$$

3.15 Na Fig. 3-16, o carregamento varia parabolicamente. Determine R e d.

Solução

A força em um segmento dx é wdx. Consequentemente,

$$R = \int_0^l 3x^{1/2}\,dx = 2x^{3/2}\Big]_0^l = 2l^{3/2} \qquad Rd = \int_0^l x(3x^{1/2})\,dx = \frac{6}{5}l^{5/2} \qquad \therefore d = \frac{\frac{6}{5}l^{5/2}}{2l^{3/2}} = 0{,}6l$$

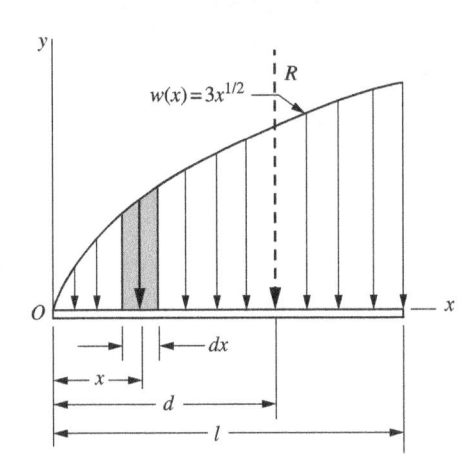

Figura 3-16

Problemas Complementares

3.16 Duas forças de 200 N e 300 N solicitam um poste vertical em um plano horizontal. Se o ângulo entre elas é 85°, qual será a resultante? Qual o ângulo que essa resultante faz com a força de 200 N?

Resp. $R = 375$ N, $\theta = 53°$

Nos problemas de 3.17 até 3.20, determine a resultante de cada sistema de forças concorrentes. O ângulo que cada força forma com o eixo x (medido no sentido anti-horário) é dado. As forças estão em (N).

3.17	Força	85	126	65	223			
	θ_x	38°	142°	169°	295°		*Resp.*	$R = 59{,}8$ N, $\theta_x = 268°$
3.18	Força	22	13	19	8			
	θ_x	135°	220°	270°	358°		*Resp.*	$R = 21{,}3$ N, $\theta_x = 214°$
3.19	Força	1250	1830	855	2300			
	θ_x	62°	125°	340°	196°		*Resp.*	$R = 2520$ N, $\theta_x = 138°$
3.20	Força	285	860	673	495	241		
	θ_x	270°	180°	45°	330°	100°	*Resp.*	$R = 181$ N, $\theta_x = 89°$

CAPÍTULO 3 • RESULTANTES DOS SISTEMAS COPLANARES DE FORÇAS   47

3.21 A força de 100 N resultante de um sistema de quatro forças é mostrada junto com três dessas forças na Fig. 3-17. Determine a quarta força.

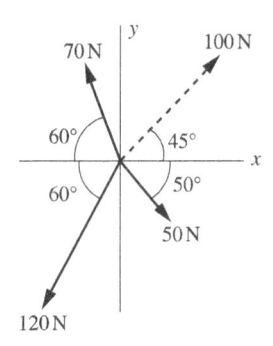

Resp. $F = 203$ N, $\theta_x = 49°$

Figura 3-17

3.22 Três forças coplanares de 80 N cada solicitam um pequeno anel (de diâmetro desprezível). Admitindo que as linhas de ação dessas forças formam ângulos iguais entre si (120°), determine a resultante. Esse sistema é dito em equilíbrio.

Resp. $R = 0$

3.23 A resultante de três forças é igual a 60 N, conforme mostrado na Fig. 3-18. Duas das três forças, 120 N e 65 N, também são mostradas. Determine a terceira força.

Resp.   169 N, $\theta_x = 246°$

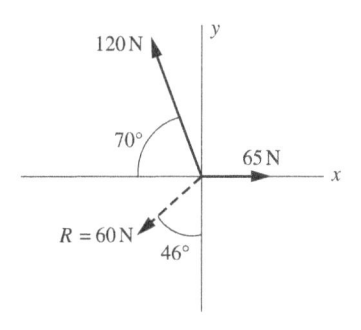

Figura 3-18

3.24 Três fios exercem as trações indicadas em um olhal, conforme mostrado na Fig. 3-19. Considerando um sistema de forças concorrentes, determine qual deveria ser a força em um único fio para substituir os três fios dados.

Resp. $T = 70,8$ N, $\theta_x = 343°$

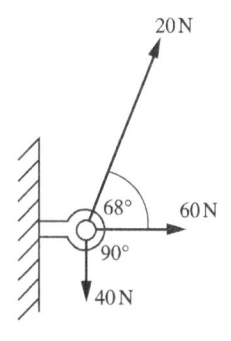

Figura 3-19

3.25 Determine a resultante das três forças com origem no ponto (3, −3,0) e passando pelos pontos (8, 6) à força de 126 N, (2, −5) à força de 183 N e (−6, 3) à força de 269 N.

Resp. $R = 263$ N, $\theta_x = 159°$ pelo ponto $(3, -3)$

3.26 Determine os valores das forças P e Q na Fig. 3-20 de modo que a resultante das três forças coplanares seja igual a 100 N orientada a 20° do eixo x.

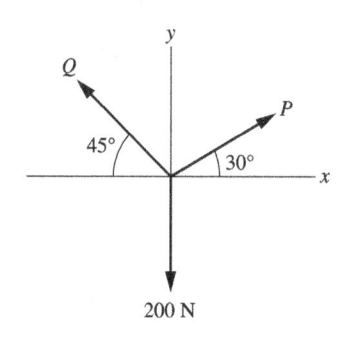

Resp. $P = 240$ N; $Q = 161$ N

Figura 3-20

Determine a resultante das forças nos Problemas 3-27 a 3-29. As forças são horizontais e expressas em newtons. As distâncias em y até as linhas de ação das forças são dadas em metros. Esquemas das forças são muito úteis.

3.27	Força	50	20	−10			
	y	3	−5	6			*Resp.* $R = 60$ N, $\bar{y} = -0{,}167$ m

3.28	Força	800	−300	1000	−600		
	y	−6	−5	−4	0		*Resp.* $R = 900$ N, $\bar{y} = -8{,}11$ m

3.29	Força	160	−220	80	−180	160	
	y	3	−7	−3	10	0	*Resp.* $R = 0, M = 20$ N · m

3.30 Observe a Fig. 3-21. Encontre a resultante das três forças que atuam na viga mostrada.

Resp. $R = 38$ kN para baixo, à distância de 8,37 m medida a partir do apoio da esquerda

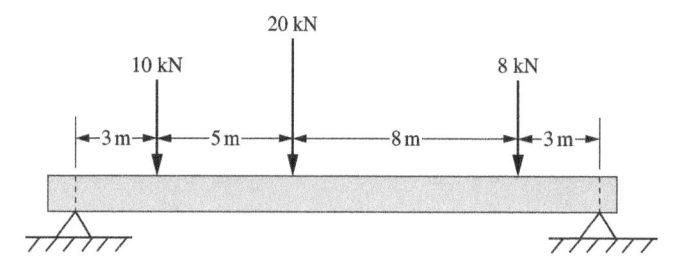

Figura 3-21

CAPÍTULO 3 • RESULTANTES DOS SISTEMAS COPLANARES DE FORÇAS 49

3.31 Determine a resultante das quatro forças mostradas na Fig. 3-22. O lado de cada um dos pequenos quadrados mede 1 m.
Resp. $R = 35$ N, $\bar{x} = 2,99$ m

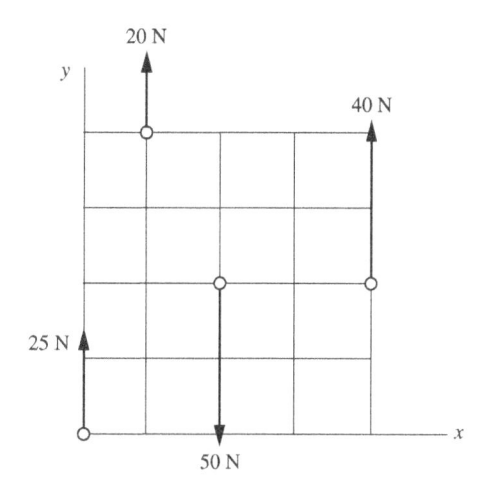

Figura 3-22

3.32 Seis pesos de 30, 20, 40, 25, 10 e 35 N estão em um plano e suspensos por um suporte horizontal a distâncias, respectivamente, de 2, 3, 5, 7, 10 e 12 m de uma parede. Qual força substituiria as seis forças dadas?
Resp. $R = -160$ N, a 6,34 m da parede.

3.33 Três forças agem em uma viga, duas das quais estão mostradas na Fig. 3-23, juntamente com a resultante dessas três forças. Qual é a terceira força?
Resp. $F = 20$ kN para baixo, $\bar{x} = 10$ m distante do apoio esquerdo

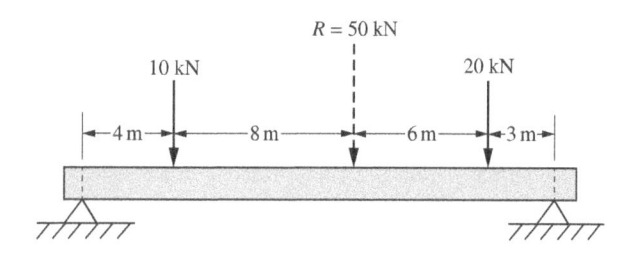

Figura 3-23

3.34 Determine a resultante do sistema de forças coplanares e paralelas mostrado na Fig. 3-24.
Resp. 30 N para a esquerda, 2 m acima da horizontal inferior da figura

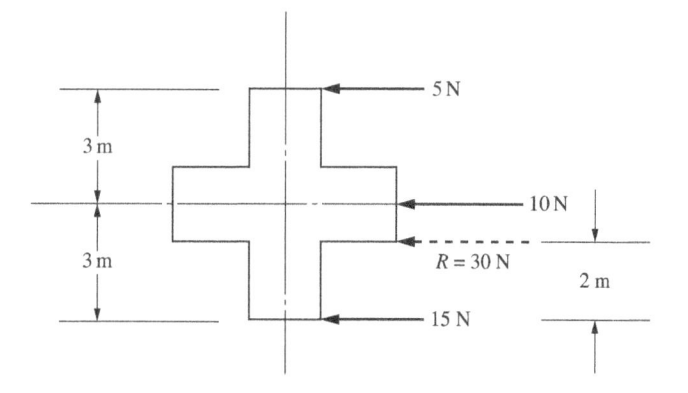

Figura 3-24

3.35 Determine a resultante do sistema de forças coplanares e paralelas mostrado na Fig. 3-25.

Resp. $R = 100$ N para baixo, a 55 mm para cima no plano a partir de A

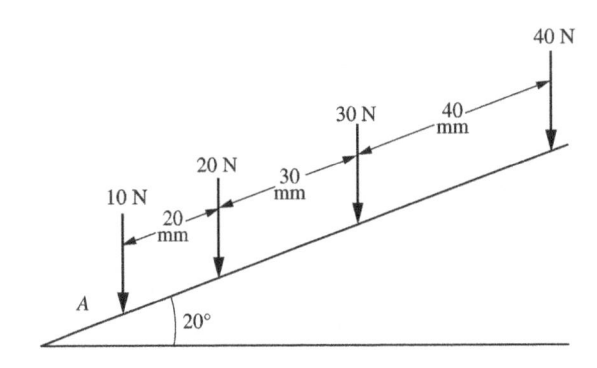

Figura 3-25

Nos Problemas 3.36 a 3.38, determine a resultante do sistema de forças não concorrentes, não paralelas. As forças F são dadas em newtons e as coordenadas em metros.

3.36

	F	20	30	50	10
	θ_x	45°	120°	190°	270°
Coordenadas do ponto de aplicação		(1, 3)	(4, −5)	(5, 2)	(−2, −4)

Resp. $R = 54{,}7$ N, $\theta_x = 157°$, interceptando o eixo x a 3,52 m

3.37

	F	50	100	200	90
	θ_x	90°	150°	30°	45°
Coordenadas do ponto de aplicação		(2, 2)	(4, 6)	(3, −2)	(7, 2)

Resp. $R = 303$ N, $\theta_x = 60{,}3°$, interceptando o eixo x a 6,77 m

3.38

	F	2	4	5	8
	θ_x	45°	290°	183°	347°
Coordenadas do ponto de aplicação		(0, 5)	(4, 3)	(9, −4)	(2, −6)

Resp. $R = 7{,}12$ N, $\theta_x = 322°$, interceptando o eixo x a 1,20 m

3.39 Determine a resultante das cinco forças mostradas na Fig. 3-26. As forças são em newtons e os quadrados são de 1 cm por 1 cm de lado.

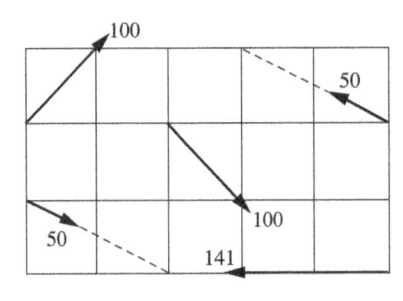

Resp. $M = 2{,}68$ N · m

Figura 3-26

Capítulo 3 • Resultantes dos Sistemas Coplanares de Forças

3.40 Determine completamente a resultante das quatro forças mostradas na Fig. 3-27. Cada força forma com a vertical um ângulo de 15°, exceto a força de 2000 N, que é vertical.

Resp. $R = 6830$ N para baixo, distante 16,8 m da articulação

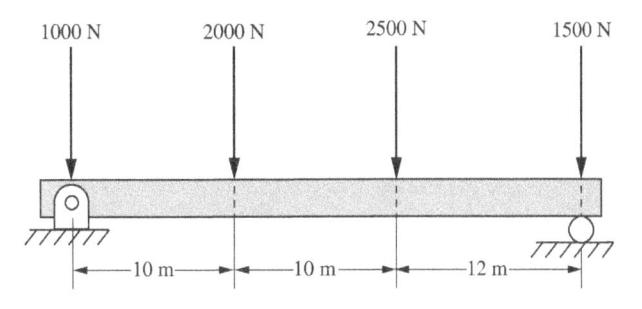

Figura 3-27

3.41 Um placa fina de aço é suportada pelas três forças mostradas na Fig. 3-28. Qual seria a força única que teria efeito equivalente na placa?

Resp. $R = 18,7$ N, $\theta_x = 285°$, interceptando a borda inferior 4,22 m à esquerda de O

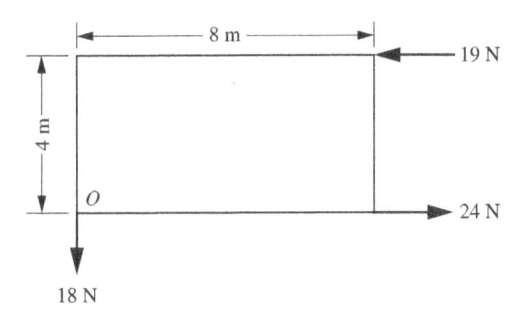

Figura 3-28

3.42 Determine a resultante das forças que agem na alavanca de acionamento mostrada na Fig. 3-29. As dimensões estão em cm.

Resp. $R = 247$ N, $\theta_x = 259°$, interceptando a horizontal a $-6,3$ cm do ponto O

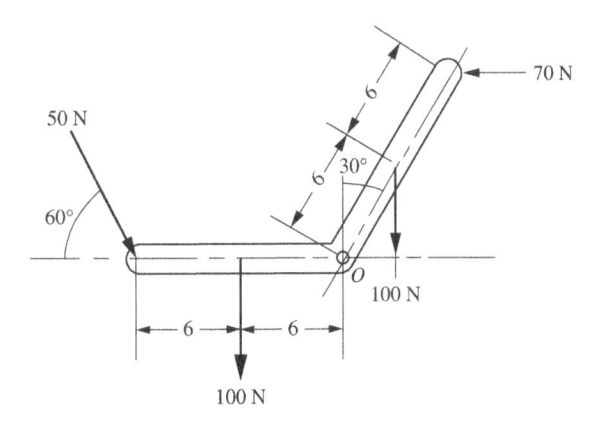

Figura 3-29

3.43 Determine a resultante das três forças que atuam na polia mostrada na Fig. 3-30.

Resp. $R = 742$ N, $\theta_x = 357°$, R corta o diâmetro vertical 2,27 m acima do ponto O

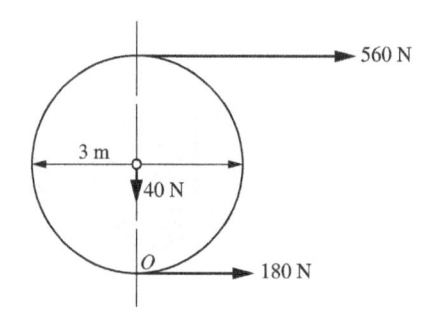

Figura 3-30

3.44 Obtenha a resultante das seis forças planares agindo na treliça mostrada na Fig. 3-31. Três forças são verticais. As ações do vento são perpendiculares ao plano inclinado da treliça. A treliça é simétrica.

Resp. $R = 10,7$ kN, $\theta_x = 281°$, R corta o membro inferior da treliça a 1,54 m contados a partir do apoio esquerdo

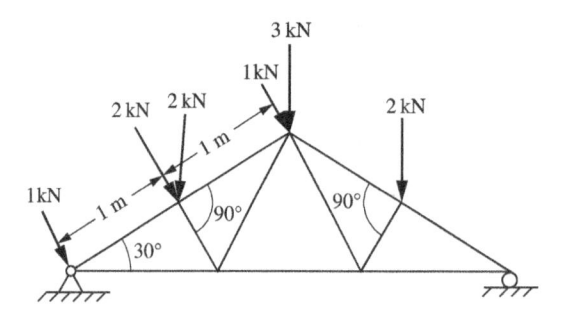

Figura 3-31

3.45 A resultante das quatro forças verticais é um conjugado anti-horário de 300 N · m. Três das quatro forças estão mostradas na Fig. 3-32. Determine a quarta força.

Resp. 33 N para cima, 4,46 m à direita do ponto O

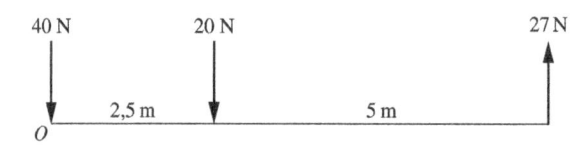

Figura 3-32

3.46 Determine M, P e Q na Fig. 3-33 de modo que a resultante do sistema de forças coplanares não concorrentes seja zero.

Resp. $M = 146$ N · m, $P = 76,7$ N, $Q = 227$ N

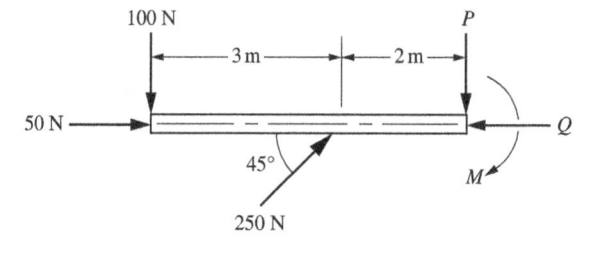

Figura 3-33

CAPÍTULO 3 • RESULTANTES DOS SISTEMAS COPLANARES DE FORÇAS   53

3.47 Determine a resultante das forças mostradas na Fig. 3-34. As coordenadas estão em metros.

Resp. 73,4 N, $\theta_x = 107°$, interceptando o eixo x a 8,38 m à esquerda de O

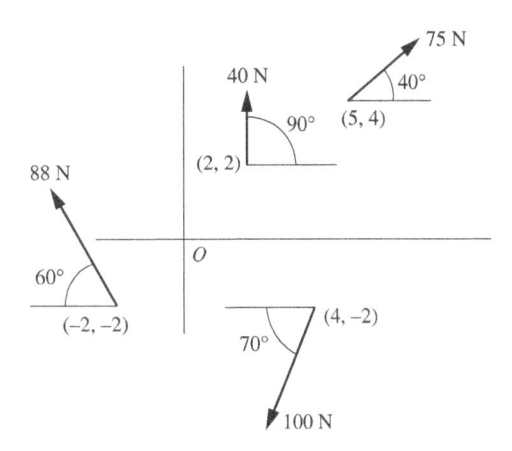

Figura 3-34

3.48 Qual é o valor máximo do momento M, que deve ser aplicado à viga da Fig. 3-35 de modo que ela não se descole do suporte em A?

Resp. $M = 1500$ N · m

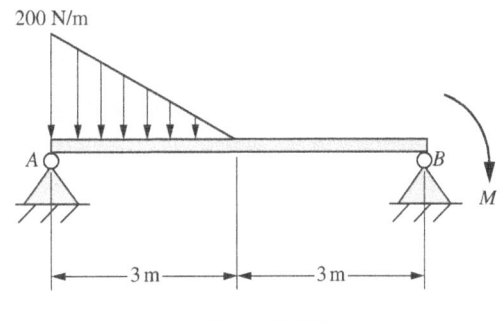

Figura 3-35

3.49 Determine a resultante do sistema de forças mostrado na Fig. 3-36. As coordenadas estão em milímetros.

Resp. $\mathbf{R} = 24,7\mathbf{i} + 12,9\mathbf{j}$ N, interceptando o eixo x a 24,5 mm

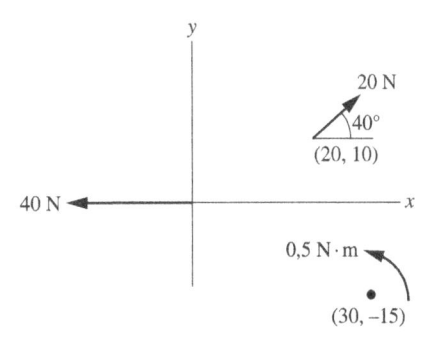

Figura 3-36

3.50 A asa de 20 m de um avião é submetida a uma carga de teste que varia parabolicamente, conforme mostrado. Observe a Fig. 3-37 e determine k, a ação resultante e sua posição.

Resp. $R = 80000$ N, $\bar{x} = 12$ m, $k = 1342$

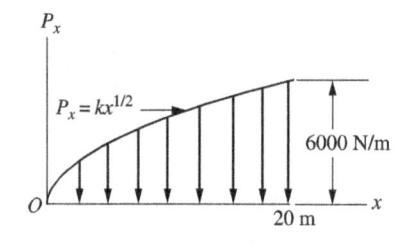

Figura 3-37

Capítulo 4

Resultantes dos Sistemas não Coplanares de Forças

4.1 SISTEMAS DE FORÇAS NÃO COPLANARES

Sistemas de forças não coplanares serão definidos a seguir. Sistema concorrente consiste em um conjunto de forças cujas linhas de ação interceptam-se em um ponto. Sistema paralelo consiste em um conjunto de forças que se interceptam no infinito. O sistema mais geral de forças é denominado não concorrente e não paralelo (ou oblíquo), e, como o nome indica, as forças não são todas concorrentes e também não são todas paralelas.

4.2 RESULTANTES DAS FORÇAS DE UM SISTEMA NÃO COPLANAR

A resultante de um sistema de forças não coplanar é uma força **R** e um conjugado **M**, onde $\mathbf{R} = \sum \mathbf{F}$, o vetor soma de todas as forças do sistema, e $\mathbf{M} = \sum \mathbf{M}$, o vetor soma dos momentos (em relação a um ponto definido) de todas as forças do sistema. O valor de **R** é independente da escolha do ponto de referência, mas o valor de **M** depende do ponto de referência. Para qualquer sistema de forças é possível escolher um único ponto de referência em relação ao qual o vetor **M**, no papel do conjugado, é paralelo a **R**. Essa combinação especial denomina-se par *força e conjugado*.

A equação vetorial do parágrafo anterior pode ser diretamente aplicada aos sistemas não coplanares para a determinação da resultante. Pode-se utilizar também as seguintes equações escalares para resolver o problema.

4.3 SISTEMA CONCORRENTE

A resultante **R** pode ser (*a*) uma força simples que passa pelo ponto de concorrência ou (*b*) zero. Algebricamente

$$R = \sqrt{\left(\sum F_x\right)^2 + \left(\sum F_y\right)^2 + \left(\sum F_z\right)^2} \tag{4.1}$$

com os cossenos diretores

$$\cos \theta_x = \frac{\sum F_x}{R} \qquad \cos \theta_y = \frac{\sum F_y}{R} \qquad \cos \theta_z = \frac{\sum F_z}{R} \tag{4.2}$$

onde $\sum F_x, \sum F_y, \sum F_z$ = soma algébrica das componentes *x*, *y* e *z* das forças do sistema, respectivamente.
$\theta_x, \theta_y, \theta_z$ = ângulos que a resultante forma com os eixos *x*, *y* e *z*, respectivamente.

4.4 SISTEMAS PARALELOS

A resultante pode ser (*a*) uma única força **R** paralela ao sistema, (*b*) um conjugado ou (*c*) zero. Assumindo que o eixo *y* é paralelo ao sistema, então, algebricamente,

$$R = \sum F \qquad R\bar{x} = \sum M_z \qquad R\bar{z} = \sum M_x \qquad (4.3)$$

onde $\sum F$ = soma algébrica das forças do sistema
$\bar{x}$ = distância da força ao plano *yz* medida na perpendicular
$\bar{z}$ = distância da força ao plano *xy* medida na perpendicular
$\sum M_x, \sum M_z$ = soma algébrica dos momentos das forças do sistema em relação aos eixos *x* e *z*, respectivamente.

Se $\sum F = 0$, o conjugado resultante **M**, se existir um, será determinado pela seguinte equação:

$$M = \sqrt{\left(\sum M_x\right)^2 + \left(\sum M_z\right)^2} \qquad \text{com} \qquad \text{tg } \phi = \frac{\sum M_z}{\sum M_x} \qquad (4.4)$$

onde ϕ = ângulo que o vetor, que representa o conjugado resultante, forma com o eixo *x*.

4.5 SISTEMA NÃO CONCORRENTE, NÃO PARALELO

Como já mencionado, a resultante nestes casos é uma força e um conjugado, onde o conjugado varia com a escolha do ponto de referência. Nas discussões seguintes, um conjunto de eixos *x*, *y* e *z* tem sua origem no ponto de referência.

Substitua cada força do sistema dado pelo seguinte: (1) forças paralelas iguais agindo por qualquer origem e (2) um conjugado atuando no plano que contém as forças dadas e a origem.

A magnitude da resultante **R** do sistema de forças concorrentes na origem é dada pela equação

$$R = \sqrt{\left(\sum F_x\right)^2 + \left(\sum F_y\right)^2 + \left(\sum F_z\right)^2} \qquad (4.5)$$

com os cossenos diretores

$$\cos \theta_x = \frac{\sum F_x}{R} \qquad \cos \theta_y = \frac{\sum F_y}{R} \qquad \cos \theta_z = \frac{\sum F_z}{R} \qquad (4.6)$$

onde as quantidades acima tem o mesmo significado que aquelas relacionadas na Seção 4.3.

A intensidade do conjugado resultante **M** será dada por

$$M = \sqrt{\left(\sum M_x\right)^2 + \left(\sum M_y\right)^2 + \left(\sum M_z\right)^2} \qquad (4.7)$$

com os cossenos diretores dados por

$$\cos \phi_x = \frac{\sum M_x}{M} \qquad \cos \phi_y = \frac{\sum M_y}{M} \qquad \cos \phi_z = \frac{\sum M_z}{M} \qquad (4.8)$$

onde $\sum M_x, \sum M_y, \sum M_z$ = soma algébrica dos momentos das forças do sistema em relação aos eixos *x*, *y* e *z*, respectivamente
ϕ_x, ϕ_y, ϕ_z = ângulos que o vetor que representa o conjugado forma com os eixos *x*, *y* e *z*, respectivamente.

Problemas Resolvidos

Nos problemas seguintes, equações escalares equivalentes são usadas quando forem mais convenientes que as equações vetoriais. Analogamente, nos diagramas, as forças são indicadas pelas suas intensidades se suas direções estiverem claramente indicadas.

4.1 As forças de 20, 15, 30 e 50 N são concorrentes na origem e estão orientadas segundo os pontos cujas coordenadas são (2, 1, 6), (4, −2, 5), (−3, −2, 1) e (5, 1, −2), respectivamente. Determine a resultante dos sistemas.

Solução

F	COORDENADAS	$\cos \theta_x$	$\cos \theta_y$	$\cos \theta_z$	F_x	F_y	F_z
20	(2, 1, 6)	$\frac{2}{\sqrt{41}} = 0{,}313$	$\frac{1}{\sqrt{41}} = 0{,}156$	$\frac{6}{\sqrt{41}} = 0{,}938$	6,26	3,12	18,8
15	(4, −2, 5)	$\frac{4}{\sqrt{45}} = 0{,}597$	$\frac{-2}{\sqrt{45}} = -0{,}298$	$\frac{5}{\sqrt{45}} = 0{,}745$	8,96	−4,47	11,2
30	(−3, −2, 1)	$\frac{-3}{\sqrt{14}} = -0{,}803$	$\frac{-2}{\sqrt{14}} = -0{,}535$	$\frac{1}{\sqrt{14}} = 0{,}268$	−24,1	−16,1	8,04
50	(5, 1, −2)	$\frac{5}{\sqrt{30}} = 0{,}912$	$\frac{1}{\sqrt{30}} = 0{,}183$	$\frac{-2}{\sqrt{30}} = -0{,}365$	45,6	9,15	−18,3

O denominador em cada caso é determinado efetuando a raiz quadrada da soma dos quadrados das diferenças em x, y e z. Para a força de 30 N, isso equivale a $\sqrt{(-3)^2 + (-2)^2 + (1)^2} = \sqrt{14}$.

F_x é o resultado do produto de F por $\cos \theta_x$: $\sum F_x = 6{,}26 + 8{,}96 - 24{,}1 + 45{,}6 = 36{,}7$. Analogamente, $\sum F_y = -8{,}30$ e $\sum F_z = 19{,}7$. Então,

$$R = \sqrt{\left(\sum F_x\right)^2 + \left(\sum F_y\right)^2 + \left(\sum F_z\right)^2} = 42{,}5 \text{ N}$$

$$\cos \theta_x = \frac{\sum F_x}{R} = \frac{36{,}7}{42{,}5} = 0{,}864 \qquad \theta_x = 30{,}2°$$

$$\cos \theta_y = \frac{\sum F_y}{R} = \frac{-8{,}30}{42{,}5} = -0{,}192 \qquad \theta_y = 79{,}0°$$

$$\cos \theta_z = \frac{\sum F_z}{R} = \frac{19{,}7}{42{,}5} = 0{,}463 \qquad \theta_z = 62{,}4°$$

O valor negativo de $\cos \theta_y$ significa que a resultante tem uma componente negativa na direção do eixo y. Isto está ilustrado na Fig. 4-1.

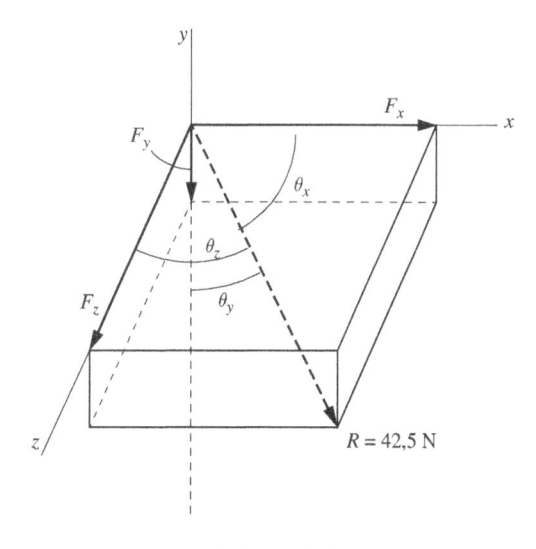

Figura 4-1

4.2 Três forças de 20 N, −10 N e 30 N são mostradas na Fig. 4-2. O eixo y é arbitrado paralelo à linha de ação das forças. Essas retas furam o plano xz nos pontos cujas coordenadas x e z, em metros, são, respectivamente, (2, 3), (4, 2) e (7, 4). Localize a resultante.

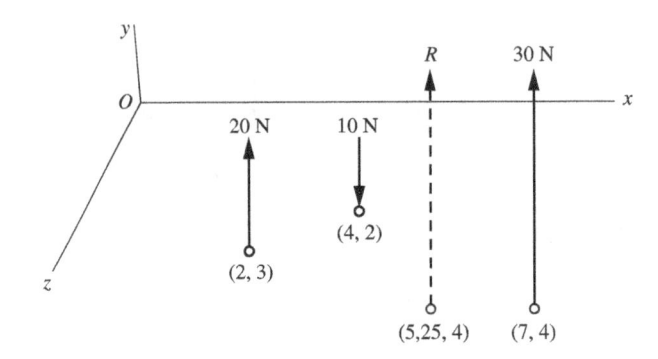

Figura 4-2

Solução

$$R = \sum F = 20 - 10 + 30 = 40 \text{ N}$$

Para determinar a coordenada x da resultante (i.e., do ponto pelo qual a linha de ação da força resultante atravessa o plano xz), use o sistema projetado no plano xz, conforme mostrado na Fig. 4-3. Aplique a equação $R\bar{x} = \sum M_z$:

$$\sum M_z = \sum M_O = (20 \times 2) - (10 \times 4) + (30 \times 7) = 210 \text{ N} \cdot \text{m}$$

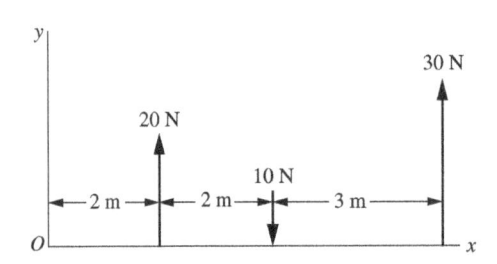

Figura 4-3

A coordenada x deve ser tal que a força de 40 N (agindo para cima) produza um momento positivo ou anti-horário. Portanto, R deve estar à direita de O.

$$\bar{x} = \frac{210}{40} = 5{,}25 \text{ m}$$

Certifique-se de obter os sinais por inspeção, conforme indicado no parágrafo anterior, e não pela combinação entre os sinas do momento e da força.

A Fig. 4-4 mostra a projeção do sistema no plano yz.

$$\sum M_x = \sum M_O = -(30 \times 4) - (20 \times 3) + (10 \times 2) = -160 \text{ N} \cdot \text{m}$$

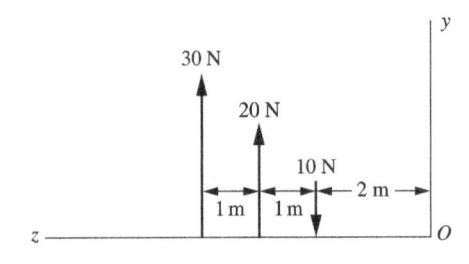

Figura 4-4

A coordenada z deve ser tal que a força de 40 N (atuando para cima) produza um momento negativo ou horário de 160 N · m. Portanto, R deve estar à esquerda de O. Nesse caso, a coordenada z é positiva quando está à esquerda de O (observe o diagrama em perspectiva):

$$\bar{z} = \frac{160}{40} = 4,00 \text{ m}$$

O problema pode agora ser resumido como: a resultante do sistema é uma força de 40 N atuando para cima. A linha de ação dessa força é paralela ao eixo y e cruza o plano xz no ponto cujas coordenadas são (5,25, 4,00) m. Isso está mostrado na Fig. 4-2.

4.3 Encontre a resultante do sistema de forças mostrado na Fig. 4-5. As coordenadas estão em metros.

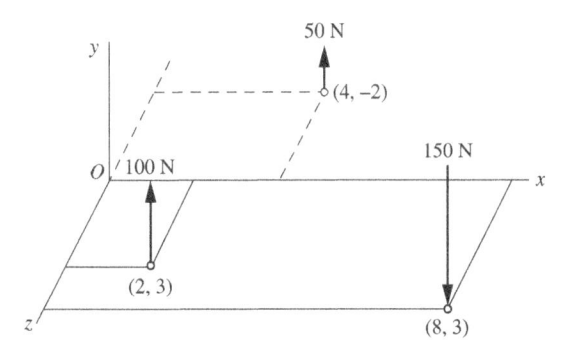

Figura 4-5

Solução

$$R = \sum F = 100 + 50 - 150 = 0$$

Isso indica que a resultante não é uma única força. Pode, no entanto, ser um conjugado.

Agora determine $\sum M_x$ e $\sum M_z$ conforme feito no problema anterior:

$$\sum M_x = -(100 \times 2) + (50 \times 2) + (150 \times 3) = 350 \text{ N} \cdot \text{m}$$
$$\sum M_z = (100 \times 2) + (50 \times 4) - (150 \times 8) = -800 \text{ N} \cdot \text{m}$$

Uma vez que $\sum F = 0$, $\sum M_x$ e $\sum M_z$ representam conjugados nos planos yz e xy, respectivamente. Estes estão representados na Fig. 4-6.

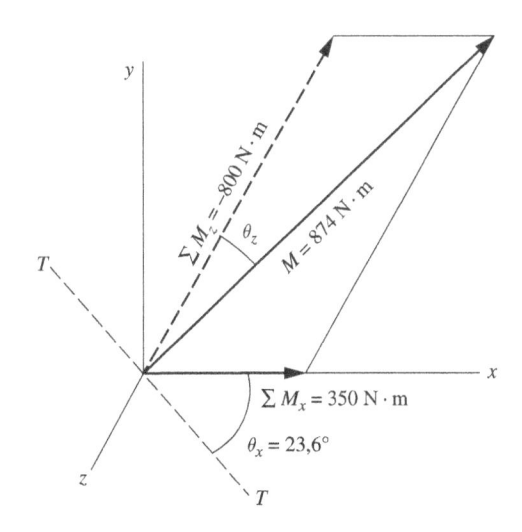

Figura 4-6

Os dois vetores representando os conjugados são combinados na resultante **M** com intensidade

$$M = \sqrt{\left(\sum M_x\right)^2 + \left(\sum M_z\right)^2} = 874\,\text{N·m}$$

O vetor **M** no plano xz forma um ângulo θ_z com o eixo z, conforme mostra a figura, onde $\theta_z = \theta_x$.

De acordo com o convencionado para conjugados, a resultante de um conjugado age em um plano perpendicular ao vetor **M** que o representa. Na figura, isso pode estar em um plano que contém o eixo y com projeção TT no plano xz.

Essa projeção forma um ângulo com o eixo x dado por

$$\theta_x = \tan^{-1}\frac{\sum M_x}{\sum M_z} = \tan^{-1}\frac{350}{800} = 23{,}6°$$

4.4 Determine a resultante do sistema de forças não concorrente e não paralelo mostrado na Fig. 4-7.

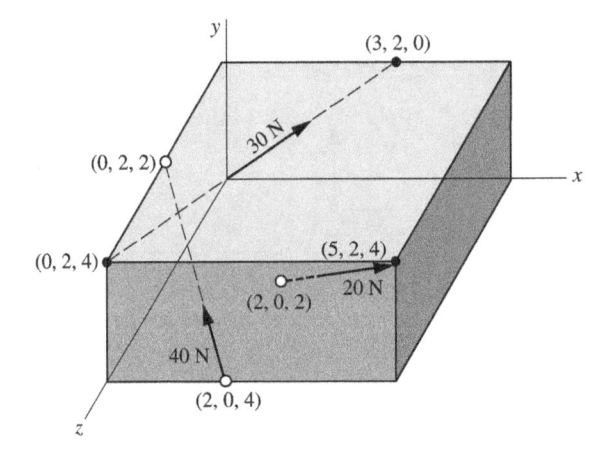

Figura 4-7

Solução

Neste exemplo, substitua cada força por uma força igual paralela aplicada na origem e mais um conjugado. As forças aplicadas na origem são decompostas usando os cossenos diretores e somadas nas direções x, y e z. Portanto, a força de 40 N tem cossenos diretores determinados pela diferença das coordenadas dos dois pontos dados sobre a linha de ação dessa força.

A diferença em x é $0 - 2 = -2$; a diferença em y é $2 - 0 = 2$; a diferença em z é $2 - 4 = -2$. O cosseno do ângulo que a força de 40 N faz com o eixo x é dado por

$$\cos\theta_x = \frac{-2}{\sqrt{(-2)^2 + (2)^2 + (-2)^2}} = \frac{-2}{\sqrt{12}}$$

Analogamente, $\cos\theta_y = 2/\sqrt{12}$ e $\cos\theta_z = -2/\sqrt{12}$.

Os resultados podem ser mostrados de forma mais conveniente por meio de tabelas.

F	$\cos\theta_x$	$\cos\theta_y$	$\cos\theta_z$	F_x	F_y	F_z
40	$\dfrac{-2}{\sqrt{12}}$	$\dfrac{2}{\sqrt{12}}$	$\dfrac{-2}{\sqrt{12}}$	$-23{,}1$	$23{,}1$	$-23{,}1$
30	$\dfrac{3}{\sqrt{25}}$	0	$\dfrac{-4}{\sqrt{25}}$	$18{,}0$	0	$-24{,}0$
20	$\dfrac{3}{\sqrt{17}}$	$\dfrac{2}{\sqrt{17}}$	$\dfrac{2}{\sqrt{17}}$	$14{,}6$	$9{,}71$	$9{,}71$

$$\sum F_x = 9{,}5, \quad \sum F_y = 32{,}8, \quad \sum F_z = -37{,}4$$

Capítulo 4 • Resultantes dos Sistemas não Coplanares de Forças

Da tabela anterior, determine a resultante deste sistema de forças transladadas e concorrentes na origem:

$$R = \sqrt{\left(\sum F_x\right)^2 + \left(\sum F_y\right)^2 + \left(\sum F_z\right)^2} = \sqrt{(9,5)^2 + (32,8)^2 + (-37,4)^2} = 50,8 \text{ N}$$

$$\cos \theta_x = \frac{\sum F_x}{R} = \frac{9,5}{50,8} = 0,187, \qquad \cos \theta_y = \frac{\sum F_y}{R} = 0,645, \qquad \cos \theta_z = \frac{\sum F_z}{R} = -0,737$$

A resultante das forças transladadas é mostrada graficamente na Fig. 4-8.

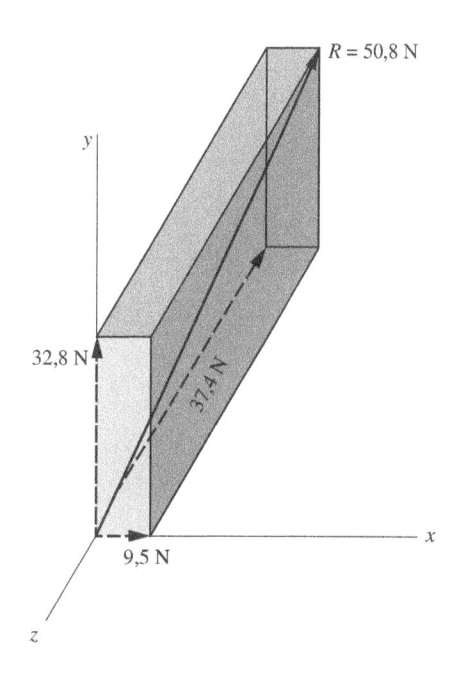

Figura 4-8

O que foi exposto até agora não utilizou o conjugado associado a cada força transladada. Determine os momentos de cada uma das três forças em relação aos três eixos coordenados para determinar a intensidade e a direção desses conjugados. Observando a Fig. 4-7, considere a força de 40 N agindo no ponto (2, 0, 4). O momento dessa força em relação ao eixo x é a soma algébrica dos momentos de suas três componentes em relação ao eixo x. No entanto, sua componente em y é a única que realiza momento em relação ao eixo x. O momento da força de 40 N em relação ao eixo x é, portanto, $-(23,1 \times 4) = -92,4$ N·m. Ao determinar o momento em relação ao eixo y (i.e., M_y), considere os momentos das componentes em x e z. O momento da componente x em relação ao eixo y é $-(23,1 \times 4) = -92,4$ N · m. O momento da componente z em relação ao eixo y é $(23,1 \times 2) = 46,2$ N · m. Portanto, M_y é igual a $-92,4 + 46,2 = -46, 2$ N · m. O momento da força de 40 N em relação ao eixo z é o mesmo que o momento de sua componente y em relação ao eixo z. Por isso, $M_z = (23,1 \times 2) = 46,2$ N · m.

Os momentos das forças são dados em forma de tabela.

F	F_x	F_y	F_z	M_x	M_y	M_z
40	$-23,1$	23,1	$-23,1$	$-92,4$	$-46,2$	46,2
30	18,0	0	$-24,0$	$-48,0$	72,0	$-36,0$
20	14,6	9,71	9,71	$-19,4$	9,8	19,4

$$\sum M_x = -159,8, \qquad \sum M_y = 35,6, \qquad \sum M_z = 29,6$$

A intensidade do conjugado resultante é

$$M = \sqrt{\left(\sum M_x\right)^2 + \left(\sum M_y\right)^2 + \left(\sum M_z\right)^2} = \sqrt{(-159,8)^2 + (35,6)^2 + (29,6)^2} = 166 \text{ N·m}$$

com cossenos diretores

$$\cos \phi_x = \frac{\sum M_x}{M} = \frac{-159{,}8}{166} = -0{,}963, \qquad \cos \phi_y = \frac{\sum M_y}{M} = 0{,}214, \qquad \cos \phi_z = \frac{\sum M_z}{M} = 0{,}178$$

O vetor **M** é mostrado na Fig. 4-9. O conjugado resultante atua em um plano perpendicular ao vetor **M**. A resultante do sistema é a combinação da força **R** e do conjugado **M**.

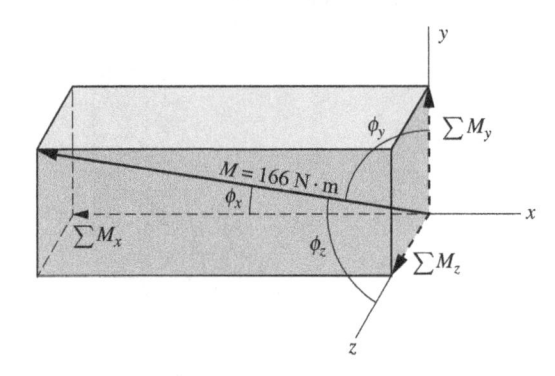

Figura 4-9

4.5 Encontre o par força-conjugado que corresponde à resultante do sistema de forças não coplanares e não concorrentes de 150 N na direção da reta que passa pelos pontos (2, 0, 0) e (0, 0, 1), de 90 N na direção da reta que passa pelos pontos (0, −2, −1) e (−1, 0, −1) e de um conjugado de 160 N·m no plano *xy*. As distâncias estão em metros. Agrupe os momentos na origem.

Solução

Expresse cada força utilizando a notação **i**, **j**, **k** e encontre o momento de cada força em relação à origem.

$$\mathbf{F}_1 = 150 \frac{(0-2)\mathbf{i} + (0-0)\mathbf{j} + (1-0)\mathbf{k}}{\sqrt{(-2)^2 + (0)^2 + (1)^2}} = -134\mathbf{i} + 67{,}1\mathbf{k} \ \text{N}$$

$$\mathbf{F}_2 = 90 \frac{(-1)\mathbf{i} + (2)\mathbf{j} + (0)\mathbf{k}}{\sqrt{(-1)^2 + (2)^2 + (0)^2}} = -40{,}25\mathbf{i} + 80{,}5\mathbf{j} \ \text{N}$$

Então,

$$\mathbf{R} = \mathbf{F}_1 + \mathbf{F}_2 = -174\mathbf{i} + 80{,}5\mathbf{j} + 67{,}1\mathbf{k} \ \text{N}$$

Em seguida, determine $\mathbf{M}_1$ e $\mathbf{M}_2$:

$$\mathbf{M}_1 = \mathbf{r}_1 \times \mathbf{F}_1 = \begin{vmatrix} \mathbf{i} & \mathbf{j} & \mathbf{k} \\ 2 & 0 & 0 \\ -134 & 0 & 67{,}1 \end{vmatrix} = -134\mathbf{j} \ \text{N·m}$$

$$\mathbf{M}_2 = \mathbf{r}_2 \times \mathbf{F}_2 = \begin{vmatrix} \mathbf{i} & \mathbf{j} & \mathbf{k} \\ 0 & -2 & -1 \\ -40{,}25 & 80{,}5 & 0 \end{vmatrix} = 80{,}5\mathbf{i} + 40{,}25\mathbf{j} - 80{,}5\mathbf{k} \ \text{N·m}$$

O conjugado no plano *xy* pode ser escrito como $\mathbf{M}_3 = 160\mathbf{k}$ N·m. O conjugado resultante é

$$\mathbf{M} = \mathbf{M}_1 + \mathbf{M}_2 + \mathbf{M}_3 = 80{,}5\mathbf{i} - 93{,}8\mathbf{j} + 79{,}5\mathbf{k} \ \text{N·m}$$

Problemas Complementares

Determine as resultantes nos Problemas 4.6. a 4.9., que envolvem sistemas de forças concorrentes. As forças estão em newtons e as coordenadas dos pontos nas linhas de ação das forças estão em metros. Todas as forças em cada problema são concorrentes na origem. (Respostas com sinal negativo envolvem componentes negativas.)

4.6

F	100	200	500	300
Coordenadas	(1, 1, 1)	(2, 3, 1)	(−2, −3, 4)	(−1, 1, −2)

Resp. $R = 286$ N, $\theta_x = -60°$, $\theta_y = 78°$, $\theta_z = 33°$

4.7

F	5	2	3	4	8
Coordenadas	(2, 2, 3)	(5, 1, −2)	(−3, −4, 5)	(2, 1, −4)	(5, 2, 3)

Resp. $R = 13,3$ N, $\theta_x = 33°$, $\theta_y = 70°$, $\theta_z = 66°$

4.8

F	1000	1500	1800
Coordenadas	(−5, 2, 1)	(6, −3, −2)	(−2, −1, −1)

Resp. $R = 1780$ N, $\theta_x = -52°$, $\theta_y = -55°$, $\theta_z = -57°$

4.9

F	40	80	30	20
Coordenadas	(6, 5, 4)	(1, −3, −2)	(8, 10, −7)	(−10, −9, −10)

Resp. $R = 80,1$ N, $\theta_x = 49°$, $\theta_y = -67°$, $\theta_z = -51°$

4.10 Determine a resultante das três forças mostradas na Fig. 4-10. Observe que as linhas de ação das forças estão nos três planos coordenados e passam pela origem.

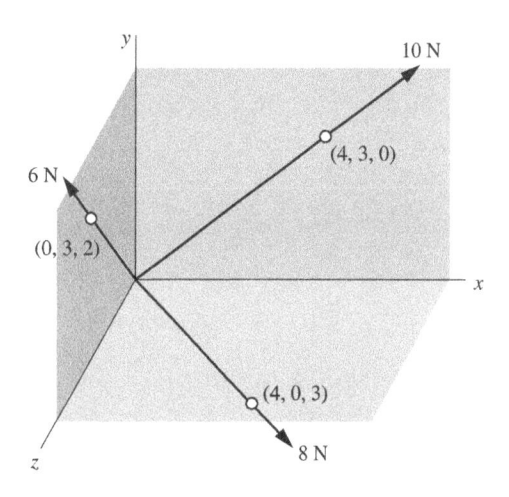

Resp. $R = 19,7$ N, $\theta_x = 43°$, $\theta_y = 56°$, $\theta_z = 66°$

Figura 4-10

Em cada um dos Problemas de 4.11. a 4.14, encontre a resultante e as coordenadas da intersecção de cada uma das linhas de ação das forças com o plano xz. As forças são dadas em newtons e paralelas ao eixo y, e as coordenadas das intersecções de cada linha de ação com o plano xz são em metros.

4.11

F	100	150	200	300
(x, z)	(3, −2)	(1, 6)	(2, −3)	(−1, −1)

Resp. $R = 750$ N, $\bar{x} = 0{,}733$ m, $\bar{z} = 0{,}267$ m

4.12

F	−25	18	−12	−30	36
(x, z)	$(1, 2)$	$(2, -1)$	$(0, 0)$	$(-6, -2)$	$(3, 2)$

Resp. $R = -13$ N, $\bar{x} = -23{,}0$ m, $\bar{z} = -4{,}92$ m

4.13

F	3	−4	2	−5
(x, z)	$(2, 5)$	$(1, -5)$	$(3, 3)$	$(-4, -4)$

Resp. $R = -4$ N, $\bar{x} = -7{,}00$ m, $\bar{z} = -15{,}3$ m

4.14

F	10	20	−30
(x, z)	$(1, 1)$	$(2, -5)$	$(3, -4)$

Resp. $M_x = -30$ N·m, $M_z = -40$ N·m

4.15 Cinco pesos de 20, 15, 12, 6 e 10 N repousam sobre uma mesa plana nas coordenadas (0,5, 15°), (1,5, 90°), (0,8, 185°), (0,7, 262°) e (1,2, 340°), respectivamente, onde o primeiro número dentro dos parênteses indica a distância radial em metros a partir do centro da mesa e o segundo é o ângulo medido no sentido anti-horário a partir de um raio de referência considerando a mesa em planta. Determine o peso resultante.

Resp. $R = 63$ N para baixo, $r = 0{,}3$, $\theta = 56°$

4.16 Encontre a resultante do sistema mostrado na Fig. 4-11. As forças estão em newtons e as distâncias, em metros.

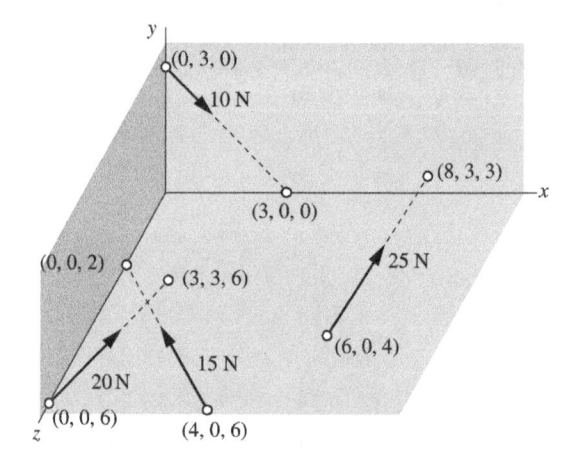

Figura 4-11

Resp. $R = 40{,}3$ N, $\cos\theta_x = 0{,}594$, $\cos\theta_y = 0{,}673$, $\cos\theta_z = -0{,}428$ na origem, $M = 251$ N·m, $\cos\phi_x = -0{,}660$, $\cos\phi_y = 0{,}633$, $\cos\phi_z = 0{,}396$.

4.17 No Problema 4.4, determine o conjugado **M** por meio da soma dos momentos das três forças em relação à origem utilizando produtos vetoriais. O leitor deve certificar-se de que, ao encontrar o momento de uma força em relação ao centro de momentos, o vetor posição **r** esteja posicionado da origem, no centro de momentos, para qualquer ponto sobre a linha de ação da força. O leitor pode demonstrar isso verificando o resultado para mais de um ponto sobre a linha de ação da força.

CAPÍTULO 4 • RESULTANTES DOS SISTEMAS NÃO COPLANARES DE FORÇAS

4.18 Determine a resultante das três forças mostradas na Fig. 4-12. As coordenadas estão em metros. Considere a origem como ponto de referência.

Resp. $\mathbf{R} = 3530\mathbf{i} + 267\mathbf{j} + 1200\mathbf{k}$ N passando pela origem, e $\mathbf{M} = -3200\mathbf{i} + 4810\mathbf{j} - 534\mathbf{k}$ N·m

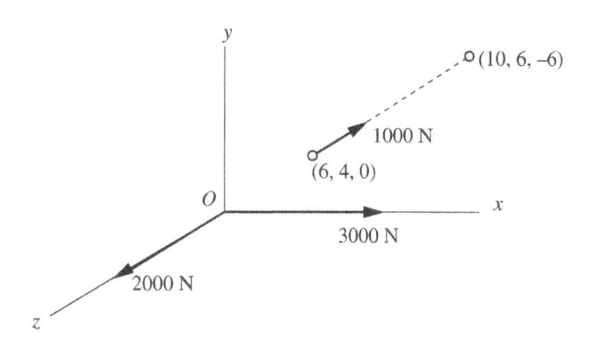

Figura 4-12

4.19 Substitua as três forças mostradas na Fig. 4-13 pela força resultante **R** através de *O* e um conjugado.

Resp. $\mathbf{R} = 200\mathbf{i} - 400\mathbf{j} - 500\mathbf{k}$ N
ou $\mathbf{R} = 671$ N com $\cos\theta_x = 0{,}298$, $\cos\theta_y = -0{,}597$, $\cos\theta_z = -0{,}745$
$\mathbf{C} = 1500\mathbf{j} - 2400\mathbf{k}$ N·m
ou $C = 2830$ N·m com $\cos\phi_x = 0$, $\cos\phi_y = 0{,}530$, $\cos\phi_z = -0{,}848$

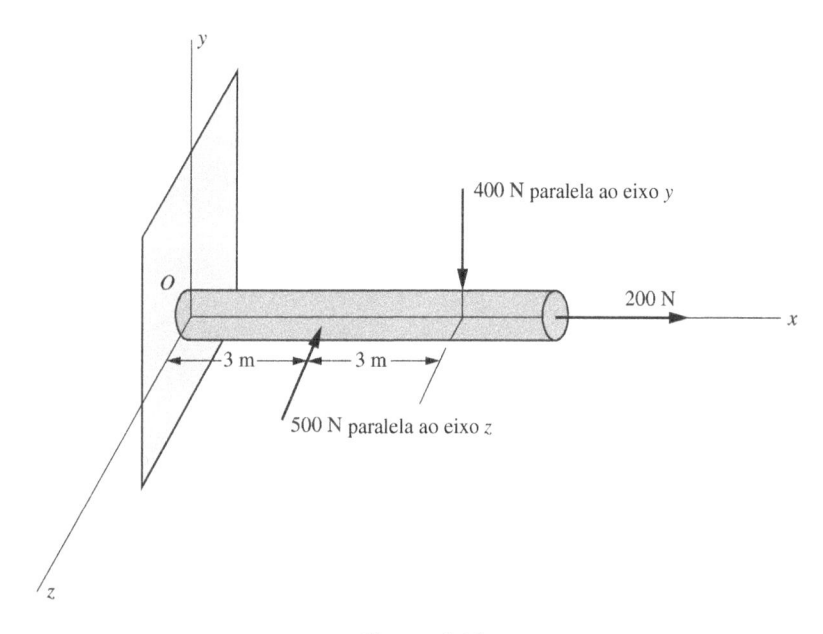

Figura 4-13

4.20 Dadas as duas forças $\mathbf{F}_1 = 20\mathbf{i} - 10\mathbf{j} + 60\mathbf{k}$ N em $(0, -1, 1)$ e $\mathbf{F}_2 = 30\mathbf{i} + 20\mathbf{j} - 40\mathbf{k}$ N em $(-1, -1, -1)$, e um conjugado -80 N·m no plano *xy*, determine o sistema força-conjugado resultante. As coordenadas estão em metros.

Resp. $\mathbf{R} = 50\mathbf{i} + 10\mathbf{j} + 20\mathbf{k}$ N, $\mathbf{M} = 10\mathbf{i} - 50\mathbf{j} - 50\mathbf{k}$ N·m

4.21 Substitua as três forças mostradas na Fig. 4-14 pela força resultante em *A* e um conjugado.

Resp. $\mathbf{R} = 80\mathbf{i} - 100\mathbf{j} - 50\mathbf{k}$ N, $\mathbf{M} = 100\mathbf{i} + 100\mathbf{j} - 200\mathbf{k}$ N·m

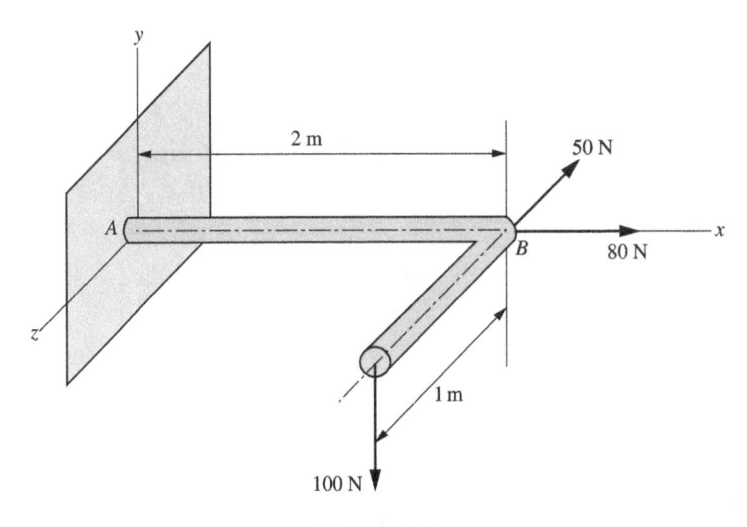

Figura 4-14

4.22 Refaça o Problema 4.21 com a força resultante atuando em *B* em lugar da *A*.

Resp. $\mathbf{R} = 80\mathbf{i} - 100\mathbf{j} - 50\mathbf{k}$ N, $\mathbf{M} = 100\mathbf{i}$ N·m

Capítulo 5

Equilíbrio de Sistemas de Forças Coplanares

5.1 EQUILÍBRIO DE SISTEMAS DE FORÇAS COPLANARES

O equilíbrio de um sistema de forças coplanares ocorre se a resultante não é uma força **R** nem um conjugado **M**. As condições necessárias e suficientes para que **R** e **M** sejam ambos vetores nulos são

$$\mathbf{R} = \sum \mathbf{F} = 0 \quad \text{e} \quad \mathbf{M} = \sum \mathbf{M} = 0 \tag{5.1}$$

onde $\sum \mathbf{F}$ = é o vetor soma de todas as forças do sistema
$\sum \mathbf{M}$ = é o vetor soma dos momentos (em relação a qualquer ponto) de todas as forças do sistema.

As duas equações vetoriais acima (5.1) podem ser aplicadas diretamente, ou as seguintes equações escalares derivadas poderão ser utilizadas para os três tipos de sistemas coplanares.

5.2 ELEMENTOS DE DUPLA-FORÇA

Um elemento de dupla-força está em equilíbrio sob o efeito de duas forças resultantes (uma em cada extremidade), iguais em intensidade, mas de sentidos opostos. Cada força resultante age ao longo do elemento. Assim, o efeito das forças em um elemento de dupla-força que está conectado a qualquer outro corpo deve agir na direção desse elemento de dupla-força. Qualquer elemento no qual a força resultante em cada extremidade não age na direção (ao longo) do elemento é chamado de elemento de tripla-força.

5.3 SISTEMAS CONCORRENTES

Qualquer um dentre os seguintes conjuntos de equações assegura o equilíbrio de um sistema de forças concorrentes; i.e., a resultante é nula. Assuma que as forças concorrem na origem.

Grupo	Equações de equilíbrio	Observações
A	(1) $\sum F_x = 0$ (2) $\sum F_y = 0$	$\sum F_x =$ soma das componentes x das forças do sistema $\sum F_y =$ soma das componentes y das forças do sistema
B	(1) $\sum F_x = 0$ (2) $\sum M_A = 0$	$\sum M_A =$ soma dos momentos das forças do sistema em relação à A, que pode ser escolhido em qualquer posição, exceto no eixo y
C	(1) $\sum M_A = 0$ (2) $\sum M_B = 0$	$\sum M_A$ e $\sum M_B =$ soma dos momentos das forças do sistema em relação a quaisquer pontos A e B do plano, desde que A, B e a origem não estejam alinhados

Se apenas três forças não paralelas atuam em um plano de um corpo em equilíbrio, essas três forças deverão ser concorrentes.

5.4 SISTEMAS PARALELOS

Qualquer um dos seguintes grupos de equações assegura o equilíbrio de um sistema de forças paralelas; i.e., a resultante não será uma força nem um conjugado.

Grupo	Equações	Observações
A	(1) $\sum F_x = 0$ (2) $\sum M_A = 0$	$\sum F_x =$ soma das forças do sistema paralelo às linhas de ação das forças $\sum M_A =$ soma dos momentos das forças do sistema em relação a qualquer ponto A do plano
B	(1) $\sum M_A = 0$ (2) $\sum M_B = 0$	$\sum M_A$ e $\sum M_B =$ soma dos momentos das forças do sistema em relação a quaisquer pontos A e a B do plano, desde que a linha entre A e B não seja paralela às forças do sistema

5.5 SISTEMAS NÃO CONCORRENTES E NÃO PARALELOS

Qualquer um dos seguintes grupos de equações assegura o equilíbrio de um sistema não concorrente e não paralelo; i.e., a resultante não será uma força nem um conjugado.

Grupo	Equações	Observações
A	(1) $\sum F_x = 0$ (2) $\sum F_y = 0$ (3) $\sum M_A = 0$	$\sum F_x =$ soma das componentes x das forças do sistema $\sum F_y =$ soma das componentes y das forças do sistema $\sum M_A =$ soma dos momentos das forças do sistema em relação a qualquer ponto A do plano
B	(1) $\sum F_x = 0$ (2) $\sum M_A = 0$ (3) $\sum M_B = 0$	$\sum F_x =$ soma das componentes x das forças do sistema $\sum M_A$ e $\sum M_B =$ soma dos momentos das forças do sistema em relação a quaisquer pontos A e B no plano, desde que a linha entre A e B não seja perpendicular ao eixo x
C	(1) $\sum M_A = 0$ (2) $\sum M_B = 0$ (3) $\sum M_C = 0$	$\sum M_A$, $\sum M_B$ e $\sum M_C =$ soma dos momentos das forças do sistema em relação a quaisquer pontos A, B e C no plano, desde que os pontos A, B e C não estejam alinhados

5.6 OBSERVAÇÕES – DIAGRAMAS DE CORPO LIVRE

Os seguintes comentários poderão ser úteis na solução dos problemas.

1. Desenhe os diagramas de corpo livre. O sistema de forças em análise compreenderá um corpo ou um sistema de corpos em equilíbrio. Um diagrama de corpo livre é um esquema do corpo mostrando todas as forças externas que agem nesse corpo. Isso inclui (a) todas as forças ativas, como forças aplicadas e forças gravitacionais, e (b) todas as forças reativas. Estas últimas são providas pelo solo, paredes, pinos, rolos, cabos ou outros meios. Um rolo ou suporte em garfo sugere que sua reação é mostrada perpendicularmente ao elemento. Uma conexão em pino significa que a reação pode formar qualquer ângulo. Ela é representada por uma força e um ângulo desconhecido ou pelas componentes no pino de reação; por exemplo A_x e A_y no plano.
2. Observe que se o ângulo da reação é conhecido, o sentido é então assumido na direção da reação. Um sinal positivo no resultado indica que o sentido assumido é o correto. Um sinal negativo indica que o sentido assumido previamente foi o oposto.
3. Pode não ser necessário o uso das três equações de um grupo na obtenção da solução. A escolha apropriada de um ponto de referência, por exemplo, pode conduzir a uma equação com apenas uma incógnita.
4. Os eixos x e y nas equações acima não devem necessariamente ser escolhidos na horizontal e na vertical, respectivamente. Na verdade, se um sistema está em equilíbrio, a soma algébrica das componentes escalares desse sistema ao longo de qualquer eixo deverá ser zero.
5. Em um diagrama de corpo livre, a força é identificada por sua intensidade se a direção e o sentido forem explícitos.
6. A força em uma mola será igual ao produto da constante de mola k pela sua deformação em relação a sua posição neutra. Em unidades do SI, k é dado em N / m; assim $F = [k\,(\text{N} / \text{m})][x\,(\text{m})] = kx\,(\text{N})$.

Problemas Resolvidos

5.1 A Figura 5-1(a) mostra uma luminária de 100 N sendo suportada por dois cabos, AB e AC. Determine o esforço em cada cabo.

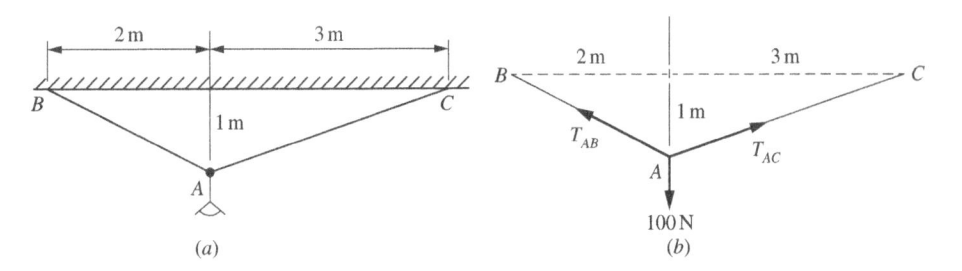

Figura 5-1

Solução

O diagrama de corpo livre para o nó A é mostrado na Fig. 5-1(b) com a força de 100 N (peso da luminária) agindo verticalmente para baixo com os esforços em AC e AB.

Usando as equações do grupo A para o *sistema concorrente*, temos

$$\sum F_x = 0 = T_{AC}\frac{3}{\sqrt{10}} - T_{AB}\frac{2}{\sqrt{5}} \qquad (1)$$

$$\sum F_y = 0 = T_{AC}\frac{1}{\sqrt{10}} + T_{AB}\frac{1}{\sqrt{5}} - 100 \qquad (2)$$

São duas equações em duas incógnitas. Da equação (1), $T_{AC} = \frac{2}{3}\sqrt{2}\,T_{AB} = 0{,}943\,T_{AB}$. Substituindo em (2),

$$0{,}943 T_{AB}\frac{1}{\sqrt{10}} + T_{AB}\frac{1}{\sqrt{5}} - 100 = 0. \qquad \therefore T_{AB} = 134{,}2\,\text{N}, \; T_{AC} = 126{,}5\,\text{N}$$

A solução poderia ser obtida utilizando as equações B ou C para um *sistema concorrente*. Escolhendo o ponto de referência em um dos pontos de ação da força desconhecida, obtém-se uma equação com apenas uma incógnita. Suponha, por exemplo, que o ponto B seja escolhido como ponto de referência. Então,

$$\sum M_B = 0 = -100 \times 2 + T_{AC} \times \frac{1}{\sqrt{10}} \times 2 + T_{AC} \times \frac{3}{\sqrt{10}} \times 1. \qquad \therefore T_{AC} = 126{,}5 \text{ N}$$

O momento da força T_{AC} é igual ao momento de suas componentes tomadas em relação ao ponto B. Escolher o ponto de referência em C, levará à obtenção de uma equação que envolve T_{AB}.

Uma terceira abordagem, e talvez a mais simples, é adotar o eixo x perpendicular a T_{AB}. Então,

$$100 \cos 26{,}57° = T_{AC} \cos 45°. \qquad \therefore T_{AC} = 126{,}5 \text{ N}$$

Em seguida, somar as forças na direção de um eixo perpendicular a T_{AC}:

$$100 \cos 18{,}43° = T_{AB} \cos 45°. \qquad \therefore T_{AB} = 134{,}2 \text{ N}$$

Esta solução requer uma análise cuidadosa dos ângulos.

5.2 Determine a força horizontal P necessária para empurrar o cilindro de 100 N da Fig. 5-2(*a*) por sobre a obstrução mostrada. O cilindro é liso.

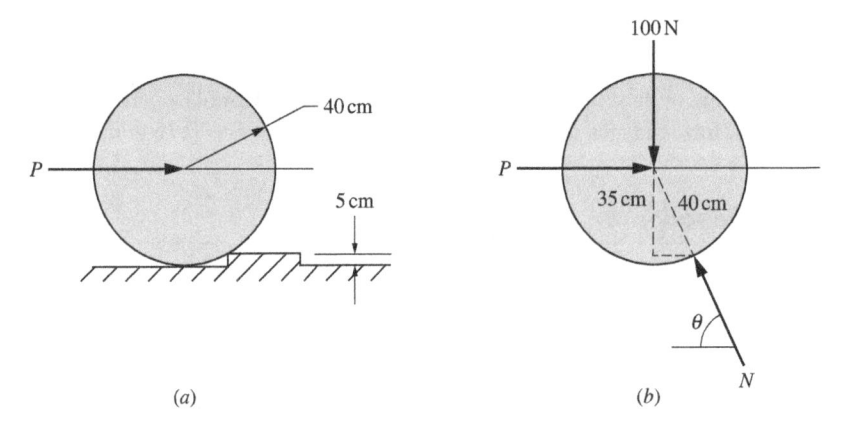

Figura 5-2

Solução

O diagrama de corpo livre está mostrado na Fig 5-2(*b*). No instante em que o cilindro começa a passar pela obstrução, a reação no solo vai a zero. A reação move-se para a posição de N no canto da obstrução, e é normal à superfície do cilindro. O ângulo $\theta = \text{sen}^{-1}(35/40) = 61°$. As equações de equilíbrio são

$$\sum F_v = N \operatorname{sen} 61° - 100 = 0. \qquad N = 114{,}3 \text{ N}$$
$$\sum F_h = P - N \cos 61° = 0. \qquad P = 55{,}4 \text{ N}$$

5.3 Um pau de carga com 10 m de comprimento suporta uma ação de 1200 kg, conforme mostrado na Fig. 5-3(*a*). O cabo horizontal BC tem 5 m de comprimento. Obtenha os esforços no cabo e no pau de carga.

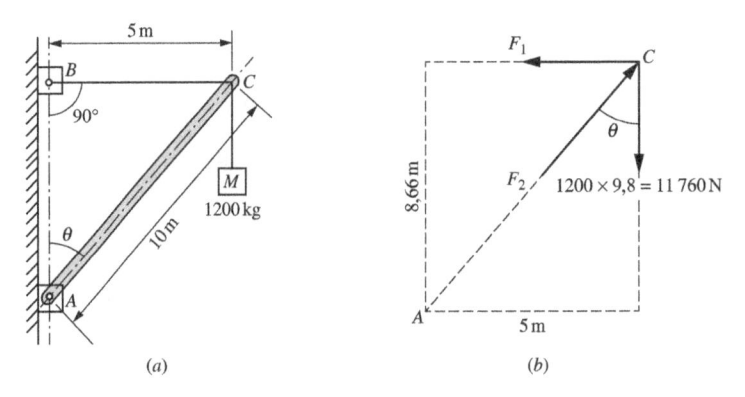

Figura 5-3

Solução

Ambos, o cabo e o pau de carga, são exemplos de elementos de dupla-força. Portanto, a força F_1 orienta-se na longitudinal do cabo e a força F_2 orienta-se na direção do pau de carga. Por inspeção, as setas são posicionadas como mostra a Fig. 5-3(b), indicando tração no cabo e compressão no pau de carga:

$$AB = \sqrt{10^2 - 5^2} = 8{,}66\,\text{m} \qquad \cos\theta = \frac{8{,}66}{10} = 0{,}866$$

Calculando os momentos em relação ao ponto A, apenas uma incógnita permanece na equação:

$$\sum M_A = 0 = (F_1 \times AB) - (11760 \times 5) \qquad 0 = F_1(8{,}66) - 58800 \qquad F_1 = 6790\,\text{N}$$

Somando as forças na vertical: $\sum F_y = 0 = -11760 + F_2 \cos\theta, 0 = -11760 + 0{,}866 F_2, F_2 = 13580\,\text{N}$.

5.4 Resolva os esforços nos elementos AB e BC solicitados pelas ações horizontal e vertical de 1000 N mostradas na Fig. 5-4(a). O elemento AB forma um ângulo θ e o elemento BC forma um ângulo β com a horizontal.

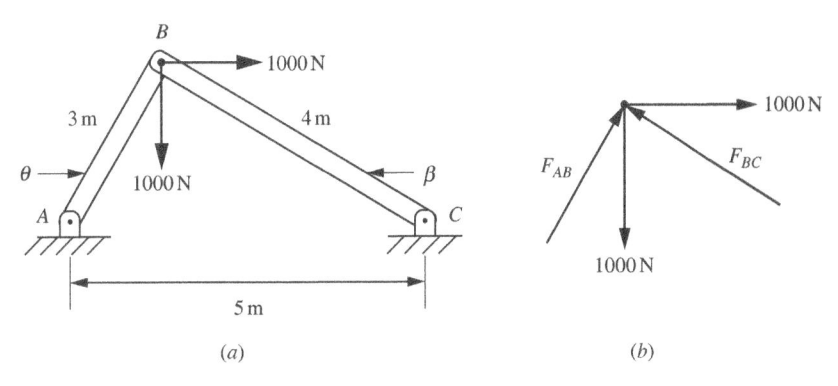

Figura 5-4

Solução

Desenhe o diagrama de corpo livre da Fig. 5-4(b) assumindo que F_{AB} e F_{BC} são forças de compressão. As equações de equilíbrio são

$$\sum F_x = 0 = F_{AB} \cos\theta - F_{BC} \cos\beta + 1000 \qquad (1)$$
$$\sum F_y = 0 = F_{AB} \operatorname{sen}\theta + F_{BC} \operatorname{sen}\beta - 1000 \qquad (2)$$

$$\cos\theta = 0{,}6 \qquad \cos\beta = 0{,}8 \qquad \operatorname{sen}\theta = 0{,}8 \qquad \operatorname{sen}\beta = 0{,}6$$

Substituindo, chega-se a

$$0{,}6\, F_{AB} - 0{,}8\, F_{BC} = -1000$$
$$0{,}8\, F_{AB} + 0{,}6\, F_{BC} = 1000$$

E a solução do sistema fornece

$$F_{AB} = 200\,\text{N compressão}$$
$$F_{BC} = 1400\,\text{N compressão}$$

5.5 Na Fig. 5-5(a), a barra AB pesa 120 N / m e é suportada pelo cabo AC e um pino em B. Determine a reação em B e a tração no cabo.

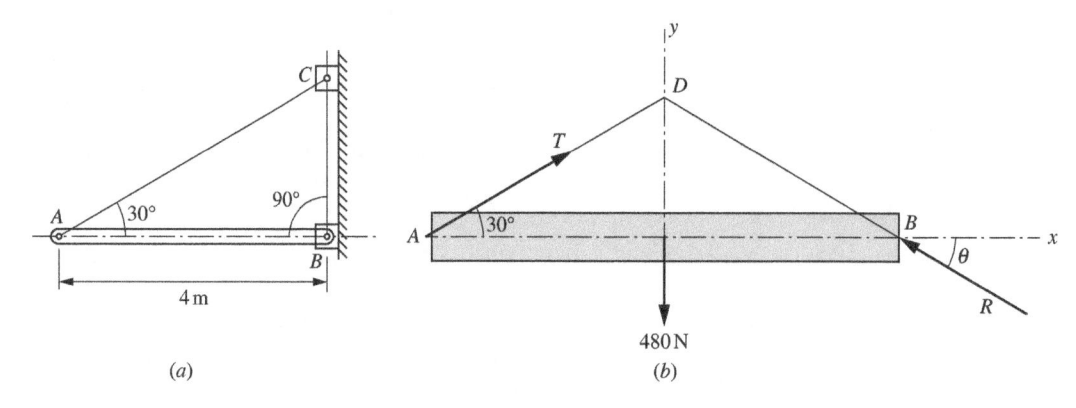

Figura 5-5

Solução

A tração no cabo está orientada na direção longitudinal do cabo (elemento de dupla-força). O pau de carga AB não é um elemento de força-dupla, uma vez que existem forças atuando em três pontos. No diagrama de corpo livre da Fig. 5-5(b), a força mostrada em B é de intensidade e orientação desconhecidas. Por existirem três forças não paralelas que solicitam o pau de carga, essas forças devem ser concorrentes em um ponto; nesse caso, no ponto D. Da trigonometria, temos $\theta = 30°$. As equações de equilíbrio fornecem

$$\left. \begin{array}{l} \sum F_x = T\cos 30° - R\cos 30° = 0 \\ \sum F_y = T\sen 30° + R\sen 30° - 480 = 0 \end{array} \right\} \quad \therefore T = R = 480\,\text{N}$$

5.6 Os corpos A e B, pesando 40 N e 30 N, respectivamente, repousam em planos lisos, conforme mostrado na Fig. 5-6. Eles estão conectados por uma corda sem peso que passa por uma polia sem atrito. Determine o ângulo θ e a tensão no cabo para que o sistema permaneça em equilíbrio.

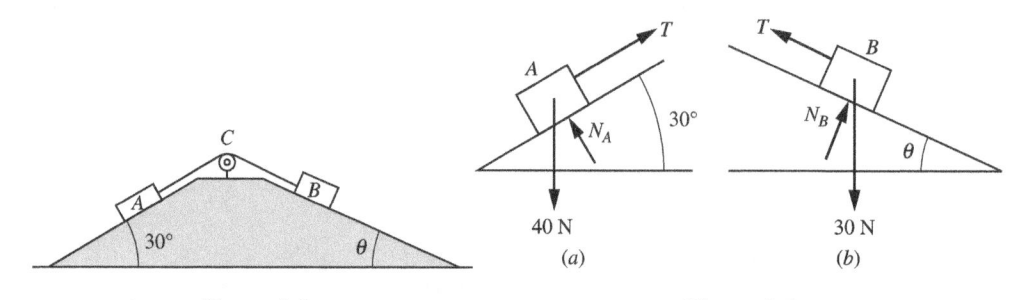

Figura 5-6 **Figura 5-7**

Solução

Os diagramas de corpo livre para os dois corpos estão mostrados na Fig. 5-7(a) e (b). São mostradas três incógnitas na Fig. 5-7(b): T, N_B e θ. Uma vez que apenas dispomos de duas equações, o sistema parece ser estaticamente indeterminado na forma como está. No entanto, a Fig. 5-7(a) mostra apenas duas incógnitas, incluindo T, que aparece também na Fig. 5-7(b), tornando o sistema determinado uma vez que T seja determinado.

Somando as forças paralelas ao plano inclinado de 30°, temos a equação de equilíbrio

$$\sum F_\parallel = 0 = T - 40\sen 30° \quad \text{ou} \quad T = 20\,\text{N}$$

Voltando à Fig. 5-7(b) e somando as forças àquele plano, temos

$$\sum F_\parallel = 0 = T - 30\sen\theta \quad \sen\theta = \frac{T}{30} = \frac{2}{3}. \quad \therefore \theta = 41{,}8°$$

CAPÍTULO 5 • EQUILÍBRIO DE SISTEMAS DE FORÇAS COPLANARES

5.7 Uma viga esbelta de massa *m* tem seu centro de gravidade conforme mostrado na Fig. 5-8(*a*). O vértice no qual ela se apoia fornece uma reação *N* perpendicular à viga. A parede vertical à esquerda é lisa e também fornece uma reação normal. Qual é o valor do ângulo θ compatível com o equilíbrio?

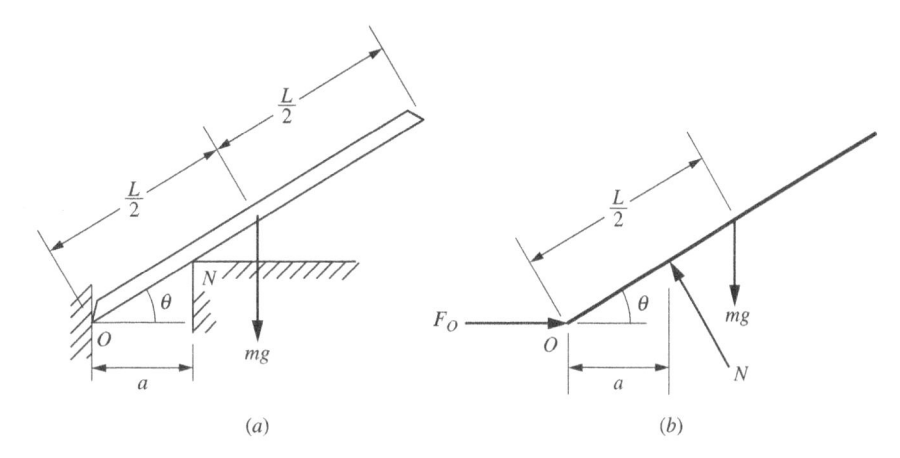

Figura 5-8

Solução

O diagrama de corpo livre está representado na Fig. 5-8(*b*). Some os momentos em relação ao ponto *O*:

$$\sum M_O = 0 = N\frac{a}{\cos\theta} - mg\left(\frac{1}{2}L\cos\theta\right)$$

Somando as forças na vertical,

$$\sum F_v = 0 = N\cos\theta - mg \quad \text{ou} \quad N = \frac{mg}{\cos\theta}$$

Substitua $N = mg/\cos\theta$ na primeira equação para obter

$$\frac{mga}{\cos^2\theta} - \frac{mgL\cos\theta}{2} = 0 \quad \text{ou} \quad \cos\theta = \left(\frac{2a}{L}\right)^{1/3}$$

5.8 Uma viga considerada sem peso é carregada com forças concentradas conforme mostra a Fig. 5-9(*a*). Determine as reações em *A* e *B*.

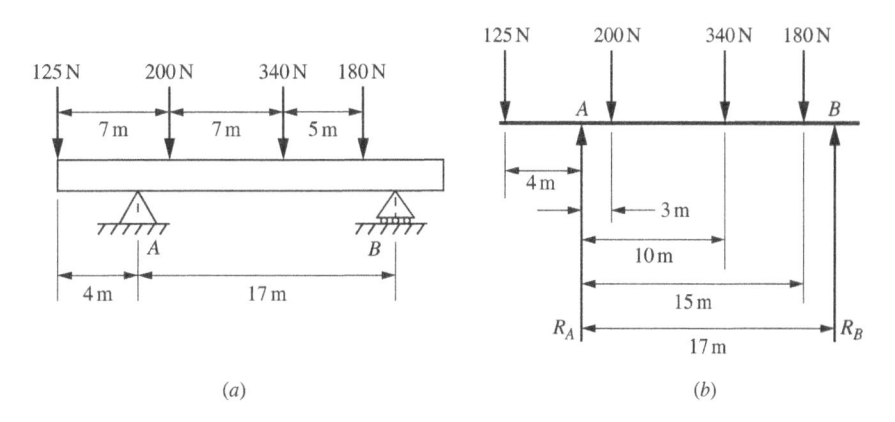

Figura 5-9

Solução

Para encontrar as reações R_A e R_B na viga mostrada na Fig. 5-9(b), é recomendável calcular os momentos em relação à A e, em seguida, em relação à B. Dessa forma, cada equação terá apenas uma incógnita. Assim, as reações são determinadas de forma independente uma da outra. Nestas condições, a soma de todas as forças deve ser igual a zero, o que é uma boa forma de verificar os cálculos feitos. Vários leitores podem preferir calcular uma das reações por meio da equação de momentos e a outra pela soma das forças. Esse é, obviamente, um procedimento aceitável. No entanto, os autores utilizam as somatórias de momentos, reservando a somatória de forças para a verificação dos cálculos. Utilizando esse procedimento, as duas equações são

$$\sum M_A = 0 = (125 \times 4) - (200 \times 3) - (340 \times 10) - (180 \times 15) + R_B \times 17 \quad \therefore R_B = 365 \text{ N}$$
$$\sum M_B = 0 = (125 \times 21) - R_A \times 17 + (200 \times 14) + (340 \times 7) + (180 \times 2) \quad \therefore R_A = 480 \text{ N}$$

Verificando, $\sum F = -125 + 480 - 200 - 340 - 180 + 365 = 0$. Esta soma deve, dentro dos limites da precisão utilizada, ser igual a zero. Se assim for, as reações na viga estarão corretas.

5.9 Determine as reações para a viga com carregamentos concentrados e distribuídos, conforme mostrado na Fig. 5-10.

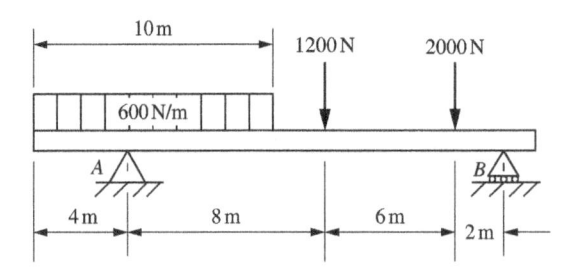

Figura 5-10

Solução

Observe que, no diagrama de corpo livre (Fig. 5-11), a ação distribuída de 600 N/m é substituída por uma ação concentrada equivalente de 6000 N, aplicada no ponto médio desse trecho. Isso é permitido na determinação das reações para a viga.

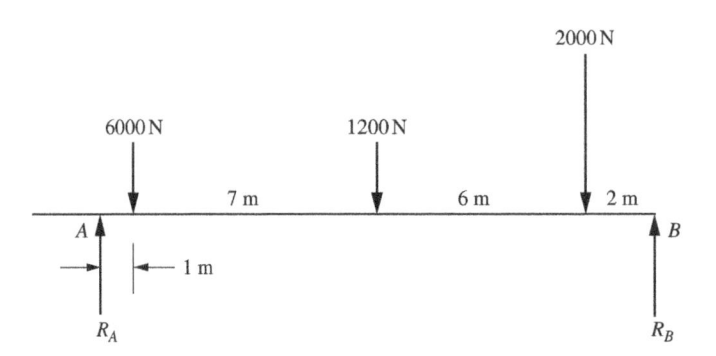

Figura 5-11

As equações de equilíbrio são

$$\sum M_A = 16 R_B - (6000)(1) - (8)(1200) - (14)(2000) = 0. \quad \therefore R_B = 2725 \text{ N}$$
$$\sum F_y = R_A - 6000 - 1200 - 2000 + 2725 = 0. \quad \therefore R_A = 6475 \text{ N}$$

5.10 Determine a força P necessária para manter suspensa e em equilíbrio uma massa de 10 kg utilizando o sistema de polias mostrado na Fig. 5-12(a). Admita que as polias têm o mesmo tamanho e não têm atrito.

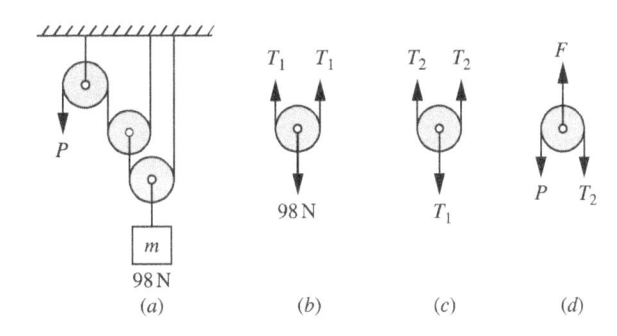

Figura 5-12

Solução

A Figura 5-12(b) mostra o diagrama da polia inferior. A força gravitacional de $10 \times 9,8$ N age para baixo.

Em cada lado da polia, agem forças iguais e para cima na correia. Uma vez que a correia é contínua e que as polias não têm atrito, a tensão para cima na correia em um lado será a mesma que a tensão na correia do outro lado. (Some os momentos em relação ao centro da polia para verificar que isso é verdade.) A soma das forças na vertical fornece

$$\sum F_v = 0 = 2T_1 - 98. \quad \therefore T_1 = 49 \text{ N}$$

Em seguida, desenhe um diagrama de corpo livre da polia central; Fig. 5-12(c). Pela razão já explicada, a tensão na correia em torno dessa polia será T_2. Somando as forças verticais, a equação obtida é

$$\sum F_v = 0 = 2T_2 - T_1 = 2T_2 - 49 \quad \therefore T_2 = 24,5 \text{ N}$$

Finalmente, desenhe um diagrama de corpo livre da polia do alto; Fig. 5-12(d). Uma vez que a correia é contínua,

$$P = T_2 \quad \text{ou} \quad P = 24,5 \text{ N}$$

5.11 A viga rígida da Fig. 5-13(a) é suportada por um pino em A e por molas em B e C. Se a constante de cada mola é de 2000 N/m, determine a reação em A e as forças em cada mola.

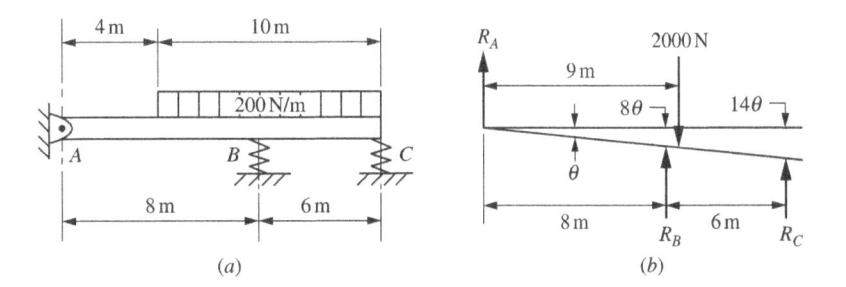

Figura 5-13

Solução

Considere, conforme mostrado na Fig. 5-13(b), que o ângulo θ é pequeno e que as deflexões das molas em metros são 8θ e 14θ. A força em B será, então,

$$R_B = 8\theta \times 2000 = 16000\theta$$

A força em C é obtida de forma semelhante:

$$R_C = 14\theta \times 2000 = 28000\theta$$

Para obter θ, utilize a soma de momentos em relação à A:

$$\sum M_A = 0 = -2000 \times 9 + 16000\theta \times 8 + 28000\theta \times 14 \quad \text{ou} \quad \theta = 0{,}0346 \text{ rad}$$

$$\therefore R_B = 16000\theta = 554 \text{ N} \quad \text{e} \quad R_C = 28000\theta = 969 \text{ N}$$

Para encontrar a reação em A, utilize a somatória das forças verticais como segue:

$$R_A + 554 + 969 - 2000 = 0. \quad \therefore R_A = 477 \text{ N}$$

5.12 Uma viga engastada com um comprimento de 3,8 m tem massa igual a 10 kg/m e suporta uma ação concentrada de 1000 N na sua extremidade livre. A outra extremidade da viga está inserida em uma parede rígida. Quais são as reações na viga em A? Observe a Fig. 5-14(a).

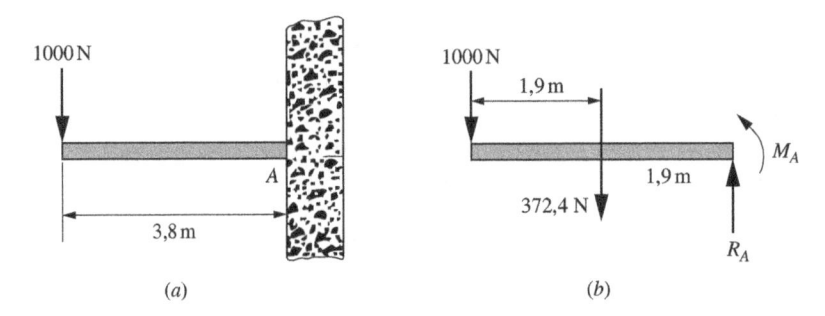

Figura 5-14

Solução

Considere que a viga flexiona de modo que a parede ofereça um momento resistente tal que impeça a viga de rotacionar. Desenhe um diagrama de corpo livre mostrando no ponto médio da viga a ação gravitacional concentrada de 372,4 N (3,8 m $\times$ 10 kg/m $\times$ 9,8 m/s^2). (Considere kg·m/s^2 = N.) Veja a Fig. 5-14(b).

Para determinar a força de reação R_A, some as forças na direção vertical:

$$\sum F_y = 0 = -1000 - 372{,}4 + R_A. \quad \therefore R_A = 1372 \text{ N}$$

Para determinar o momento de reação M_A, some os momentos em relação à A para obter

$$\sum M_A = 0 = 1000 \times 3{,}8 + 372{,}4 \times 1{,}9 + M_A. \quad \therefore M_A = -4508 \text{ N} \cdot \text{m}$$

O sinal de menos indica que o momento é no sentido horário.

5.13 Os blocos A e B pesam 400 e 200 N, respectivamente. Eles repousam em um plano inclinado a 30° e estão conectados a um poste que é mantido na perpendicular em relação ao plano inclinado por uma força P paralela ao plano [veja a Fig. 5-15(a)]. Considere todas as superfícies lisas e as cordas paralelas ao plano. Determine o valor de P. O pino em O é livre de atrito.

Solução

Desenhe o diagrama de corpo livre para A, B e o poste conforme mostrado na Fig. 5-15(b). Verifica-se, por inspeção, que T_A e T_B podem ser determinadas fazendo a somatória das forças paralelas ao plano. Então,

$$T_A = 400 \text{ sen } 30° = 200 \text{ N}$$

Analogamente, $T_B = 100$ N.

No diagrama de corpo livre do poste, some os momentos em relação ao ponto O para obter

$$-P \times 60 + T_B \times 30 + T_A \times 15 = 0$$

Substitua os valores de T_A e T_B para obter $P = 100$ N.

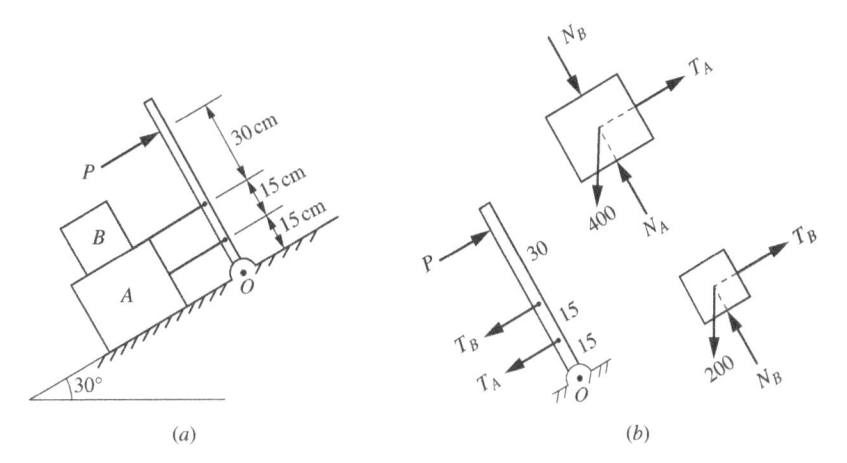

Figura 5-15

5.14 Uma força vertical de 50 N está aplicada no ponto A da manivela, conforme mostrado na Fig. 5-16. Uma força aplicada em B impede a rotação da manivela em torno do ponto O. Determine a força P e a reação R no apoio em O.

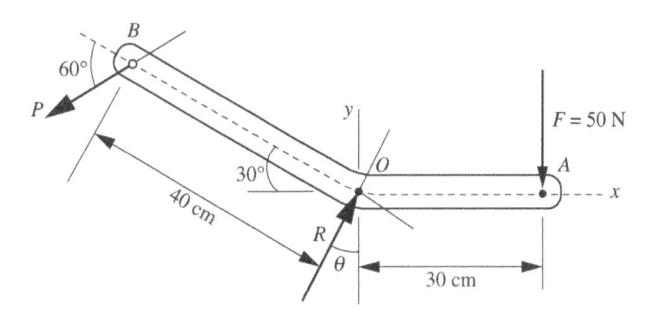

Figura 5-16

Solução

Somando os momentos em relação a O:

$$\sum M_O = 0 = P \operatorname{sen} 60° \times 40 - 50 \times 30. \qquad \therefore P = 43,3 \text{ N}$$

Somando as forças nas direções dos eixos x e y:

$$\left. \begin{array}{l} \sum F_x = 0 = R \operatorname{sen} \theta - 43,3 \cos 30° \\ \sum F_y = 0 = R \cos \theta - 43,3 \operatorname{sen} 30° - 50 \end{array} \right\} \quad \therefore \theta = 27,62° \text{ e } R = 80,9 \text{ N}$$

5.15 Determine as reações na viga carregada conforme mostrado na Fig. 5-17(a). Despreze as dimensões da seção e a massa da viga.

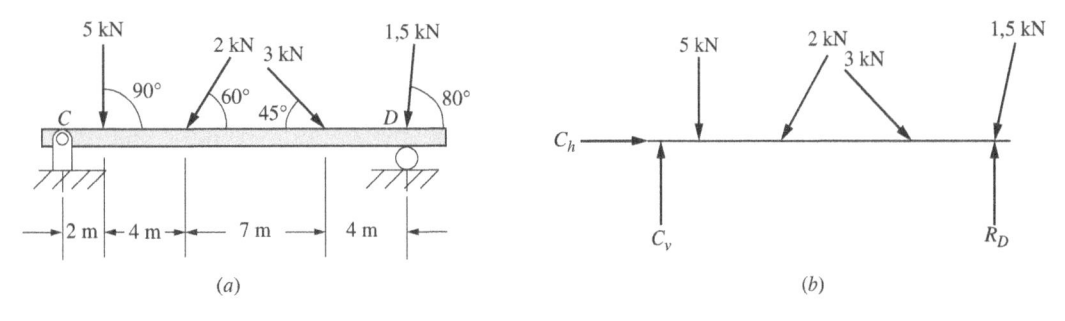

Figura 5-17

Solução

No diagrama de corpo livre, Fig. 5-17(b), as componentes horizontal, C_h, e vertical, C_v, da reação no pino em C são consideradas positivas. O suporte de rolo sugere que a reação R_D é normal à viga, conforme mostrado.

Somando as forças horizontais, obtém-se uma equação onde apenas C_h é incógnita:

$$\sum F_h = 0 = C_h - 2\cos 60° + 3\cos 45° - 1{,}5\cos 80°. \qquad \therefore C_h = -0{,}86 \text{ kN}$$

Isso significa que C_h age para a esquerda, ao contrário do assumido.

Para determinar R_D, calcule os momentos em relação ao ponto C; isso leva a uma equação que envolve apenas R_D:

$$\sum M_C = 0 = -5 \times 2 - (2 \text{ sen } 60°) \times 6 - (3 \text{ sen } 45°) \times 13 - (1{,}5 \text{ sen } 80°) \times 17 + R_D \times 17. \qquad \therefore R_D = 4{,}3 \text{ kN}$$

Observe que o momento de cada força em relação ao ponto C é igual ao momento das componentes verticais dessas forças em relação a C, porque as linhas de ação das componentes horizontais das forças passam pelo ponto C.

Para determinar C_v, a somatória dos momentos em relação a D é o conveniente:

$$\sum M_D = 0 = -C_v \times 17 + 5 \times 15 + 2 \text{ sen } 60° \times 11 + 3 \text{ sen } 45° \times 4. \qquad \therefore C_v = 6{,}03 \text{ kN}$$

Se quisermos, uma verificação dos valores de C_v e R_D pode ser obtida somando as forças verticais, porque essa equação ainda não foi utilizada. Esse somatório, $\sum F_v$, deve ser igual a zero quando os valores de C_v e R_D são substituídos.

$$\sum F_v = 6{,}03 - 5 - 2 \times 0{,}866 - 3 \times 0{,}707 - 1{,}5 + 4{,}3 = -0{,}02$$

Uma vez que o resultado está dentro dos limites de precisão do problema, os valores verificados são suficientemente precisos.

5.16 Para a viga mostrada na Fig. 5-18(a), determine as reações em A e B.

Solução

O diagrama de corpo livre é o mostrado na Fig. 5-18(b). As equações de equilíbrio são

$$\sum M_A = 4R_B - (1)200 - (3)200 + 500 = 0. \qquad \therefore R_B = 75 \text{ N}$$

$$\sum F_y = R_A + 75 - 200 - 200 = 0. \qquad \therefore R_A = 325 \text{ N}$$

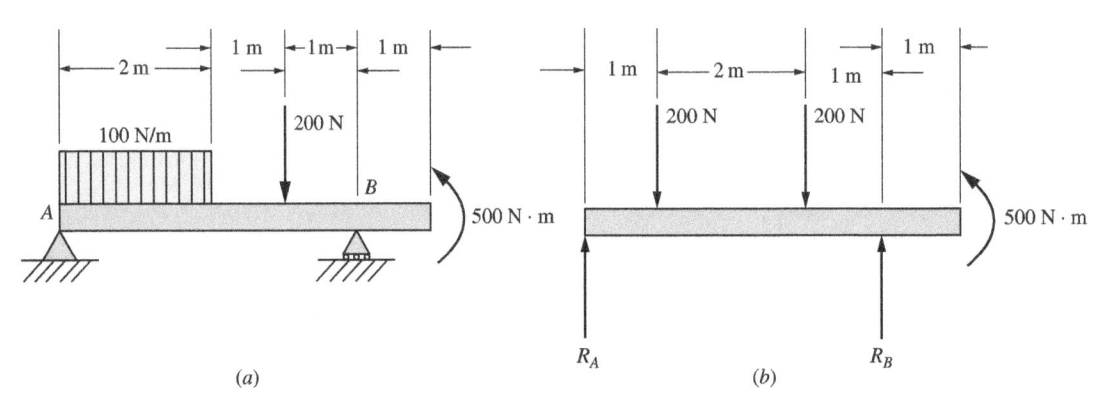

Figura 5-18

5.17 Determine a tensão no cabo AB que impede a viga BC de deslizar. A figura 5-19(a) mostra os dados essenciais. O peso da viga é 75 N. Assuma que todas as superfícies são lisas.

Solução

A Figura 5-19(b) mostra o diagrama de corpo livre. Observe que R_D é normal à viga e que R_B é normal ao piso, porque as superfícies são consideradas sem atrito.

Um procedimento é fazer o cálculo dos momentos em relação a B para determinar R_D e, então, somar as forças horizontais para encontrar T a partir das seguintes equações:

$$\sum M_B = 0 = -75(3{,}5 \cos 60°) + R_D \frac{5}{\cos 30°}. \qquad \therefore R_D = 22{,}7 \text{ N}$$

$$\sum F_h = 0 = T - R_D \cos 30° = T - 22{,}7(0{,}866). \qquad \therefore T = 19{,}7 \text{ N}$$

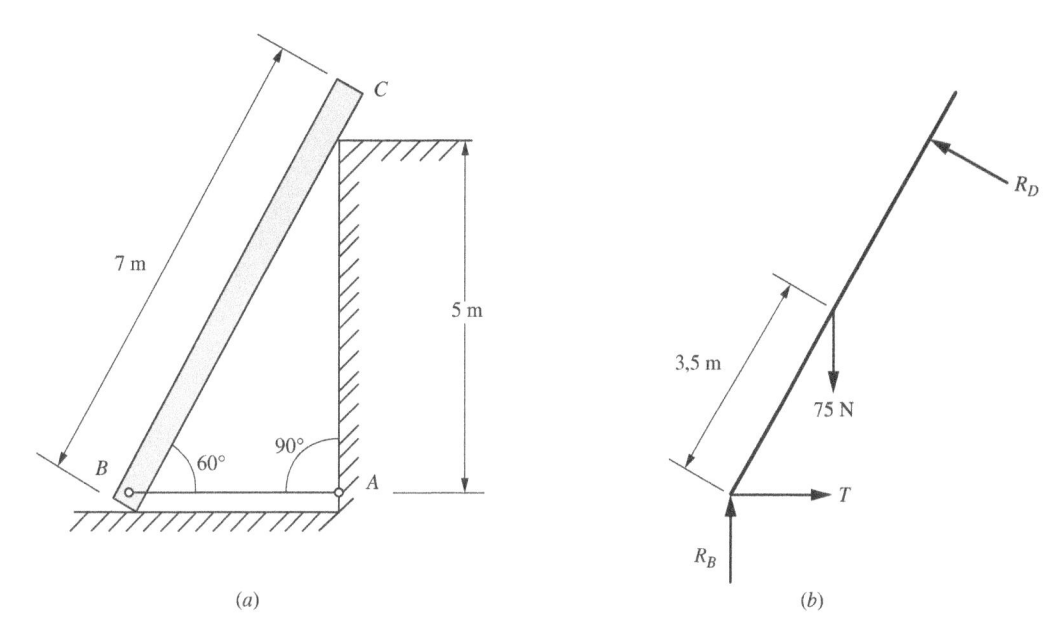

CAPÍTULO 5 • EQUILÍBRIO DE SISTEMAS DE FORÇAS COPLANARES

Figura 5-19

5.18 Determine as seguintes forças no pórtico com a forma de um A mostrado na Fig. 5-20(a): (1) as reações no piso em A e E, (2) as reações no pino em C no trecho CE e (3) as reações no pino em B no trecho AC. O piso é considerado liso. Despreze os pesos dos membros.

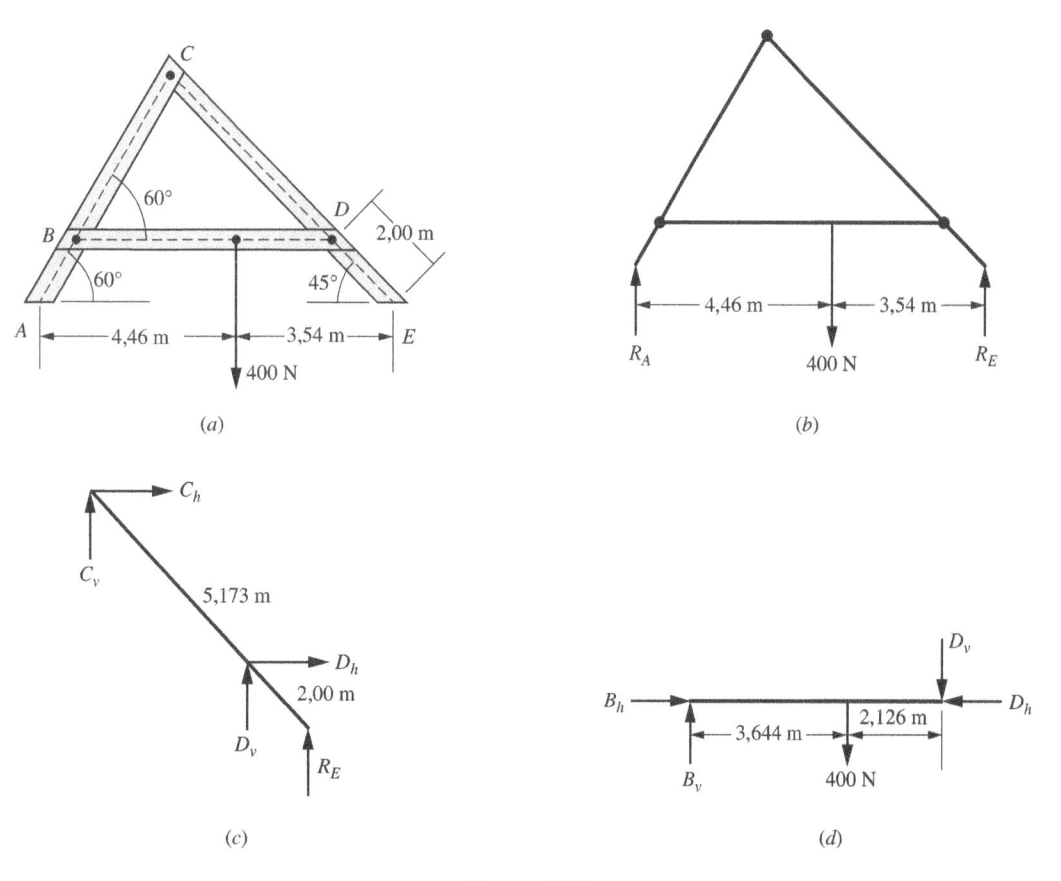

Figura 5-20

Solução

Para determinar as reações no piso em A e E, considere o pórtico como um corpo livre sólido único, conforme mostrado na Fig. 5-20(b). A forma como o pórtico distribui internamente a carga de 400 N não influi na determinação das reações externas em A e E. Calculando os momentos em relação à A e E, resultam as seguintes respostas:

$$\sum M_A = 0 = R_E \times 8 - 400 \times 4{,}46. \quad \therefore R_E = 223 \text{ N}$$
$$\sum F_v = 0 = R_A + 223 - 400. \quad \therefore R_A = 177 \text{ N}$$

Ao resolver as partes (2) e (3) do problema, desenhe o diagrama de corpo livre do membro CE na Fig. 5-20(c). Assuma que as reações nos pinos em CE são conforme o mostrado. Na figura, temos quatro incógnitas e apenas três equações disponíveis. Outro corpo livre envolvendo algumas das mesmas incógnitas deve ser desenhado. Desenhe o diagrama de corpo livre do membro BD da Fig. 5-20(d) mostrando as reações que atuam no pino em D no trecho BD em sentido oposto ao assumido na Fig. 5-20(c).

A distância 2,126 m na Fig. 5-20(d) é obtida subtraindo a projeção horizontal da dimensão de 2,0 m dos 3,54 m. Por raciocínio semelhante, obtém-se a outra dimensão.

As seguintes equações podem ser escritas para a Fig. 5-20(c):

$$\sum F_h = 0 = C_h + D_h \tag{1}$$
$$\sum F_v = 0 = C_v + D_v + 233 \tag{2}$$
$$\sum M_D = 0 = 233 \times 2 \cos 45° - C_v \times 5{,}173 \cos 45° - C_h \times 5{,}173 \operatorname{sen} 45° \tag{3}$$

Para a Fig. 5-20(d), escreva as seguintes equações:

$$\sum M_B = 0 = -400 \times 3{,}644 - D_v \times 5{,}770 \tag{4}$$
$$\sum F_v = 0 = B_v - 400 - D_v \tag{5}$$
$$\sum F_h = 0 = B_h - D_h \tag{6}$$

Ao resolver as equações acima, olhe para as equações com apenas uma incógnita. De (4),

$$D_v = \frac{-400 \times 3{,}644}{5{,}770} = -252{,}6 \text{ N}$$

De (5),

$$B_v = 400 - 252{,}6 = 147{,}4 \text{ N}$$

Substitua $D_v = -256{,}6$ N na equação (2) para obter $C_v = -223 - (-252{,}6) = 29{,}6$ N.
Substitua $C_v = 29{,}6$ N na equação (3) para obter $C_h = 56{,}6$ N.
De (6) e (1), $B_h = +D_h = +(-C_h) = +(-56{,}6) = -56{,}6$ N.
Para resumir os resultados, com ênfase particular nos sinais:

1. Reações no piso:

$$R_A = 177 \text{ N para cima} \qquad R_E = 223 \text{ N para cima}$$

2. Reações no pino em C no membro CE: Assumiu-se que estas atuavam em CE no sentido positivo

$$C_h = 56{,}6 \text{ N para a direita} \qquad C_v = 29{,}6 \text{ N para cima}$$

3. Reações no pino em B no membro AC: Na Fig. 5-20(d), as reações do pino em B foram mostradas atuando em BD. Portanto, elas têm sentido contrário quando agem em AC. Na solução da reação em BD, encontrou-se que: $B_h = -56{,}6$ N, i.e., para a esquerda; $B_v = 147{,}4$ N, i.e., para cima. Portanto, as reações do pino em AC são

$$B_h = 56{,}6 \text{ N para a direita} \qquad B_v = 147{,}4 \text{ N para baixo}$$

5.19 Um cilindro de 1 m de diâmetro e massa igual a 10 kg está encaixado entre duas peças cruzadas que formam entre si um ângulo de 60°, conforme mostrado na Fig. 5-21(a). Determine a tensão no tirante horizontal DE, assumindo que o piso é liso.

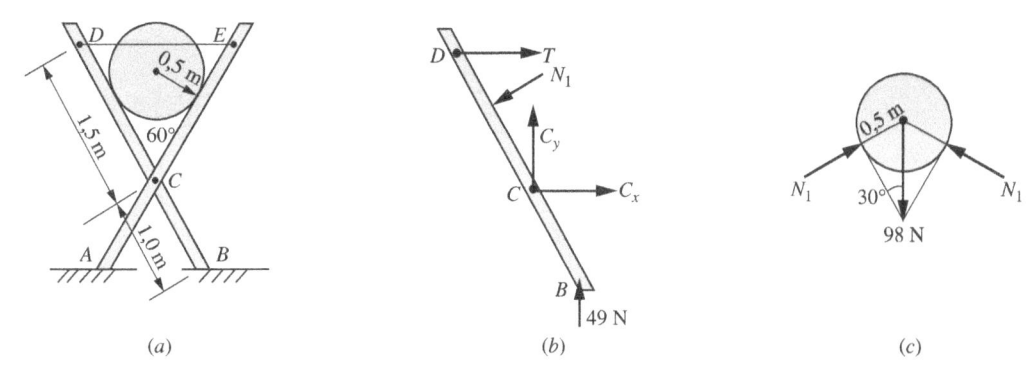

Figura 5-21

Solução

Considere toda a estrutura como um diagrama de corpo livre. Dada a simetria, é evidente que $A = B = 49$ N na vertical e para cima (a força gravitacional é $10 \times 9,8 = 98$ N).

Em seguida, desenhe o diagrama de corpo livre do braço DB mostrando o esforço T do tirante e as reações C_x e C_y no pino C [Fig. 5-21(b)]. A reação N_1 do cilindro é perpendicular ao braço.

Se N_1 fosse conhecida, então a soma dos momentos em relação a C levaria ao valor da tensão T. Mas N_1 pode ser determinada desenhando o diagrama de corpo livre do cilindro [Fig. 5-21(c)]. Em função da geometria envolvida, N_1 passa através do centro do cilindro. Assim, a soma das forças na vertical conduz a

$$\sum F_v = 0 = 2N_1 \operatorname{sen} 30° - 98. \qquad \therefore N_1 = 98 \text{ N}$$

Observe também que a distância de N_1 na perpendicular até C é $0,5/(\operatorname{tg} 30°) = 0,866$ m.

Volte ao diagrama de corpo livre do braço BD e some os momentos em relação ao ponto C para obter

$$\sum M_c = 0 = -T \times 1,5 \cos 30° + 98 \times 0,866 + 49 \times 1 \operatorname{sen} 30°. \qquad \therefore T = 84,2 \text{ N}$$

Problemas Complementares

5.20 Um peso de 100 N está suspenso por um tirante preso ao teto. Uma força horizontal puxa esse peso até que o tirante forme um ângulo de 70° com o teto. Determine a força horizontal H e a tensão T no tirante.

Resp. $H = 36,4$ N, $T = 106$ N

5.21 Uma tira de borracha não esticada tem comprimento igual a 20 cm. Ela é puxada até que seu comprimento alcance os 25 cm, conforme mostrado na Fig. 5-22. A força horizontal P é de 1,5 N. Qual é a tensão na tira?

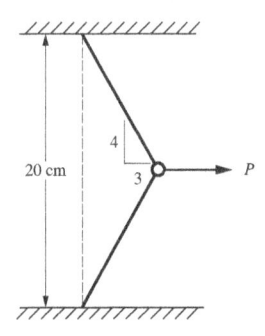

Resp. $T = 1,25$ N

Figura 5-22

5.22 Conforme mostrado na Fig. 5-23, uma haste é soldada a uma alavanca que se apoia no ponto A. É necessária uma força P de 1200 N para erguer o lado esquerdo da caixa B. Para erguer o lado direito da caixa, a mesma alavanca é utilizada, e a força P é, então, igual a 1000 N. Qual é a massa da caixa?

Resp. $m = 2240$ kg

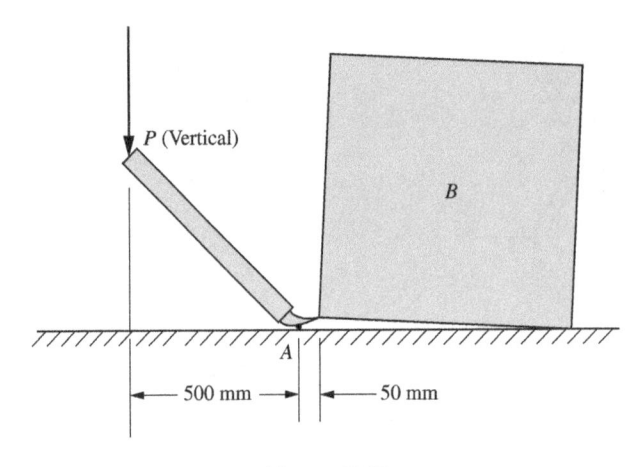

Figura 5-23

5.23 Considere a Fig. 5-24. O corpo A pesa 32,8 N e repousa sobre uma superfície lisa. O corpo B pesa 14,3 N. Determine as tensões em S_1 e S_2 e a reação normal na superfície horizontal em A.

Resp. $S_1 = 12,4$ N, $S_2 = 14,3$ N, $N = 27,5$ N

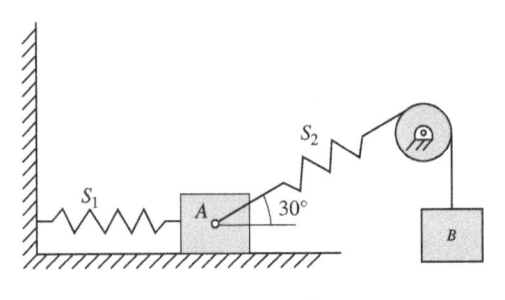

Figura 5-24

5.24 Dois cabos de arame são conectados a um parafuso de ancoragem numa fundação, como mostra a Fig. 5-25. Qual é o esforço de arrancamento que o parafuso exerce na fundação?

Resp. $P = 1030$ N quando $\theta_x = 135°$

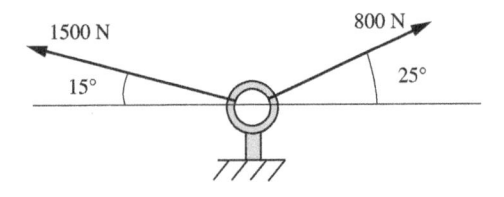

Figura 5-25

5.25 Três forças concorrentes têm intensidades de 40, 60 e 50 N, respectivamente. Determine os ângulos sob os quais elas produzirão o equilíbrio.

Resp. 97°, 138°, 125°

5.26 Uma polia à qual está conectado o corpo W_1 desloca-se pelo cabo que está conectado a um suporte do lado esquerdo, passa por uma polia e conecta-se a um corpo W do lado direito (ver Fig. 5-26). A distância horizontal entre o suporte à esquerda e a polia (despreze as dimensões das polias) é L. Expresse a flecha d no centro em função de W, W_1 e L.

Resp. $d = \frac{1}{2}L/\sqrt{(2W/W_1)^2 - 1}$

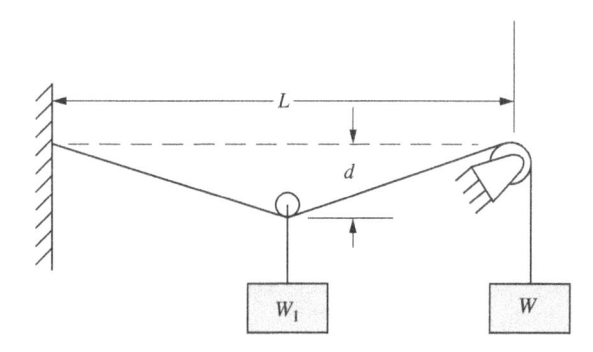

Figura 5-26

5.27 Qual é a reação normal entre a massa que repousa no piso, conforme mostra a Fig. 5-27, e o piso? Assume-se que a polia não tem massa e que não há atrito nos mancais.

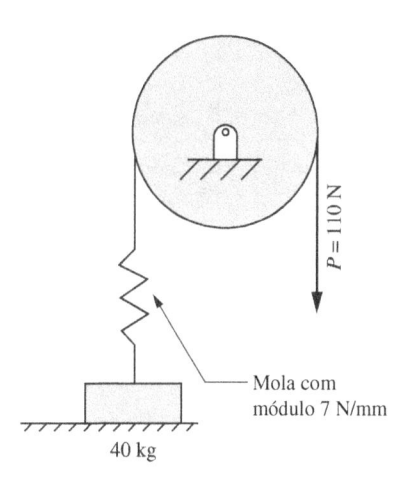

Resp. $N = 282$ N

Figura 5-27

5.28 Considere a Fig. 5-28. Qual é a força T paralela ao plano sem atrito necessária para suportar a massa m de 35 kg em equilíbrio?

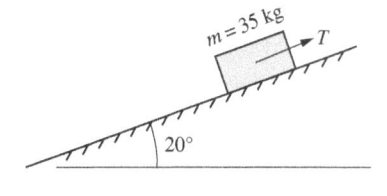

Resp. $T = 117$ N

Figura 5-28

5.29 Considere a Fig. 5-29. Um peso de 80 N é suspenso por uma barra *AB* sem peso, que é suportada por um cabo *CB* e um pino em *A*. Determine a tensão no cabo e a reação no pino em *A* na barra *AB*.

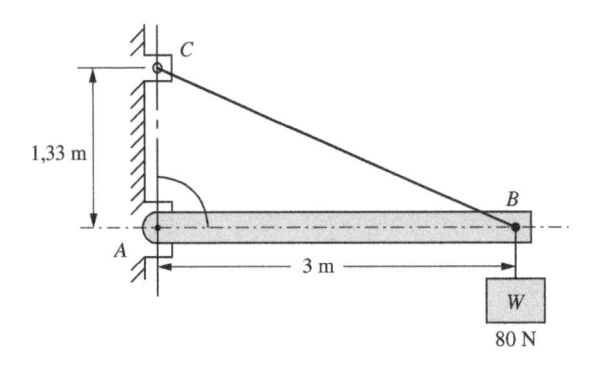

Resp. $T = 197$ N, $A_x = 180$ N, $A_y = 0$

Figura 5-29

5.30 Na Fig. 5-30, três esferas de massa igual a 2 kg e diâmetro de 350 mm repousam em uma caixa de 760 mm de abertura. Determine (*a*) a reação de *B* em *A*, (*b*) a reação da parede em *C* e (*c*) a reação do piso em *B*.

Resp.   (*a*) 12,1 N ao longo da linha que une os seus centros, (*b*) 7,09 N para a esquerda, (*c*) 29,4 N para cima

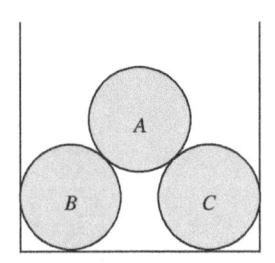

Figura 5-30

5.31 Na Fig. 5-31, um peso de 500 N é suportado por elementos rígidos *AB* e *BC* conectados por um pino, conforme mostrado. Por meio do desenho de um diagrama de corpo livre do pino em *B*, determine as forças F_1 e F_2 nos membros *AB* e *BC*, respectivamente.

Resp. $F_1 = 433$ N de compressão, $F_2 = 250$ N de compressão

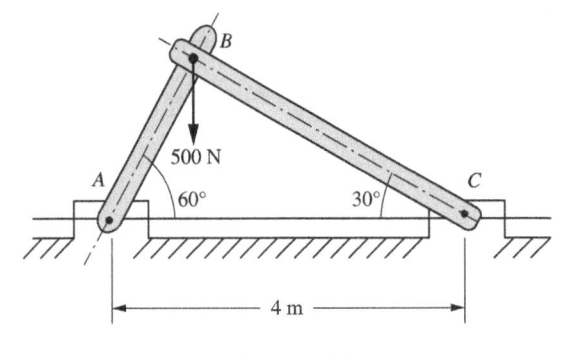

Figura 5-31

5.32 Qual é a força horizontal necessária que, passando pelo centro do volante de 20 kg e 1 m de diâmetro, o faz subir por um bloco de 150 mm de altura? Na iminência de movimento, a força entre o volante e o solo é zero. Observe que a reação do bloco no volante também deve passar pelo centro do volante.

Resp. $F = 200$ N

5.33 O rolete de 36 mm de diâmetro mostrado na Fig. 5-32 pesa 339 N. Qual é a força T necessária para que o rolete inicie o movimento de subida no bloco A?

Resp. $T = 400$ N

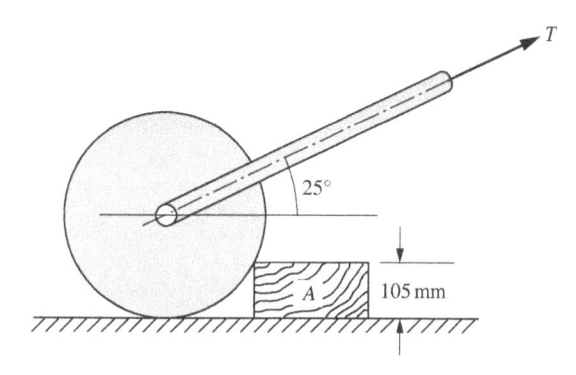

Figura 5-32

5.34 Na Fig. 5-33, expresse em termos de θ, β e W a força T necessária para suportar o peso em equilíbrio. Derive também uma expressão para a reação de apoio do plano em W. Não se considera o atrito entre o bloco e o plano.

Resp. $T = W \operatorname{sen} \theta / \cos \beta$, $N = W \cos(\theta + \beta) / \cos \beta$

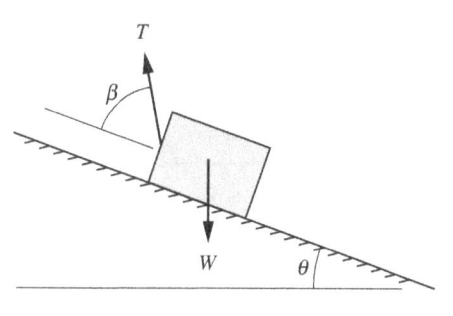

Figura 5-33

5.35 A grua mostrada na Fig. 5-34 suporta uma massa de 200 kg. Utilizando um diagrama de corpo livre para o pino em E, determine as forças no cabo BE e no pau de carga CE.

Resp. $BE = 2450$ N de tração, $CE = 3360$ N de compressão

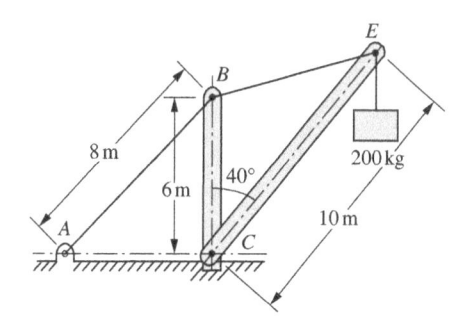

Figura 5-34

5.36 Se a estrutura do Problema 5.31 repousa em A e C sobre o piso liso, mas um cabo conecta A e C, determine a tensão no cabo AC. Não existem pinos em A e C.

Resp. $T = 217$ N

5.37 Um cilindro liso de 50 kg está em repouso em uma caixa de paredes também lisas e que formam ângulos retos entre si. Se a caixa está inclinada em um ângulo de 45°, qual é a reação do fundo da caixa no cilindro?

Resp. 693 N

5.38 Uma viga de 4 m está simplesmente apoiada em suas extremidades. A viga suporta uma carga uniforme de 2400 N/m ao longo de todo o seu comprimento e um conjugado de 2000 N · m, de sentido horário, em seu centro. Determine as reações nos apoios das extremidades da viga.

Resp. $R_L = 4300$ N, $R_R = 5300$ N

5.39 Determine as reações para a viga carregada conforme mostrado na Fig. 5-35. A carga uniformemente distribuída é de 300 kg/m. Despreze a massa da viga.

Resp. $R_A = 3540$ N, $R_B = 930$ N

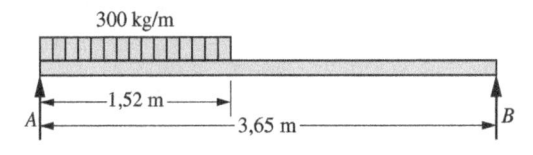

Figura 5-35

5.40 Determine as reações da viga na Fig. 5-36. Considere apenas as duas cargas concentradas.

Resp. $R_A = 286$ N, $R_B = 164$ N

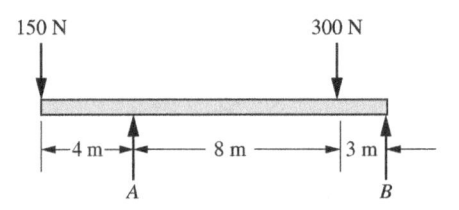

Figura 5-36

5.41 A barra A mostrada na Fig. 5-37 pesa 500 N/m, tem 3 m de comprimento e é engastada na parede. A polia, de diâmetro 60 cm, pesa 160 N. A tensão T na correia é de 320 N. Determine as reações na barra em B.

Resp. $R_B = 2300$ N, $M = 4650$ N·m

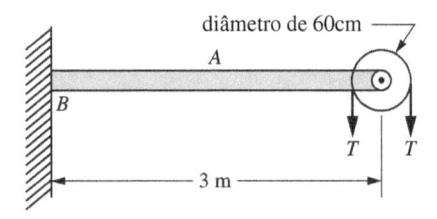

Figura 5-37

CAPÍTULO 5 • EQUILÍBRIO DE SISTEMAS DE FORÇAS COPLANARES

5.42 Quão longe uma pessoa de 80 kg pode caminhar ao longo de uma prancha, se a força de esmagamento admissível nos roletes em *A* e *B* na Fig. 5-38 é de 1500 N? Despreze o peso da prancha.

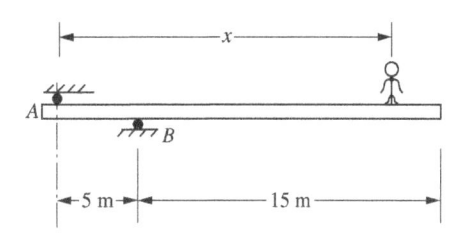

Resp. $x = 9,57$ m

Figura 5-38

5.43 Na Fig. 5-39, qual é a força *P* necessária para elevar a massa de 90 kg à velocidade constante? Considere as polias sem atrito.

Resp. $P = 441$ N

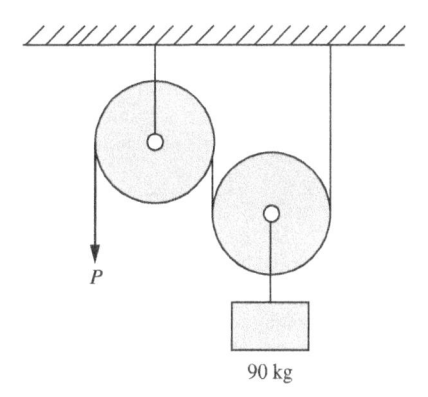

Figura 5-39

5.44 Na Fig. 5-40, qual é a força *P* necessária para manter o peso de 600 N em equilíbrio?

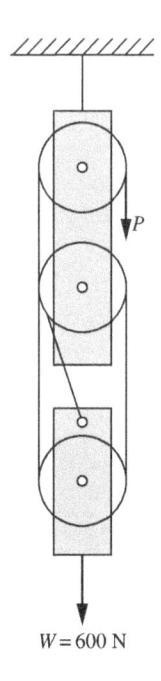

Resp. $P = 200$ N

Figura 5-40

5.45 O bloco superior na Fig. 5-41 está suspenso a partir de um suporte fixo. A correia é fixada ao fundo da caixa do bloco superior e passa em torno da roldana do bloco inferior. Em seguida, a correia passa pela roldana do bloco superior e é solicitada para baixo por uma força P. Mostre que, para ter o equilíbrio, a força P é de 245 N quando a massa de 50 kg é suspensa pelo fundo da caixa do bloco inferior.

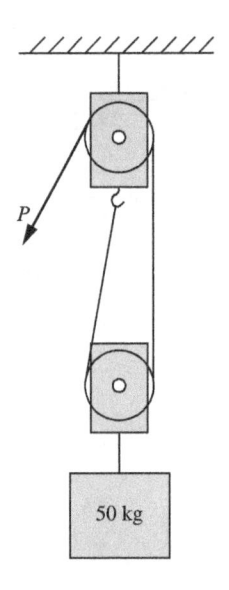

Figura 5-41

5.46 O bloco superior na Fig. 5-42 contém duas roldanas e o bloco inferior tem apenas uma. A correia é fixada à parte superior do bloco inferior e passa, então, em torno de uma das roldanas do bloco superior. Em seguida, passa pela roldana do bloco inferior e retorna passando em torno da segunda roldana do bloco superior, onde uma força P é aplicada. Mostre que, para o equilíbrio, a força P é de 133 N quando o peso suspenso pelo fundo da caixa do bloco inferior é de 400 N.

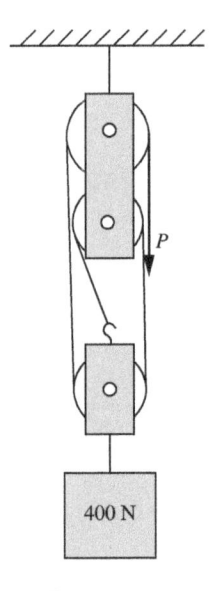

Figura 5-42

CAPÍTULO 5 • EQUILÍBRIO DE SISTEMAS DE FORÇAS COPLANARES

5.47 Na Fig. 5-43, um sistema de alavancas é mostrado suportando uma carga de 80 N. Determine as reações em *A* e *B* na alavanca.

Resp. $R_A = -71,1$ N, $R_B = 124$ N

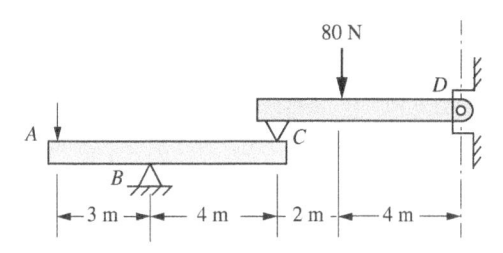

Figura 5-43

5.48 As rodas de um guindaste movem-se sobre trilhos em *A* e *B*, conforme mostrado na Fig. 5-44. O peso do guindaste é de 88 kN, com centro de aplicação 1 m à direita de *A*. O contrapeso *C* é de 35,2 kN, com centro de aplicação da força 2,4 m à esquerda de *A*. Qual é o peso máximo *W*, 4 m à direita de *B*, que pode ser carregado sem que o guindaste se incline?

Resp. $W = 6$ kN

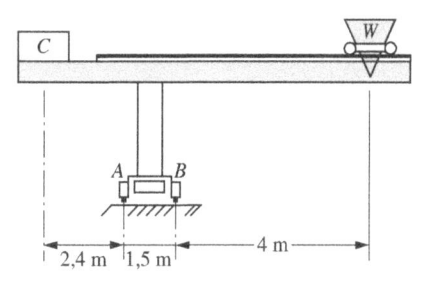

Figura 5-44

5.49 Uma pessoa cuja massa é de 70 kg, representada por *m*, segura uma massa de 25 kg, conforme mostrado na Fig. 5-45. Considera-se a polia sem atrito. A plataforma na qual a pessoa se encontra está suspensa por cordas em *A* e em *B*. Qual é a tensão na corda em *A*?

Resp. $A = 294$ N

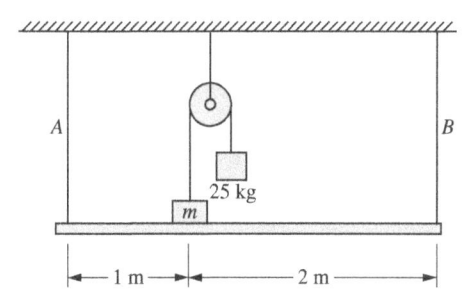

Figura 5-45

5.50 A Figura 5-46 mostra uma viga suspensa que pesa 40 N / m. Uma carga uniformemente distribuída de 240 N/m é mostrada juntamente com três cargas concentradas. Determine as reações na viga. Considere o peso da viga.

Resp. $R_A = 770$ N, $R_B = 1200$ N

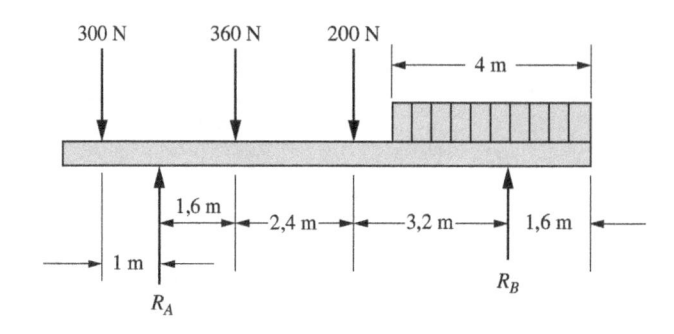

Figura 5-46

5.51 Uma talha diferencial é mostrada na Fig. 5-47. O componente superior conectado ao suporte é formado por duas polias justapostas e de diâmetros d_1 e d_2. A polia inferior tem diâmetro $\frac{1}{2}(d_1 + d_2)$. O peso é conectado à polia inferior. Uma corrente passa em torno das polias, conforme mostrado. Considere que a tensão no lado frouxo da corrente é nula (parte da corrente mostrada à direita da polia superior menor). Qual é a força P necessária para que o peso W fique na iminência de subir?

Resp. $P = \frac{1}{2}W(d_2 - d_1)/d_2$

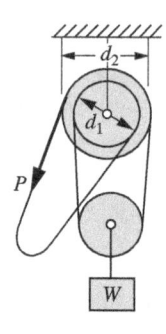

Figura 5-47

5.52 Na Fig. 5-48, AB é uma haste rígida e CB é um cabo. Se a massa é de 900 kg, qual é a reação no pino em A na haste AB? Qual é a tensão no cabo?

Resp. $A_h = 15{,}3$ kN, $A_v = 8{,}82$ kN, $T = 15{,}3$ kN

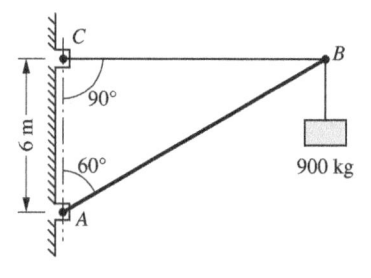

Figura 5-48

CAPÍTULO 5 • EQUILÍBRIO DE SISTEMAS DE FORÇAS COPLANARES

5.53 Uma força horizontal F de 40 N é aplicada ao martelo mostrado na Fig. 5-49. Considerando que o martelo apoia-se no ponto A, qual é a força exercida no prego vertical que está sendo arrancado da superfície horizontal?

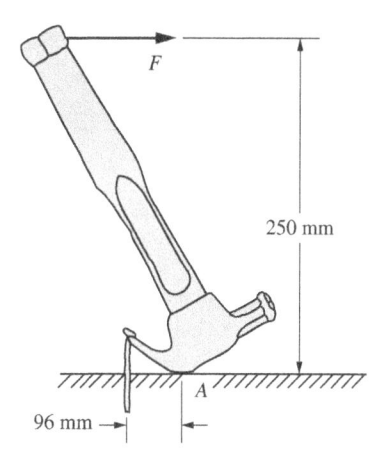

Resp. $P = 104$ N

Figura 5-49

5.54 Determine a força P que mantém a alavanca mostrada na Fig. 5-50 em equilíbrio. Despreze o atrito no ponto de apoio O.

Resp. $P = 52,2$ N

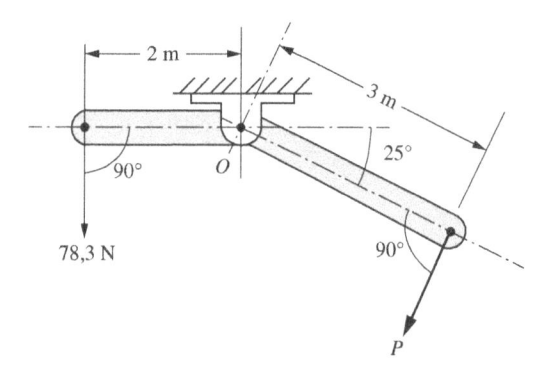

Figura 5-50

5.55 A massa m de 450 kg está conectada ao pino em C, conforme mostrado na Fig. 5-51. Determine as forças que agem nos membros AC e BC.

Resp. $AC = 5880$ N, $BC = 7350$ N

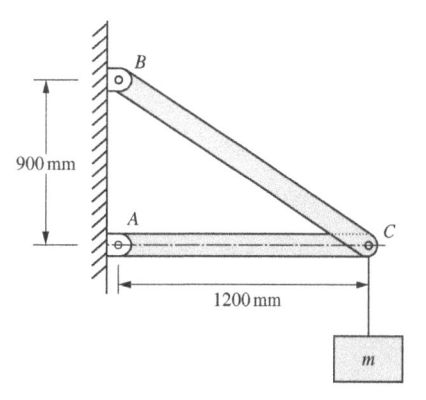

Figura 5-51

5.56 Na Fig. 5-52, as forças mostradas agem na viga em intervalos iguais. As cargas estão em kN. Determine as reações em A e B.

Resp. $A_h = 1,65$ kN, $A_v = 4,60$ kN, $B = 8,71$ kN

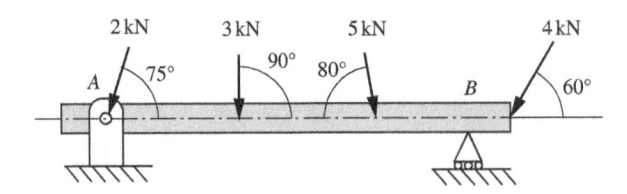

Figura 5-52

5.57 A viga ED é carregada conforme mostrado na Fig. 5-53. A viga é conectada por um pino à parede em E. Em D, uma polia de 20 cm de diâmetro está fixada à viga por meio de um mancal livre de atrito. Uma correia passa pela polia e é conectada verticalmente pelas extremidades do diâmetro horizontal aos pontos A e B. Determine as reações no pino em E e a tensão na correia.

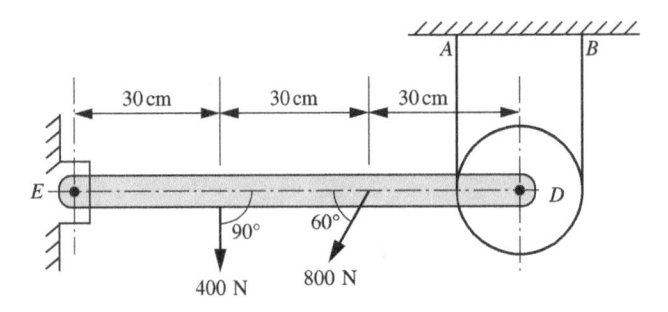

Resp. $E = 638$ N, $\theta_x = 51°$, $T = 298$ N

Figura 5-53

5.58 A barra uniforme de 3 m mostrada na Fig. 5-54 pesa 200 N. O piso e a parede vertical são lisos. Determine a tensão no fio AC.

Resp. $T = 57,7$ N

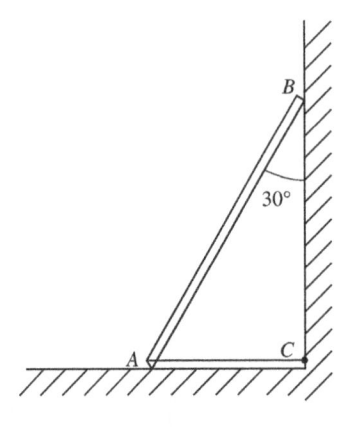

Figura 5-54

5.59 Determine as reações em A e B para o consolo mostrado na Fig. 5-55.

Resp. $B = 1390$ N, $A_y = -1390$ N, $A_x = 1200$ N

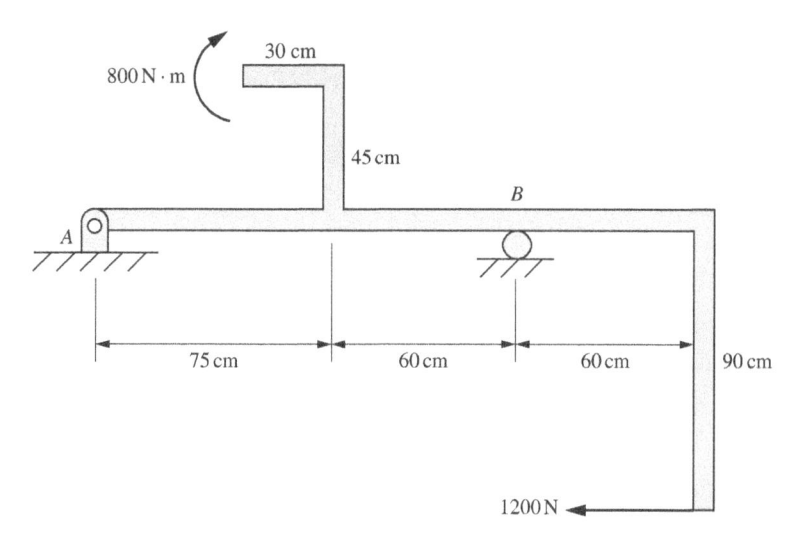

Figura 5-55

5.60 Determine a tensão no cabo BC, mostrado na Figura 5-56. Despreze o peso de AB.

Resp. $T = 1000$ N

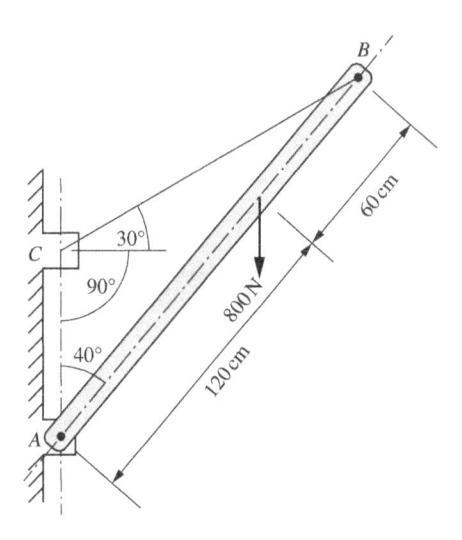

Figura 5-56

5.61 Uma porta uniforme de massa igual a 18 kg é conectada em A e B, conforme mostrado na Figura 5-57. Determine as reações nas conexões da porta em A e B. Considere que as componentes verticais das reações em A e B são iguais.

Resp. $A = 99,8$ N, $\theta_x = 118°$, $B = 99,8$ N, $\theta_x = 62,1°$

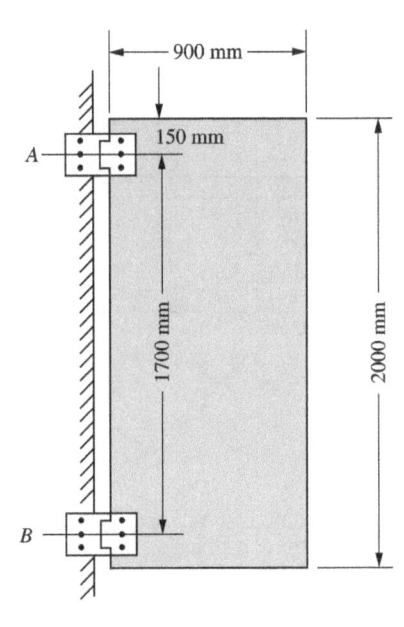

Figura 5-57

5.62 O pórtico ilustrado na Figura 5-58 é usado para suportar uma massa de 200 kg em F. Determine (a) a reação no pino E em DE, (b) a reação no pino C em CF e (c) a reação no piso B em AB.

Resp. (a) $E = 6570$ N, $\theta_x = 207°$; (b) $C = 5960$ N, $\theta_x = 189°$; (c) $B_x = 2350$ N, $B_y = 1960$ N

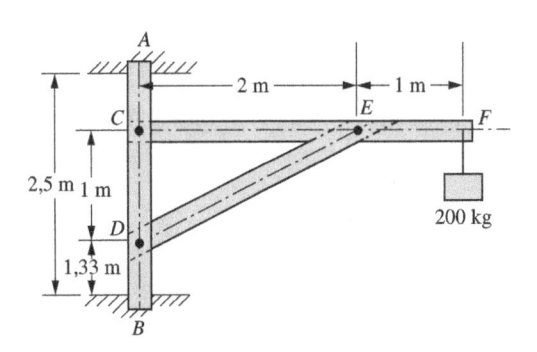

Figura 5-58

5.63 O parafuso B é apertado por uma força de 40 N perpendicular aos mordedores da chave mostrada na Fig. 5-59. Quais são as forças P aplicadas na perpendicular de tal forma que a força de aperto seja a fornecida?

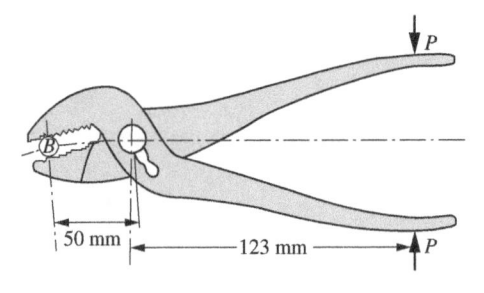

Resp. $P = 16,3$ N

Figura 5-59

CAPÍTULO 5 • EQUILÍBRIO DE SISTEMAS DE FORÇAS COPLANARES

5.64 Determine as componentes da reação no pino em A no pórtico ilustrado na Figura 5-60. O elemento AB é horizontal e o elemento DBC é vertical. Todos os pinos são livres de atrito.

Resp. $A_x = 2730$ N para a esquerda, $A_y = 250$ N para cima

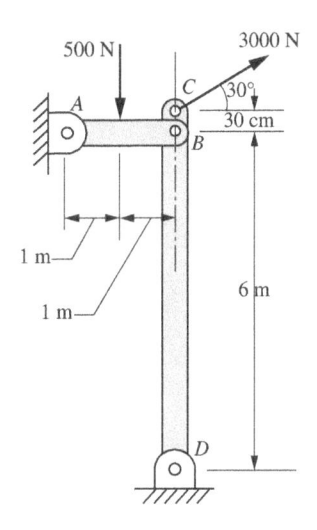

Figura 5-60

5.65 A Figura 5-61 ilustra um pórtico suportando uma ação distribuída por 6 m do elemento horizontal DEF de comprimento total igual a 8 m. Um momento de 3000 N · m é aplicado na extremidade do elemento DEF. Determine a tensão no arame horizontal AC.

Resp. $T = 1900$ N

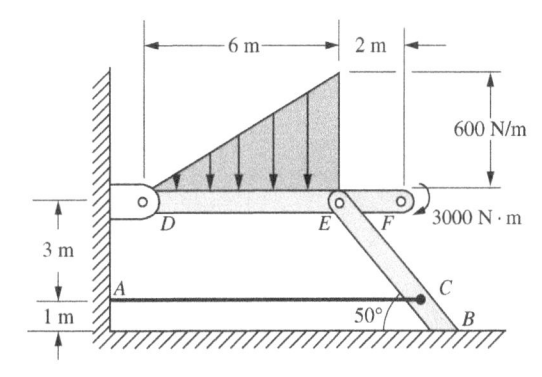

Figura 5-61

5.66 O pórtico da Fig. 5-62 consiste em um elemento vertical *GFHCB* e um horizontal *CDE*, aos quais estão conectadas, por meio de pinos sem atrito, as duas polias mostradas. Cada polia tem diâmetro de 400 mm. A massa de 50 kg é mantida em equilíbrio por uma corda que passa pelas polias e é paralela em parte de seu comprimento ao elemento de dupla-força *FD*. A corda *AB* é necessária para manter todo o pórtico em equilíbrio. Determine a tensão *T* em *AB* e a intensidade da reação no pino *C* em *CDE*.

Resp. $T = 490$ N, $C = 1100$ N

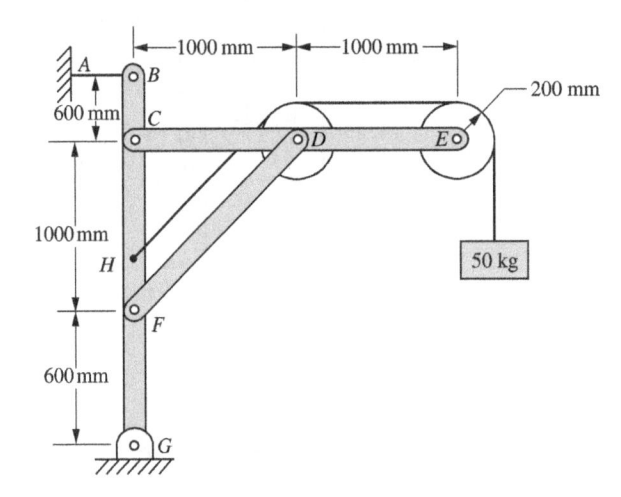

Figura 5-62

5.67 As duas placas triangulares finas na Fig. 5-63 têm seus lados verticais e horizontais conforme mostrados. Elas são articuladas em *C* por um pino sem atrito. As ações mostradas são tanto verticais como horizontais. Determine a intensidade da reação no pino em *C*.

Resp. $C = 4{,}86$ kN

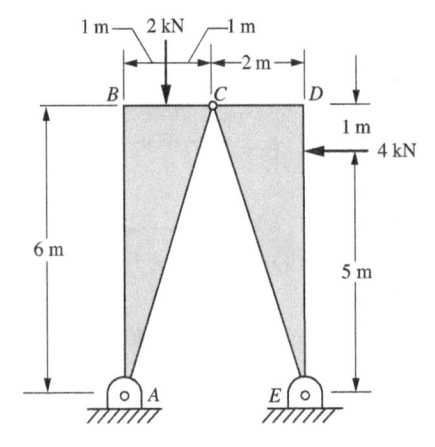

Figura 5-63

CAPÍTULO 5 • EQUILÍBRIO DE SISTEMAS DE FORÇAS COPLANARES

5.68 Na estrutura mostrada na Fig. 5-64, determine a intensidade da reação no pino em B no elemento horizontal BD. A superfície lisa na qual a estrutura repousa é horizontal.

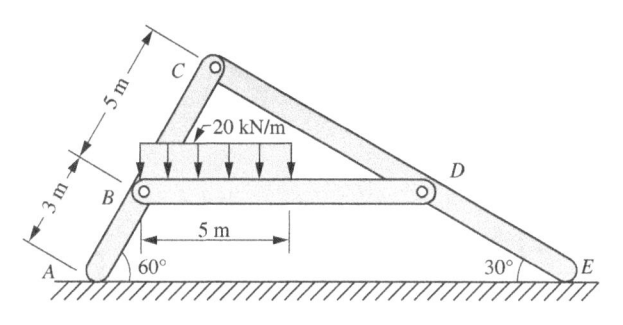

Resp. $B = 79{,}4$ kN

Figura 5-64

5.69 A força horizontal de 200 N na Fig. 5-65 é aplicada ao elemento inclinado BCD, cuja extremidade inferior repousa em um plano horizontal liso. Sua extremidade superior é conectada por um pino em B ao elemento horizontal AB. Qual é o conjugado M que deve ser aplicado ao membro AB para que o sistema se mantenha em equilíbrio? Qual é a intensidade da reação no pino em B?

Resp. $M = 3700$ N·m, $B = 306$ N

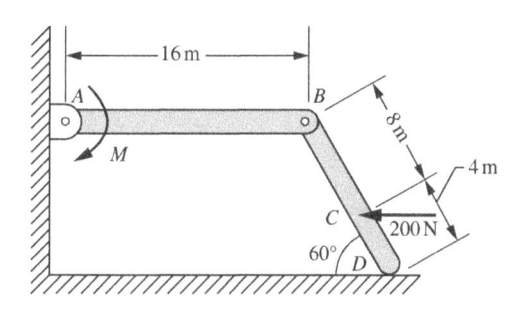

Figura 5-65

5.70 Determine as reações na viga horizontal carregada conforme mostrado na Fig. 5-66. O sistema é não concorrente e não paralelo. Despreze o peso da viga.

Resp. $A_x = -0{,}44$ kN, $A_y = 2{,}98$ kN, $B = 6{,}27$ kN

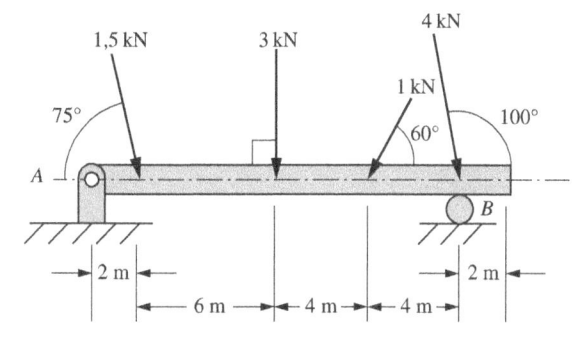

Figura 5-66

Capítulo 6

Equilíbrio de Sistemas de Forças não Coplanares

6.1 EQUILÍBRIO DE SISTEMAS DE FORÇAS NÃO COPLANARES

O equilíbrio de um sistema de forças não coplanares ocorre se a resultante não é uma força **R** nem um conjugado **M**. As condições necessárias e suficientes para que **R** e **M** sejam vetores nulos são

$$\mathbf{R} = \sum \mathbf{F} = 0 \quad \text{e} \quad \mathbf{M} = \sum \mathbf{M} = 0 \tag{6.1}$$

onde $\sum \mathbf{F} = 0$ é o vetor soma de todas as forças do sistema
$\sum \mathbf{M} = 0$ é o vetor soma dos momentos (em relação a um ponto qualquer) de todas as forças do sistema.

As duas equações vetoriais acima podem ser aplicadas diretamente, ou, em problemas mais simples, as seguintes equações escalares derivadas podem ser aplicadas em cada um dos três sistemas não coplanares.

6.2 SISTEMAS CONCORRENTES

O seguinte conjunto de equações assegura o equilíbrio de um sistema de forças não coplanares concorrentes:

$$\sum F_x = 0 \quad \sum F_y = 0 \quad \sum F_z = 0 \tag{6.2}$$

onde $\sum F_x, \sum F_y, \sum F_z =$ respectivamente, os somatórios das componentes x, y e z das forças do sistema.
$\sum M = 0$ pode ser utilizado como alternativa a uma das equações acima. Por exemplo, se a utilizarmos no lugar de $\sum F_z = 0$, então $\sum M$ pode ser a soma algébrica dos momentos das forças do sistema em relação a um eixo que não é paralelo e nem corta o eixo z.

6.3 SISTEMA PARALELO

O conjunto de equações a seguir assegura o equilíbrio de um sistema paralelo de forças não coplanares:

$$\sum F_y = 0 \quad \sum M_x = 0 \quad \sum M_z = 0 \tag{6.3}$$

onde $\sum F_y =$ somatório das componentes y das forças do sistema escolhido paralelo ao sistema
$\sum M_x, \sum M_z =$ somatório dos momentos das forças do sistema em relação aos x e z, respectivamente.

6.4 SISTEMAS NÃO CONCORRENTES E NÃO PARALELOS

As seguintes seis equações são condições necessárias e suficientes para o equilíbrio dos sistemas de forças mais gerais no espaço a três dimensões:

$$\sum F_x = 0 \qquad \sum F_y = 0 \qquad \sum F_z = 0 \qquad (6.4)$$
$$\sum M_x = 0 \qquad \sum M_y = 0 \qquad \sum M_z = 0 \qquad (6.5)$$

onde $\sum F_x, \sum F_y, \sum F_z =$ respectivamente, os somatórios das componentes x, y e z das forças do sistema
$\sum M_x, \sum M_y, \sum M_z =$ somatório dos momentos das forças do sistema em relação aos x, y e z, respectivamente.

Todos os sistemas previamente estudados são casos particulares deste sistema. Nos casos especiais, nem todas as seis equações serão necessárias.

Problemas Resolvidos

6.1 Na Fig. 6-1, um poste de 10 m de altura está suportado por um cabo no plano xy. O cabo exerce uma força de 600 N no topo do poste, a um ângulo de 10° em relação à horizontal. Dois tirantes são fixados conforme mostrado. Determine a tensão em cada tirante e a compressão no poste.

Solução

Uma vez que o poste está sujeito apenas a ações de extremidade, é um elemento de duas forças sujeito a uma ação de compressão axial P. Para o sistema concorrente mostrado no diagrama de corpo livre (veja a Fig. 6-2),

$$\sum F_z = 0 = F_A \cos 60° \operatorname{sen} 30° - F_B \cos 60° \operatorname{sen} 30° \qquad \text{ou} \qquad F_A = F_B$$

e

$$\sum F_x = 0 = 600 \cos 10° - F_B \cos 60° \cos 30° - F_A \cos 60° \cos 30°$$

Substituindo F_A e F_B e resolvendo, obtemos $F_A = 682$ N de tração.
Para determinar P, somam-se as forças verticalmente ao longo do eixo y:

$$\sum F_y = 0 = P - 600 \operatorname{sen} 10° - 2F_A \operatorname{sen} 60° \qquad \text{ou} \qquad P = 1290 \text{ N de compressão}$$

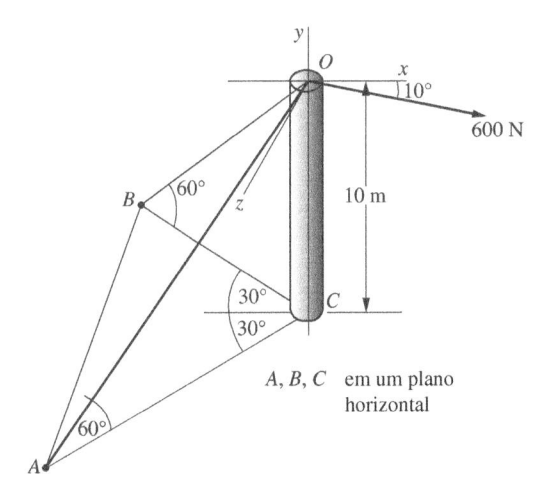

Figura 6-1

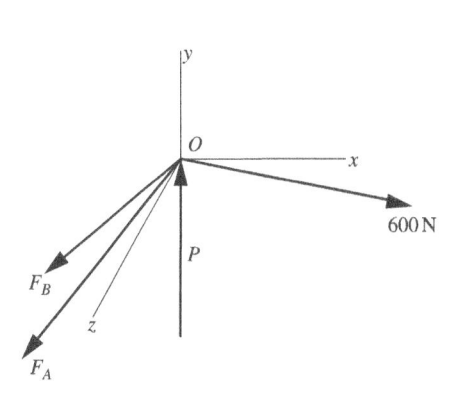

Figura 6-2

6.2 Repita o Problema 6.1 utilizando $\sum M_C = 0$.

Solução

O poste está em equilíbrio sob a ação das quatro forças mostradas na Fig. 6-3.

$$\mathbf{F}_A = (-F_A \cos 60° \cos 30°)\mathbf{i} + (-F_A \operatorname{sen} 60°)\mathbf{j} + (F_A \cos 60° \operatorname{sen} 30°)\mathbf{k}$$
$$= -0{,}433F_A\mathbf{i} - 0{,}866F_A\mathbf{j} + 0{,}25F_A\mathbf{k} \tag{1}$$
$$\mathbf{F}_B = (-F_B \cos 60° \cos 30°)\mathbf{i} + (-F_B \operatorname{sen} 60°)\mathbf{j} + (-F_B \cos 60° \operatorname{sen} 30°)\mathbf{k}$$
$$= -0{,}433F_B\mathbf{i} - 0{,}866F_B\mathbf{j} - 0{,}25F_B\mathbf{k} \tag{2}$$
$$\mathbf{C} = C_x\mathbf{i} + C_y\mathbf{j} + C_z\mathbf{k} \tag{3}$$

e a força de 600 N

$$(600 \cos 10°)\mathbf{i} + (600 \operatorname{sen} 10°)\mathbf{j} = 591\mathbf{i} - 104\mathbf{j} \tag{4}$$

O vetor posição de O em relação a C é $\mathbf{r} = 10\mathbf{j}$. Então, usando $\sum M_C = 0$:

$$\sum (\mathbf{r} \times \mathbf{F}) = F_A \begin{vmatrix} \mathbf{i} & \mathbf{j} & \mathbf{k} \\ 0 & 10 & 0 \\ -0{,}433 & -0{,}866 & 0{,}25 \end{vmatrix} + F_B \begin{vmatrix} \mathbf{i} & \mathbf{j} & \mathbf{k} \\ 0 & 10 & 0 \\ -0{,}433 & -0{,}866 & -0{,}25 \end{vmatrix} + \begin{vmatrix} \mathbf{i} & \mathbf{j} & \mathbf{k} \\ 0 & 10 & 0 \\ 591 & -104 & 0 \end{vmatrix} = 0$$

Expandindo os determinantes e combinando:

$$(2{,}5F_A - 2{,}5F_B)\mathbf{i} + (0)\mathbf{j} + (4{,}33F_A + 4{,}33F_B - 5910)\mathbf{k} = 0$$

ou $2{,}5F_A - 2{,}5F_B = 0$ e $4{,}33F_A + 4{,}33F_B - 5910 = 0$, de onde $F_A = 682$ N de Tração, $F_B = 682$ N de tração.
A soma das forças na direção y fornece C_y, que é também de compressão no poste:

$$\sum F_y = C_y - 0{,}866F_A - 0{,}866F_B - 104 = 0 \quad \text{ou} \quad C_y = 1290 \text{ N}$$

A soma dos momentos em relação a O indica que $C_x = C_z = 0$.

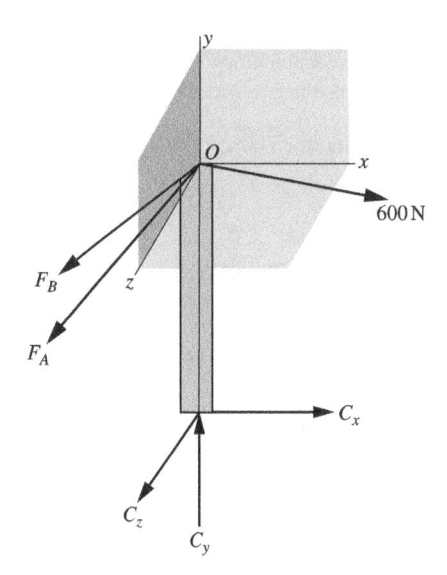

Figura 6-3

6.3 Uma massa de 6,12 kg é suportada pelos três cabos, conforme mostrado na Fig. 6-4. *AB* e *AC* estão no plano *xz*. Determine as tensões T_1, T_2 e T_3.

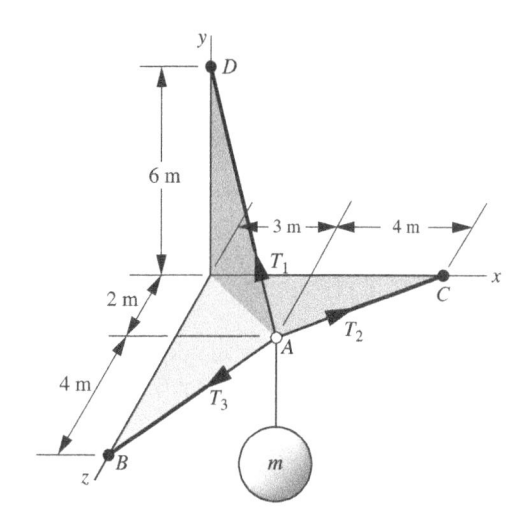

Figura 6-4

Solução

$$AD = \sqrt{3^2 + 2^2 + 6^2} = 7 \qquad AC = \sqrt{4^2 + 2^2} = 4,47 \qquad AB = 5$$

Primeiro, some as forças na direção *y*, porque essa equação envolve apenas uma incógnita, T_1:

$$\sum F_y = 0 = -6,12 \times 9,8 + (6/7)T_1. \quad \therefore T_1 = 70\,\text{N}$$

Agora some as forças nas direções *x* e *z*:

$$\left.\begin{array}{l} \sum F_x = 0 = T_2\dfrac{4}{4,47} - T_3\dfrac{3}{5} - 70\dfrac{3}{7} \\[2mm] \sum F_z = 0 = T_3\dfrac{4}{5} - T_2\dfrac{2}{4,47} - 70\dfrac{2}{7} \end{array}\right\} \quad \therefore T_3 = 70\,\text{N} \quad T_2 = 80,5\,\text{N}$$

6.4 Resolva o Problema 6.3 expressando cada força em termos das suas componentes **i**, **j** e **k**.

Solução

O ponto *A* está em equilíbrio sob a ação das seguintes quatro forças concorrentes:

$$\mathbf{T}_1 = -\frac{3}{7}T_1\mathbf{i} + \frac{6}{7}T_1\mathbf{j} + \frac{2}{7}T_1\mathbf{k} \tag{1}$$

$$\mathbf{T}_2 = \frac{4}{4,47}T_2\mathbf{i} + 0 - \frac{2}{4,47}T_2\mathbf{k} \tag{2}$$

$$\mathbf{T}_3 = -\frac{3}{5}T_3\mathbf{i} + 0 + \frac{4}{5}T_3\mathbf{k} \tag{3}$$

$$\mathbf{W} = -6,12 \times 9,8\mathbf{j} = -60\mathbf{j} \tag{4}$$

Então,

$$\sum F_y = 0 = \frac{6}{7}T_1 - 60 \qquad \text{ou} \qquad T_1 = 70\,\text{N}$$

Na forma vetorial, $T_1 = -30\mathbf{i} + 60\mathbf{j} - 20\mathbf{k}$.

Também

$$\sum F_x = 0 = -\frac{3}{7}T_1 + \frac{4}{4{,}47}T_2 - \frac{3}{5}T_3$$

$$\sum F_z = 0 = -\frac{2}{7}T_1 - \frac{2}{4{,}47}T_2 + \frac{4}{5}T_3$$

Essas duas equações são escritas da seguinte forma:

$$\left.\begin{array}{l}-\dfrac{3}{7}(70) + \dfrac{4}{4{,}47}T_2 - \dfrac{3}{5}T_3 = 0 \\[2mm] -\dfrac{2}{7}(70) - \dfrac{2}{4{,}47}T_2 + \dfrac{4}{5}T_3 = 0\end{array}\right\} \quad \therefore \; T_2 = 80{,}5\,\text{N} \quad T_3 = 70\,\text{N}$$

6.5 A massa de 80 kg na Fig. 6-5(a) é suportada por três cabos concorrentes em D (2,0, −1). Os cabos são conectados aos pontos A (1, 3, 0), B (3, 3, −4) e C (4, 3, 0). As coordenadas estão em metros. Determine o esforço no cabo conectado em C.

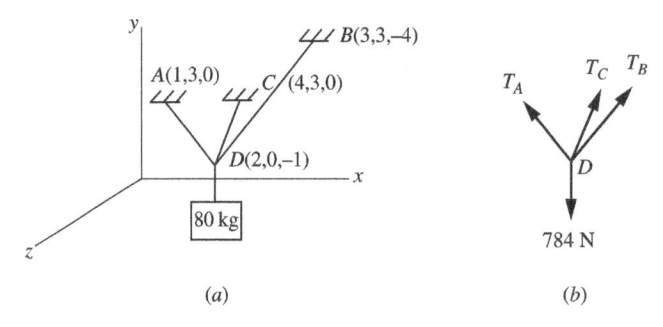

Figura 6-5

Solução

O esforço no cabo conectado em D e C é mais facilmente obtido efetuando a soma dos momentos em relação à linha AB igual a zero. Nessa equação, os momentos das forças em DA e DB serão zero, porque a linha de ação delas intercepta AB. A única força com momento em relação a AB será a força em DC e a força da gravidade (80 × 9,8 N na direção negativa de $\mathbf{j}$).

O diagrama de corpo livre na Fig. 6-5(b) mostra todas as forças que agem no ponto D. O esforço em DC será escrito por

$$\mathbf{T}_C = T_C \frac{(4-2)\mathbf{i} + (3-0)\mathbf{j} + [0-(-1)]\mathbf{k}}{\sqrt{(2)^2 + (3)^2 + (1)^2}} = T_C \frac{2\mathbf{i} + 3\mathbf{j} + \mathbf{k}}{\sqrt{14}}$$

Para encontrar a soma dos momentos em relação à linha AB, primeiro determinamos o vetor unitário na direção da linha. Assim,

$$\mathbf{e}_{AB} = \frac{(3-1)\mathbf{i} + (3-3)\mathbf{j} + (-4-0)\mathbf{k}}{\sqrt{20}} = \frac{\mathbf{i} - 2\mathbf{k}}{\sqrt{5}}$$

Os momentos do esforço T_C e da força da gravidade podem ser encontrados em relação a qualquer ponto da linha AB. Escolhamos o ponto A. O vetor posição de ambas as forças em acordo com essa escolha será de A para D. Assim,

$$\mathbf{r}_{AD} = (2-1)\mathbf{i} + (0-3)\mathbf{j} + (-1-0)\mathbf{k} = \mathbf{i} - 3\mathbf{j} - \mathbf{k}$$

CAPÍTULO 6 • EQUILÍBRIO DE SISTEMAS DE FORÇAS NÃO COPLANARES

A soma dos momentos das duas forças será

$$\sum \mathbf{r} \times \mathbf{F} = \begin{vmatrix} \mathbf{i} & \mathbf{j} & \mathbf{k} \\ 1 & -3 & -1 \\ 0 & -784 & 0 \end{vmatrix} + \frac{T_C}{\sqrt{14}} \begin{vmatrix} \mathbf{i} & \mathbf{j} & \mathbf{k} \\ 1 & -3 & -1 \\ 2 & 3 & 1 \end{vmatrix} = -784\mathbf{i} - 784\mathbf{k} + \frac{T_C}{\sqrt{14}}(0\mathbf{i} - 3\mathbf{j} + 9\mathbf{k})$$

Finalmente, obtemos

$$\mathbf{e}_{AB} \cdot \sum \mathbf{r} \times \mathbf{F} = 0$$

ou

$$\frac{\mathbf{i} - 2\mathbf{k}}{\sqrt{5}} \cdot \left[(-784\mathbf{i} - 784\mathbf{k}) + \frac{T_C}{\sqrt{14}}(-3\mathbf{j} + 9\mathbf{k}) \right] = \frac{-1 \times 784}{\sqrt{5}} + \frac{2 \times 784}{\sqrt{5}} - \frac{18T_C}{\sqrt{5} \times \sqrt{14}} = 0$$

Isso fornece $T_C = 163$ N.

O leitor poderá usar o ponto B sobre AB como a referência para os momentos. Isso levará ao mesmo resultado.

6.6 Um peso de 800 N está sendo retirado de um orifício de 1,2 m de diâmetro. Três correias conectadas ao peso são agarradas por três pessoas igualmente espaçadas no entorno da borda do orifício. Qual é o esforço exercido em cada correia quando o peso está a 1,2 m do topo? Considere que (*a*) cada pessoa realiza o mesmo esforço, que (*b*) o peso é centrado, e que (*c*) cada pessoa está segurando a correia pelo espaço livre do orifício.

Solução

As componentes verticais das três forças devem ser iguais ao peso de 800 N; isto é, $3T\cos\theta = 800$ N, onde θ é o ângulo entre a correia e a vertical através do peso. Então,

$$\theta = \mathrm{tg}^{-1}\frac{0{,}6}{1{,}2} = 26{,}6° \qquad \mathrm{e} \qquad T = 298\,\mathrm{N}$$

6.7 O sistema mostrado na Fig. 6-6 está sujeito a uma força horizontal P de 100 N no plano xy. Determine a força em cada perna, AC, CE e CB.

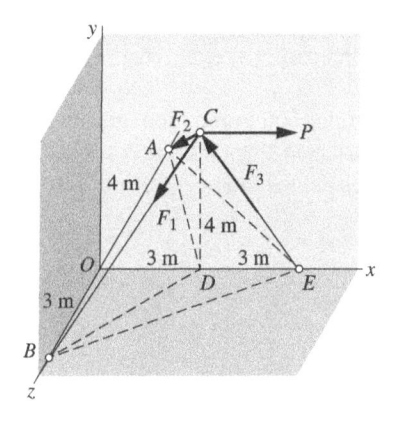

Figura 6-6

Solução

As distâncias desconhecidas foram calculadas e valem $CE = 5$, $BC = \sqrt{34}$ e $AC = \sqrt{41}$ m. Assuma que as três forças não coplanares estão nas direções mostradas.

Some as forças paralelas ao eixo z para obter a relação entre F_1 e F_2. Calcule os momentos em relação à linha AB para determinar F_3. Então, some as forças paralelas ao eixo x para obter outra relação entre F_1 e F_2. Essas equações são

$$\sum F_z = 0 = \frac{3}{\sqrt{34}}F_1 - \frac{4}{\sqrt{41}}F_2 \tag{1}$$

$$\sum M_z = 0 = \frac{4}{5}F_3 \times 6 - 100 \times 4 \tag{2}$$

$$\sum F_x = 0 = 100 - \frac{3}{5}F_3 - \frac{3}{\sqrt{34}}F_1 - \frac{3}{\sqrt{41}}F_2 \tag{3}$$

Os resultados são $F_1 = 55,6$ N de tração, $F_2 = 45,7$ N de tração, $F_3 = 83,3$ N de compressão.

6.8 Resolva o Problema 6.7 usando a notação vetorial.

Solução

As quatro forças podem expressar-se de acordo com as direções assumidas, conforme segue:

$$\mathbf{F}_1 = -\frac{3}{\sqrt{34}}F_1\mathbf{i} - \frac{4}{\sqrt{34}}F_1\mathbf{j} + \frac{3}{\sqrt{34}}F_1\mathbf{k}$$

$$\mathbf{F}_2 = -\frac{3}{\sqrt{41}}F_2\mathbf{i} - \frac{4}{\sqrt{41}}F_2\mathbf{j} - \frac{4}{\sqrt{41}}F_2\mathbf{k}$$

$$\mathbf{F}_3 = -\frac{3}{5}F_3\mathbf{i} + \frac{4}{5}F_3\mathbf{j}$$

$$\mathbf{P} = 100\mathbf{i}$$

Uma vez que o sistema está em equilíbrio, as somas das componentes $\mathbf{i}$, $\mathbf{j}$ e $\mathbf{k}$ devem ser iguais a zero:

$$\left.\begin{array}{r} -\dfrac{3}{\sqrt{34}}F_1 - \dfrac{3}{\sqrt{41}}F_2 - \dfrac{3}{5}F_3 + 100 = 0 \\ -\dfrac{4}{\sqrt{34}}F_1 - \dfrac{4}{\sqrt{41}}F_2 + \dfrac{4}{5}F_3 = 0 \\ +\dfrac{3}{\sqrt{34}}F_1 - \dfrac{4}{\sqrt{41}}F_2 = 0 \end{array}\right\} \quad \therefore \ F_1 = 55,6\,\text{N} \quad F_2 = 45,7\,\text{N} \quad F_3 = 83,3\,\text{N}$$

Como são todos valores positivos, serão todos esforços de tração, conforme assumido.

6.9 Uma mesa com 600 mm por 600 mm é montada sobre três pernas. Quatro cargas são aplicadas conforme mostrado na Fig. 6-7. Determine as três reações. Uma vez que para um sistema paralelo estão disponíveis três equações, apenas três apoios são necessários. Todas as coordenadas estão em mm.

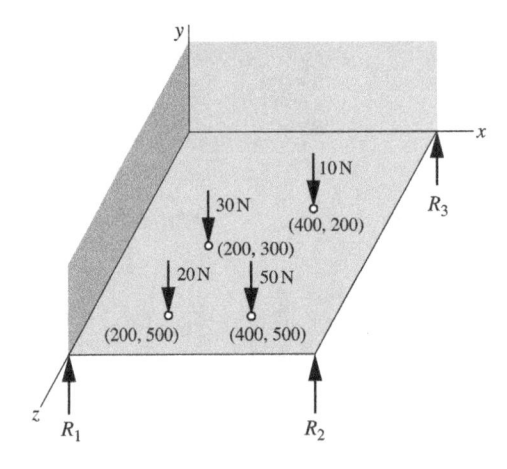

Figura 6-7

Solução

Aplicando as três equações para sistemas paralelos, resultam as seguintes equações:

$$\sum F_y = 0 = R_1 + R_2 + R_3 - 20 - 30 - 10 - 50 \qquad (1)$$
$$\sum M_x = 0 = -R_1 \times 600 - R_2 \times 600 + 20 \times 500 + 30 \times 300 + 50 \times 500 + 10 \times 200 \qquad (2)$$
$$\sum M_z = 0 = R_2 \times 600 + R_3 \times 600 - 20 \times 200 - 50 \times 400 - 10 \times 400 - 30 \times 200 \qquad (3)$$

Após as simplificações, as três equações com três incógnitas convertem-se em

$$\left. \begin{array}{r} R_1 + R_2 + R_3 = 110 \\ R_1 + R_2 = 76{,}7 \\ R_2 + R_3 = 56{,}7 \end{array} \right\} \quad \therefore \quad R_1 = 53{,}3\,\mathrm{N} \quad R_2 = 23{,}4\,\mathrm{N} \quad R_3 = 33{,}3\,\mathrm{N}$$

Observação: Outro método de solução é somar os momentos em relação às bordas R_1R_2 e R_2R_3 para obter R_3 e R_1, respectivamente.

6.10 Um virabrequim está submetido aos esforços F_1 e F_3 paralelos ao eixo z, e F_2 e F_4 paralelos ao eixo y. Veja a Fig. 6-8. Quais são as reações nos mancais em A e B se os esforços são todos iguais a F?

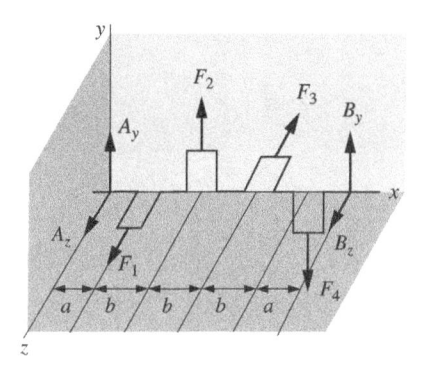

Figura 6-8

Solução

Assume-se que as reações de apoio nos mancais tem as direções positivas dos eixos y e z. As equações de equilíbrio são

$$\sum M_z = 0 = F_2(a+b) - F_4(a+3b) + B_y(2a+3b) \qquad (1)$$
$$\sum M_y = 0 = -F_1(a) + F_3(a+2b) - B_z(2a+3b) \qquad (2)$$
$$\sum M_{Bz} = 0 = -A_y(2a+3b) - F_2(a+2b) + F_4(a) \qquad (3)$$
$$\sum M_{By} = 0 = A_z(2a+3b) + F_1(a+3b) - F_3(a+b) \qquad (4)$$

Em um motor real, as forças não seriam iguais e as equações acima seriam resolvidas para as incógnitas que elas contém. Se as forças são assumidas iguais, então

$$B_y = \frac{2b}{2a+3b}F \qquad B_z = \frac{2b}{2a+3b}F \qquad A_y = \frac{-2b}{2a+3b}F \qquad A_z = \frac{-2b}{2a+3b}F$$

Os sinais negativos indicam que as componentes A_z e A_y, na realidade, agem para trás e para baixo, respectivamente. A reação total em B é paralela à reação total em A; são iguais em intensidade, porém de sentidos opostos. As duas juntas formam um conjugado, como se poderia esperar, porque F_1, F_3, e F_2, F_4 formam conjugados quando assume-se que elas são iguais em intensidade.

6.11 Considere que a porta de um automóvel pesando 240 N é uma chapa retangular de 90 cm de largura por 120 cm de altura, com seu centro de gravidade coincidindo com seu centro geométrico (veja Fig. 6-9). A porta é aberta a 45°. A ação do vento de 200 N é aplicada concentrada na perpendicular à porta e em seu centro geométrico. A maçaneta da porta está a 70 cm da borda inferior e a 7,5 cm da borda direita. Qual é a força P, aplicada na maçaneta em um plano horizontal formando um ângulo de 20° com a perpendicular à porta, necessária para manter a porta aberta? Quais são as componentes das reações nas dobradiças em A e B? Escolha o eixo x ao longo da porta do automóvel. Considere que a dobradiça inferior B suporta toda a força vertical, isto é, $A_y = 0$.

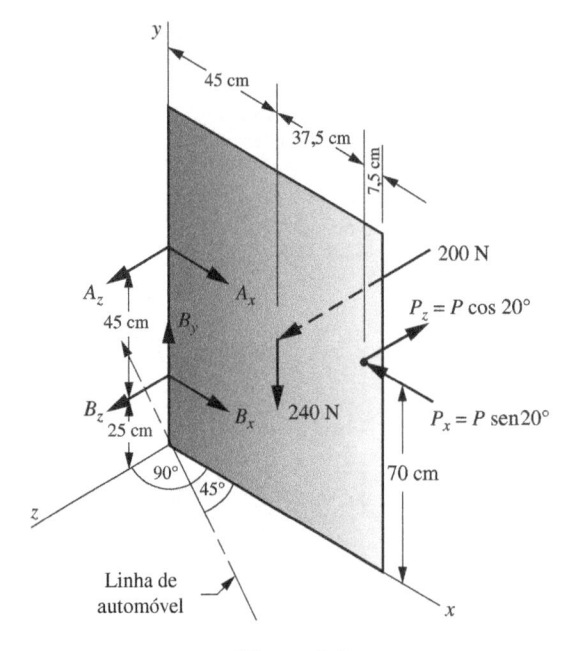

Figura 6-9

Solução

Na Fig. 6-9 são mostradas as componentes (consideradas positivas) de cada reação nas dobradiças. Observe que são mostradas as duas componentes da força P, uma perpendicular e a outra paralela à porta.

Calculando os momentos em relação ao eixo y, obtém-se uma equação com uma incógnita, P_z, pela qual P pode ser calculada.

Somando as forças na direção do eixo z, obtém-se uma equação com as incógnitas A_z e B_z. Calculando os momentos em relação ao eixo x, obtém-se outra equação envolvendo A_z e B_z. Resolva simultaneamente.

Calculando os momentos em relação ao eixo z e somando as forças na direção do eixo x, obtém-se duas equações em A_x e B_x. Somando forças na vertical, obtém-se uma equação envolvendo B_y.

Os parágrafos acima indicam um tipo de análise que pode ser feita antes que qualquer equação seja escrita. As equações são as que seguem:

$$\sum M_y = 0 = -200 \times 45 + P_z \times 82.5 \tag{1}$$
$$\sum F_z = 0 = A_z + B_z + 200 - P_z \tag{2}$$
$$\sum M_x = 0 = A_z \times 70 + B_z \times 25 + 200 \times 60 - P_z \times 70 \tag{3}$$
$$\sum M_z = 0 = -25 \times B_x + P_x \times 70 - 240 \times 45 - A_x \times 70 \tag{4}$$
$$\sum F_x = 0 = A_x + B_x - P_x \tag{5}$$
$$\sum F_y = 0 = B_y - 240 \tag{6}$$

Da equação (1), obtemos $P_z = (200 \times 45)/82,5 = 109$ N. Mas $P \cos 20° = P_z$; então, $P = 116$ N. Substitua $P_z = 109$ N nas equações (2) e (3) e reagrupe os termos conforme segue:

$$A_z + B_z = -200 + 109 \tag{2'}$$
$$70A_z + 25B_z = -12000 + 7630 \tag{3'}$$

Resolva o sistema de equações simultâneas (2′) e (3′) para obter $A_z = -46,6$ N e $B_z = -46,6$ N. Em seguida, substituindo nas equações (4) e (5), obtemos

$$-25B_x + 70(116 \times 0,342) - 70A_x = 10800 \tag{4′}$$

$$A_x + B_x - 116 \times 0,342 = 0 \tag{5′}$$

Resolva o sistema de equações simultâneas (4′) e (5′) para obter $A_x = -200$ N e $B_x = 240$ N. Da equação (6), $B_y = 240$ N.

6.12 Uma haste homogênea *BC* de 10 m de comprimento e com uma massa de 1 kg repousa em uma parede lisa em *B* e no piso liso em *C* (veja Fig. 6-10). Determine as tensões em *AB* e *DC*, que são cabos sustentando a haste em equilíbrio. Note, na Fig. 6-10, que *BD* é perpendicular ao eixo *z* e que *AB* está no plano *yz*.

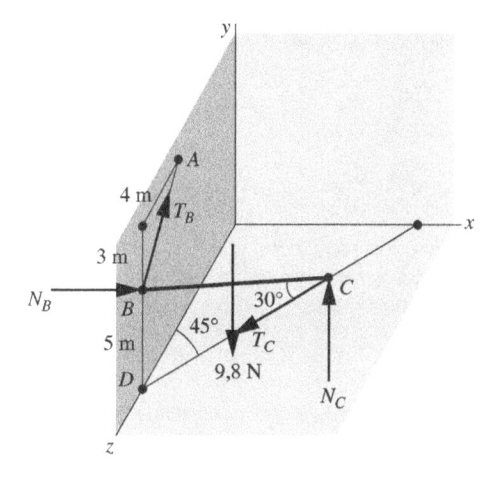

Figura 6-10

Solução

Introduza as reações na parede N_B e no piso N_C para completar o diagrama de corpo livre da haste. Aplicaremos as seguintes equações de equilíbrio:

$$\sum F_x = 0 = N_B - T_C \cos 45° \tag{1}$$

$$\sum F_y = 0 = T_B \times \frac{3}{5} - 9,8 + N_C \tag{2}$$

$$\sum M_z = 0 = -9,8 \times 5 \cos 30° \cos 45° + N_C \times 9,8 \cos 30° \cos 45° - N_B \times 5 \tag{3}$$

As três equações contêm quatro incógnitas e aparentemente parecem impossíveis de resolver. Contudo, para uma posição estável, a soma das forças perpendiculares ao plano *BCD* deve ser zero. Há apenas duas forças (N_B e T_B) com componentes perpendiculares a esse plano. Assim,

$$T_B \times \frac{4}{5} \times \cos 45° = N_B \cos 45° \quad \text{ou} \quad T_B \times \frac{4}{5} = N_B$$

Substitua esses valores na equação (2) e obtenha $N_C = 9,8 - \frac{3}{4}N_B$. Essa relação, substituída em (3), fornece $N_B = 3,03$ N. Então,

$$T_B = \frac{5}{4} \times 3,03 \text{ N} = 3,79 \text{ N}$$

Da equação (1),

$$T_C = \frac{3,03}{0,707} = 4,29 \text{ N}$$

6.13 Duas vistas de um molinete são mostradas na Fig. 6-11(a). Os mancais são sem atrito. Qual é a força P, perpendicular à manivela, necessária para sustentar um peso de 800 N na posição mostrada? Quais são as reações nos mancais em A e B?

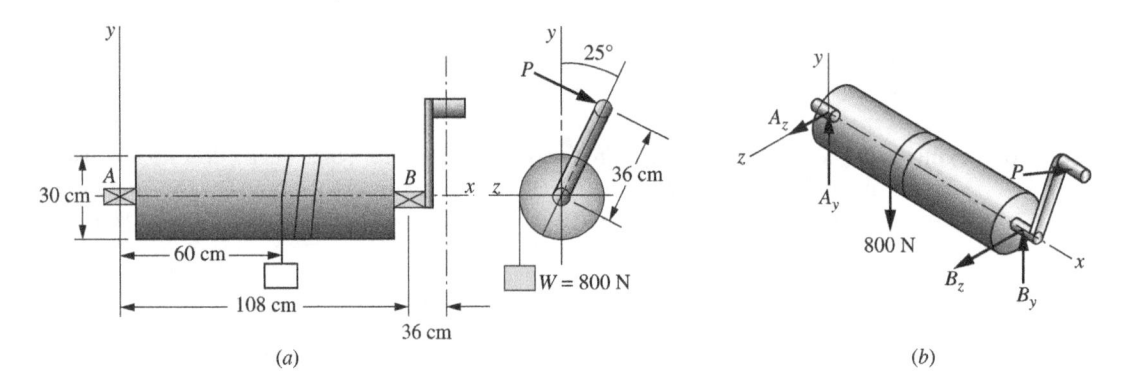

Figura 6-11

Solução

O diagrama de corpo livre é esquematizado na Fig. 6-11(b) mostrando todas as forças que atuam no molinete. Uma vez que nenhuma força atua no sentido longitudinal do molinete, nenhuma componente aparece na direção do eixo x.

Somando os momentos em relação ao eixo x:

$$\sum M_x = 0 = -P \times 36 + 800 \times 15. \quad \therefore P = 333 \text{ N}$$

Para determinar as reações nos mancais, as quatro equações seguintes podem ser utilizadas:

$$\sum M_y = 0 = -B_z \times 108 + P \cos 25° \times 144 \quad (1)$$
$$\sum M_z = 0 = -800 \times 60 + B_y \times 108 - P \text{ sen } 25° \times 144 \quad (2)$$
$$\sum F_y = 0 = A_y - 800 + B_y - P \text{ sen } 25° \quad (3)$$
$$\sum F_z = 0 = A_z + B_z - P \cos 25° \quad (4)$$

Observe que a força $P = 333$ N é resolvida por meio de suas componentes $P \cos 25°$ e P sen $25°$ nas direções dos eixos z e y, respectivamente. Por exemplo, o momento de P em relação ao eixo y é apenas o momento que sua componente na direção do eixo z produz em relação ao eixo y, porque a componente na direção do eixo y é paralela ao eixo y e, portanto, não produz momento em relação a este.

Da equação (1), obtemos $B_z = 402$ N; da equação (2), obtemos $B_y = 632$ N. Substituindo os valores de B_z, B_y e de P nas equações (3) e (4), obtemos $A_y = 309$ N e $A_z = -102$ N.

6.14 Determine as reações nos mancais em A e B para o eixo horizontal mostrado na Fig. 6-12(a). As polias são integradas ao eixo. As cargas na polia maior são horizontais, enquanto as cargas na polia menor são verticais. Todas as dimensões estão em cm.

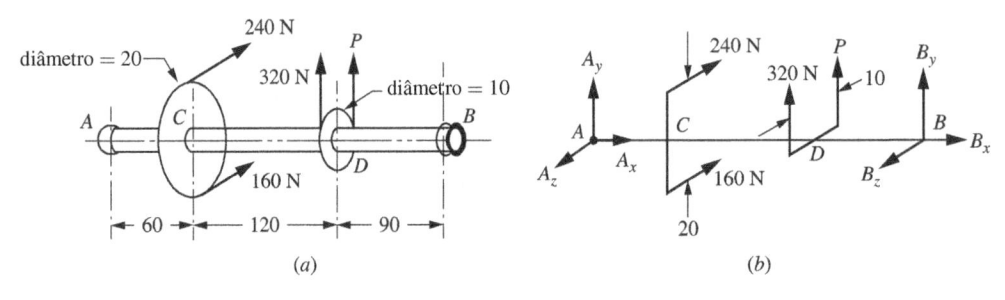

Figura 6-12

Solução

A Fig. 6-12(b) mostra o diagrama de corpo livre com os eixos escolhidos convenientemente. Para determinar a força P, some os momentos em relação ao eixo x, obtendo

$$P \times 5 - 320 \times 5 + 160 \times 10 - 240 \times 10 = 0 \quad \text{ou} \quad P = 480 \text{ N}$$

Por não termos forças externas aplicadas na direção do eixo x, podemos dizer que $A_x = B_x = 0$. A soma dos momentos em relação a direção de A_z leva a

$$320 \times 180 + 480 \times 180 + B_y \times 270 = 0. \quad \therefore B_y = -533 \text{ N}$$

A soma dos momentos em relação a B_z fornece

$$-320 \times 90 - 480 \times 90 - A_y \times 270 = 0. \quad \therefore A_y = 267 \text{ N}$$

Como forma de verificação, note que a soma de A_y e B_y é 800 N para baixo, que corresponde à soma das duas forças para cima que agem na polia menor.

Para determinar B_z, use a soma dos momentos em relação a A_y. Assim,

$$-240 \times 60 - 160 \times 60 + B_z \times 270 = 0. \quad \therefore B_z = 88,8 \text{ N}$$

Para determinar A_z, use a soma dos momentos em relação a B_y. Assim,

$$-240 \times 210 + 160 \times 210 - A_z \times 270 = 0. \quad \therefore A_z = 311 \text{ N}$$

Como forma de verificação, note que a soma de A_z e B_z é 400 N para frente, que corresponde à soma das duas forças para trás que agem na polia maior.

6.15 A viga EF na Fig. 6-13 pesa 120 N/m e suporta um peso de 600 N na sua extremidade. Ela apoia-se em uma articulação esférica na extremidade em E e nos cabos AB e CD. Determine os esforços em AB e CD. Encontre a reação na extremidade articulada em E. Todas as dimensões estão em cm.

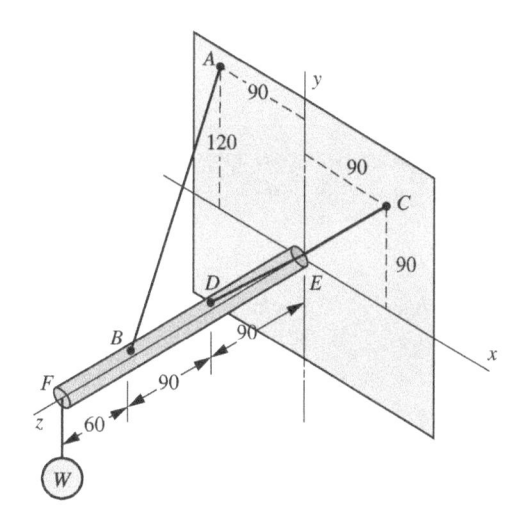

Figura 6-13

Solução

Adote os eixos x, y e z conforme mostrado na Fig. 6-13. Para o equilíbrio da viga EF, escolha $\sum \mathbf{M}_E = 0$ e $\sum \mathbf{F} = 0$.
As forças que atuam no sistema são as que seguem:

(1) O peso W de 600 N, agindo verticalmente para baixo, é representado por $-600\mathbf{j}$.
(2) O peso da viga é $(2,4 \times 120)$ N e é dada por $-288\mathbf{j}$.
(3) A reação na junta esférica é $E_x\mathbf{i} + E_y\mathbf{j} + E_z\mathbf{k}$.

(4) O esforço em *AB* pode ser escrito por $\mathbf{T}_A = A_x\mathbf{i} + A_y\mathbf{j} + A_z\mathbf{k}$, onde

$$A_x = T_A \cos \theta_x = -\frac{90}{\sqrt{90^2 + 120^2 + 180^2}} T_A = -0{,}384 T_A$$

$$A_y = T_A \cos \theta_y = \frac{120}{234{,}3} A = 0{,}512 T_A$$

$$A_z = T_A \cos \theta_z = -\frac{180}{234{,}3} A = -0{,}768 T_A$$

O sinal de cada componente fica definido uma vez que assumimos *AB* como tracionada e atuando na viga *EF*, no sentido de *B* para *A*, que corresponde ao sentido negativo do eixo *x*, ao sentido positivo do eixo *y* e ao sentido negativo do eixo *z*.

(5) O esforço em *CD* pode ser escrito por $\mathbf{T}_C = C_x\mathbf{i} + C_y\mathbf{j} + C_z\mathbf{k}$, onde

$$C_x = T_C \cos \theta_x = \frac{90}{\sqrt{90^2 + 90^2 + 90^2}} T_C = 0{,}577 T_C$$

$$C_y = T_C \cos \theta_y = \frac{90}{156} T_C = 0{,}577 T_C$$

$$C_z = T_C \cos \theta_z = -\frac{90}{156} T_C = -0{,}577 T_C$$

É recomendável listar as cinco forças e os pontos de aplicação sobre suas linhas de ação para os quais os vetores posição devem apontar partindo do ponto *E*.

(1') $-600\mathbf{j}$ em $(0, 0, 240)$
(2') $-288\mathbf{j}$ em $(0, 0, 120)$
(3') $E_x\mathbf{i} + E_y\mathbf{j} + E_z\mathbf{k}$ em $(0, 0, 0)$
(4') $-0{,}384 T_A\mathbf{i} + 0{,}512 T_A\mathbf{j} - 0{,}768 T_A\mathbf{k}$ em $(0, 0, 180)$
(5') $+0{,}577 T_C\mathbf{i} + 0{,}577 T_C\mathbf{j} - 0{,}577 T_C\mathbf{k}$ em $(0, 0, 90)$

A soma dos momentos dessas cinco forças em relação a *E* deverá ser zero. Utilizando cada vetor posição a partir do ponto $(0, 0, 0)$ para o ponto do vetor força listado acima, teremos

$$\begin{vmatrix} \mathbf{i} & \mathbf{j} & \mathbf{k} \\ 0 & 0 & 240 \\ 0 & -600 & 0 \end{vmatrix} + \begin{vmatrix} \mathbf{i} & \mathbf{j} & \mathbf{k} \\ 0 & 0 & 120 \\ 0 & -288 & 0 \end{vmatrix} + \begin{vmatrix} \mathbf{i} & \mathbf{j} & \mathbf{k} \\ 0 & 0 & 0 \\ E_x & E_y & E_z \end{vmatrix} + \begin{vmatrix} \mathbf{i} & \mathbf{j} & \mathbf{k} \\ 0 & 0 & 180 \\ -0{,}384 T_A & 0{,}512 T_A & -0{,}768 T_A \end{vmatrix}$$

$$+ \begin{vmatrix} \mathbf{i} & \mathbf{j} & \mathbf{k} \\ 0 & 0 & 90 \\ 0{,}577 T_C & 0{,}577 T_C & -0{,}577 T_C \end{vmatrix} = 0$$

ou

$$240(600)\mathbf{i} + 120(288)\mathbf{i} + [-180(0{,}512 T_A)\mathbf{i} - 180(0{,}384 T_A)\mathbf{j}] + [-90(0{,}577 T_C)\mathbf{i} + 90(0{,}577 T_C)\mathbf{j}] = 0$$

Igualando os coeficientes em **i** a zero e, em seguida, os coeficientes em **j** a zero (divididos por 100 para simplificar):

$$1786 - 0{,}922 T_A - 0{,}519 T_C = 0 \quad \text{e} \quad -0{,}681 T_A + 0{,}519 T_C = 0$$

de onde obtemos $T_A = 1110$ N e $T_C = 1460$ N. Assim,

$$\mathbf{T}_A = -0{,}384(1110)\mathbf{i} + 0{,}512(1110)\mathbf{j} - 0{,}768(1110)\mathbf{k} = -426\mathbf{i} + 586\mathbf{j} - 852\mathbf{k}$$

$$\mathbf{T}_C = 0{,}577(1460)\mathbf{i} + 0{,}577(1460)\mathbf{j} - 0{,}577(1460)\mathbf{k} = 842\mathbf{i} + 842\mathbf{j} - 842\mathbf{k}$$

Para determinar a reação na junta, iguale sucessivamente a zero os coeficientes dos termos em **i**, **j** e **k** da equação $\sum \mathbf{F} = 0$:

$$E_x - 426 + 842 = 0 \quad -600 - 288 + E_y + 568 + 842 = 0 \quad E_z - 852 - 842 = 0$$

de onde obtemos $E_x = -416$ N, $E_y = -522$ N, $E_z = 1690$ N.

Problemas Complementares

6.16 Na Fig. 6-14, uma massa de 30 kg é suportada por um elemento comprimido CD e dois elementos tracionados AC e BC. CD forma um ângulo de 40° com a parede. A, B e C estão em um plano horizontal. $AE = EB = 1000$ mm. Encontre as forças em AC, BC e CD.

Resp. $AC = BC = 143$ N de tração, $CD = 384$ N de compressão

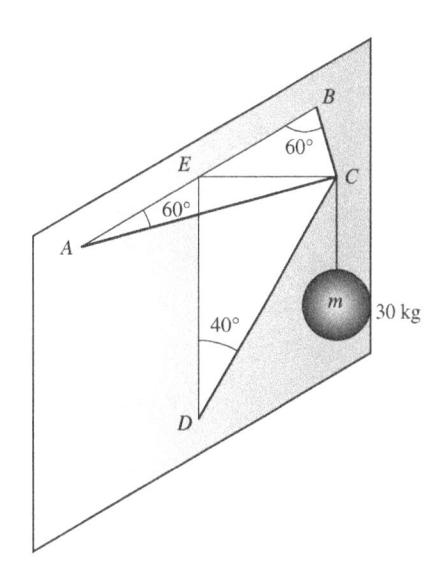

Figura 6-14

6.17 Na Fig. 6-15, a alavanca consiste em um pau de carga BE, em uma coluna BD (vertical) e em três cabos, AD, CD e DE. A, B e C estão em um plano horizontal. AC é dividido pelo plano que contém BD, BE e DE. Determine as forças em AD, CD e BD.

Sugestão: Primeiro considere o sistema coplanar e concorrente por E para obter a força em DE. Então considere o sistema não coplanar e não concorrente em D.

Resp. $T_{AD} = T_{CD} = 11,6$ kN de tração, $F_{BD} = 11,9$ kN de compressão

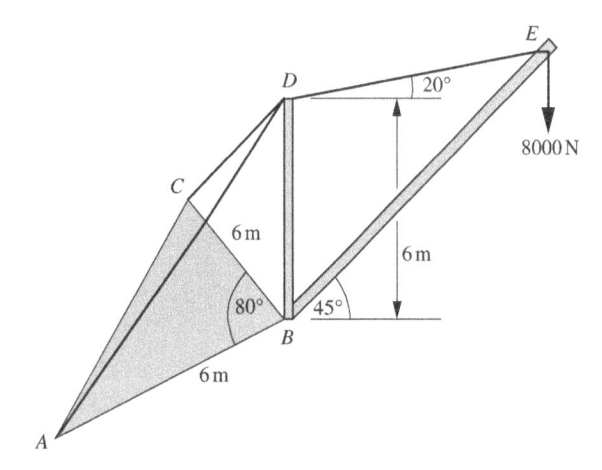

Figura 6-15

6.18 Na Fig. 6-16, o esforço horizontal de 400 N é mostrado atuando no topo do poste DB. O poste é mantido em equilíbrio por dois tirantes AD e CD. A, B e C estão no nível do piso. Encontre os esforços em AD e CD.

Resp. $T_{AD} = 366$ N de tração, $T_{CD} = 293$ N de tração

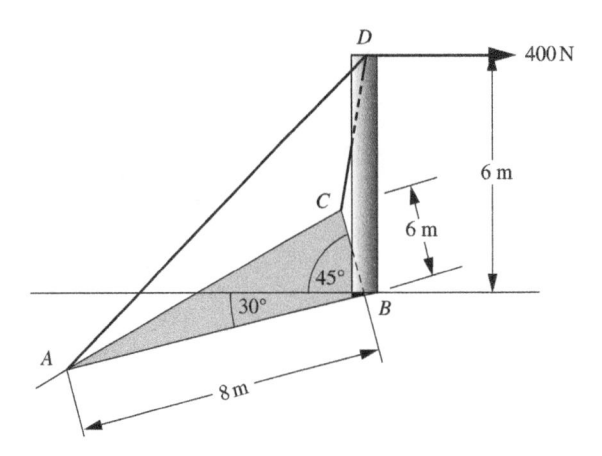

Figura 6-16

6.19 Uma câmera de vídeo com massa de 2 kg repousa em um tripé cujas pernas estão igualmente espaçadas e formando um ângulo de 18° com a vertical. Assuma que o sistema de forças é concorrente no ponto que está 1200 mm acima do nível do piso e determine as forças em cada perna.

Resp. $F = 6{,}87$ N

6.20 Um peso de 2000 N está pendurado por um tirante em um tripé com pernas de igual comprimento, conforme mostrado na Fig. 6-17. Cada perna forma um ângulo de 30° com o tirante. A, B e C estão em um plano horizontal e formam um triângulo equilátero. Determine as forças em cada perna.

Resp. $F_{AD} = F_{BD} = F_{CD} = 768$ N de compressão

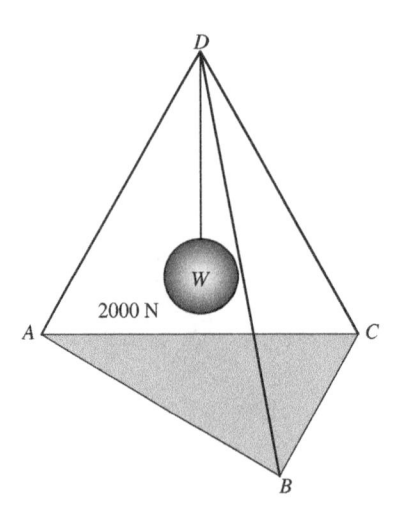

Figura 6-17

CAPÍTULO 6 • EQUILÍBRIO DE SISTEMAS DE FORÇAS NÃO COPLANARES   113

6.21 A mesa circular de 1800 mm de diâmetro suporta uma carga de 400 N localizada em um diâmetro a 300 mm do centro, para o lado oposto ao de R_1, como mostrado na Fig. 6-18. R_1, R_2 e R_3 estão igualmente espaçadas. Determine as suas intensidades.

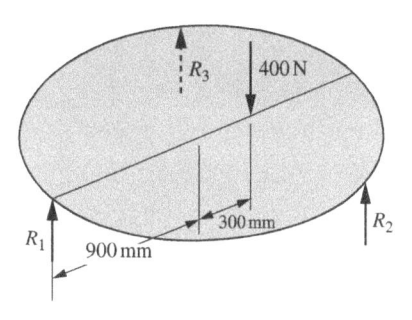

Resp. $R_1 = 44$ N, $R_2 = 178$ N, $R_3 = 178$ N

Figura 6-18

6.22 Em relação à Fig. 6-19. Se a máxima resistência admissível para cada cabo é 10500 N, determine o peso permissível para a placa circular homogênea de raio igual a 2 m.

Resp. 23400 N

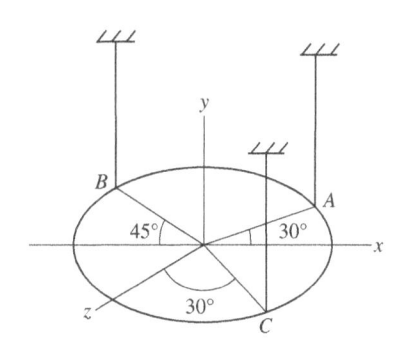

Figura 6-19

6.23 A placa triangular na Fig. 6-20 suporta uma carga de 140 N posicionada a 1200 mm medidos a partir do vértice da esquerda sobre a bissetriz do ângulo. T_1, T_2 e T_3 são as cargas de tração em três fios de suporte verticais. Quais são seus valores?

Resp. $T_1 = 41{,}0$ N, $T_2 = T_3 = 49{,}5$ N

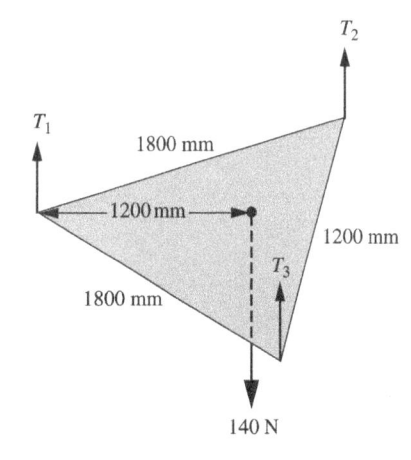

Figura 6-20

6.24 Um cubo uniforme de peso W é suportado por seis cordas conectadas aos vértices, conforme mostrado na Fig. 6-21. Cada corda é perpendicular a uma face, i.e., a uma continuação de uma aresta do cubo. Determine a tração em cada corda de modo a que o cubo permaneça em equilíbrio.

Resp. $T = W/2$

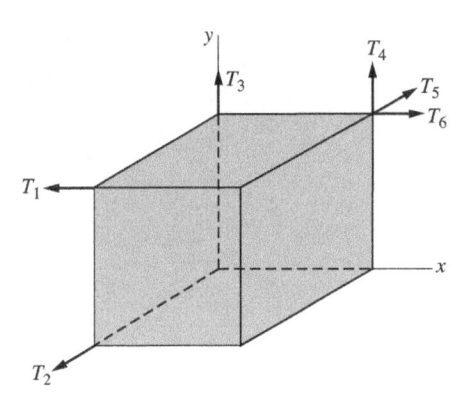

Figura 6-21

6.25 Observe a Fig. 6-22. Admita que um motor pesando 2000 N tem seu centro de gravidade a cinco oitavos do comprimento total em relação à parte frontal e sobre uma linha de centro longitudinal. Se a base tem uma largura de 44 cm e um comprimento de 68 cm, qual a intensidade das reações nos suportes, considerando uma em cada vértice frontal e uma no centro da parte traseira do motor? Um diagrama de bloco é mostrado na figura.

Resp. $R_F = 376$ N, $R_R = 1250$ N

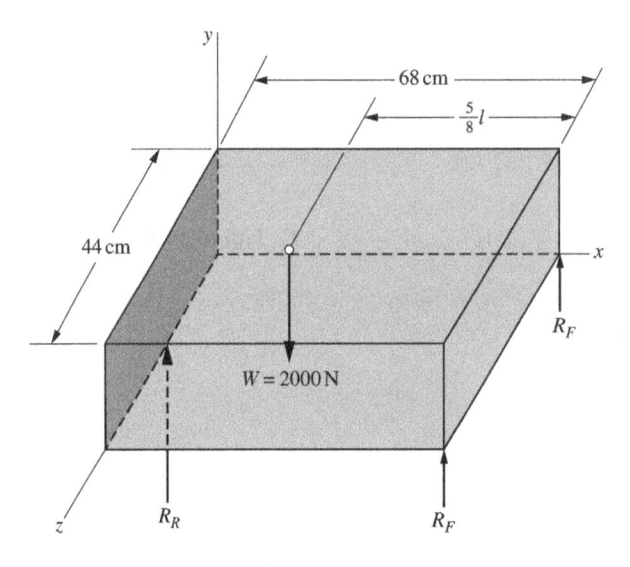

Figura 6-22

6.26 Veja a Fig. 6-23. Um eixo vertical pesando 160 N suporta duas polias em *B* e *D* pesando 48 N e 36 N, respectivamente. Os esforços de 60 N e 240 N são paralelos ao eixo *x*. Os esforços de 80 N e *P* são paralelos ao eixo *z*. O mancal em *C* e o mancal de rebaixo em *A* são considerados sem atrito. Determine a força *P* e as reações em *A* e *C*.

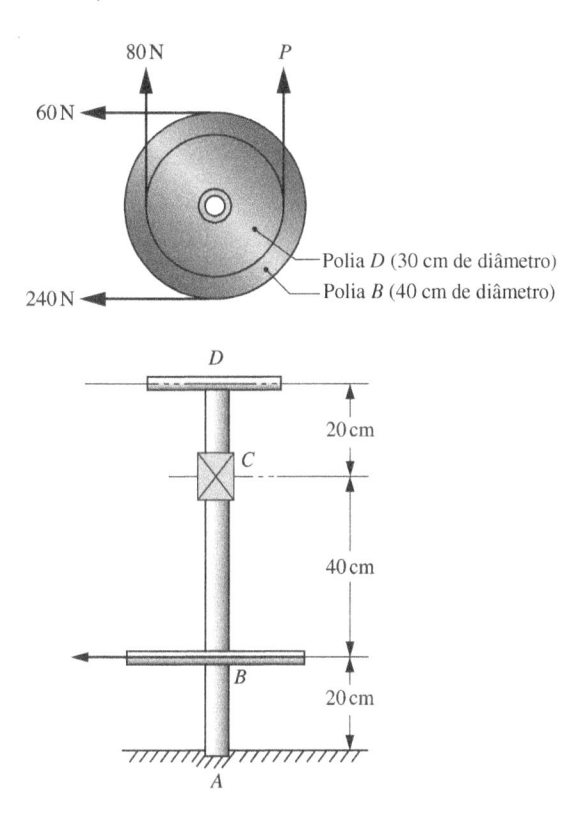

Resp. $P = 320$ N, $A_x = 200$ N, $A_y = 244$ N, $A_z = -132$ N, $C_x = 100$ N, $C_z = 532$ N, $C_y = 0$

Figura 6-23

6.27 No guindaste simples mostrado na Fig. 6-24, *CH* é vertical, *GD* é horizontal e *AC* e *BC* são cabos de aço. Os pontos *A* e *B* são equidistantes do plano que contém *CH*, *DG* e *EF*. O peso é $W = 16$ kN. Determine o esforço em *AC* e as reações em *H*. Todas as dimensões estão em centímetros.

Resp. $AC = 10,4$ kN, $H_x = 11,2$ kN, $H_y = 32,2$ kN, $H_z = 0$

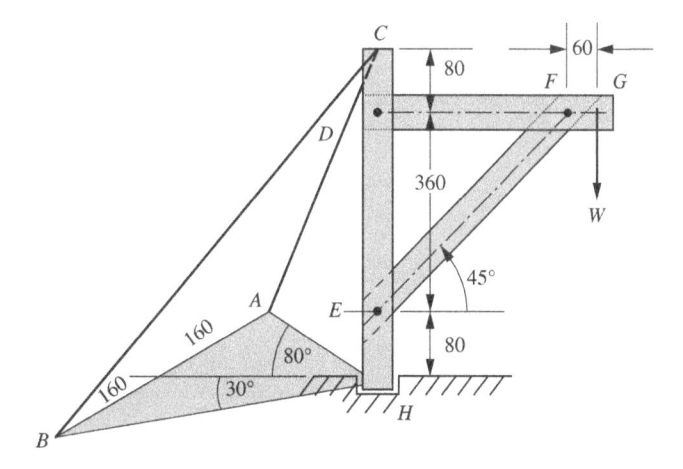

Figura 6-24

6.28 Um poste vertical é submetido a um esforço de 620 N no plano yz e 15° para baixo em relação à horizontal. Os cabos de aço AB e AC são conectados a suportes no plano xy. O poste repousa em um encaixe (veja a Fig. 6-25). Qual é o esforço em cada cabo de aço?

Resp. $T_{AB} = T_{AC} = 689$ N

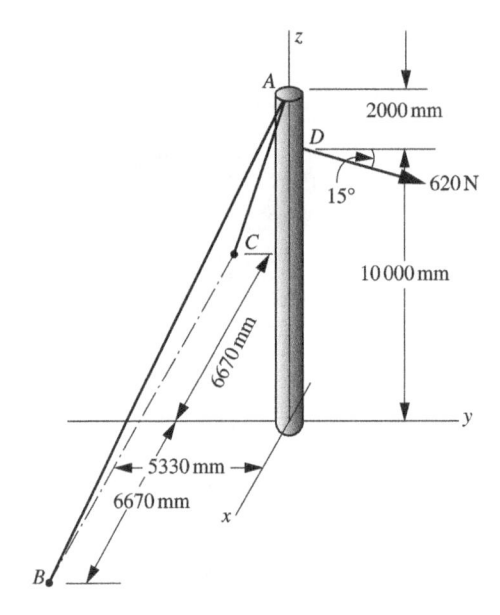

Figura 6-25

6.29 O alçapão homogêneo pesa 400 N. Qual é a tração T no tirante necessária para manter a porta na posição a 26° mostrada na Fig. 6-26? Quais são as reações nas dobradiças em A e B? Considere que a polia D está na direção do eixo vertical z. Todas as dimensões estão em centímetros. O plano xy é horizontal.

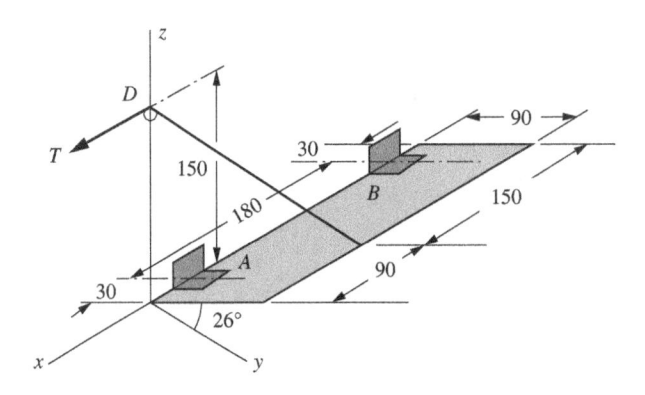

Resp. $T = 218$ N, $A_x = B_x = -120$ N, $A_y = 125$ N, $A_z = 128$ N, $B_y = -18$ N, $B_z = 125$ N

Figura 6-26

6.30 O pau de carga *EF* mostrado na Fig. 6-27 pode ser considerado sem massa. Ele é sustentado pelos cabos *AB* e *CD* e por um encaixe em *E*. Determine as trações nos dois cabos e as reações de apoio em *E*. Todas as dimensões estão em milímetros.

Resp. Tração em AB = 9020 N, tração em CD = 5590 N, E_x = −1600 N, E_y = 8600 N, E_z = −3630 N

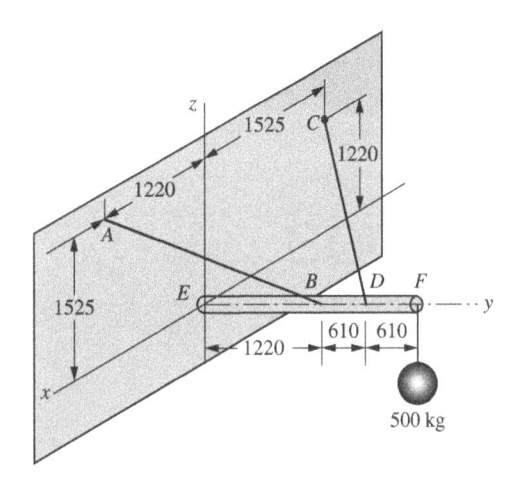

Figura 6-27

6.31 A porta mostrada na Fig. 6-28 está conectada por tiras soldadas na haste *EB*. A haste *EB* é suportada por mancais em *A* e *B*, e suporta uma engrenagem *E* em sua extremidade. Um pinhão (não mostrado) exerce uma força *F* horizontal embaixo da engrenagem *E*. Assumindo que a porta homogênea pesa 120 N, determine a força *F* e as reações nos mancais quando o ângulo α é 58°. Todas as dimensões estão em centímetros.

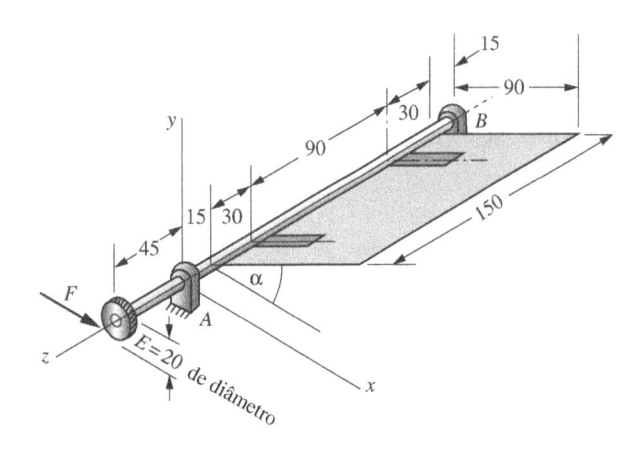

Resp. F = 286 N, A_x = −358 N, A_y = 60 N, A_z = 0, B_x = 71,6 N, B_y = 60 N, B_z = 0

Figura 6-28

6.32 Repita o Problema 6.31 com α = 32°.

Resp. F = 458 N, A_x = −572 N, A_y = 60 N, A_z = 0, B_x = 114,4 N, B_y = 60 N, B_z = 0

6.33 No Problema 6.30, se a resistência máxima de ambos os cabos é 8000 N, qual será a máxima massa admissível em *F*?

Resp. M = 443 kg

Capítulo 7

Treliças e Cabos

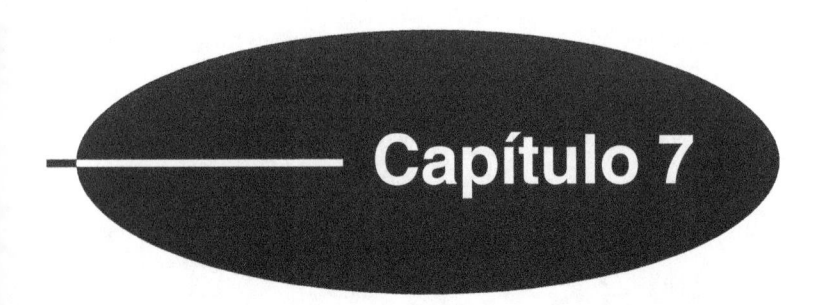

7.1 TRELIÇAS E CABOS

Estes são exemplos de sistemas coplanares de forças em equilíbrio (veja Capítulo 5).

7.2 TRELIÇAS

Hipóteses

1. Admite-se que toda a treliça é formada por elementos rígidos contidos em um mesmo plano. Isso significa que se trata de um sistema de forças coplanares.
2. O peso dos elementos é desprezado por ser considerado pequeno em comparação com as ações.
3. As forças são transmitidas de um elemento a outro através de pinos lisos perfeitamente ajustados aos elementos. Esses elementos, denominados elementos de duas forças, estarão sempre tracionados (T) ou comprimidos (C).

Solução pelo método dos nós

Para usar esta técnica, desenhe um diagrama de corpo livre para qualquer pino da treliça, com o cuidado de que não mais que duas forças atuem nesse pino. Essa limitação se impõem porque se trata de um sistema de forças concorrentes para o qual, é claro, apenas duas equações podem ser utilizadas para obter a solução. Resolve-se um pino depois do outro até que todas as incógnitas tenham sido determinadas.

Solução pelo método das seções

No método dos nós, conforme explicado, as forças nos vários elementos são determinadas pelo uso do diagrama de corpo livre de cada pino. No método das seções, é uma seção da treliça que faz o papel de diagrama de corpo livre. Isso envolve um corte feito através de um certo número de elementos, inclusive dos elementos cujas forças são desconhecidas, para isolar uma parte da treliça. As forças nos elementos cortados agem como se fossem forças externas aplicadas, contribuindo no equilíbrio nessa parte da treliça. Uma vez que o sistema é não concorrente e não paralelo, as três equações estão disponíveis. Portanto, em qualquer seção, não podem ser calculadas mais do que três forças incógnitas. Certifique-se de que o corpo livre esteja completamente isolado e que, ao mesmo tempo, não tenha mais do que três forças incógnitas.

7.3 CABOS

Parabólico

O cabo é carregado por uma força *w* dada em unidades de força por unidades horizontais de comprimento; por exemplo, N / m. Ele assume a forma de uma curva parabólica, conforme mostrado na Fig. 7-1, que ilustra esse tipo de suspensão por suportes nivelados. Variações de temperatura que podem alterar as tensões são desprezadas.

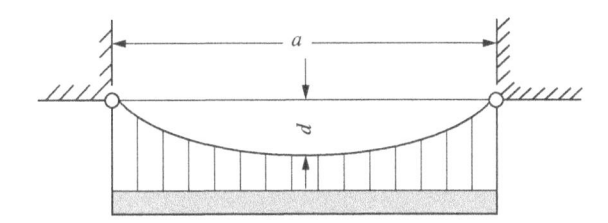

Figura 7-1 Cabo parabólico.

Aplicam-se as seguintes equações a esse tipo de sistema coplanar:

$$d = \frac{wa^2}{8H} \qquad (7.1)$$

$$T = \frac{1}{2}wa\sqrt{1 + \frac{a^2}{16d^2}} \qquad (7.2)$$

$$L = a\left[1 + \frac{8}{3}\left(\frac{d}{a}\right)^2 - \frac{32}{5}\left(\frac{d}{a}\right)^4 + \frac{256}{7}\left(\frac{d}{a}\right)^6 + \cdots\right] \qquad (7.3)$$

onde d = flecha em metros
  w = carga em N / m
  a = vão livre em metros
  H = esforço no ponto médio em newtons
  T = esforço nos apoios em newtons
  L = comprimento do cabo em metros

Catenária

Esse cabo suporta uma ação *w* em N / m na extensão do cabo, em lugar de na horizontal, como é o caso do cabo parabólico. Ele assume a forma da curva catenária, conforme mostrado na Fig. 7-2, que ilustra também sua suspensão por suportes situados no mesmo nível.

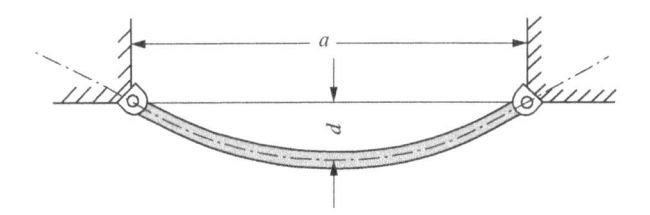

Figura 7-2 Uma catenária.

Para resolver esse tipo de problema, desprezando mudanças de temperatura, faz-se

  T = tração a uma distância *x* medida a partir do ponto médio
  s = comprimento ao longo do cabo desde o ponto médio até o ponto de tração *T*
  w = carga em N / m ao longo do cabo; por exemplo, ação gravitacional por metro

$a =$ vão livre em metros
$d =$ flecha em metros
$L =$ comprimento total em metros
$H =$ esforço no ponto médio em newtons
$T_{máx} =$ esforço máximo nos apoios em newtons

Em relação ao diagrama de corpo livre da porção do cabo à direita do centro (Fig. 7-3), note que o eixo x está a uma distância c abaixo do centro da catenária. Isso simplifica a derivação.

As seguintes equações aplicam-se à catenária. Observe que T torna-se $T_{máx}$ quando $x = a/2$ e $y = c + d$.

$$c = \frac{H}{w} \tag{7.4}$$

$$y = c \cosh\frac{x}{c} \quad \text{e} \quad c + d = c \cosh\frac{a}{2c} \tag{7.5}$$

$$T = wy \quad \text{e} \quad T_{max} = w(c + d) \tag{7.6}$$

$$s = c \operatorname{senh}\frac{x}{c} \quad \text{e} \quad \frac{L}{2} = c \operatorname{senh}\frac{a}{2c} \tag{7.7}$$

$$y^2 = c^2 + s^2 \quad \text{e} \quad (c + d)^2 = c^2 + \frac{L^2}{4} \tag{7.8}$$

Os seguintes tipos de problemas envolvendo cabos com força w por unidade de comprimento podem ser resolvidos utilizando as equações (7.4) – (7.8):

(a) Dados o vão e a flecha, isto é, a e d
(b) Dados o vão e o comprimento, isto é, a e L
(c) Dados a flecha e o comprimento, isto é, d e L

No caso (a), resolve-se a equação (7.5) por tentativas para obter c. Então a equação (7.6) conduz a $T_{máx}$ e a equação (7.7) ou (7.8) determina L.

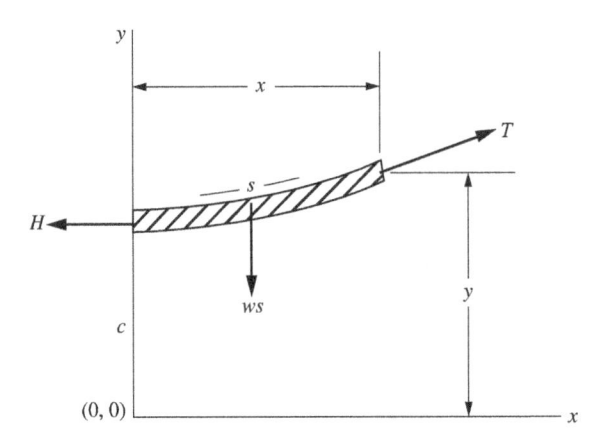

Figura 7-3 Uma seção da catenária.

No caso (b), resolve-se a equação (7.7) por tentativas para obter c. Então a equação (7.8) conduz a d e a equação (7.6) fornecerá $T_{máx}$.

No caso (c), resolve-se a equação (7.8) para obter c. Então $T_{máx}$ pode ser obtido partindo da equação (7.6). Para encontrar a, resolva a equação (7.5) ou a equação (7.7).

Problemas Resolvidos

7.1 A treliça triangular simples na Fig. 7-4(*a*) suporta dois carregamentos, conforme mostrado. Determine as reações e as forças em cada elemento.

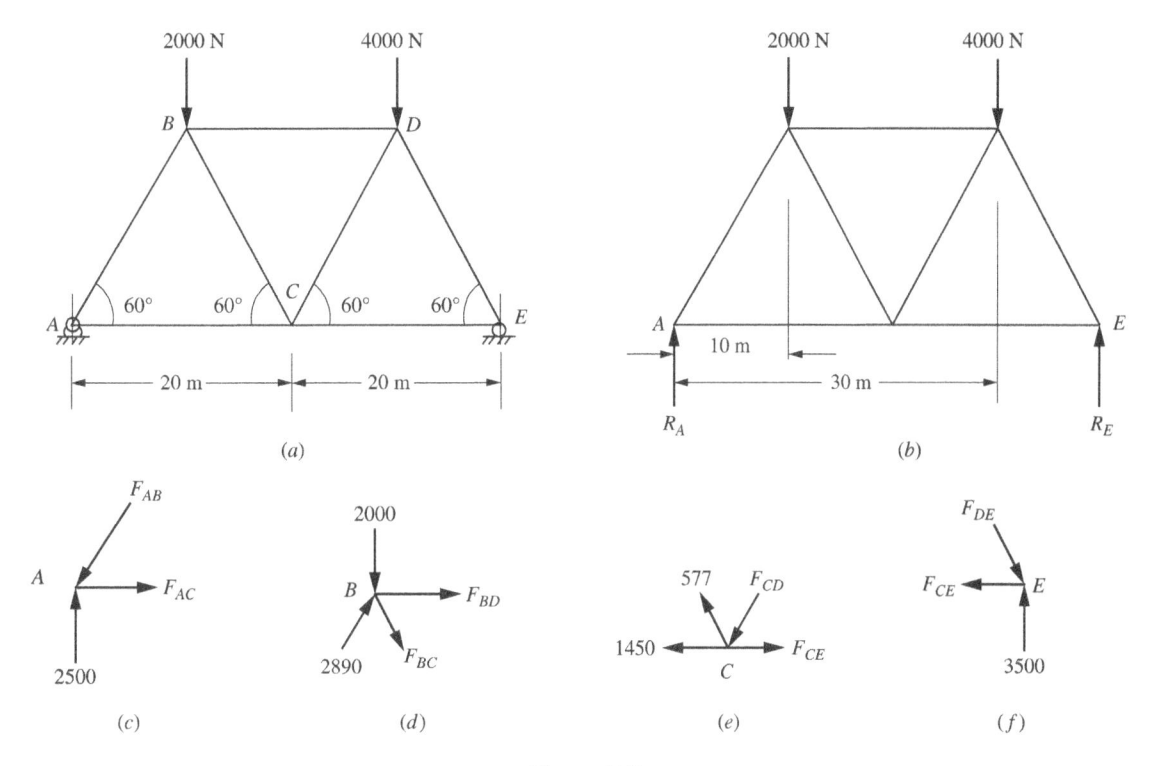

Figura 7-4

Solução

A Figura 7-4(*b*) é um diagrama de corpo livre da treliça completa pelo qual determinam-se R_A e R_E. Uma vez que as duas ações são verticais, apenas uma componente da reação no pino em *A* é mostrada:

$$\sum M_A = 0 = R_E \times 40 - 4000 \times 30 - 2000 \times 10. \quad \therefore R_E = 3500 \text{ N} \quad (1)$$
$$\sum M_E = 0 = -R_A \times 40 + 2000 \times 30 - 4000 \times 10. \quad \therefore R_A = 2500 \text{ N} \quad (2)$$

A soma na vertical das duas forças dadas e das duas reações determinadas anteriormente é igual a zero, confirmando, assim, os resultados.

A Figura 7-4(*c*) é o diagrama de corpo-livre do pino *A*. A reação de 2500 N é para cima. A única força que pode ter uma componente vertical para baixo que compensa R_A é o esforço no elemento *AB*. Força essa que é mostrada na direção do pino, sugerindo que o elemento *AB* está comprimido. Uma vez que a força F_{AB} age para a esquerda e para baixo, alguma força para a direita deverá se contrapor à primeira a fim de obter equilíbrio. Portanto, a força F_{AC} é mostrada para a direita, puxando o pino. O pino por sua vez puxa o elemento *AC* para a esquerda, o que está associado a uma força F_{AC} de tração.

Escrevendo as equações do sistema concorrente da Fig. 7-4(*c*),

$$\sum F_h = 0 = F_{AC} - F_{AB} \cos 60° \quad (3)$$
$$\sum F_v = 0 = 2500 - F_{AB} \text{ sen } 60° \quad (4)$$

Resolvendo, teremos $F_{AB} = +2500/0,866 = +2890$ N, $F_{AC} = F_{AB} \cos 60° = +1450$ N. O sinal de mais indica que as direções escolhidas foram corretas. Assim, $F_{AB} = 2890$ N *C*, $F_{AC} = 1450$ N *T*; *C* significa compressão e *T*, tração.

Em seguida, desenhe o diagrama de corpo livre para o pino *B*. Veja a Fig. 7-4(*d*). Alguém poderia ter escolhido o pino em *C*, mas, nesse caso, teríamos três forças desconhecidas: F_{BC}, F_{CD} e F_{CE}. Nessa figura, o elemento *AB* está em compressão e deve ser representado empurrando o pino. A força de 2000 N é mostrada agindo para baixo no pino. As direções das forças F_{BD} e F_{BC} são desconhecidas. Em vez de gastar tempo decidindo qual a direção de cada uma, assuma que elas estão tracionadas. O sinal mais no resultado indicará que a tração é correta, enquanto o sinal de menos indicará compressão. As equações para esse sistema são

$$\sum F_h = 0 = F_{BD} + 2890 \cos 60° + F_{BC} \cos 60° \tag{5}$$
$$\sum F_v = 0 = 2890 \operatorname{sen} 60° - 2000 - F_{BC} \operatorname{sen} 60° \tag{6}$$

Resolvendo a equação (6), $F_{BC} = 577$ N T. Substituindo na equação (5), $F_{BD} = -1730$ N. Uma vez que o sinal é negativo, esse elemento está, na realidade, comprimido.

Em seguida, desenha-se o diagrama de corpo livre para o pino em C, conforme mostrado na Fig. 7-4(e). Os dois valores conhecidos, F_{AC} e F_{BC}, são considerados. Uma vez que F_{BC} tem componente vertical para cima, F_{CD} deverá ser adotada como de compressão. Se isto não ficar claro, assuma que ela seja de tração, e um sinal de menos aparecerá no final, indicando compressão. As equações são

$$\sum F_h = 0 = F_{CE} - 1450 - 577 \cos 60° - F_{CD} \cos 60° \tag{7}$$
$$\sum F_v = 0 = +577 \operatorname{sen} 60° - F_{CD} \operatorname{sen} 60° \tag{8}$$

Resolvendo, teremos $F_{CD} = 577$ N C e $F_{CE} = 2020$ N T.

O diagrama de corpo livre seguinte servirá para determinar a última força F_{DE} e pode ser tanto para o pino em D como em E. A Figura 7-4(f) mostra o diagrama de corpo livre para o pino em E. Observe que a força F_{CE} é admitida como incógnita. Isso foi feito com o propósito de servir como verificação desse valor, que deverá ser igual ao obtido para o pino em C. As equações são

$$\sum F_v = 0 = 3500 - F_{DE} \operatorname{sen} 60° \tag{9}$$
$$\sum F_h = 0 = F_{DE} \cos 60° - F_{CE} \tag{10}$$

Resolvendo, teremos $F_{DE} = 4030$ N C e $F_{CE} = 2020$ N T.

7.2 Determine as forças em *FH*, *HG*, *IG* e *IK* na treliça mostrada na Fig. 7-5. Cada ação é de 2 kN. Todos os triângulos são equiláteros, com lados de 4 m.

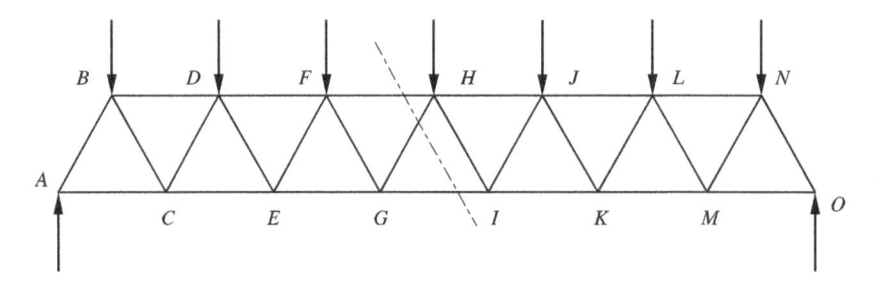

Figura 7-5

Solução

O primeiro passo é determinar as reações. A reação de 7 kN à esquerda é determinada pela inspeção da estrutura completa, que é simétrica e simetricamente carregada.

Em seguida, verifique os elementos nos quais deseja obter as forças. Corte a estrutura através do maior número possível de barras, mas não mais de três que tenham suas forças incógnitas. O primeiro corte passará pelos elementos *FH*, *HG* e *GI*. Desenhe agora o diagrama de corpo livre, que pode ser da parte esquerda ou direita do corte. Escolha a parte que envolve o menor número possível de forças – a parte da esquerda, neste caso. Desenhe o diagrama de corpo livre dessa parte conforme mostrado na Fig. 7-6. Geralmente recomenda-se assumir forças de tração em todos os elementos, levando em conta que um sinal negativo no resultado indicará compressão. Uma seta que sai do corpo livre indica que o elemento puxa a estrutura e que, portanto, estará tracionado.

Quaisquer três equações de equilíbrio poderão ser aplicadas ao diagrama de corpo livre. O somatório de momentos em relação a G fornece uma equação com apenas uma incógnita de força, F_{FH}. O somatório de momentos em relação a H (externo à figura) envolve apenas uma incógnita de força, F_{GI}, uma vez que os elementos FH e HG interceptam-se em H. Finalmente, a soma das forças resultará na solução para a força F_{HG}. Utilizando esse procedimento, os resultados são

$$\sum M_G = 0 = -F_{FH} \times 2 \operatorname{tg} 60° - 7 \times 12 + 2 \times 10 + 2 \times 6 + 2 \times 2. \quad \therefore F_{FH} = -13{,}9 \text{ kN} \tag{1}$$
$$\sum M_H = 0 = +F_{GI} \times 2 \operatorname{tg} 30° - 7 \times 14 + 2 \times 12 + 2 \times 8 + 2 \times 4. \quad \therefore F_{GI} = 14{,}4 \text{ kN} \tag{2}$$
$$\sum F_v = 0 = +7 - 2 - 2 - 2 + F_{HG} \operatorname{sen} 60°. \quad \therefore F_{HG} = -1{,}15 \text{ kN} \tag{3}$$

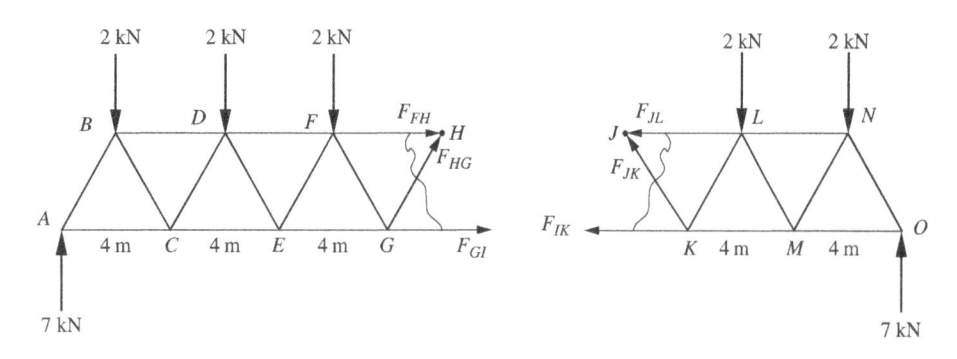

Figura 7-6

Figura 7-7

Como verificação para este caso particular de diagram de corpo livre, somam-se as forças na horizontal – uma equação não utilizada na solução – para determinar se a resultante é zero ou não:

$$\sum F_h = -13,9 + 14,4 - 1,15 \cos 60° \cong 0 \qquad (4)$$

Para determinar a força no elemento *IK*, faz-se um corte conforme mostrado na Fig. 7-7. Calcula-se os momentos em relação ao ponto *J*, obtendo

$$\sum M_J = 0 = -F_{IK} \times 2 \tan 60° - 2 \times 4 - 2 \times 8 + 7 \times 10. \quad \therefore F_{IK} = 13,3 \text{ kN } T \qquad (5)$$

7.3 Sabe-se que a máxima força admissível (de tração ou compressão) nos elementos *DC*, *DF* ou *EF* da treliça conectada por pinos mostrada na Fig. 7-8 é igual a 160 kN. Determine a máxima força *P* admissível.

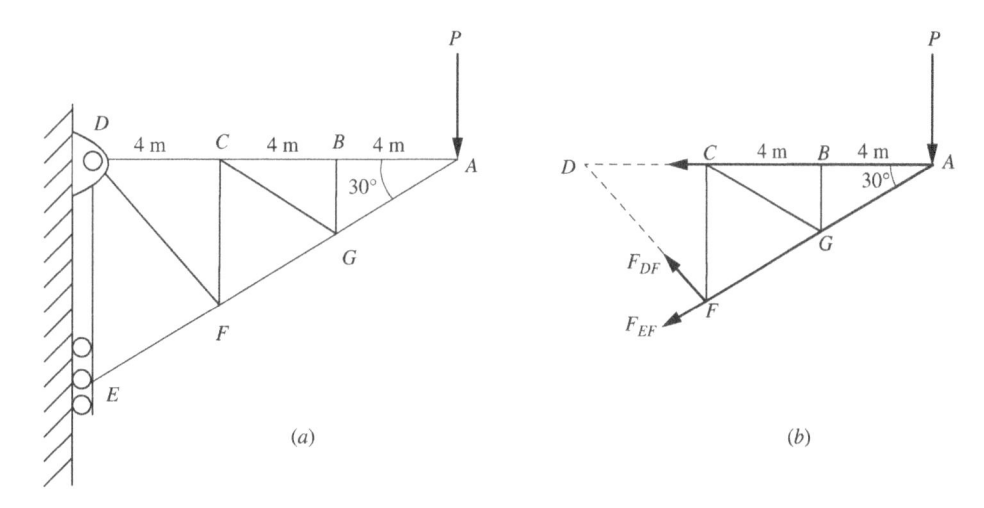

Figura 7-8

Solução

Usando o método das seções, desenha-se o diagrama de corpo livre mostrado na Fig. 7-8(*b*). O somatório dos momentos em relação ao ponto *A* tem apenas a força F_{DF} na equação; assim, $F_{DF} = 0$.

Em seguida, use a soma dos momentos em relação a *D* para determinar F_{EF}. Observe que F_{DC} e F_{DF} se interceptam em *D*, e, por isso, seus momentos são iguais a zero. Também note que a linha de ação de F_{EF} passa por *A*; assim, seu momento será apenas o momento de sua componente vertical. Portanto,

$$\sum M_D = 0 = -12P - (F_{EF} \text{ sen } 30°)12. \quad \therefore F_{EF} = -2P$$

A soma dos momentos em relação a *F* levará a F_{DC} como segue (note que $\overline{CF} = 8 \text{ tg } 30° = 4,46$ m):

$$\sum M_F = 0 = F_{DC} \times 4,46 - 8P. \quad \therefore F_{DC} = 1,73P$$

Para encontrar o valor máximo de *P*, faça $F_{EF} = 160 = 2P$. Portanto,

$$P = 80 \text{ kN}$$

7.4 Determine as forças nos elementos *BD*, *CD* e *CE* da treliça tipo Fink mostrada na Fig. 7-9.

Solução

Use o método das seções para resolver este problema. Primeiro determina-se a reação vertical em *A* e a reação no pino em *G* considerando um diagrama de corpo livre para a treliça como um todo, de acordo com o mostrado na Fig. 7-10.

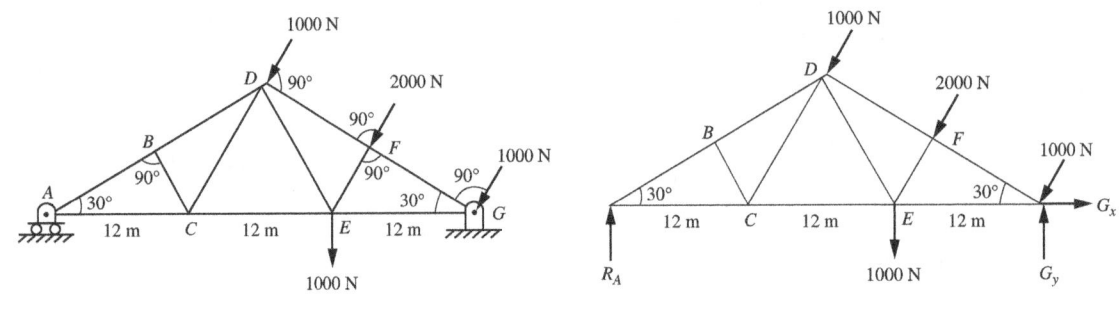

Figura 7-9

Figura 7-10

A distância $FG = 12 \cos 30° = 10,4$ m e a distância $DG = 18/(\cos 30°) = 20,8$ m. Para encontrar a força R_A, somam-se os momentos em relação ao ponto *G* para obter

$$\sum M_G = 0 = +1000 \times 12 + 2000 \times 10,4 + 1000 \times 20,8 - 36 R_A. \quad \therefore R_A = 1490 \text{ N}$$

Para determinar G_x, some as forças na horizontal para obter

$$\sum F_h = 0 = G_x - 4000 \text{ sen } 30°. \quad \therefore G_x = 2000 \text{ N}$$

A soma das forças na vertical leva a $G_y = 2970$ N.

Para determinar as forças nos elementos, escolha a seção conforme mostrado na Fig. 7-11. A porção da esquerda é a escolhida, pois apenas uma força conhecida R_A atua juntamente com as incógnitas.

Somam-se os momentos em relação ao ponto *C* para determinar F_{BD}. Somam-se os momentos em relação a *D* para determinar F_{CE}. Para obter F_{CD}, some as forças na vertical. Essas equações, pela ordem, são as seguintes:

$$\sum M_C = 0 = -F_{BD} \times 6 - 1490 \times 12 \quad (1)$$
$$\sum M_D = 0 = -1490 \times 18 + F_{CE} \times 10,4 \quad (2)$$
$$\sum F_v = 0 = +1490 + F_{BD} \cos 60° + F_{CD} \cos \theta \quad (3)$$

Note que tg $\theta = 6/10,4$; assim, cos $\theta = 0,866$. Partindo de (1), $F_{BD} = -2980$ N, i.e., de compressão. De (2), $F_{CE} = +2580$ N, i.e., de tração, conforme assumido.

Substitui-se a quantidade negativa F_{BD} na equação (3) para obter $F_{CD} = 0$.

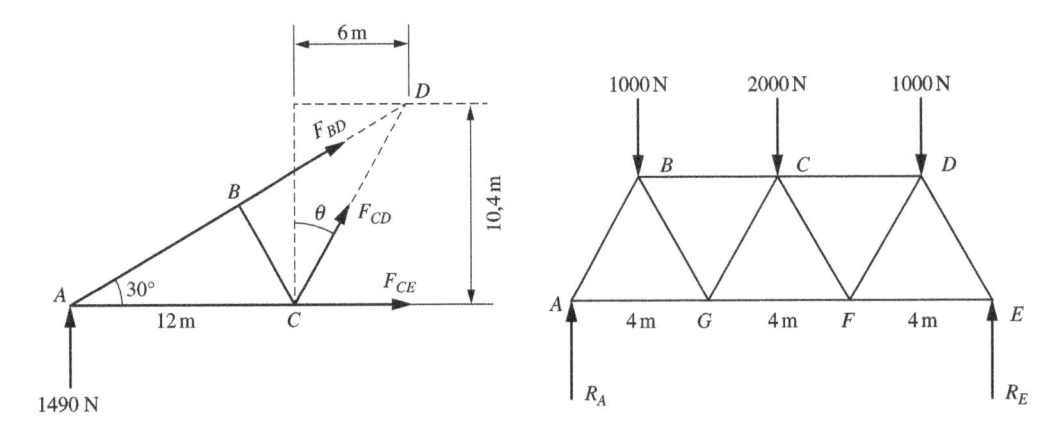

Figura 7-11

Figura 7-12

7.5 Determine as forças em cada elemento da treliça mostrada na Fig. 7-12. Os triângulos são todos equiláteros.

Solução

Por simetria, as reações na treliça em A e em E são iguais e valem 2000 N. O diagrama de corpo livre dos pinos em A, B e G são mostrados nas Figs. 7-13, 7-14 e 7-15, respectivamente. Todas as forças incógnitas são representadas nos diagramas de corpo livre como de tração. Quando as forças internas são calculadas, uma força positiva indica tração e uma negativa indica compressão. Da Fig. 7-13, obtemos

$$\sum F_y = F_{AB} \sin 60° + 2000 \quad \therefore F_{AB} = -2309 \text{ N}$$
$$\sum F_x = 0 = F_{AG} + F_{AB} \cos 60° \quad \therefore F_{AG} = +1155 \text{ N}$$

Da Fig. 7-14, obtemos

$$\sum F_y = -F_{AB} \cos 30° - 1000 - F_{BG} \cos 30° = 0 \quad \therefore F_{BG} = +1155 \text{ N}$$
$$\sum F_x = -F_{AB} \sin 30° + F_{BG} \sin 30° + F_{BC} = 0 \quad \therefore F_{BC} = -1732 \text{ N}$$

Da Fig. 7-15, obtemos

$$\sum F_y = F_{BG} \sin 60° + F_{GC} \sin 60° = 0. \quad \therefore F_{GC} = -1155 \text{ N}$$
$$\sum F_x = -F_{AG} - F_{BG} \cos 60° + F_{GC} \cos 60° + F_{GF} = 0. \quad \therefore F_{GF} = 2309 \text{ N}$$

Por simetria da estrutura e do carregamento,

$$F_{DE} = F_{AB} = 2309 \text{ N Compressão}$$
$$F_{FE} = F_{AG} = 1155 \text{ N Tração}$$
$$F_{DF} = F_{BG} = 1155 \text{ N Tração}$$
$$F_{CD} = F_{BC} = 1732 \text{ N Compressão}$$
$$F_{CF} = F_{CG} = 1155 \text{ N Compressão}$$

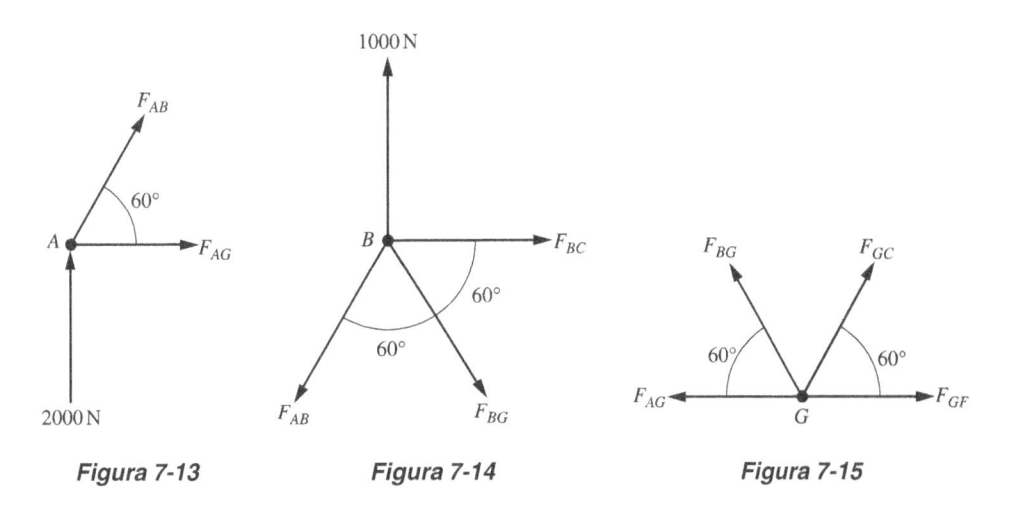

Figura 7-13 *Figura 7-14* *Figura 7-15*

7.6 Determine as forças nos elementos *BD* e *CD* da treliça da Fig. 7-16. Todos os triângulos são equiláteros.

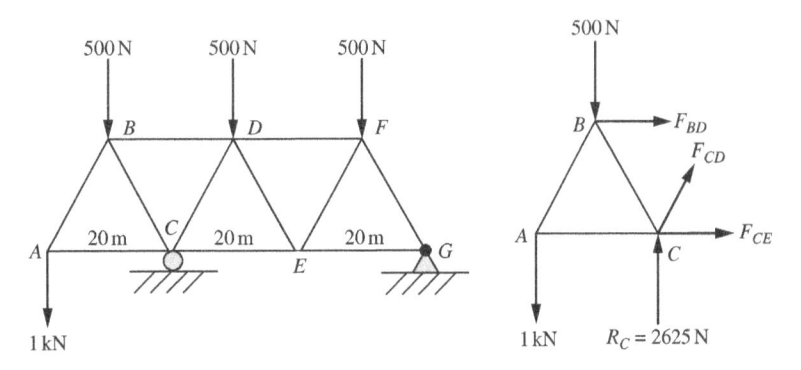

Figura 7-16 *Figura 7-17*

Solução

Neste caso, é conveniente isolar uma seção da treliça (Fig. 7-17), como explicado na Seção 7.2, e resolver o diagrama de corpo livre correspondente, porque, geralmente, uma seção de treliça gera um sistema de forças não concorrentes e não paralelas e o número máximo de incógnitas não pode ser superior a três. Neste problema, em vez de resolver sucessivamente o equilíbrio dos pinos A, B e C para obter as forças em BD e CD, a Fig. 7-17 mostra um diagrama de corpo livre no qual as forças em BD e CD podem ser calculadas diretamente uma vez que a reação em C é conhecida.

Usando o diagrama de corpo livre da treliça completa da Fig. 7-16 e escrevendo os momentos em relação ao ponto G, a equação de equilíbrio resultante é dada por

$$\sum M_G = -40 R_C + (60)(1000) + (50)(500) + (30)(500) + (10)(500) = 0 \quad \therefore R_C = 2625 \text{ N}$$

Voltando à Fig. 7-17, as equações de equilíbrio podem ser escritas

$$\sum M_C = (20)(1000) + (10)(500) - (20 \text{ sen } 60°)(F_{BD}) = 0 \quad \therefore F_{BD} = 1440 \text{ N}$$
$$\sum F_v = 2625 - 1000 - 500 + F_{CD} \text{ sen } 60° = 0 \quad \therefore F_{CD} = -1300 \text{ N}$$

O chamado "método das seções" permite determinar diretamente as forças desejadas sem que seja necessário obter valores intermediários, o que é obrigatório no "método dos nós".

7.7 Cada cabo de uma ponte suspensa suporta uma ação horizontal de 8000 N / m. Se o vão é de 200 m e a flecha é de 12 m, determine a tração na extremidade do cabo e no seu ponto médio. Qual é o comprimento do cabo? Este é um exemplo de cabo parabólico.

Solução

A tração em cada extremidade é a mesma,

$$T = \frac{1}{2} wa \sqrt{1 + \frac{a^2}{16 d^2}} = \frac{1}{2} \times 8000 \times 200 \sqrt{1 + \frac{(200)^2}{16(12)^2}} = 3{,}43 \times 10^6 \text{ N}$$

$$H = \frac{wa^2}{8d} = \frac{8000 \times (200)^2}{8 \times 12} = 3{,}33 \times 10^6 \text{ N}$$

$$L = a \left[1 + \frac{8}{3} \left(\frac{d}{a}\right)^2 - \frac{32}{5} \left(\frac{d}{a}\right)^4 + \frac{256}{7} \left(\frac{d}{a}\right)^6 - \cdots \right]$$

Em geral, bastam dois ou três termos de uma série que converge rapidamente para que se tenha a precisão desejada. É conveniente verificar conforme mostrado abaixo:

$$\frac{d}{a} = \frac{12}{200} = 0{,}06 \qquad \left(\frac{d}{a}\right)^2 = 0{,}0036 \qquad \left(\frac{d}{a}\right)^4 = 0{,}000013$$

Considerando dois termos,

$$L = 200 \left[1 + \frac{8}{3}(0{,}0036) \right] = 202 \text{ m}$$

Considerando três termos,

$$L = 200 \left[1 + \frac{8}{3}(0{,}0036) - \frac{32}{5}(0{,}000013) \right] = 202 \text{ m}$$

Se forem utilizados quatro termos, haverá um pequeno acréscimo, mas a partir do segundo termo as contribuições são desprezíveis.

7.8 Sem recorrer a fórmulas, resolva o Problema 7.7 para as trações desejadas.

Solução

O diagrama de corpo livre da metade direita do cabo (veja a Fig. 7-18) mostra a tração H horizontal no ponto mais baixo, a máxima tração T no apoio e a carga de 8(100) = 800 kN. Já que apenas as três forças solicitam o cabo, elas devem ser concorrentes, conforme mostrado. Somando as forças horizontais e, então, as verticais,

CAPÍTULO 7 • TRELIÇAS E CABOS 127

$$\sum F_h: \quad T_{max} \cos \theta = H \quad (1)$$
$$\sum F_v: \quad T_{max} \sin \theta = 800 \quad (2)$$

Dividindo (2) por (1), tg $\theta = 800/H$. Mas tg $\theta = 12/50$; assim

$$\frac{12}{50} = \frac{800}{H}. \quad \therefore H = 3330 \text{ kN}$$

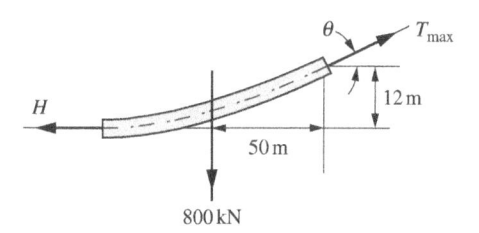

Figura 7-18

Elevando ao quadrado as equações (1) e (2) e somando,

$$T^2_{max}(\sin^2\theta + \cos^2\theta) = 800^2 + H^2. \quad T^2_{max} = 800^2 + 3330^2. \quad \therefore T_{max} = 3420 \text{ kN}$$

7.9 Um cabo suspende sua própria massa de 3 kg/m entre dois suportes que não estão no mesmo nível, conforme mostrado na Fig. 7-19. Determine a tração máxima.

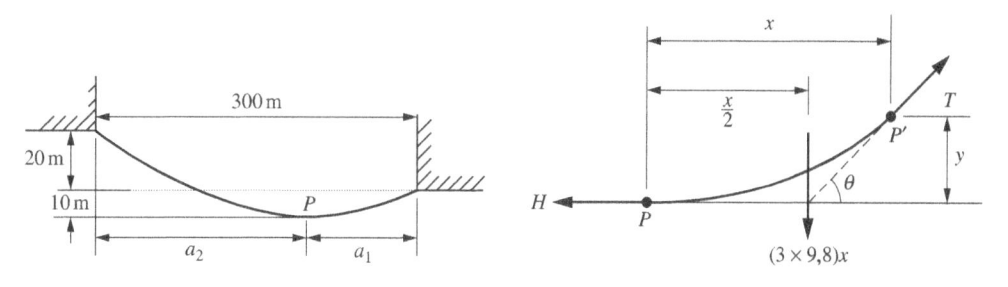

Figura 7-19   **Figura 7-20**

Solução

Na Fig. 7-20, um diagrama de corpo livre mostra um segmento do cabo à direita do ponto mais baixo P, cuja localização não é conhecida. Suponha que H seja a tração incógnita no ponto P e que T seja a tração no ponto P' a uma distância x à direita de P. A força gravitacional no cabo para a distância x é $(3 \times 9,8)x$ e atua à distância $x/2$ de P. Somando as forças horizontais e verticais,

$$\sum F_h: \quad T \cos \theta = H \quad (1)$$
$$\sum F_v: \quad T \sin \theta = (3 \times 9,8)x \quad (2)$$

Dividindo (2) por (1), tg $\theta = (3 \times 9,8)x / H$. Mas, considerando o diagrama de corpo livre, tg $\theta = y / (x/2) = 2y / x$; assim, $(3 \times 9,8)x / H = 2y/x$ ou $Hy = (3 \times 9,8)x^2 / 2$. Uma vez que $x = a_1$ quando $y = 10$ m, $10H = (3 \times 9,8)a_1^2 / 2 = 14,7a_1^2$. Analogamente, para a seção à esquerda de P, $30H = 14,7a_2^2$. Agora,

$$a_1 + a_2 = 300, \quad \sqrt{\frac{10H}{14,7}} + \sqrt{\frac{30H}{14,7}} = 300 \quad \therefore H = 17,72 \text{ kN}$$

e

$$a_1 = \sqrt{\frac{10H}{14,7}} = 110 \text{ m} \quad a_2 = \sqrt{\frac{30H}{14,7}} = 190 \text{ m}$$

Elevando ao quadrado as equações (1) e (2) e somando, $T^2 = 864x^2 + H^2$. Uma vez que a tração máxima ocorre no suporte da esquerda, onde $x = -190$ m,

$$T^2_{\text{máx}} = 864(-190)^2 + (17720)^2. \quad \therefore T_{\text{máx}} = 18,58 \text{ kN}$$

7.10 Uma carga horizontal de 2000 N/m é suportada por um cabo de TV suspenso entre suportes que estão no mesmo nível, afastados entre si por 20m. A tração máxima permitida é de 140 kN. Determinar a flecha d e o comprimento L necessário do cabo.

Solução

$$T = \frac{1}{2}wa\sqrt{1 + \frac{a^2}{16d^2}} \quad \text{ou} \quad 140.000 = \frac{1}{2} \times 2000 \times 20\sqrt{1 + \frac{(20)^2}{16d^2}}. \quad \therefore d = 0,72 \text{ m}$$

Use

$$L = a\left[1 + \frac{8}{3}\left(\frac{d}{a}\right)^2 - \frac{32}{5}\left(\frac{d}{a}\right)^4 + \frac{256}{7}\left(\frac{d}{a}\right)^6 - \cdots\right]$$

Uma vez que $d/a = 0,72/20 = 0,036$, use somente os dois primeiros termos para obter

$$L = 20\left[1 + \frac{8}{3}(0,036)^2\right] = 20,07 \text{ m}$$

7.11 Um cabo pesando 8 N / m é suportado por polias livres de atrito, conforme mostrado na Fig. 7-21. Cada carga P é de 2000 N. A distância entre os centros das polias é de 30 m. Determine a flecha. Considere que a curva é parabólica e despreze o diâmetro das polias.

Solução

A tração nas polias é o peso $P = 2000$ N. Então,

$$2000 = \frac{1}{2} \times 8 \times 30\sqrt{1 + \frac{30^2}{16d^2}}. \quad \therefore d = 0,451 \text{ m} \quad \text{ou} \quad 451 \text{ mm}$$

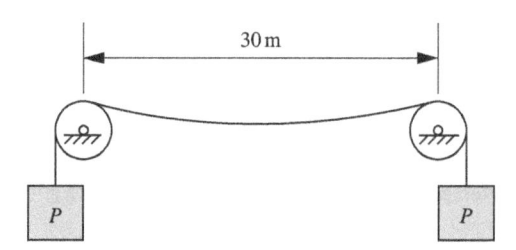

Figura 7-21

7.12 Um cabo de massa 0,6 kg/m e 240 m de comprimento é suspenso formando uma flecha de 24 m. Determine a máxima tração e o máximo vão.

Solução

Este é um exemplo do caso (c), na Seção 7.3, "Catenária".
Usando a equação (7.8),

$$(c + d)^2 = c^2 + \frac{1}{4}L^2, \quad (c + 24)^2 = c^2 + \frac{1}{4}(240)^2. \quad \therefore c = 288$$

Usando a equação (7.6),

$$T_{\text{máx}} = w(c + d) = 0,6 \times 9,8(288 + 24) = 1835 \text{ N}$$

Usando a equação (7.7),

$$\frac{1}{2}L = c\,\text{senh}\,\frac{a}{2c}, \qquad \frac{1}{2}(240) = 288\,\text{senh}\,\frac{a}{576}. \qquad \therefore a = 234\,\text{m}$$

7.13 Um cabo pesando 5,18 N / m é suspenso entre duas torres que estão no mesmo nível e afastadas entre si por 100 m. Se a flecha é de 10 m, qual é a máxima tração no cabo e qual deverá ser o seu comprimento mínimo? Este é um exemplo de catenária.

Solução

Uma vez que a e d são dados, este é um exemplo do caso (a) de catenária onde a equação (7.5) leva a

$$c + d = c\cosh\frac{a}{2c} \qquad \text{ou} \qquad c + 10 = c\cosh\frac{100}{2c}$$

Um procedimento baseado em tentativa e erro leva a $c = 126$.
　　Usando a equação (7.6).

$$T_{\text{máx}} = w(c + d) = 5{,}18(126 + 10) = 704\,\text{N}$$

Usando a equação (7.8).

$$(c + d)^2 = c^2 + \frac{1}{4}L^2, \qquad (126 + 10)^2 = 126^2 + \frac{1}{4}L^2. \qquad \therefore L = 102\,\text{m}.$$

Problemas Complementares

7.14 Uma treliça suporta as três cargas mostradas na Fig. 7-22. Determine as forças em AB, BD, CD e EF pelo método dos nós.

　　Resp.　　$F_{AB} = 25{,}0\,\text{kN}\,C$, $F_{BD} = 15{,}0\,\text{kN}\,C$, $F_{CD} = 12{,}5\,\text{kN}\,C$, $F_{EF} = 22{,}5\,\text{kN}\,T$

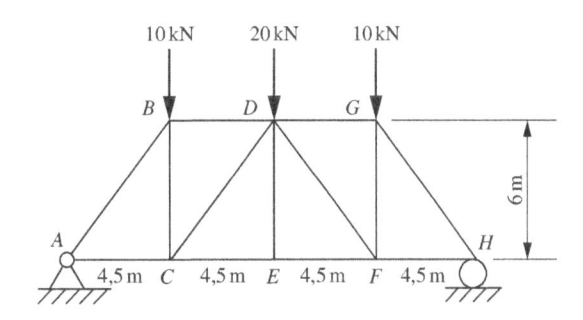

Figura 7-22

7.15 Determine as forças em todos os elementos da treliça em balanço mostrada esquematicamente na Fig. 7-23. A solução pode começar pelo pino em G. Use o método dos nós.

　　Resp.　　$F_{BD} = 10500\,\text{N}\,T$, $F_{BC} = 4200\,\text{N}\,T$, $F_{AC} = 14800\,\text{N}\,C$, $F_{DF} = 6000\,\text{N}\,T$,
　　　　　　$F_{DE} = 4730\,\text{N}\,T$, $F_{CE} = 11100\,\text{N}\,C$, $F_{FG} = 6000\,\text{N}\,T$, $F_{EG} = 6330\,\text{N}\,C$, $F_{CD} = 3490\,\text{N}\,C$, $F_{EF} = 3000\,\text{N}\,C$

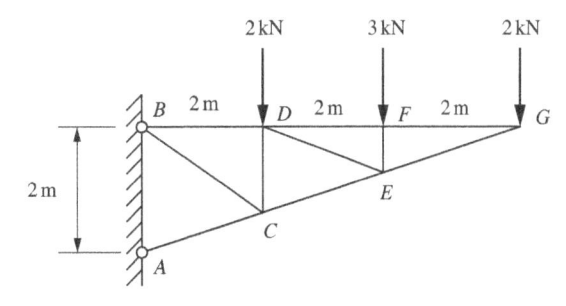

Figura 7-23

7.16 Na treliça mostrada na Fig. 7-24, determine as forças nos elementos AC e BD pelo método dos nós.

Resp. $F_{AC} = 35,3$ kN C, $F_{BD} = 47,9$ kN T

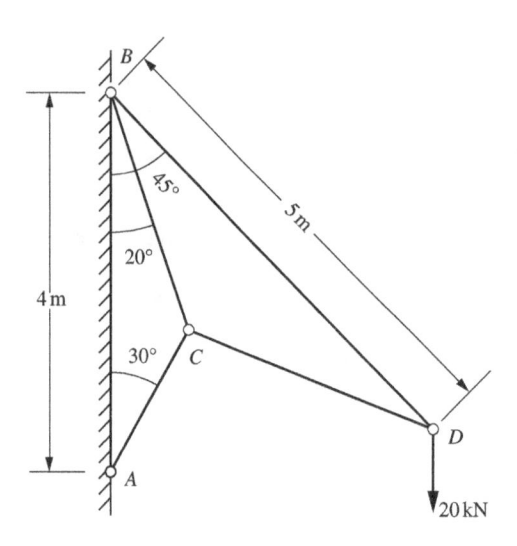

Figura 7-24

7.17 Determine as forças em todos os elementos da treliça mostrada na Fig. 7-25.

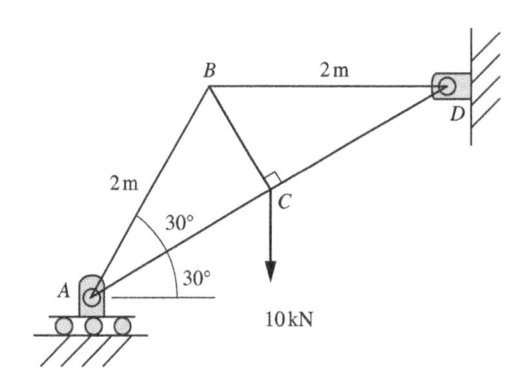

Resp. $F_{AB} = F_{BD} = 8,66$ kN C, $F_{AC} = 5$ kN T, $F_{CD} = 10$ kN T, $F_{CB} = 8,66$ kN T

Figura 7-25

7.18 Uma treliça é submetida ao carregamento mostrado na Fig. 7-26. Determine as forças nos elementos pelo método dos nós.

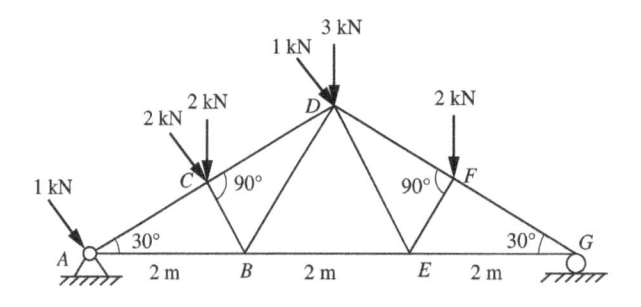

Resp. $F_{AB} = 10,04$ kN T, $F_{AC} = 9,87$ kN C, $F_{CD} = 8,87$ kN C, $F_{BD} = 3,72$ kN T, $F_{BE} = 6,33$ kN T, $F_{DF} = 8,30$ kN C, $F_{FG} = 9,30$ kN C, $F_{EG} = 8,06$ kN T

Figura 7-26

7.19 Determine as forças em *AB*, *AC* e *FG* na Fig. 7-27.

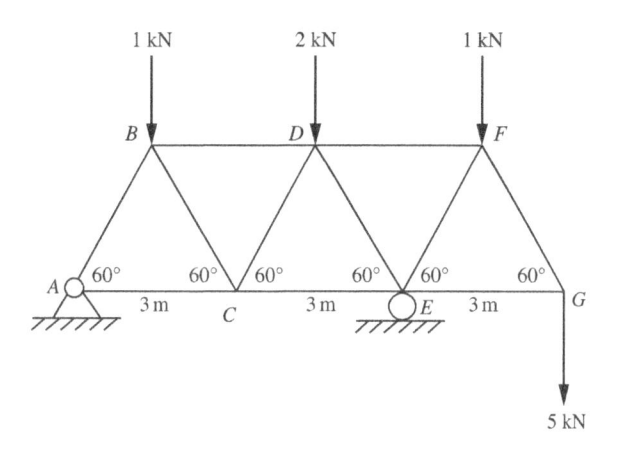

Resp. $F_{AB} = 1,73$ kN T, $F_{AC} = 0,866$ kN C, $F_{EG} = 2,89$ kN C, $F_{FG} = 5,77$ kN T

Figura 7-27

7.20 Determine as forças em *AB* e *CD* na treliça em balanço usando o método dos nós. Veja a Fig. 7-28.

Resp. $F_{AB} = 7,81$ kN T, $F_{CD} = 7,81$ kN T

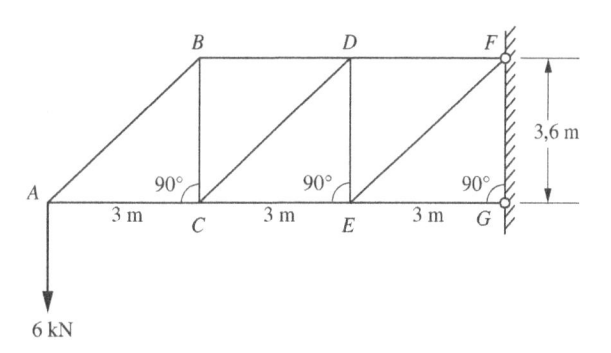

Figura 7-28

7.21 Determine as forças em *AC* e *AB* na treliça usando o método dos nós. Veja a Fig. 7-29.

Resp. $F_{AC} = 4,3$ kN C, $F_{AB} = 2,8$ kN T

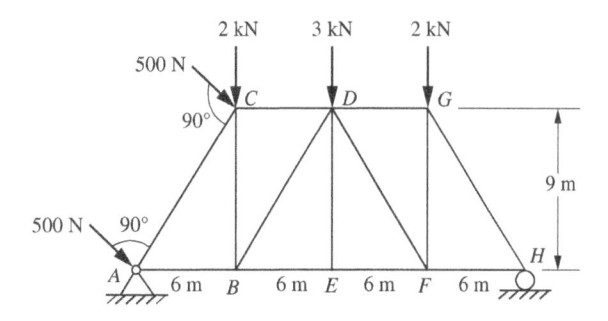

Figura 7-29

7.22 Determine as forças nos elementos *AB* e *CD* na Fig. 7-30.

  Resp. $F_{AB} = 3{,}06$ kN C, $F_{CD} = 2{,}31$ kN C

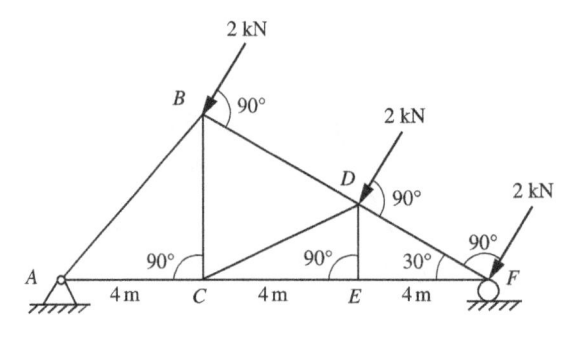

Figura 7-30

Resolva os Problemas de 7.23 até 7.26 pelo método das seções para as forças nos elementos individuais verificados em cada figura.

7.23 Figura 7-31.

  Resp. $F_{DF} = 3{,}46$ kN C, $F_{DE} = 0$, $F_{CE} = 3{,}46$ kN T

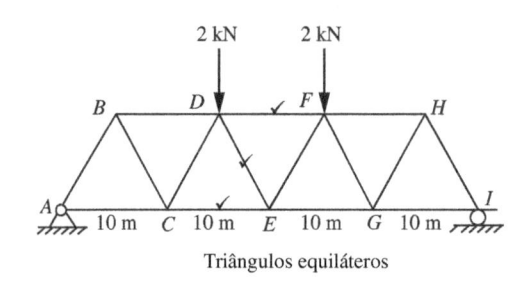

Figura 7-31

7.24 Figura 7-32.

  Resp. $F_{CE} = 11{,}9$ kN T, $F_{CD} = 0$

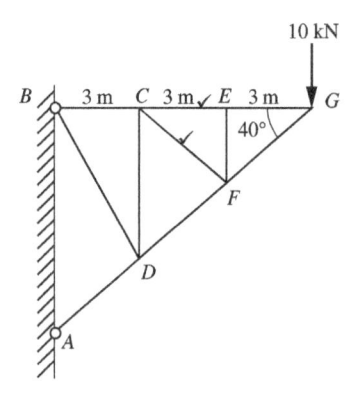

Figura 7-32

7.25 Figura 7-33.

Resp. $F_{DF} = 833$ N C, $F_{DE} = 322$ N T

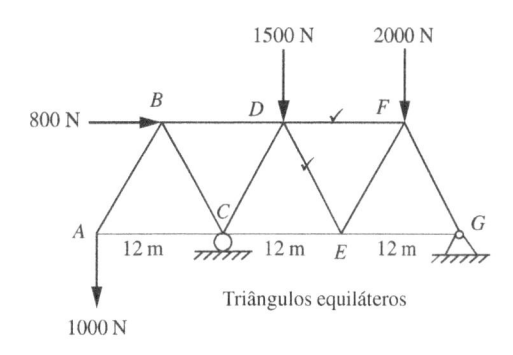

Figura 7-33

7.26 Figura 7-34.

Resp. $F_{BD} = 5000$ N C, $F_{EF} = 0$

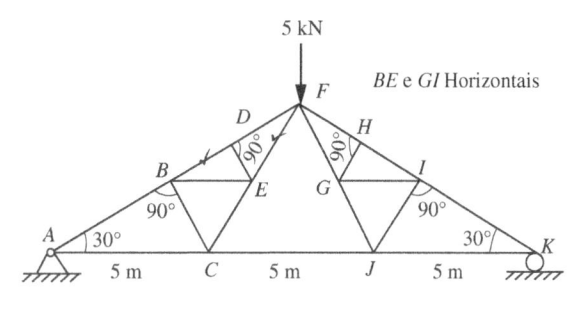

BE e *GI* Horizontais

Figura 7-34

7.27 Obtenha as forças nos elementos *CE* e *DF* na treliça da Fig. 7-35. Todos os triângulos são equiláteros. Utilize o método das seções.

Resp. $F_{CE} = 4{,}04$ kN T, $F_{DF} = 4{,}04$ kN C

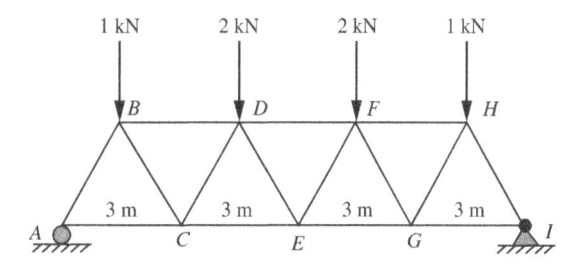

Figura 7-35

7.28. Resolva o Problema 7.15 apenas para os elementos *DF* e *CE*. Utilize o método das seções.

7.29. Resolva o Problema 7.25 pelo método dos nós.

7.30 Determine as forças em todos os elementos na Fig. 7-36.

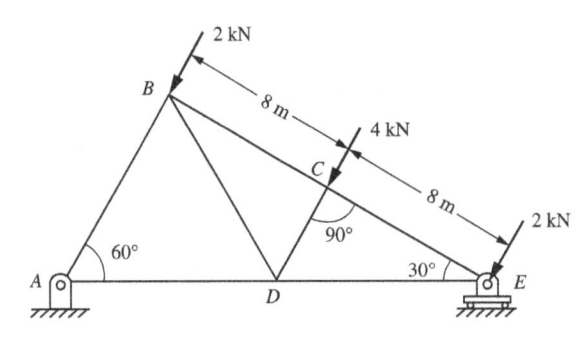

Resp. $F_{AB} = 4,00$ kN C, $F_{AD} = 2,00$ kN C, $F_{BD} = 4,00$ kN T, $F_{BC} = 3,46$ kN C, $F_{CE} = 3,46$ kN C, $F_{CD} = 4,00$ kN C, $F_{DE} = 2,00$ kN T

Figura 7-36

7.31 Um veículo está situado no vão *CD*, conforme mostrado na Fig. 7-37. Ele aplica uma força de 16 kN, que se distribui por igual entre as quatro rodas. Duas treliças idênticas suportam os trilhos, e a ação é de 4 kN aplicada em *C* e de 4 kN aplicada em *D*. Quais são as forças nos elementos da treliça?

Resp. $F_{AB} = 12$ kN T, $F_{AF} = 1,88$ kN T, $F_{AG} = 6,68$ kN T, $F_{GF} = 14,9$ kN C, $F_{BF} = 2$ kN C, $F_{BC} = 8$ kN T, $F_{BE} = 4,48$ kN T, $F_{FE} = 13,4$ kN C, $F_{CE} = 4$ kN C, $F_{CD} = 8$ kN T, $F_{ED} = 8,96$ kN C

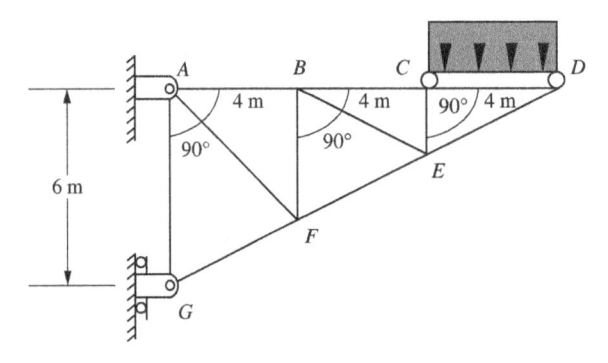

Figura 7-37

7.32 Na Fig. 7-38, a carga de 1800 kN é aplicada horizontalmente na treliça, que se apoia em um pino em *A* e em roletes em *E*. Determine as forças em *AB* e *CE*.

Resp. $F_{CE} = 4070$ N T, $F_{AB} = 1300$ N C

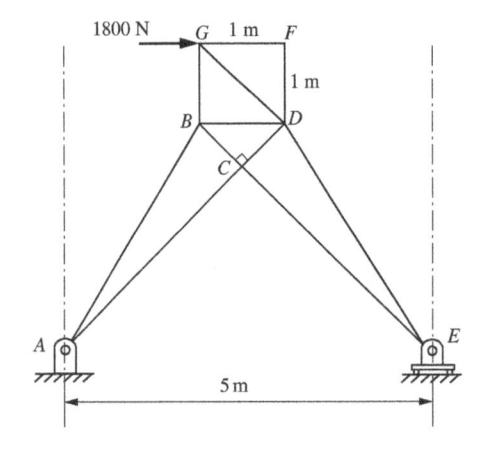

Figura 7-38

7.33 Determine as forças nos membros *AC*, *AB*, *BC*, *CD* e *BD* da treliça submetida às três cargas mostradas na Fig. 7-39.

Resp. $F_{AC} = 7{,}83$ kN C, $F_{AB} = 7{,}00$ kN T, $F_{BC} = 2{,}00$ kN C, $F_{CD} = 7{,}83$ kN C,
$F_{BD} = 2{,}83$ kN T

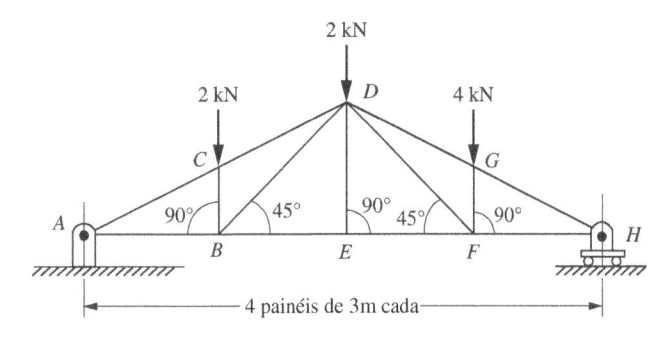

Figura 7-39

7.34 Para a treliça mostrada (Fig. 7-40), apoiada em um pino em *A* e em roletes em *E*, determine as forças em *CE* e *DE* quando a carga de 6000 N horizontal é aplicada em *D*.

Resp. $F_{CE} = 1890$ N T, $F_{DE} = 4300$ N C

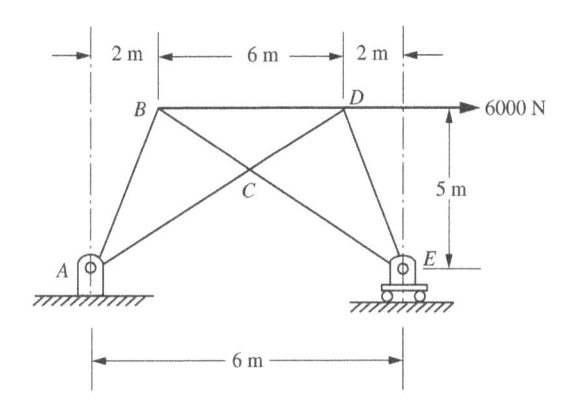

Figura 7-40

7.35 Para a treliça mostrada na Fig. 7-41, determine as forças nos elementos *BC*, *AD* e *CD*. Considere que a polia não tem peso e é sem atrito. Seu diâmetro é de 1 m. A carga de 2000 N é suportada por uma correia inclinada 30° em relação a horizontal.

Resp. $F_{BC} = 2000$ N T, $F_{CD} = 4000$ N T, $F_{AD} = 2830$ N C

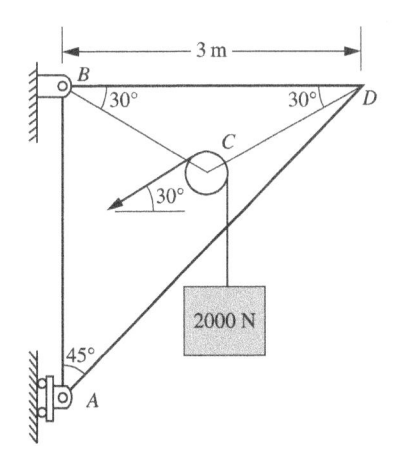

Figura 7-41

7.36 A treliça suportada por um pino em *A* e por roletes em *D* está inclinada 40° em relação à vertical, conforme mostrado na Fig. 7-42. Os elementos *AC* e *CD* são cabos projetados para uma força máxima de 2000 N (obviamente de tração). Qual será o valor máximo que *m* poderá assumir?

Resp.   180 kg

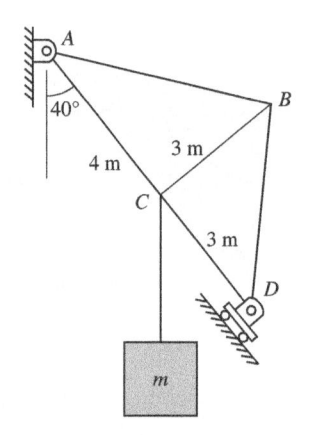

Figura 7-42

7.37 Na Fig. 7-43, a treliça é suportada por um pino em *A* e roletes em *C*. Determine as forças em cada elemento produzido pela ação horizontal de 1200 N.

Resp. $F_{AC} = 1200$ N *T*, $F_{AB} = 900$ N *T*, $F_{BC} = 1500$ N *C*

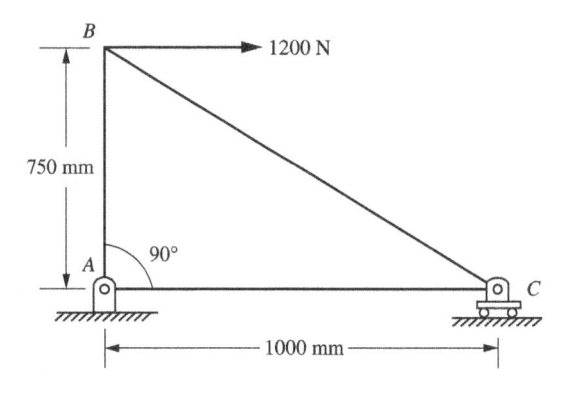

Figura 7-43

7.38 Uma treliça é suportada em *A* por um pino e em *D* por roletes, conforme mostrado na Fig. 7-44. Determine a força em cada elemento produzida pela ação de 500 N.

Resp. $F_{AB} = F_{BD} = 417$ N *C*, $F_{AC} = F_{CD} = 333$ N *T*, $F_{BC} = 500$ N *T*

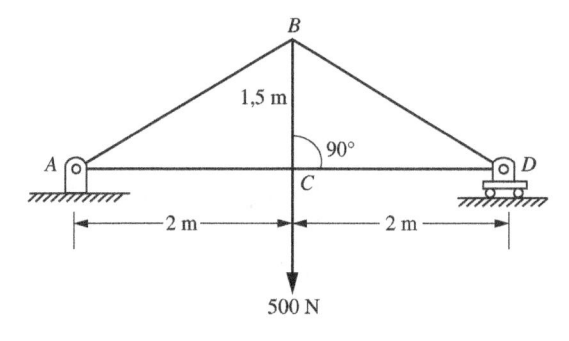

Figura 7-44

7.39 Um cabo é suspenso entre dois suportes que estão no mesmo nível e afastados entre si por 200 m. A ação é de 100 N por metro na horizontal. A flecha é de 12 m. Determine o comprimento do cabo e a tração nos suportes.

Resp. $L = 202$ m, $T = 42,9$ kN

7.40 Calcule a flecha de um arame de comprimento igual a 100 m mantido preso entre dois suportes que estão no mesmo nível e afastados entre si por 99,8 m. Use a equação 7.3, desprezando as potências de d/a além da segunda ordem.

Resp. $d = 2,74$ m

7.41 No Problema 7.40, considerando uma carga de 0,04 N por metro na horizontal no arame, qual a tração necessária para mantê-la nos suportes?

Resp. $T = 18,3$ N

7.42 A tração máxima admissível em um cabo é de 9000 N. Uma flecha de não mais do que 3 m será admissível para uma ação de 800 N por metro na horizontal. Qual deverá ser a distância entre os suportes e o comprimento do cabo?

Resp. $a = 13,7$ m, $L = 15,3$ m

7.43 A tração admissível máxima em um cabo é de 4000 N. Uma flecha de não mais do que 120 cm será admissível quando uma ação de 12 N por metro é aplicada na horizontal. Qual deverá ser a distância entre os suportes?

Resp. $a = 56,6$ m

7.44 A tração máxima admissível para um cabo pesado é de 360 kN. Ele deverá suportar uma carga de 2500 N por metro na horizontal quando suspenso entre dois suportes afastados entre si por 100 m. Qual é a flecha permissível mínima?

Resp. $d = 9,26$ m

7.45 Utilizando os dados do Problema 7.40, calcule a máxima tração no arame e na sua flecha, admitindo que seu peso é de 0,12 N / m. (Considere uma catenária.)

Resp. $T = 48$ N, $d = 3,1$ m

7.46 Um arame de massa igual a 0,73 kg/m é estirado entre suportes desnivelados e afastados por 48,8 m. Se a flecha é de 12 m, determine a máxima tração e o comprimento desse arame.

Resp. $L = 54,9$ m, $T = 268$ N

7.47 Um fio de transmissão de comprimento igual a 230 m e com uma massa de 0,97 kg/m é suspenso entre duas torres que estão no mesmo nível e afastadas entre si por 229 m. Determine a máxima tração e a flecha.

Resp. $T = 6840$ N, $d = 9$ m

7.48 Um cabo de linha de transmissão deve ser conectado a duas torres que estão no mesmo nível e afastadas entre si por 244 m. O cabo pesa 73 N / m e seu comprimento é de 305 m. Qual é a flecha e a tração máxima?

Resp. $d = 81$ m, $T_{máx} = 13,4$ kN

7.49 Uma correia de 15,2 m de comprimento pesa 1,46 N / m. Qual é a flecha se uma tração máxima de 44,5 N é imposta?

Resp. $d = 96$ cm

7.50 Um arame pesando 7,3 N/m é esticado entre suportes desnivelados e afastados entre si por 48,8 m. Se a flecha tem 12,2 m, determine a tração máxima e o comprimento do arame.

Resp. $L = 56$ m, $T_{máx} = 280$ N

7.51 Um cabo parabólico suporta uma carga de 2920 N / m. A distância entre as suas ancoragens é de 30,5 m. A diferença entre a elevação das duas ancoragens é de 6,1 m, com uma flecha, medida a partir da ancoragem inferior, de 2,44 m. Determine a tração nas duas ancoragens.

Resp. $T_L = 89$ kN, $T_R = 74,3$ kN

7.52 Uma linha de transmissão, pesando 58,4 N / m, é conectada entre duas torres que estão afastadas entre si por 610 m e que têm uma diferença de elevação de 61 m. A linha é conectada de tal forma que a tangente é horizontal pela torre inferior. Determine a tração nas duas torres.

Resp. $T_{máx} = 182$ kN, $H = 178$ kN

7.53 Durante uma tempestade de neve, um cilindro de gelo formou-se em uma linha telefônica. A linha é conectada entre postes afastados entre si por 24,4 m. O peso da linha limpa é de 4,38 N / m. Quanto pode se formar de gelo se a flecha não pode exceder 1,524 m e a tração admissível na linha é de 26,7 kN? Considere que o gelo é um cilindro sólido com o peso específico de 8800 N / m³.

Resp. dia. = 274 mm

7.54 Uma correia pesando 22 N / m é ancorada a uma parede e passa por um tambor sem atrito, afastado 12 m da parede e na mesma elevação. A flecha da correia é de 610 mm. Qual deverá ser o comprimento da correia pendurada para impedir o escorregamento pelo tambor?

Resp. $h = 31$ m

7.55 Um cabo será fixado entre duas torres que estão afastadas entre si por 244 m e na mesma elevação. O peso do cabo é de 73 N / m e a flecha máxima pode ser de 82 m. Qual será o comprimento do cabo?

Resp. 310 m

Capítulo 8

Esforços em Vigas

8.1 VIGAS

Uma viga é um elemento estrutural cujo comprimento é consideravelmente maior que as dimensões de sua seção transversal. Suporta cargas geralmente perpendiculares ao seu eixo longitudinal, e, assim, as cargas formam um ângulo reto em relação ao comprimento. As cargas podem ser distribuídas sobre uma pequena distância ao longo da viga, caso em que serão consideradas *cargas concentradas*, ou podem ser distribuídas por uma distância mensurável, caso em que recebem o nome de *cargas distribuídas*.

Em razão dos critérios de projeto estarem frequentemente relacionados com a habilidade da viga de suportar esforços cortantes e momentos fletores, neste capítulo não serão consideradas ações não perpendiculares à viga. Estas causam forças axiais nas vigas.

8.2 TIPOS DE VIGAS

(a) *Simples*: Os apoios estão nas extremidades. Veja Fig. 8-1(a).
(b) *Engastada*: Uma das extremidades está embutida em uma parede e a outra é livre (este é o único tipo considerado aqui). Veja a Fig. 8-1(b).
(c) *Em balanço*: Pelo menos um dos apoios não está em uma das extremidades. Veja Fig. 8-1(c).

Viga simples com cargas concentradas
(a)

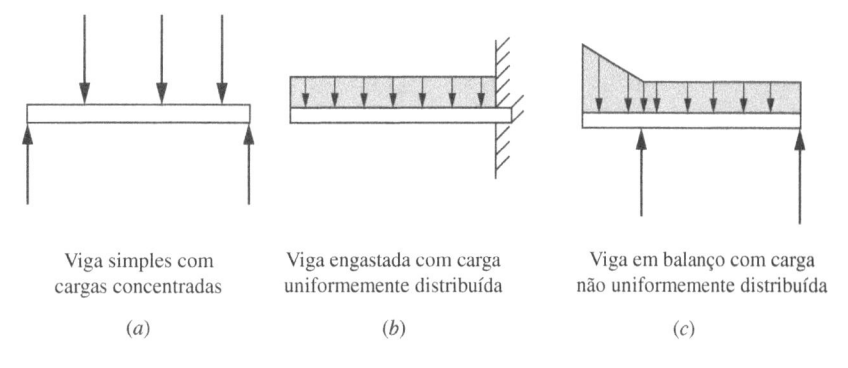

Viga engastada com carga uniformemente distribuída
(b)

Viga em balanço com carga não uniformemente distribuída
(c)

Figura 8-1 Os três tipos de vigas.

8.3 CORTANTE E MOMENTO

Uma força cortante e um momento que agem em uma seção transversal $C - D$ de uma viga são mais bem visualizados se dividirmos a viga em duas partes A e B (veja Fig. 8-2), respectivamente, à esquerda e à direita de $C - D$. Um diagrama de corpo livre da parte A deve mostrar todas as forças externas que agem em A, inclusive as forças que B exerce sobre A para mantê-la em equilíbrio.

As forças equilibradoras que a parte *B* aplica em *A* no diagrama de corpo livre são (*a*) uma força vertical *V*, chamada de a *cortante*, e (*b*) um conjunto de forças horizontais distribuídas na seção que, por terem a resultante nula, são representadas apenas pelo *momento M*.

A cortante na seção *C − D* é a força vertical *V* obtida pela equação da soma de todas as ações verticais na parte *A* igualada a zero.

O momento *M* na seção *C − D* é obtido igualando a zero a soma dos momentos de todas as forças e os momentos aplicados em relação a um ponto da seção transversal. Nos tipos de problemas considerados aqui, qualquer ponto na seção transversal pode servir de referência para os momentos.

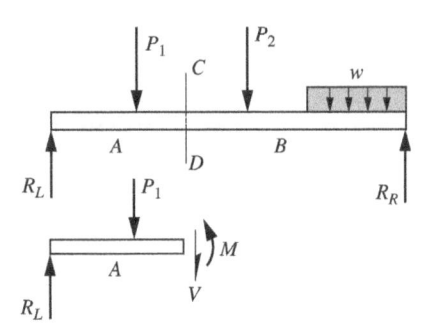

Figura 8-2 Seção de uma viga.

Na teoria de vigas, é comum considerar *V* positiva se ela atua para baixo na parte *A* (se o diagrama de corpo livre for o da parte *B*, então a cortante positiva atuará para cima). O momento fletor *M* é positivo na seção se atuar no sentido anti-horário na parte *A* (se o diagrama de corpo livre for o da parte *B*, então o momento positivo terá sentido horário). A figura 8-3 ilustra esses pontos.

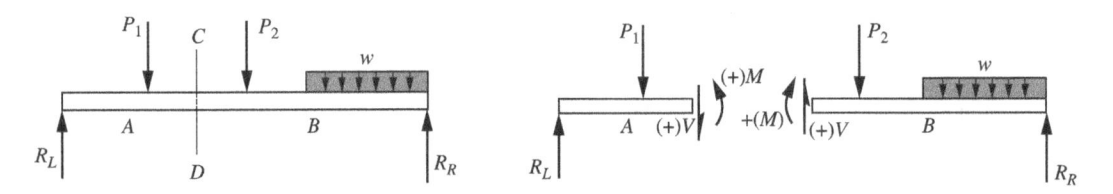

Figura 8-3 As seções de uma viga.

A cortante *V* em uma seção pode agora ser imaginada como se fosse uma soma de todas as forças verticais à esquerda da seção, onde uma força para cima é a causa de uma cortante positiva (se a soma das forças da parte da direita for considerada, uma força para baixo será a causadora de uma cortante positiva).

O momento *M* em uma seção pode ser calculado como a soma dos momentos de todas as forças e dos momentos aplicados à esquerda em relação àquela seção. Uma força para cima à esquerda da seção produz momento positivo na seção. Se a parte *B* for considerada, uma força para cima à direita da seção produz momento positivo na seção (em contraste à mudança de sinal na definição da cortante).

Naturalmente, cortante e momento variam em função da localização da seção. Os Problemas 8.1 e 8.2 ilustram esse princípio.

8.4 DIAGRAMAS DE CORTANTE E MOMENTO

Diagramas de cortante e momento apresentam uma visualização gráfica da variação de *V* e *M* ao longo da viga. Somatórios de forças e momentos de forças à esquerda da seção (ou à direita, se desejado) podem ser usados para traçar diretamente *V* e *M* para problemas simples.

8.5 DECLIVIDADE DO DIAGRAMA DE CORTANTES

A declividade do diagrama de cortantes em qualquer seção ao longo da viga é o negativo da carga por unidade de comprimento naquele ponto.

Prova: A Figura 8-4 mostra uma porção dx de uma viga. A carga por unidade de comprimento nessa pequena parte é w. A cortante V e o momento M à esquerda são considerados positivos. A cortante e o momento à direita sofrem acréscimos para $V + dV$ e $M + dM$, respectivamente. Então,

$$\sum F_v = 0 = V - w\,dx - (V + dV) \tag{8.1}$$

da qual obtém-se $dV = -w\,dx$ ou

$$\frac{dV}{dx} = -w \tag{8.2}$$

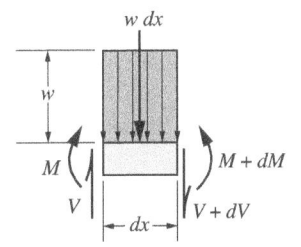

Figura 8-4 Seção incremental de uma viga com carga $w(x)$.

8.6 VARIAÇÃO NA CORTANTE

A variação na cortante entre duas seções de uma viga submetida a uma carga distribuída é igual ao negativo da área do diagrama de carga entre as duas seções.

Prova: Partindo da prova anterior, usa-se $dV = -w\,dx$ e integra-se de x_1 a x_2. Assim,

$$\int_{V_1}^{V_2} dV = \int_{x_1}^{x_2} (-w)\,dx \quad \text{ou} \quad V_2 - V_1 = -\int_{x_1}^{x_2} (+w)\,dx \tag{8.3}$$

onde $\int_{x_1}^{x_2} (+w)\,dx$ é a área do diagrama de cargas entre as duas seções.

8.7 DECLIVIDADE DO DIAGRAMA DE MOMENTOS

A declividade do diagrama de momentos em qualquer seção ao longo da viga é o valor da cortante naquela seção.

Prova: Usando o diagrama das provas precedentes, iguala-se a zero a soma dos momentos em relação à extremidade direita e obtém-se

$$-M - V\,dx + w\,dx\frac{dx}{2} + M + dM = 0 \tag{8.4}$$

Desprezando diferenciais de segunda ordem, obtém-se $dM = V\,dx$ ou

$$V = \frac{dM}{dx} \tag{8.5}$$

Isto também indica que o momento é máximo (ou mínimo) onde o diagrama de cortantes passa pela linha do zero.

8.8 VARIAÇÃO NO MOMENTO

A variação no momento entre duas seções de uma viga é igual à área do diagrama de cortantes entre as duas seções.

Prova: Partindo das provas anteriores, usa-se $dM = V\,dx$ e integra-se de x_1 a x_2

$$\int_{M_1}^{M_2} dM = \int_{x_1}^{x_2} V\,dx \quad \text{ou} \quad M_2 - M_1 = \int_{x_1}^{x_2} V\,dx \tag{8.6}$$

onde $\int_{x_1}^{x_2} V\,dx$ é a área do diagrama de cortantes entre as duas seções.
Veja os Problemas 8.3 – 8.5.

Problemas Resolvidos

8.1 Na viga simples mostrada na Fig. 8-5, determine a força cortante V e o momento M na seção $C - D$, a 2 m da extremidade esquerda.

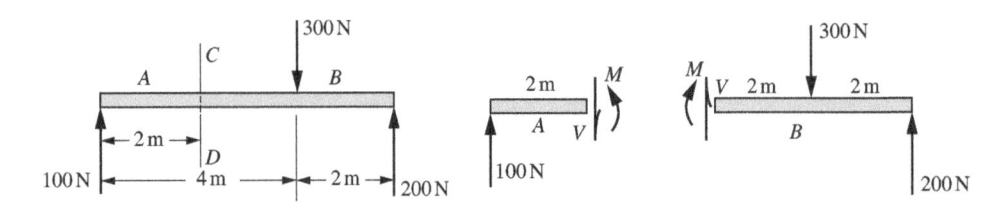

Figura 8-5

Solução

As reações são 100 e 200 N, conforme mostrado. Os diagramas de corpo livre das partes esquerda e direita da viga são mostrados na Fig. 8-5. Utilizando a parte esquerda A, a cortante é a soma das forças da parte esquerda, ou

$$V = 100 \text{ N}$$

Se a porção B da direita é a utilizada, a força cortante será a soma das forças que atuam na parte à direita da seção (mas, neste caso, a força positiva será para baixo); assim,

$$V = 100 \text{ N}$$

O momento M na seção pode ser avaliado como a soma dos momentos de todas as forças verticais à esquerda. Uma força para cima causa um momento positivo na seção; assim, referindo à Fig. 8-5,

$$M = 100(2) = 200 \text{ N·m}$$

Se a porção da viga à direita for utilizada, uma força para cima contribui com momento positivo; assim, para a parte direita na Fig. 8-5,

$$M = -300(2) + 200(4) = 200 \text{ N·m}$$

8.2 Desenhe os diagramas de força cortante e de momento para o Problema 8.1. É conveniente utilizar dois diagramas de corpo livre, conforme mostrado na Fig. 8-6.

Solução

O diagrama de corpo livre A_1 mostra que

$$\begin{aligned} V &= 100 \text{ N} \\ M &= 100x \text{ N·m} \end{aligned} \qquad 0 < x < 4 \text{ m}$$

O diagrama de corpo livre A_2 mostra que

$$\begin{aligned} V &= -200 \text{ N} \\ M &= 100x - 300(x-4) = 1200 - 200x \text{ N·m} \end{aligned} \qquad 4 < x < 6 \text{ m}$$

O valor de M em $x = 4$ m é $M = 400$ N·m.

A informação acima pode agora ser representada graficamente como diagramas de força cortante e de momento (veja a Fig. 8-7).

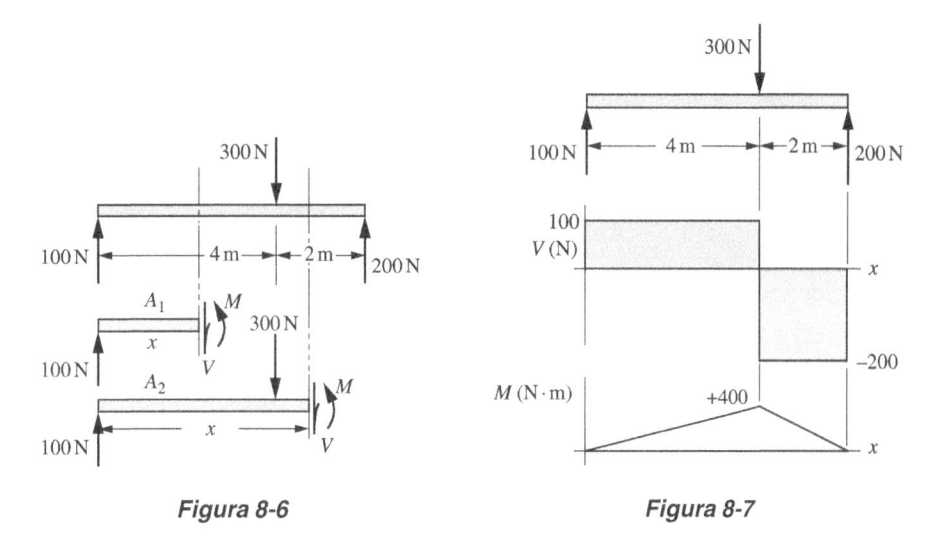

Figura 8-6

Figura 8-7

8.3 Determine as equações de força cortante e de momento para a viga mostrada na Fig. 8-8. Desenhe os diagramas de força cortante e de momento.

Solução

Primeiro determine a reação R_R à direita igualando a soma dos momentos de todas as forças externas em relação à extremidade esquerda a zero. A massa de 20 kg/m pode ser substituída (isso apenas pode ser feito para determinar as reações de apoio) por $(20 \times 9{,}8)(6)$ ou por uma carga de 1176 N no ponto médio da viga.

$$\sum M_{R_L} = 18R_R - 4000 - (3)1176 = 0. \quad \therefore R_R = 418 \text{ N}$$
$$\sum M_{R_R} = -18R_L - 4000 + (15)1176 = 0. \quad \therefore R_L = 758 \text{ N}$$

No intervalo $0 < x < 6$ m, vale o diagrama de corpo livre mostrado na Fig. 8-9.

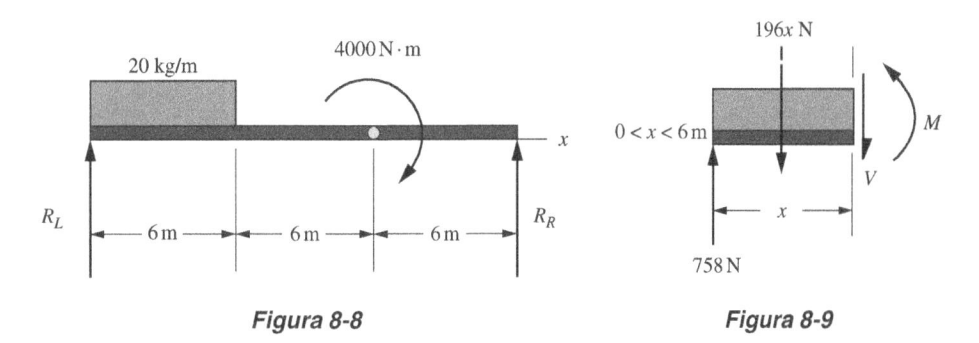

Figura 8-8

Figura 8-9

Um somatório das forças na vertical que atuam no diagrama de corpo livre fornece

$$\sum F_v = 758 - 196x - V = 0. \quad \therefore V = 758 - 196x \text{ N}$$
$$\sum M_O = -758x + 196x(x/2) + M = 0. \quad \therefore M = 758x - 98x^2 \text{ N·m}$$

$0 < x < 6$ m

A força cortante mostra que V é a soma de todas as forças à esquerda da seção, e M mostra que o momento na seção é a soma dos momentos de todas as forças verticais e conjugados à esquerda da seção.

Os diagramas de corpo livre são mostrados na Fig. 8-10 para as seções (*a*) e (*b*) ao longo da viga. As equações são as seguintes:

Da Fig. 8-10(*a*),

$$V = -418 \text{ N}$$
$$M = -418x + 3528 \text{ N·m}$$

$6 < x < 12$

Da Fig. 8-10(*b*),

$$V = -418 \text{ N}$$
$$M = -418x + 7528 \text{ N·m}$$

$12 < x < 18$

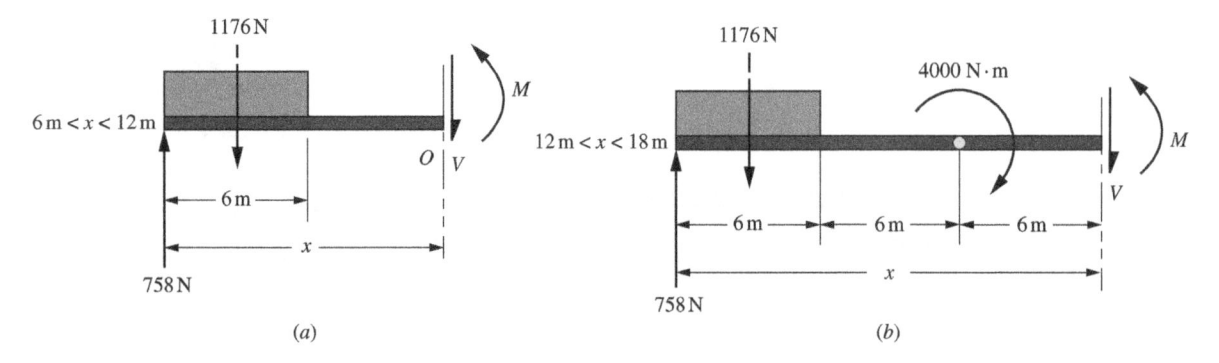

Figura 8-10

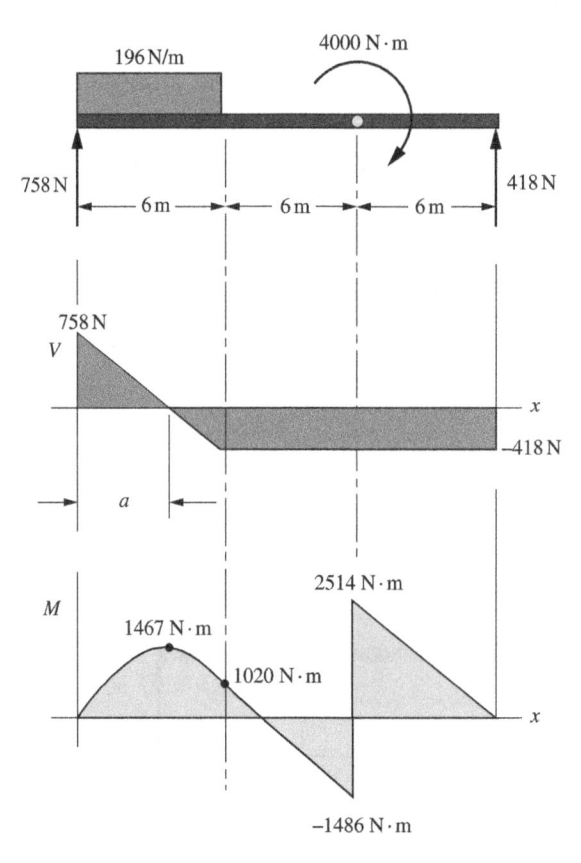

Figura 8-11

Os diagramas de força cortante e de momento são mostrados na Fig. 8-11. Para determinar a localização e valor do momento máximo, lembre-se de que a declividade do diagrama de momentos é igual ao valor da força cortante naquele ponto (veja a Seção 8.7). O momento será máximo quando a declividade (ou força cortante) for zero. Assim,

$$758 - 196a = 0. \quad \therefore a = 3{,}87 \text{ m}$$

O momento máximo converte-se na área sob a curva da força cortante entre 0 e a m, ou

$$M_{\text{máx}} = 758(3{,}87)/2 = 1467 \text{ N} \cdot \text{m}$$

Observação: Na extremidade direita do diagrama de momentos, o valor calculado a partir da curva das forças cortantes não é exatamente zero. Isso ocorre em razão de erros de arredondamento.

8.4 A viga simples mostrada na Fig. 8-12 suporta uma carga triangular e uma uniformemente distribuída. Derive as equações de força cortante e de momento.

Solução

Para determinar as reações R_1 e R_2, aplique a resultante da carga triangular $[1/2(120)(9) = 540$ N$]$ em um ponto a dois terços de seu início (6 m, a contar da extremidade esquerda). Então aplique a resultante da carga retangular $[120(10) = 1200$ N$]$ no ponto médio do trecho, que está a 5 m contados de R_2. Some os momentos em relação à extremidade esquerda para obter

$$-\tfrac{1}{2}(120)(9)(6) - (120)(10)(9+5) + 19R_2 = 0. \quad \therefore R_2 = 1055\,\text{N}$$

Agora some os momentos em relação à extremidade da direita para obter

$$+\tfrac{1}{2}(120)(9)(19-6) + (120)(10)(5) - 19R_1 = 0. \quad \therefore R_1 = 685\,\text{N}$$

Note que, como forma de verificação, $R_1 + R_2 = 1740$ N, que corresponde à soma das duas cargas $[½(120)(9) + 120(10)]$.

Em seguida, desenhe o diagrama de corpo livre de uma seção da viga e seu carregamento no intervalo $0 < x < 9$ m. Isso é mostrado na Fig. 8-13. Usando triângulos semelhantes, obtém-se a cota para a carga em x de $(x/9)(120)$ N/m. A ação total é $½x(x/9)(120)$, localizada em $x/3$ para a esquerda da seção. Assim,

$$V = -\frac{1}{2}x\left(\frac{x}{9}\right)(120) + 685 = -\frac{60}{9}x^2 + 685\,\text{N}$$

$$M = -\frac{1}{2}x\left(\frac{x}{9}\right)(120)\frac{x}{3} + 685x = -\frac{20}{9}x^3 + 685x\,\text{N}\cdot\text{m}$$

$$0 < x < 9$$

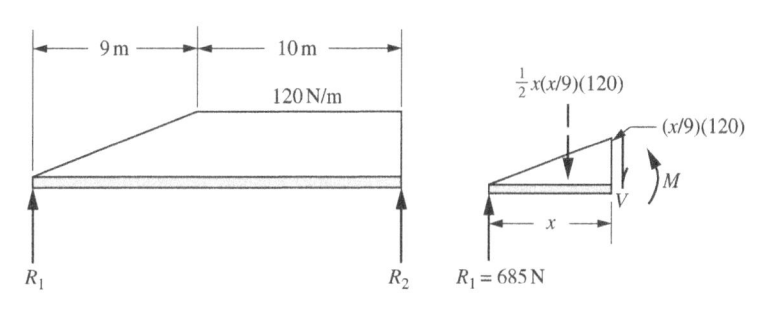

Figura 8-12

Figura 8-13

Para determinar a força cortante e o momento para uma seção que está no intervalo 9 m $< x <$ 19 m, desenhe o diagrama de corpo livre mostrado na Fig 8-14. A carga triangular é igual a $½(9)(120) = 540$ N, localizada a 6m da extremidade esquerda ou a $x - 6$, para a esquerda da seção. A carga retangular é $120(x - 9)$ e é localizada em $9 + (x - 9)/2 = x/2 + 4{,}5$ m a contar da extremidade esquerda, ou em $x/2 - 4{,}5$ m para a esquerda da seção. Assim,

$$V = 685 - 540 - 120(x - 9) = -120x + 1225\,\text{N}$$

$$M = 685x - 540(x - 6) - 120(x - 9)\left(\frac{x}{2} - 4{,}5\right) = -60x^2 + 1225x - 1620\,\text{N}\cdot\text{m}$$

$$9 < x < 19$$

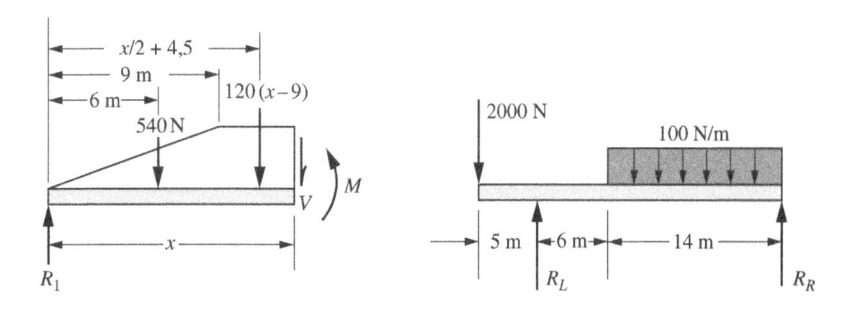

Figura 8-14

Figura 8-15

O leitor pode verificar as últimas equações para o momento em $x = 19$ m e ver que esse momento é próximo de zero, como deveria ser.

8.5 Desenhe os diagramas de força cortante e de momento para a viga mostrada na Fig. 8-15. Indique os valores nos pontos mais significativos.

Solução

Somando os momentos em relação a R_L,

$$+2000(5) - 1400(13) + 20R_R = 0. \quad \therefore R_R = 410 \text{ N}$$

Somando os momentos em relação a R_R,

$$+2000(25) - 20R_L + 1400(7) = 0. \quad \therefore R_L = 2990 \text{ N}$$

Ao desenhar o diagrama de forças cortantes (veja a Fig. 8-16), faça uso do fato de que a força cortante em qualquer seção é a soma das forças à esquerda da seção; uma força para cima contribui positivamente na cortante.

Para uma seção a uma distância ε muito pequena a contar do apoio esquerdo, $V = -2000$ N, permanecendo com esse valor até que a reação esquerda seja alcançada. Assim, à distância ε à esquerda da reação esquerda, $V = -2000$ N; mas a um ε à direita dessa reação, $V = +990$ N. Ela permanece com esse valor até que a carga distribuída seja alcançada. Então a cortante decresce (o carregamento é para baixo) a uma taxa de 100 N / m. Ela se anula em 9,9 m (990/100). Seu valor a uma distância ε para a esquerda do apoio da direita é -410 N. A reação à direita fecha, então, o diagrama de forças cortantes.

Para desenhar o diagrama de momentos (veja a Fig. 8-16), primeiro determine o momento na extremidade esquerda (precisamente a distância ε para a direita da extremidade esquerda). Esse valor é -2000ε N·m ou zero, na extremidade esquerda. De $x = 0$ a $x = 5$ m, a força cortante é negativa (valor constante); assim, a declividade do diagrama de momentos é uma constante negativa. O momento exatamente à esquerda da reação esquerda é igual ao momento na extremidade esquerda (zero) mais a área do diagrama de força cortante considerada desde a extremidade esquerda até a reação da esquerda [negativo $5(2000) = -10\,000$ N·m].

A cortante é um valor positivo e constante de $x = 5$ m até $x = 11$ m; assim, a declividade do diagrama de momentos é positiva. A variação de momento é a área do diagrama de forças cortantes de $x = 5$ m até $x = 11$ m ou $+6(990) = +5940$. Assim, as variações de momentos de $-10\,000$ a $(-10\,000 + 5940) = -4060$ N·m.

A cortante é um valor positivo pelos próximos 9,9 m, até o ponto em que o momento é máximo (onde $V = 0$). O incremento dos momentos de $x = 11$ m até $x = 20,9$ m é a área do diagrama triangular de forças cortantes, isto é, $\frac{1}{2}(990)(9,9) = 4900$ N·m.

Assim, M em $x = 20,9$ m é $(-4060 + 4900) = +840$ N·m. Uma vez que a força cortante é positiva, mas decrescente, no intervalo 11 m $<x<$ 20,9 m, o diagrama de momentos terá declividade positiva, porém decrescente, até o valor de 840 N·m.

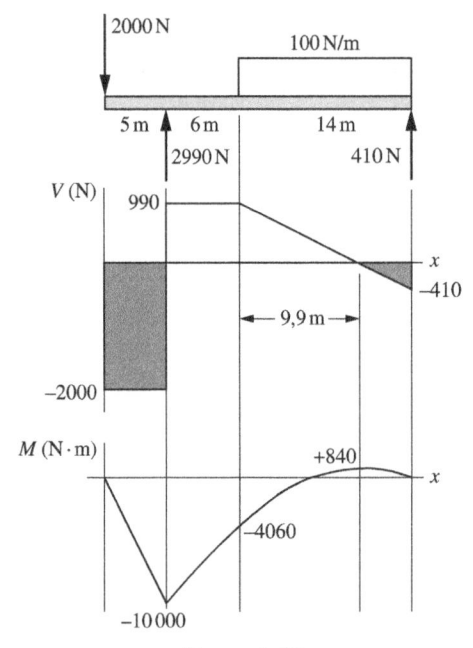

Figura 8-16

CAPÍTULO 8 • ESFORÇOS EM VIGAS

Para completar o diagrama de momentos, observe que a última área da cortante é negativa, mas a intensidade de V é crescente. A curva de momentos tem uma declividade negativa que se torna mais negativa. Ainda, a curva dos momentos decai de um valor igual à última área das forças cortantes, que é ½(4,1)(410) = 840 N·m. Isso significa que o momento na extremidade da direita será zero, como deveria ser.

Problemas Complementares

8.6 Uma viga engastada suporta uma carga triangular e uma carga uniformemente distribuída, conforme o mostrado na Fig. 8-17. Derive as equações da força cortante e do momento.

Resp. $0 < x < 6\,\text{m}$, $V = -\frac{50}{3}x^2\,\text{N}$, $M = -\frac{50}{9}x^3\,\text{N·m}$; $6\,\text{m} < x < 12\,\text{m}$, $V = 600 - 200x\,\text{N}$,
$M = -1200 + 600x - 100x^2\,\text{N·m}$

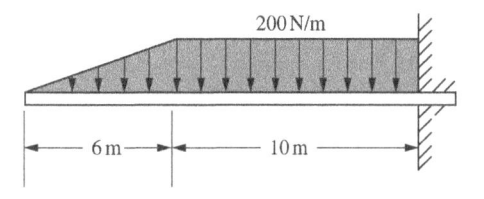

Figura 8-17

8.7 Para as vigas mostradas nas Figs. 8-18 a 8-24, derive as equações de força cortante e de momento. Verifique também os diagramas de força cortante e de momento. Todas as distâncias x são medidas a partir da extremidade esquerda de cada viga.

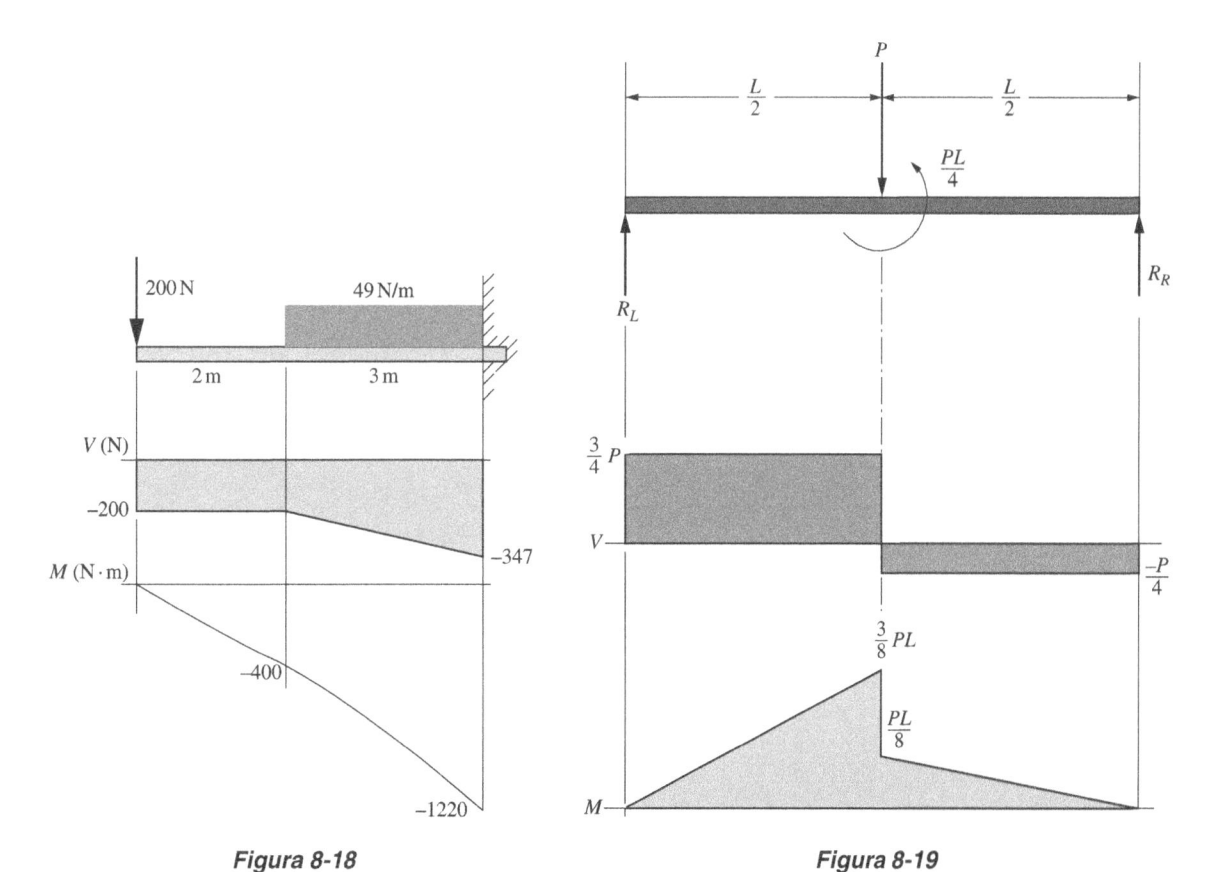

Figura 8-18

Figura 8-19

Resp. $0 < x < 2\,\text{m}$ $\begin{cases} V = -200\,\text{N} \\ M = -200x\,\text{N}\cdot\text{m} \end{cases}$

$2\,\text{m} < x < 5\,\text{m}$ $\begin{cases} V = -102 - 49x\,\text{N} \\ M = -98 - 102x - 24{,}5x^2\,\text{N}\cdot\text{m} \end{cases}$

Resp. $0 < x < \dfrac{L}{2}$ $\begin{cases} V = \tfrac{3}{4}P \\ M = \tfrac{3}{4}Px \end{cases}$

$\dfrac{L}{2} < x < L$ $\begin{cases} V = -P/4 \\ M = -P/4(x - L) \end{cases}$

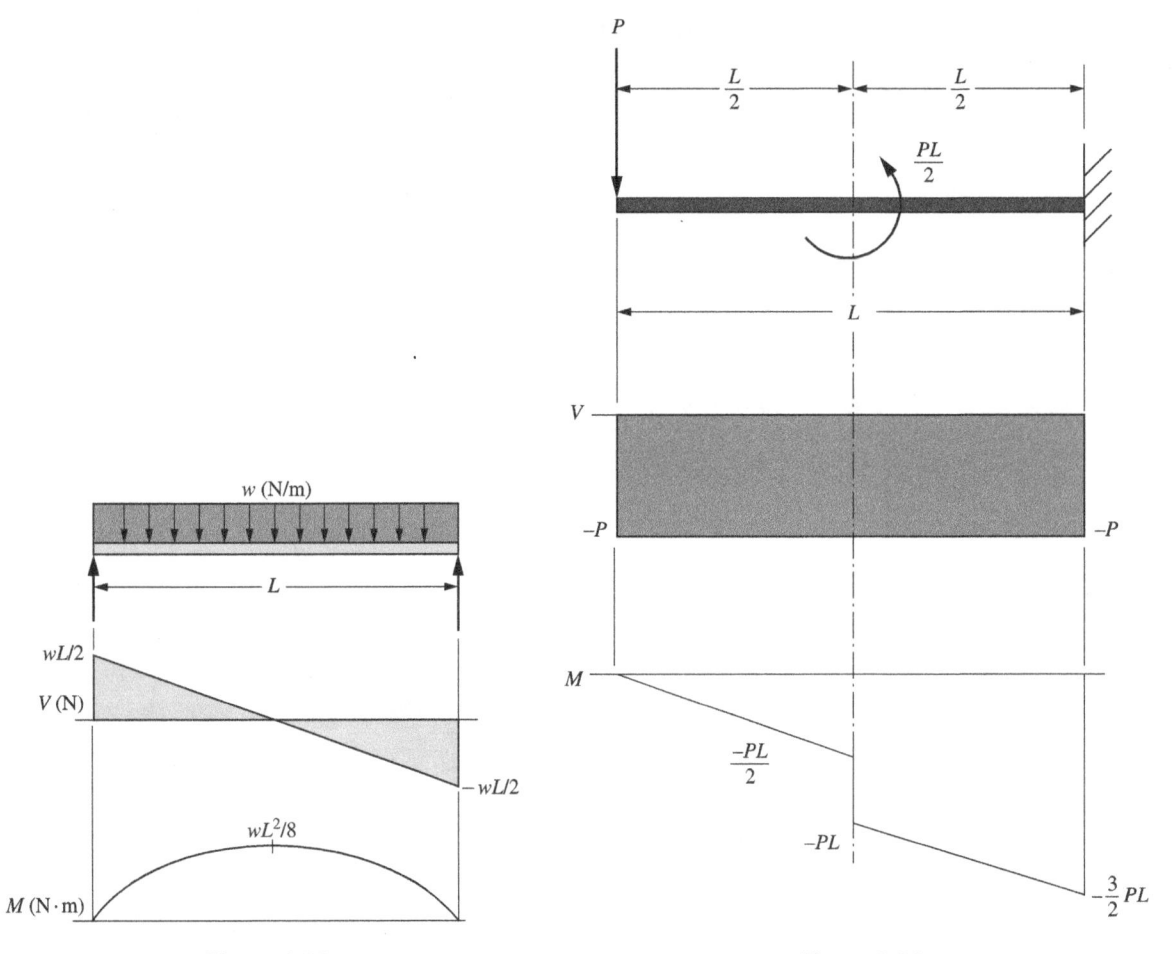

Figura 8-20

Figura 8-21

Resp. $0 < x < L$ $\begin{cases} V = wL/2 - wx \\ M = wLx/2 - wx^2/2 \end{cases}$

Resp. $0 < x < \dfrac{L}{2}$ $\begin{cases} V = -P \\ M = -Px \end{cases}$

$\dfrac{L}{2} < x < L$ $\begin{cases} V = -P \\ M = -P(x + L/2) \end{cases}$

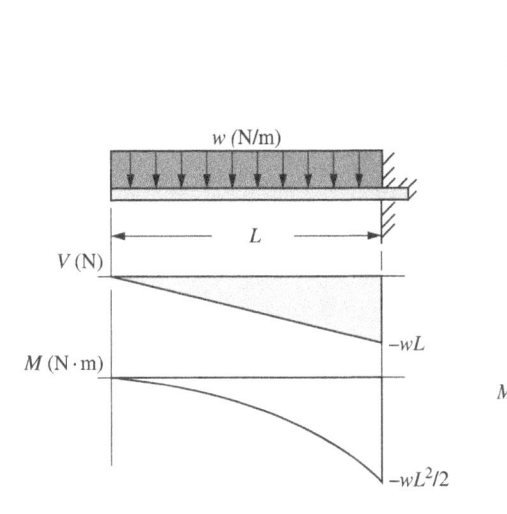

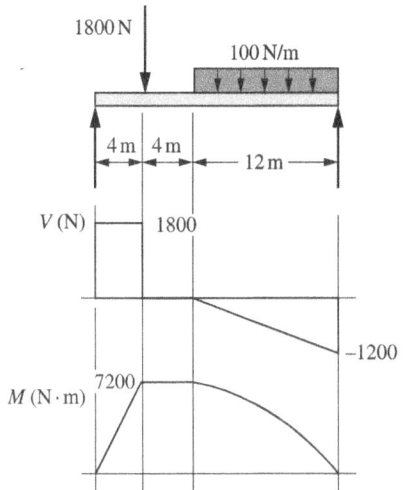

Figura 8-22

Resp. $0 < x < L$ $\begin{cases} V = -wx \\ M = -wx^2/2 \end{cases}$

Figura 8-23

Resp. $0 < x < 4\,\text{m}$ $\begin{cases} V = 1800\,\text{N} \\ M = 1800x\,\text{N·m} \end{cases}$

$4\,\text{m} < x < 8\,\text{m}$ $\begin{cases} V = 0 \\ M = 7200\,\text{N·m} \end{cases}$

$8\,\text{m} < x < 20\,\text{m}$ $\begin{cases} V = 800 - 100x\,\text{N} \\ M = 4000 + 800x - 50x^2\,\text{N·m} \end{cases}$

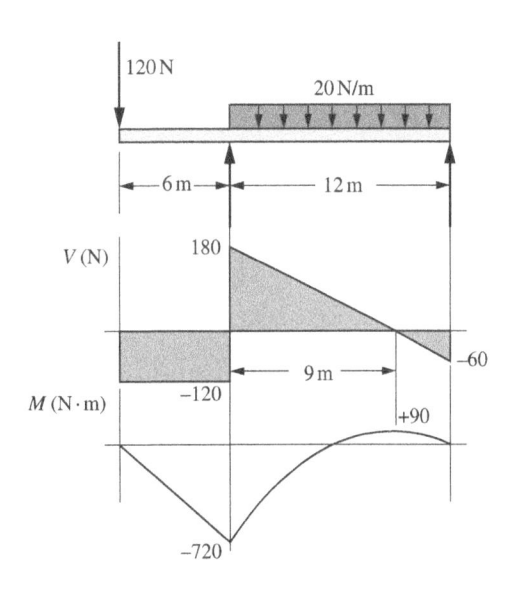

Figura 8-24

Resp. $0 < x < 6\,\text{m}$ $\begin{cases} V = -120\,\text{N} \\ M = -120x\,\text{N·m} \end{cases}$

$6\,\text{m} < x < 18\,\text{m}$ $\begin{cases} V = +300 - 20x\,\text{N} \\ M = -2160 + 300x - 10^2\,\text{N·m} \end{cases}$

Capítulo 9

Atrito

9.1 CONCEITOS GERAIS

1. O *atrito estático* entre dois corpos é a força tangencial que se opõem ao deslizamento de um corpo em relação a outro.
2. *Atrito limite*, F_m, é o valor máximo do atrito estático que ocorre na iminência do movimento.
3. *Atrito cinemático*, F_k, é a força tangencial entre dois corpos depois que o movimento inicia. Ele é menor que o limite estático.
4. *Ângulo de atrito*, ϕ, é o ângulo entre a linha de ação da força de reação total de um corpo sobre o outro e a normal à tangente comum entre os corpos na iminência do movimento.
5. O *coeficiente de atrito estático*, μ, é a relação entre a força de atrito limite F_m e a força normal N:

$$\mu = \frac{F_m}{N} \tag{9.1}$$

6. O *coeficiente de atrito cinemático*, μ_k, é a relação entre o atrito cinemático e a força normal:

$$\mu_k = \frac{F_k}{N} \tag{9.2}$$

7. *Ângulo de repouso*, α, é o ângulo até o qual se pode inclinar um plano antes que um objeto em repouso sobre ele possa mover-se sob a ação da força da gravidade e da reação do plano. Esse estado de movimento iminente é mostrado na Fig. 9-1.

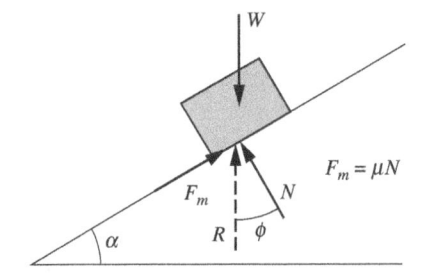

Figura 9-1 Movimento iminente de um corpo em um plano inclinado.

A ação resultante R de F_m e N é oposta e de mesma intensidade que a força de gravidade $W = mg$. Embora o movimento seja iminente, o corpo permanece em equilíbrio. Pela trigonometria, $\alpha = \phi$. Assim, o coeficiente de atrito μ pode ser determinado incrementando a inclinação do plano até o ângulo α para o qual o movimento é iminente. Nesse ângulo,

$$\operatorname{tg} \phi = \mu \tag{9.3}$$

9.2 LEIS DO ATRITO

(a) O coeficiente de atrito independe da força normal; contudo, a força de atrito limite e a força de atrito cinemático são proporcionais à força normal.
(b) O coeficiente de atrito independe da área de contato.
(c) O coeficiente de atrito cinemático é menor que o coeficiente de atrito estático.
(d) Em baixas velocidades, o atrito é independente da velocidade. Em altas velocidades, observa-se um decrescimento da força de atrito.
(e) A força de atrito nunca será maior do que a necessária para manter o corpo em equilíbrio. Ao resolver problemas que envolvem atrito estático, a força de atrito deve ser considerada uma variável independente, a menos que o problema claramente explicite que o movimento é iminente. Neste último caso, pode-se utilizar a força de atrito limite dada por $F_m = \mu N$, como na Eq. 9.1.

9.3 MACACO DE PARAFUSO

O macaco de parafuso é um exemplo de mecanismo por atrito. Para o parafuso de rosca quadrada mostrada na Fig. 9-2, existem essencialmente dois problemas: (a) a determinação do momento da força normal P, necessário para elevar a carga e (b) a determinação do momento da força P, necessário para baixar a carga. Em cada caso, o torque se dá no sentido do eixo longitudinal do parafuso (vertical na figura).

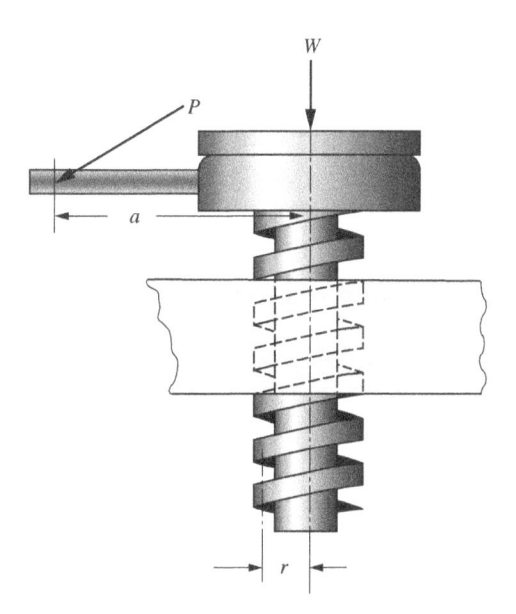

Figura 9-2 O macaco de parafuso.

No caso (a), o momento de torção deve superar a força de atrito e elevar a carga W, enquanto no caso (b) a carga W contribui para superar a força de atrito. Para elevar a carga W, o parafuso deve girar no sentido anti-horário quando observado pelo topo.

Suponha que β seja o ângulo de avanço, i.e., o ângulo cuja tangente é igual ao avanço dividido pela circunferência média (o avanço é a distância que o parafuso percorre quando completa uma volta), e que ϕ seja o ângulo de atrito. As fórmulas para os dois casos, com r igual ao raio médio dos fios da rosca, são

$$M = Wr \, \text{tg} \, (\phi + \beta) \text{ (movimento para cima)} \tag{9.4}$$
$$M = Wr \, \text{tg} \, (\phi - \beta) \text{ (movimento para baixo)} \tag{9.5}$$

Essas fórmulas aplicam-se também no caso em que o parafuso gira a uma velocidade constante. É claro que, nesse caso, ϕ será o ângulo de atrito cinemático. Elas aplicam-se também ao caso de roscas as quais se adiciona um suporte para servir de apoio para uma carga. Para ser preciso, outro termo deve ser adicionado à direita de cada uma das expressões a fim de representar o momento necessário para superar o atrito entre o suporte e o parafuso. Esse termo extra tem a forma $W\mu r_c$, onde W é a carga, μ é o coeficiente de atrito entre o suporte e o parafuso e r_c é o raio médio da superfície de contato entre o suporte e o parafuso. Veja a aplicação dessas fórmulas no Problema 9.16. Essa é uma aproximação para uma expressão mais precisa do momento do atrito no contorno da rosca.

9.4 CORREIA DE ATRITO E CINTAS DE FREIO

Correias de atrito e cintas de freios também são exemplos de uso do atrito. Quando uma correia ou cinta passa por uma polia rugosa (veja a Fig. 9-3), a tração na correia ou cinta nos dois lados da polia será diferente. Quando o deslizamento está prestes a acontecer, aplica-se a seguinte fómula:

$$T_1 = T_2 e^{\mu\beta} \tag{9.6}$$

onde T_1 = tração maior
 T_2 = tração menor
 μ = coeficiente de atrito
 β = ângulo envolvente em radianos

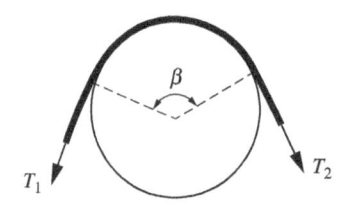

Figura 9-3 Iminência de movimento da cinta na polia rugosa.

9.5 RESISTÊNCIA AO ROLAMENTO

A resistência ao rolamento ocorre porque a superfície se deforma sob a ação da carga de rolamento. A Figura 9-4 mostra esse efeito de forma exagerada. Uma roda de peso W e raio r está sendo empurrada pela depressão e sobre o ponto A pela força horizontal P. Naturalmente, esse é um processo contínuo durante o rolamento da roda. O somatório dos momentos em relação ao ponto A leva à seguinte equação:

$$\sum M_A = 0 = W \times a - P \times (\overline{OB}) \tag{9.7}$$

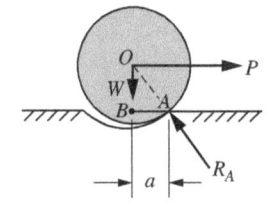

Figura 9-4

Uma vez que a depressão é muito pequena, a distância $(\overline{OB})$ pode ser substituída por r; assim,

$$P \times r = W \times a \tag{9.8}$$

Por inspeção, sabe-se que a componente horizontal da reação da superfície R_A é igual a P e é chamada de *resistência ao rolamento*. A distância a é chamada de *coeficiente de resistência ao rolamento* e se expressa em milímetros. Valores desses coeficientes para vários materiais estão tabelados, mas os resultados não são uniformes.

Problemas Resolvidos

9.1 A escada *AB* de 4 m de comprimento pesa 120 N. Ela repousa contra uma parede vertical e sobre um piso horizontal, conforme mostrado na Fig. 9-5(*a*). Qual deverá ser o coeficiente de atrito mínimo μ para que haja equilíbrio? Considere o mesmo μ para as duas superfícies.

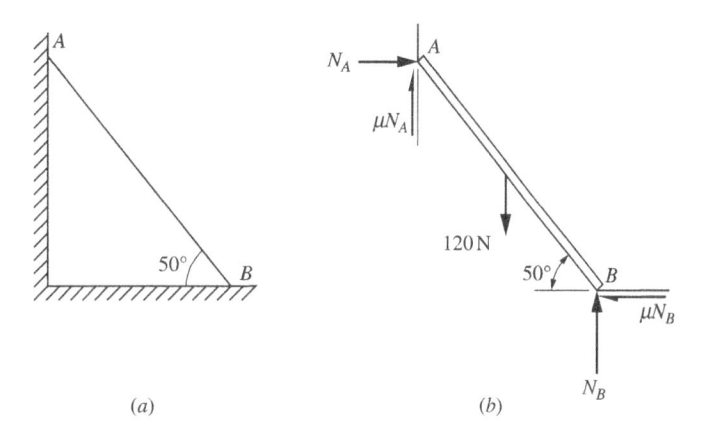

Figura 9-5

Solução

O diagrama de corpo livre na Fig. 9-5(*b*) mostra a carga de 120 N, as forças normais em *A* e *B* e as forças de atrito limite μN_A e μN_B. As equações de equilíbrio são

$$\sum F_x = 0 = N_A - \mu N_B \tag{1}$$
$$\sum F_y = 0 = N_B + \mu N_A - 120 \tag{2}$$
$$\sum M_A = 0 = -120(2\cos 50°) + N_B(4\cos 50°) - \mu N_B(4\sen 50°) \tag{3}$$

Substitua o valor de N_A da equação (1) na equação (2) para encontrar $N_B = 120/(1+\mu^2)$.

Use esse valor de N_B na equação (3) para obter

$$-120(2\cos 50°) + \frac{120}{1+\mu^2}(4\cos 50°) - \frac{120}{1+\mu^2}\mu(4\sen 50°) = 0$$

A raiz positiva da fórmula quadrática fornece $\mu = 0{,}364$.

9.2 Determine o menor ângulo θ para o equilíbrio de uma escada homogênea de comprimento *L* inclinada contra uma parede. O coeficiente de atrito de todas as superfícies é μ.

Solução

Considerando iminência para deslizar, desenhe um diagrama de corpo livre da escada. Há três incógnitas: N_1, N_2 e θ (ver Fig. 9-6). As três equações de equilíbrio são

$$\sum F_x = 0 = N_1 - \mu N_2 \tag{1}$$
$$\sum F_y = 0 = N_2 - W + \mu N_1 \tag{2}$$
$$\sum M_B = 0 = -W(L/2)\cos\theta + N_2 L\cos\theta - \mu N_2 L \sen\theta \tag{3}$$

Substitua $N_1 = \mu N_2$ na equação (2) para obter

$$N_2 = \frac{W}{1+\mu^2}$$

Substitua esse valor de N_2 na equação (3) para obter

$$\theta = \tg^{-1}\frac{1-\mu^2}{2\mu}$$

Esse será o valor crítico de θ sob o qual ocorrerá o deslizamento.

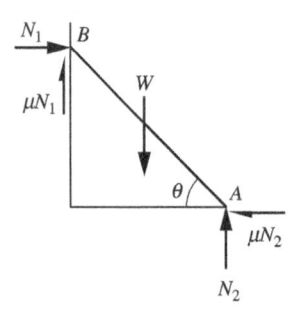

Figura 9-6

9.3 Determine o valor de P que causará o movimento do bloco de 70 kg mostrado na Fig. 9-7(a). O coeficiente de atrito estático entre o bloco e a superfície horizontal é 0,25.

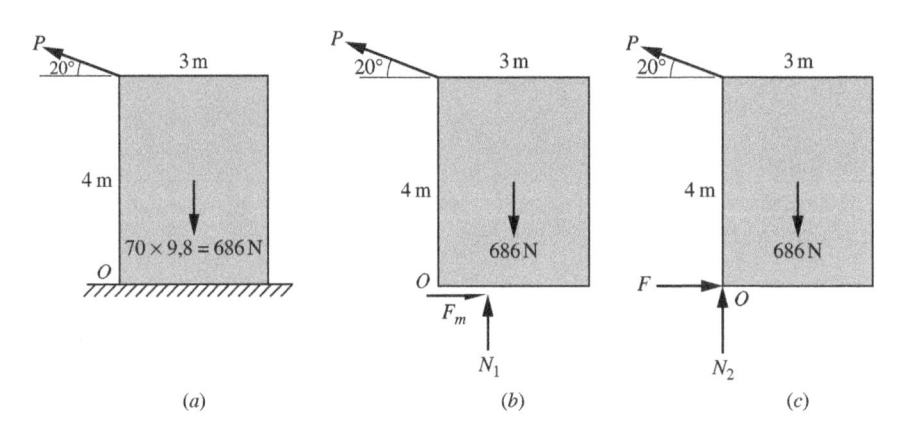

Figura 9-7

Solução

O movimento pode acontecer de duas formas, considerando que P é aplicado gradualmente. O bloco pode deslizar para a esquerda ou girar em torno da borda em O.

Primeiro, determine o valor de P que causa o deslizamento para a esquerda. Nesse caso, o coeficiente de atrito limite é usado conforme mostrado na Fig. 9-7(b). As equações que se aplicam são

$$\sum F_v = 0 = P \operatorname{sen} 20° - 686 + N_1 \qquad (1)$$
$$\sum F_h = 0 = -P \cos 20° + F_m \qquad (2)$$

Uma vez que $F_m = \mu N_1 = 0{,}25N$, substitua o valor na equação (2). As equações, então, são

$$P \operatorname{sen} 20° + N_1 = 686 \qquad (3)$$
$$-P \cos 20° + 0{,}25 N_1 = 0 \qquad (4)$$

ou

$$P \operatorname{sen} 20° + N_1 = 686 \qquad (5)$$
$$4P \cos 20° - N_1 = 0 \qquad (6)$$

Some as equações (5) e (6) para obter $P = 167$ N.

Considere a Fig. 9-7(c). Em seguida, assuma que o bloco vai girar em torno do ponto O. Determine o valor de P para que isso aconteça. Observe que, nesse cálculo, nenhuma indicação é dada sobre a intensidade da força de atrito. Ela deve apenas ser denominada por F, conforme mostrado na Fig. 9-7(c). Uma vez que se considera que o bloco gira em torno de O, a força normal estará em O. As equações de equilíbrio são

$$\sum M_O = 0 = P \cos 20° \times 4 - 686 \times 3/2 \tag{7}$$
$$\sum F_h = 0 = -P \cos 20° + F \tag{8}$$
$$\sum F_v = 0 = P \operatorname{sen} 20° + N_2 - 686 \tag{9}$$

A equação (7) leva diretamente a $P = 274$ N. A investigação pode ser encerrada aqui, já que P causa deslizamento quando assume o valor de 167 N, enquanto que para o tombamento P deve ser de 274 N. Constata-se, então, que o deslizamento será o primeiro a ocorrer.

9.4 A força horizontal de 300 N que atua no bloco de 200 N mostrado na Fig. 9-8(a) manterá o equilíbrio do bloco? O coeficiente de atrito estático é 0,3.

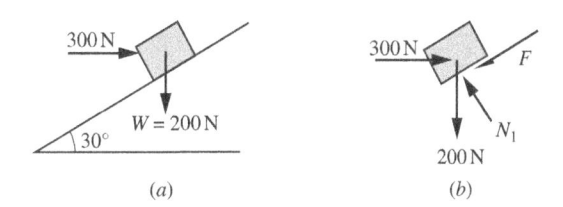

Figura 9-8

Solução

Nesse caso, é improvável que a força de atrito seja exatamente o valor limite. Considere que uma força de 300 N é mais do que suficiente para impedir que o bloco deslize para baixo no plano inclinado. Então ela poderá ser grande o suficiente para produzir movimento para cima no plano inclinado. Para verificar essa condição, assuma que F age para baixo no plano inclinado, conforme mostrado no diagrama de corpo livre da Fig. 9-8(b).

As equações onde se somam as forças paralelas e perpendiculares ao plano são

$$\left. \begin{array}{l} \sum F_\| = 0 = -F - 200 \operatorname{sen} 30° + 300 \cos 30° \\ \sum F_\perp = 0 = N_1 - 200 \cos 30° - 300 \operatorname{sen} 30° \end{array} \right\} \quad \therefore F = 160 \text{ N}, N_1 = 323 \text{ N}$$

Isso indica que o valor de F necessário para manter o bloco movendo-se para cima no plano é de 160 N. Contudo, o máximo valor obtido é $F_m = 0,3 N_1 = 0,3 \times 323 = 97$ N. Isso significa que o bloco se moverá para cima no plano inclinado. O que acontece depois que o movimento se inicia é assunto da Dinâmica.

9.5 Quais devem ser as forças horizontais P aplicadas nas cunhas B e C para manter em repouso a carga de 200 kN de A? Observe a Fig. 9-9(a). Considere μ entre as cunhas e o piso igual a 0,25, e μ entre as cunhas e A igual a 0,2. Considere também a simetria do carregamento.

Solução

Considerando todo o conjunto como corpo livre, é evidente que as forças normais entre o solo e cada uma das cunhas é igual a 100 kN. Desenhe o diagrama de corpo livre da cunha B [veja a Fig. 9-9(b)]. Nele, a força normal de 100 kN é mostrada atuando verticalmente para cima. A força de atrito entre a cunha e o piso se opõem ao movimento, conforme mostrado.

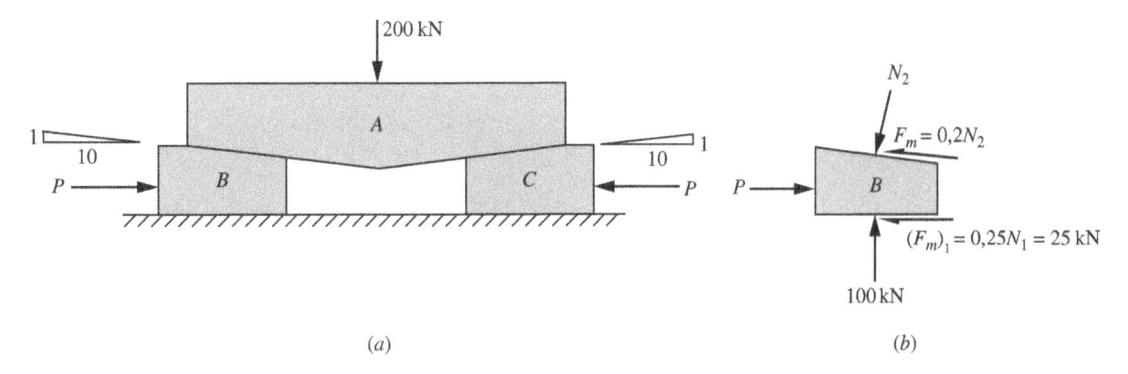

Figura 9-9

Uma vez que o movimento é iminente, sua intensidade será de $0,25 \times 100 = 25$ kN. A força normal de A em B é, naturalmente, perpendicular as suas superfícies de contato, enquanto que F_m é o valor da força limite de atrito representada como sendo oposta ao movimento. Isso completa o diagrama de corpo livre de B, mostrando apenas as forças que agem em B. As equações de equilíbrio são, então,

$$\left. \begin{array}{l} \sum F_h = 0 = P - 25 - N_2 \dfrac{1}{\sqrt{101}} - 0{,}2N_2 \dfrac{10}{\sqrt{101}} \\ \sum F_v = 0 = 100 - N_2 \dfrac{10}{\sqrt{101}} + 0{,}2N_2 \dfrac{1}{\sqrt{101}} \end{array} \right\} \quad \therefore\ N_2 = 102{,}5\ \text{kN},\ P = 55{,}6\ \text{kN}$$

9.6 O bloco B, fixado a uma parede por uma haste horizontal BC, repousa sobre o bloco A, conforme mostrado na Fig. 9-10(a). Qual é a força P necessária para produzir a iminência de movimento de A? O coeficiente de atrito entre A e B é 0,25, e entre A e o piso é 0,333. A tem uma massa igual a 14 kg, e B, massa igual a 9 kg.

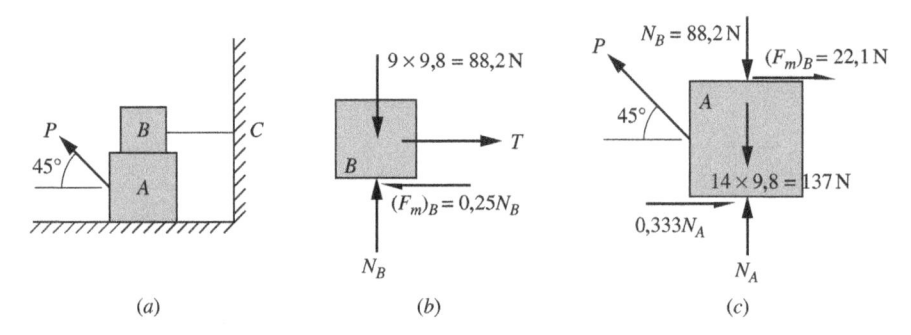

Figura 9-10

Solução

Uma vez que o movimento de A para a esquerda é iminente, ele tenderá a arrastar com ele o bloco B, devido ao atrito entre ambos. O diagrama de corpo livre de B mostra $(F_m)_B$ agindo para a esquerda [veja a Fig. 9-10(b)].

O somatório das forças verticais indica que $N_B = 88{,}2$ N. Portanto, $(F_m)_B = 22{,}1$ N, e, uma vez que B permanece em repouso, a tração T é também de 22,1 N.

Desenhe o diagrama de corpo livre A conforme mostrado na Fig. 9-10(c). Nessa figura, $(F_m)_B$ é mostrada atuando para a direita, opondo-se ao movimento. As equações de equilíbrio são

$$\left. \begin{array}{l} \sum F_h = 0 = -P\cos 45° + 0{,}333N_A + 22{,}1 \\ \sum F_v = 0 = P\,\text{sen}\,45° + N_A - 137 - 88{,}2 \end{array} \right\} \quad \therefore\ N_A = 152\ \text{N},\ P = 104\ \text{N}$$

9.7 Qual deverá ser o valor do ângulo θ para que o bloco de massa igual a 40 kg fique na iminência de deslizar para baixo no plano inclinado? O coeficiente de atrito μ para todas as superfícies é de 0,333. Veja a Fig. 9-11(a).

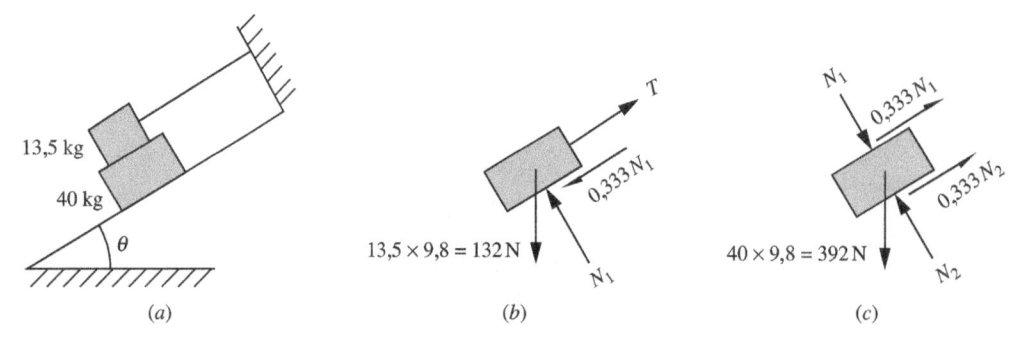

Figura 9-11

Solução

Desenhe o diagrama de corpo livre dos dois blocos e some as forças paralelas e perpendiculares ao plano. Por inspeção, no diagrama de corpo livre da massa de 13,5 kg, $N_1 = 132 \cos \theta$. As equações para a massa de 40 kg são

$$\sum F_\parallel = 0 = -392 \operatorname{sen} \theta + 0{,}333 N_1 + 0{,}333 N_2$$
$$\sum F_\perp = 0 = N_2 - 392 \cos \theta - N_1$$

Substituindo $N_1 = 132 \cos \theta$ nas equações, elimina-se N_2 e encontra-se $\theta = 29{,}1°$.

9.8 Um corpo pesando 350 N repousa em um plano inclinado que forma 30° com a horizontal, conforme mostrado na Fig. 9-12. O ângulo de atrito estático entre o corpo e o plano é de 15°. Qual é a força horizontal P necessária para impedir o deslizamento do corpo para baixo no plano?

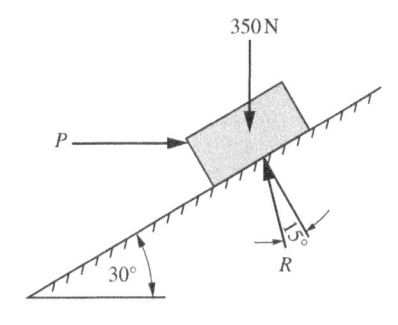

Figura 9-12

Solução

Uma vez que um pequeno decréscimo de P causará um movimento para baixo no plano, será usado o valor limite da força de atrito F_m. Mostra-se a reação R agindo sob um ângulo de atrito igual a 15° em relação à normal e de forma a contribuir com a força P.

Deve-se observar que o ângulo de atrito estático deve ser usado apenas na iminência de movimento.

As equações de movimento são obtidas somando as forças paralelas e perpendiculares ao plano:

$$\left. \begin{array}{l} \sum F_\parallel = 0 = P \cos 30° - 350 \operatorname{sen} 30° + R \operatorname{sen} 15° \\ \sum F_\perp = 0 = R \cos 15° - 350 \cos 30° - P \operatorname{sen} 30° \end{array} \right\} \quad \therefore P = 93{,}4 \text{ N}$$

9.9 Considere a Fig. 9-13(a). Determine a força P, que age paralelamente ao plano, necessária para produzir a iminência de movimento do sistema. Considere os coeficientes de atrito iguais a 0,25 e a polia lisa.

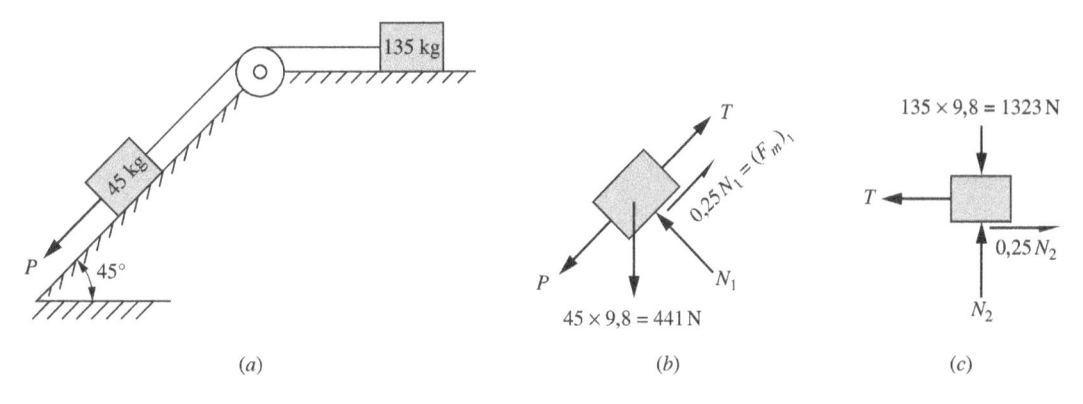

Figura 9-13

Solução

Desenhe o diagrama de corpo livre para as duas massas na Fig. 9-13(b) e (c), indicando a tração no tirante por T. Por inspeção, $N_2 = 1323$ N; assim, $T = 0{,}25N_2 = 331$ N. Também por inspeção, $N_1 = 441\cos 45° = 312$ N; portanto, $(F_m)_1 = 78$ N. O somatório das forças paralelas ao plano inclinado fornece

$$\sum F_\| = 0 = P + 441 \times 0{,}707 - 331 - 78 \quad \text{ou} \quad P = 97{,}2 \text{ N}$$

9.10 Observe a Fig. 9-14(a). Qual é o menor valor de P que produz a iminência de movimento? Considere o coeficiente de atrito igual a 0,20.

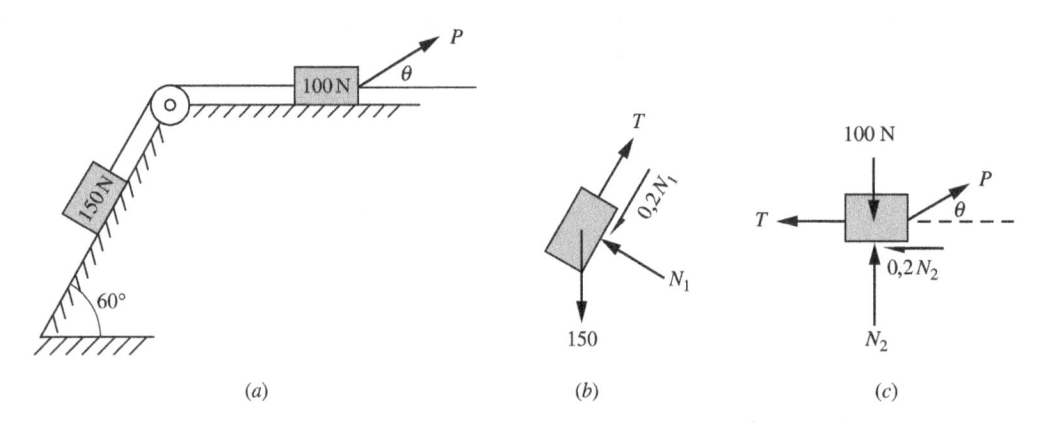

Figura 9-14

Solução

Desenhe os diagramas de corpo livre para os dois pesos. Observe que P é mostrado formando um ângulo desconhecido θ com a horizontal. Por inspeção, $N_1 = 150 \cos 60° = 75$ N; assim, $T = 0{,}20N_1 - 150 \cos 30° = 145$ N. As equações de equilíbrio para o peso de 100 N são

$$\sum F_h = 0 = P \cos \theta - 0{,}20 N_2 - 145 \tag{1}$$
$$\sum F_v = 0 = P \,\text{sen}\, \theta + N_2 - 100 \tag{2}$$

Elimine N_2 entre essas duas equações para obter

$$P = \frac{165}{\cos \theta + 0{,}20 \,\text{sen}\, \theta}$$

O valor de P será mínimo quando o denominador $(\cos \theta + 0{,}20 \,\text{sen}\, \theta)$ for máximo. Derive o denominador em relação a θ e iguale essa derivada a zero para determinar o valor de θ que minimiza P:

$$\frac{d}{d\theta}(\cos \theta + 0{,}20 \,\text{sen}\, \theta) = -\text{sen}\, \theta + 0{,}20 \cos \theta = 0 \quad \text{ou} \quad \theta = \tan^{-1} 0{,}20 = 11°20'$$

Assim, o mínimo valor de P é

$$P = \frac{165}{\cos 11°20' + 0{,}20 \,\text{sen}\, 11°20'} = 162 \text{ N}$$

9.11 Observe a Fig. 9-15. A força de 180 N poderá causar o deslizamento do cilindro de 100 kg? O coeficiente de atrito é 0,25.

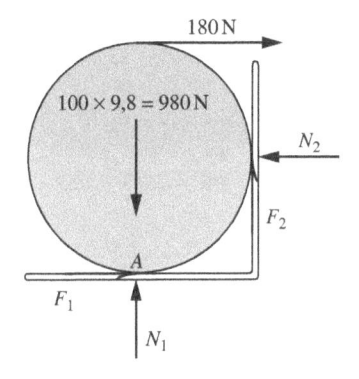

Figura 9-15

Solução

Uma vez que se desconhece se o cilindro desliza ou não, não é possível afirmar que $F_1 = \mu N_1$ e $F_2 = \mu N_2$. No entanto, considere F_1 e F_2 incógnitas, juntamente com N_1 e N_2. As equações de equilíbrio são

$$\sum F_h = 0 = F_1 - N_2 + 180 \tag{1}$$
$$\sum F_v = 0 = N_1 + F_2 - 980 \tag{2}$$
$$\sum M_A = 0 = -180 \times 2r + F_2 \times r + N_2 \times r \tag{3}$$

Resolva para N_1, N_2 e F_1 em função de F_2. Esses valores são $N_1 = 980 - F_2$, $N_2 = 360 - F_2$ e $F_1 = 180 - F_2$.

Vamos considerar F_2 com seu valor máximo, isto é, $0{,}25N_2$, e resolver para N_2, N_1 e F_1 usando as equações (1 − 3).

Então, $N_2 = 288$ N, $N_1 = 908$ N e $F_1 = 108$ N.

Isso significa que, se F_2 assume seu valor estático máximo, F_1 deve ser 108 N para que o sistema se mantenha em equilíbrio. Uma vez que o máximo valor de F_1 alcançável seria $0{,}25N_1 = 227$ N, o cilindro não rotacionará.

9.12 Veja a Fig. 9-16(*a*). Qual deverá ser o coeficiente de atrito entre as superfícies de pega do alicate e a massa *m* que impede o deslizamento?

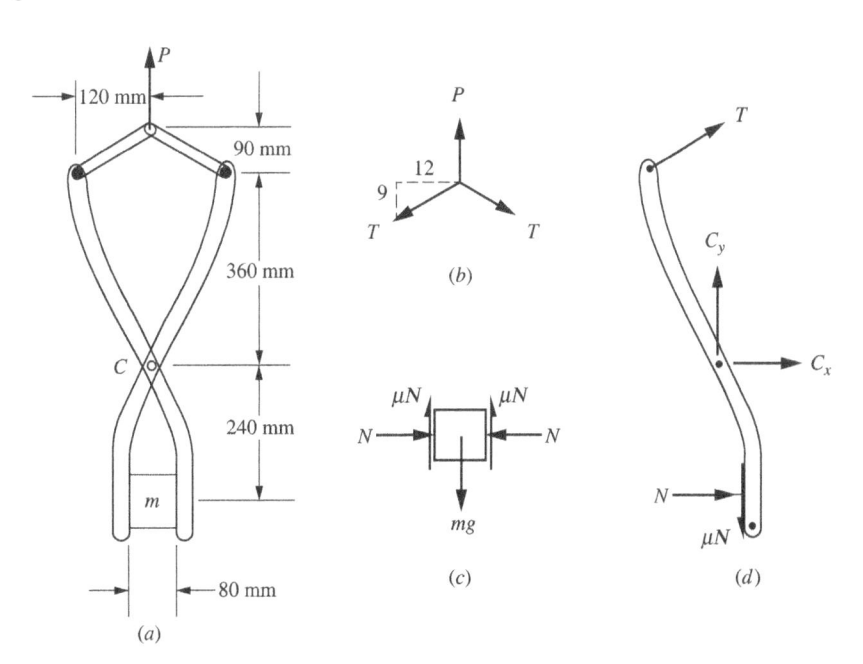

Figura 9-16

Solução

O diagrama de corpo livre do alicate e da massa m indica que $P = mg$.

O diagrama de corpo livre do pino superior na Fig. 9-16(b) mostra que

$$\sum F_y = 0 = P - 2T \times \frac{9}{15} \quad \text{ou} \quad T = \frac{5mg}{6}$$

O diagrama de corpo livre da massa m na Fig. 9-16(c) mostra que

$$\sum F_y = 0 = 2\mu N - mg \quad \text{ou} \quad \mu N = \frac{mg}{2}$$

Desenhe o diagrama de corpo livre de um braço do alicate [observe a Fig. 9-16(d)]. Nele,

$$\sum M_C = 0 = -T \times \frac{12}{15} \times 360 - T \times \frac{9}{15} \times 120 + N \times 240 - \mu N \times 40$$

Substituindo,

$$-\frac{5mg}{6} \times \frac{12}{15} \times 360 - \frac{5mg}{6} \times \frac{9}{15} \times 120 + N \times 240 - \frac{mg}{2} \times 40 = 0$$

Por isso,

$$N = \frac{(240 + 60 + 20)mg}{240} = \frac{4mg}{3}$$

E, finalmente,

$$\mu = \frac{\mu N}{N} = \frac{mg/2}{4mg/3} = 0{,}38$$

9.13 Considere a Fig. 9-17. O coeficiente de atrito entre o bloco de cobre A e o bloco de alumínio B é 0,3, e entre o bloco B e o piso é 0,2. A massa do bloco A é 3 kg e do bloco B é 2 kg. Qual será a força P que leva o bloco A ao movimento iminente?

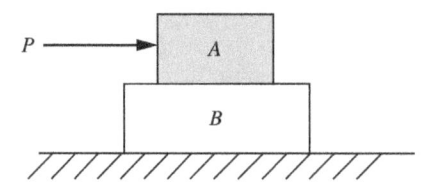

Figura 9-17

Solução

Este representa uma classe de problemas caracterizada por múltiplos modos de escorregamento, nela, existe mais de uma forma de o movimento ser iminente. O procedimento de análise pode ser resumido nos seguintes passos.

1. Admita um dos modos de deslizamento possíveis.
2. Calcule o atrito necessário para impedir o deslizamento nas demais superfícies onde o escorregamento possa ocorrer.
3. Teste se há atrito suficiente nas outras superfícies que impeça o deslizamento.
4. Se houver atrito o suficiente, o problema estará resolvido. Se não houver atrito o suficiente para impedir o deslizamento, escolha um segundo modo de deslizamento possível e repita o processo.

Neste problema, vamos assumir que o deslizamento será iminente na superfície entre A e B, mas não entre B e o piso. Os diagramas de corpo livre são mostrados na Fig. 9-18. Observe que, uma vez que assumimos a não iminência de movimento entre o bloco B e o solo, $(F_m)_B \neq 0{,}2N_B$. As equações de equilíbrio para A são

$$\sum F_v = N_A - 29{,}4 = 0$$
$$\sum F_h = P - 0{,}3N_A = 0$$

e para B são

$$\sum F_v = N_B - N_A - 19{,}6 = 0$$
$$\sum F_h = 0{,}3N_A - F_B = 0$$

Resolvendo, obtemos $F_B = 8{,}82$ N e $N_B = 49$ N. O maior valor do atrito antes da iminência do escorregamento é $(F_m)_B = 0{,}2N_B = 9{,}8$ N. Uma vez que precisamos de apenas 8,82 N de força de atrito para o equilíbrio, mas podemos gerar 9,8 N, o bloco B não está na iminência de escorregar e, portanto, a hipótese inicial era correta. Se $F_B > (F_m)_B$, então o escorregamento ocorrerá e a hipótese assumida no início seria incorreta. Nesse caso, o processo se repetiria com $(F_m)_B = 0{,}2N_B$ e $(F_m)_A \neq 0{,}3N_A$.

Partindo da equação de equilíbrio para P, $P = 8{,}82$ N.

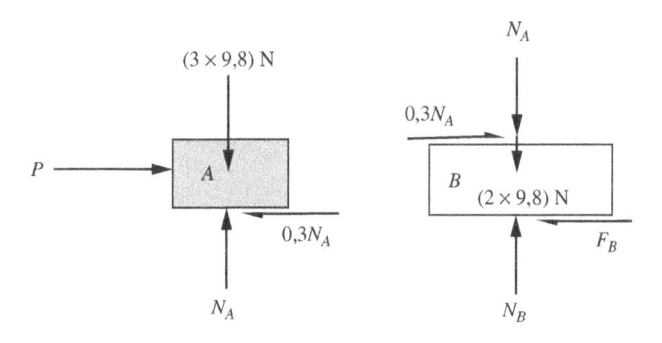

Figura 9-18

9.14 Observe a Fig. 9-19. Dois cilindros de peso W e raio r repousam em uma caixa com largura igual a $3r$. As paredes dessa caixa são lisas. O coeficiente de atrito entre o cilindro A e o fundo da caixa é de 0,12, e entre os dois cilindros é 0,3. Encontre o conjugado M que deve ser aplicado ao cilindro B para que este fique na iminência de movimento.

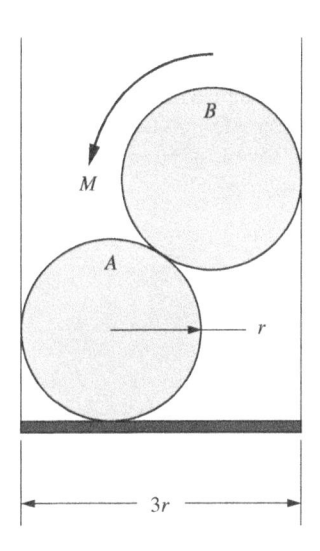

Figura 9-19

Solução

Há duas formas possíveis para que o cilindro B fique na iminência de escorregar:

(*a*) rotação anti-horária de B, sem rotação de A;
(*b*) rotação anti-horária de B, com rotação horária de A.

Escolha (*a*) como condição de iminência de movimento. Para esse caso, nos diagramas de corpo livre da Fig. 9-20, $F_2 = 0{,}3N_2$, mas $F_3 \neq 0{,}12N_3$.

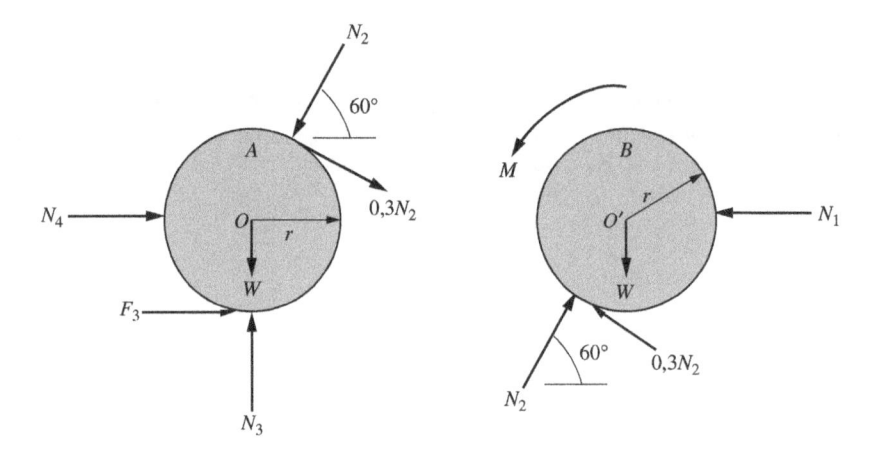

Figura 9-20

As equações de equilíbrio para *A* convertem-se em

$$\sum F_v = N_3 - N_2 \operatorname{sen} 60° - 0{,}3N_2 \cos 60° - W = 0$$
$$\sum F_h = N_4 + F_3 - N_2 \cos 60° + 0{,}3N_2 \operatorname{sen} 60° = 0$$
$$\sum M_O = F_3 r - 0{,}3 N_2 r = 0$$

e para *B*

$$\sum F_v = N_2 \operatorname{sen} 60° + 0{,}3N_2 \cos 60° - W = 0$$
$$\sum F_h = -N_1 + N_2 \cos 60° - 0{,}3N_2 \operatorname{sen} 60° = 0$$
$$\sum M_{O'} = M - 0{,}3 N_2 r = 0$$

Resolvendo para F_3 e N_3, obtém-se $F_3 = 0{,}295W$, $N_3 = 2W$. Agora, $F'_3 = \mu_3 N_3 = 0{,}24W$, e, uma vez que $F_3 > F'_3$, a força de atrito entre o cilindro *A* e o fundo da caixa não é suficiente para impedir o deslizamento, e, portanto, a hipótese (*a*) é falsa. Isso significa que (*b*) é a forma que corresponde à iminência de movimento do cilindro *B*.

Os diagramas de corpo livre são mostrados na Fig. 9-21. As equações de equilíbrio para *A* convertem-se em

$$\sum F_v = N_3 - F_2 \cos 60° - N_2 \operatorname{sen} 60° - W = 0$$
$$\sum F_h = N_4 + 0{,}12N_3 + F_2 \operatorname{sen} 60° - N_2 \cos 60° = 0$$
$$\sum M_O = 0{,}12N_3 r - F_2 r = 0$$

e para *B*

$$\sum F_v = N_2 \operatorname{sen} 60° + F_2 \cos 60° - W = 0$$
$$\sum F_h = -N_1 + N_2 \cos 60° - F_2 \operatorname{sen} 60° = 0$$
$$\sum M_{O'} = M - F_2 r = 0$$

Resolvendo, $F_2 = 0{,}24W$ e $M = 0{,}24Wr$.

Para verificar que (*b*) é de fato o modo de deslizamento, calcula-se $N_2 = 1{,}02W$ e $(F_m)_2 = 0{,}306W$. Portanto, $(F_m)_2 > F_2$ e não haverá iminência de deslizamento entre os cilindros.

Um modo possível de movimento, diferente dos estudados acima, é aquele em que o cilindro B rola por sobre o cilindro A. Para que isso não aconteça, N_1 deve ter um valor positivo. A equação de equilíbrio das forças horizontais para o cilindro B na Fig. 9-21 fornece

$$\sum F_h = -N_1 + N_2 \cos 60° - F_2 \sen 60° = 0 \qquad N_1 = 0{,}302W$$

Isso significa que o cilindro B não desencosta da parede da caixa.

Finalmente, o conjugado M que produz iminência de movimento é $M = 0{,}24Wr$.

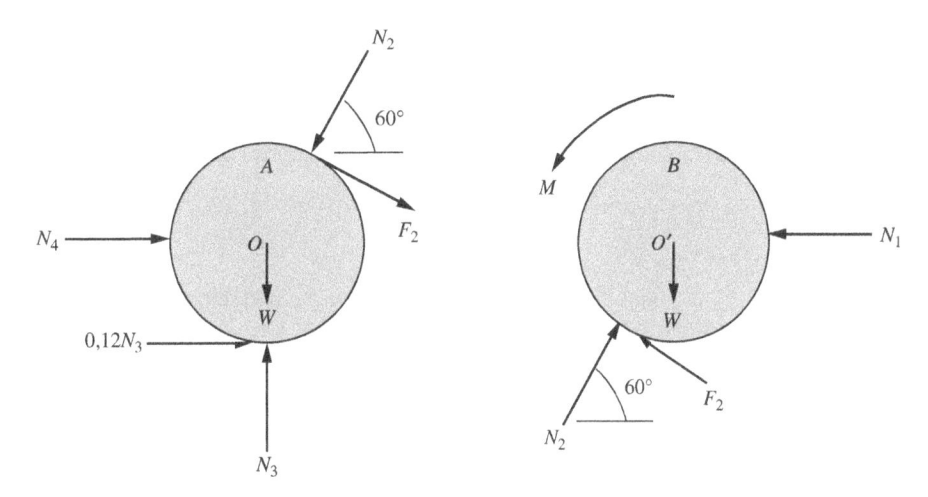

Figura 9-21

9.15 O diâmetro médio dos fios de um parafuso de rosca quadrada é de 50 mm. O passo dos fios da rosca é de 6 mm. O coeficiente de atrito é $\mu = 0{,}15$. Qual a força que deverá ser aplicada na extremidade de uma alavanca de 600 mm, perpendicular ao eixo longitudinal do parafuso, para erguer uma carga de 18 kN? Qual a força que deverá ser aplicada para abaixar essa carga?

Solução

Para elevar a carga, aplique a Eq. 9.4: $M = Wr\,\tg(\phi + \beta)$.

O momento de rotação M é igual ao produto da força pelo comprimento da alavanca. ϕ é o ângulo cuja tangente é 0,15, ou $\phi = 8{,}53°$:

$$\beta = \tg^{-1}\frac{\text{Passo}}{\text{Circunferência média}} = \tg^{-1}\frac{6}{50\pi} = \tg^{-1} 0{,}0382 = 2{,}187°$$

$$M = P \times 600 = 18\,000 \times 25\,\tg(8{,}53° + 2{,}187°)$$

Então, para elevar a carga, teremos $P = 142$ N.

Para determinar a força necessária para abaixar a carga, aplique a fórmula $M = Wr\,\tg(\phi - \beta)$:

$$M = P \times 600 = 18\,000 \times 25\,\tg(8{,}53° - 2{,}187°)$$

Então, para abaixar a carga, teremos, $P = 83{,}4$ N.

9.16 A rosca sem fim de um macaco tem 2 fios por centímetro. O raio médio dos fios é de 5,94 mm. O diâmetro médio da superfície de contato com a porca é de 82,6 mm. O coeficiente de atrito para todas as superfícies é 0,06. Qual é o torque necessário para elevar uma carga de 6000 N?

Solução

Como indicado na discussão teórica, um termo deve ser adicionado de modo a levar em conta o momento necessário para vencer o atrito entre a porca e a rosca. O momento é

$$M = Wr\,\tg(\phi + \beta) + \mu W r_c$$

onde r_c é o raio médio da superfície de contato entre a rosca e a porca:

$$\phi = \text{tg}^{-1} 0{,}06 = 3{,}43° \qquad \beta = \text{tg}^{-1} 0{,}5/(2\pi \times 5{,}94) = 0{,}768°$$

então,

$$M = 6000 \times 0{,}0594 \, \text{tg}(3{,}43° + 0{,}768°) + 0{,}06 \times 6000 \times (0{,}0826/2) = 41 \text{ N·m}$$

9.17 Duas polias de 750 mm de diâmetro são conectadas por uma correia de modo que essa correia cobre um quarto das suas circunferências. A tensão no lado esticado da correia é de 200 N. Se o coeficiente de atrito é 0,25, determine a tensão no lado frouxo quando a correia está a ponto de deslizar.

Solução

O ângulo do envolvimento para ambas as polias é de 90°, para um total de 180° ou π rad. Utilizando a equação $T_1 = T_2 e^{\beta\mu}$, temos

$$200 = T_2 \times e^{\pi(0{,}25)} \qquad \text{ou} \qquad T_2 = 91{,}2 \text{ N}$$

9.18 Na Fig. 9-22(*a*), um tambor com 635 mm de diâmetro é envolvido por uma lona de freio, que é esticada por uma força vertical *P* de 178 N, aplicada na alavanca *AC*. Assuma que o coeficiente de atrito entre o tambor e a lona é de 0,333. Desprezando o atrito em todas as outras superfícies, determine o momento de frenagem nominal do tambor se a rotação no sentido horário é iminente.

Solução

Ao resolver, considerando que o tambor está na iminência de rotacionar no sentido horário, observe que a força de atrito *F* no tambor age no sentido oposto ao do movimento, i.e., anti-horário. Essa mesma força de atrito age na lona na direção oposta ou horária. Ao considerar o diagrama de corpo livre da lona, a tensão T_C deve ser maior que a tensão T_B, uma vez que ela mantém T_B e *F* em equilíbrio. Calculando os momentos em relação a *C* das forças que agem na alavanca, obtemos

$$\sum M_C = 0 = T_B \, \text{sen} \, 60° \times 100 - 178 \times 760 \qquad \text{ou} \qquad T_B = 1560 \text{ N}$$

O ângulo de envolvimento deve ser determinado antes que a fórmula para as tensões possa ser aplicada. A Figura 9-23 presta-se a mostrar as relações trigonométricas envolvidas no problema. Primeiro, determina-se o valor de θ. Na Fig. 9-23(*a*),

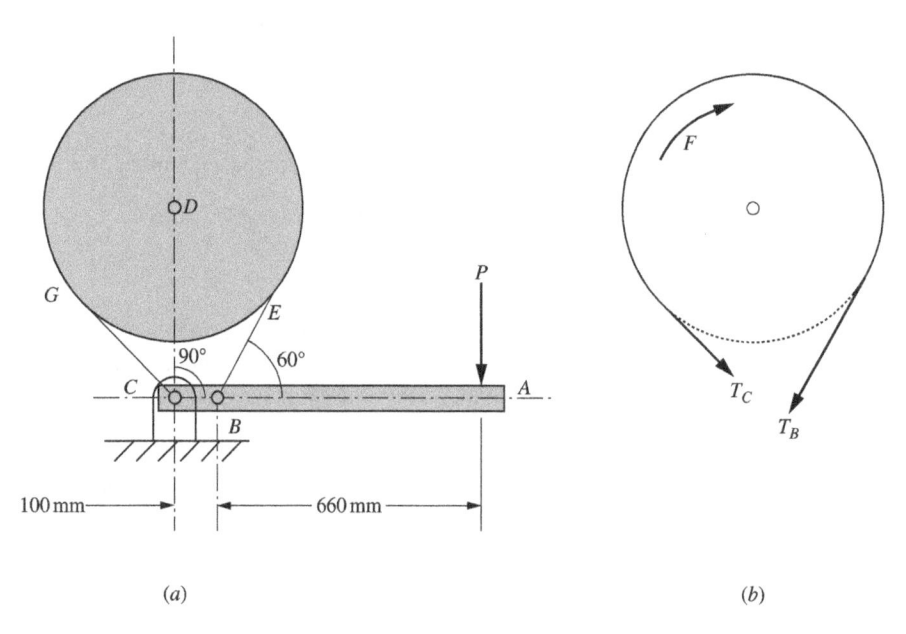

$$CD = \frac{DF}{\text{sen} \, 30°} = \frac{DE - EF}{\text{sen} \, 30°} = \frac{317{,}5 - HE \cos 30°}{\text{sen} \, 30°} = \frac{317{,}5 - 100 \cos 30°}{\text{sen} \, 30°} = 462 \text{ mm}$$

(*a*)   (*b*)

Figura 9-22

Da Fig. 9-23(b), $\theta = \text{sen}^{-1} GD/CD = \text{sen}^{-1} 317,5/462 = 43,4°$.
Da Fig. 9-23(c), ângulo de envolvimento $= 180° + 30° + 43,4° = 253,4° = 4,4227$ rad.
T_C é maior que T_B. Assim, $T_C = T_B e^{\beta\mu} = 6814$ N.
Assim, o momento de frenagem é

$$(T_C - T_B) \times 0,3175 = (6814 - 1560) \times 0,3175 = 1670 \, \text{N} \times \text{m}$$

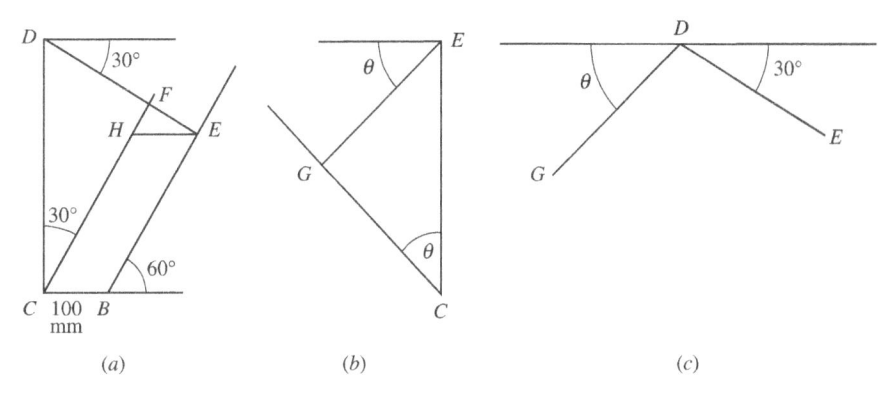

Figura 9-23

9.19 Quatro voltas de uma corda em torno de um poste na horizontal suportarão um peso de 1000 N com um esforço de 10 N. Determine o coeficiente de atrito entre a corda e o poste.

Solução
Use a equação $T_1 = T_2 e^{\beta\mu}$, onde $T_1 = 1000$ N e $T_2 = 10$ N. Assim, $e^{\beta\mu} = 100$. Mas $\beta =$ ao ângulo envolvente $= 4 \times 2\pi$ rad. Assim,

$$e^{8\pi\mu} = 100 \quad \text{ou} \quad 8\pi\mu = \ln 100. \quad \therefore \mu = 0,183$$

9.20 Qual é a força necessária para suportar uma massa de 900 kg suspensa por uma corda que envolve com duas voltas um poste? Assuma que o coeficiente de atrito é $\mu = 0,20$.

Solução
Use a equação $T_1 = T_2 e^{\beta\mu}$, onde T_1 é a maior força ($900 \times 9,8$ N). Assim, a força sustentadora $T_2 = 8820/e^{\beta\mu}$, onde $\beta = 2 \times 2\pi$ rad e $\mu = 0,20$. A solução é

$$T_2 = 8820 \, e^{-4\pi \times 0,2} = 714 \, \text{N}$$

9.21 Uma roda de aço, com diâmetro de 760 mm, rola na horizontal sobre um trilho também de aço. Ela transporta uma carga de 500 N. O coeficiente de resistência ao rolamento é de 0,305 mm. Qual é a força P necessária para a roda rolar ao longo do trilho?

Solução
Use a Eq. 9.8 e encontre

$$P = \frac{Wa}{r} = \frac{500 \times 0,305}{380} = 0,4 \, \text{N}$$

9.22 Um eixo de seção circular com diâmetro D repousa em um suporte, conforme mostrado na Fig. 9-24(a). O eixo suporta um peso W, o qual assume-se ser igualmente distribuído pela área. Considerando o coeficiente de atrito μ, determine o momento torção M necessário para a iminência do movimento de rotação. Despreze qualquer atrito lateral;

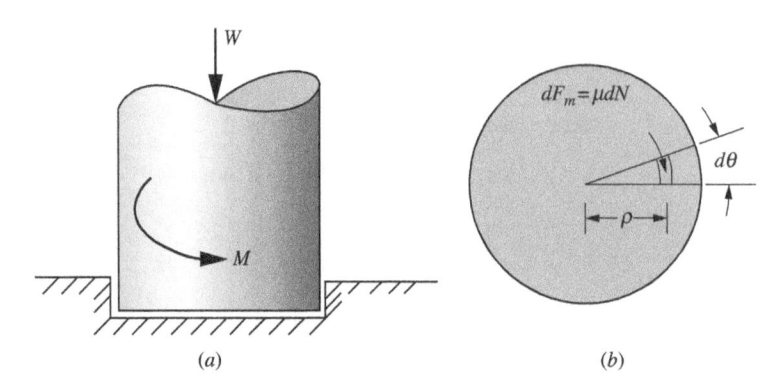

Figura 9-24

Solução

A resistência por atrito dF_m que age na área diferencial $dA = \rho\, d\rho\, d\theta$ é mostrada na Fig. 9-24(b). O momento dessa força de atrito em relação à linha de centro do eixo é $\rho\, dF_m$.

No entanto, a força normal nessa área diferencial é o produto da área pela força distribuída, que é dada pelo peso dividido pela área. Então, podemos escrever

$$dF_m = \mu\, dN = \mu \frac{W}{0,25\pi D^2} \rho\, d\rho\, d\theta$$

ou

$$M = \int_0^{D/2} \int_0^{2\pi} \rho \frac{4\mu W}{\pi D^2} \rho\, d\rho\, d\theta$$

$$= \frac{4\mu W}{\pi D^2} \int_0^{D/2} \rho^2\, d\rho\, (2\pi) = \frac{8\mu W}{D^2} \left[\frac{\rho^3}{3}\right]_0^{D/2} = \frac{\mu W D}{3}$$

Problemas Complementares

9.23 Uma morsa exerce uma força normal de 100 N em três peças mantidas juntas, conforme mostrado na Fig. 9-25. Qual é a força P que poderá ser aplicada até a iminência de movimento? O coeficiente de atrito entre as peças é 0,30.

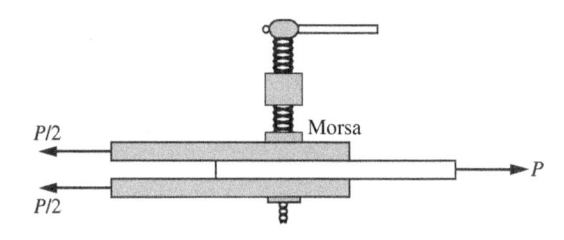

Resp. $P = 60$ N

Figura 9-25

9.24 Uma escada de comprimento igual a 6 m e pesando 500 N repousa contra uma parede lisa. O ângulo entre a escada e o piso é de 70°. O coeficiente de atrito entre o piso e a escada é 0,25. O quanto uma pessoa de 80 kg pode subir antes que a escada deslize?

Resp. 4,12 m

9.25 Uma pessoa pode puxar horizontalmente até 400 N. Um peso de 3200 N repousa sobre uma superfície horizontal cujo coeficiente de atrito é 0,20. O cabo vertical de uma talha está conectado ao topo do bloco, conforme mostrado na Fig. 9-26. Qual será a tensão no cabo se a pessoa está prestes a mover o bloco para a direita?

Resp. $T = 1200$ N

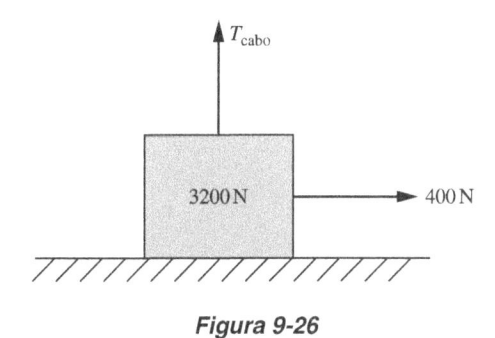

Figura 9-26

9.26 Observe a Fig. 9-27. A cunha B é usada para elevar a carga de 1960 N que repousa sobre o bloco A. Qual é a força P necessária para realizar isso se o coeficiente de atrito para todas as superfícies é 0,2? Despreze o peso dos blocos.

Resp. 1510 N

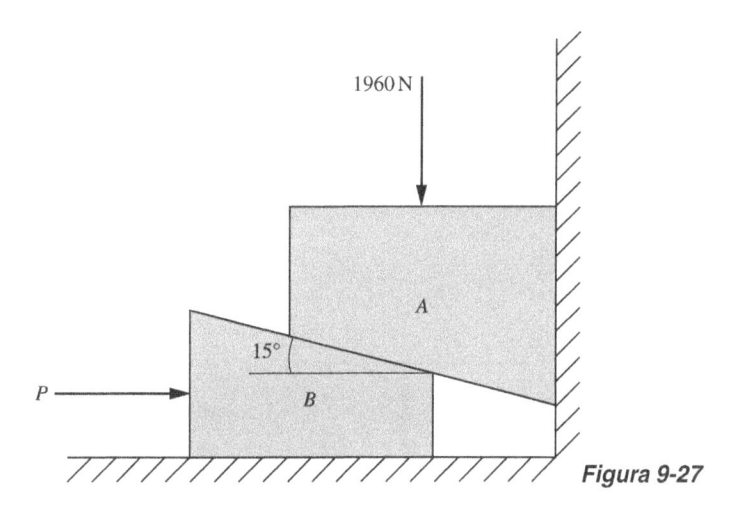

Figura 9-27

9.27 Qual é a força P necessária para conduzir a cunha de 5° de modo a elevar a massa de 500 kg mostrada na Fig. 9-28. O coeficiente de atrito para todas as superfícies é 0,25.

Resp. $P = 3190$ N

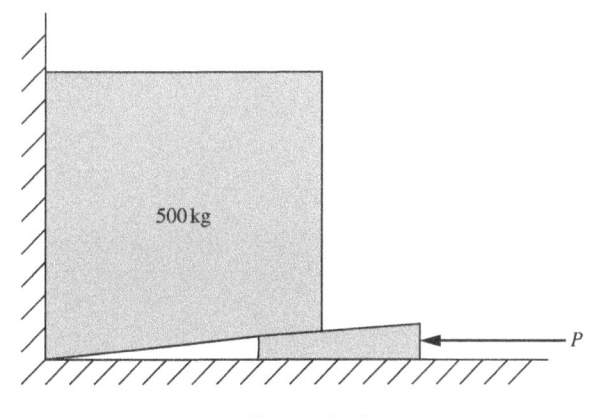

Figura 9-28

9.28 Na Fig. 9-29, há uma cunha de 5° partindo uma tora. O coeficiente de atrito entre a madeira e a cunha é de 0,2. Se o golpe equivale a 800 N, qual será a força normal à cunha ao partir a tora?

Resp. $N = 1640$ N

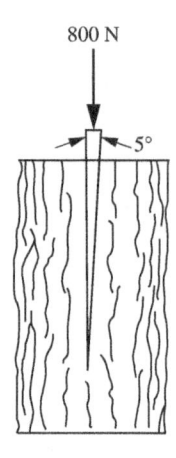

Figura 9-29

9.29 Observe a Fig. 9-30. O bloco *A*, de massa igual a 45 kg, repousa sobre o bloco *B*, de massa igual a 90 kg, e é amarrado com uma corda horizontal a uma parede em *C*. Se o coeficiente de atrito entre *A* e *B* é 0,25, e entre *B* e a superfície é 0,333, qual é a força *P* horizontal necessária para mover o bloco *B*?

Resp. $P = 550$ N

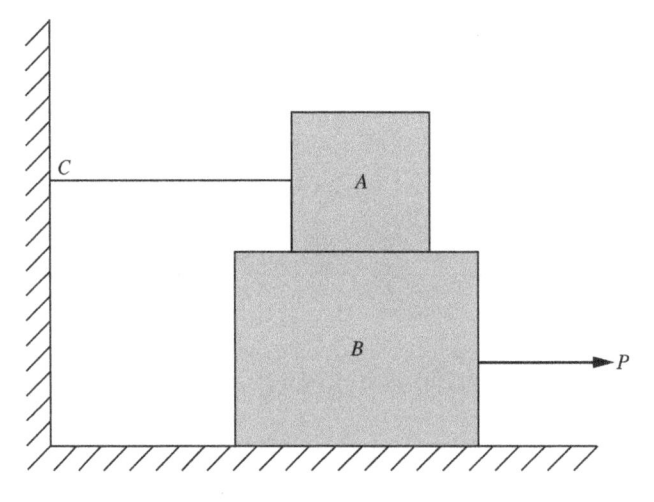

Figura 9-30

9.30 Observe a Fig. 9-31. O bloco A, pesando 60 N, repousa sobre o bloco B, pesando 80 N. O bloco A está impedido de mover-se por uma corda horizontal amarrada na parede em C. Qual é a força P, paralela ao plano inclinado de 30° com a horizontal, necessária para iniciar o movimento para baixo de B nesse plano? Considere μ para todas as superfícies igual a 0,333.

Resp. $P = 40,3$ N

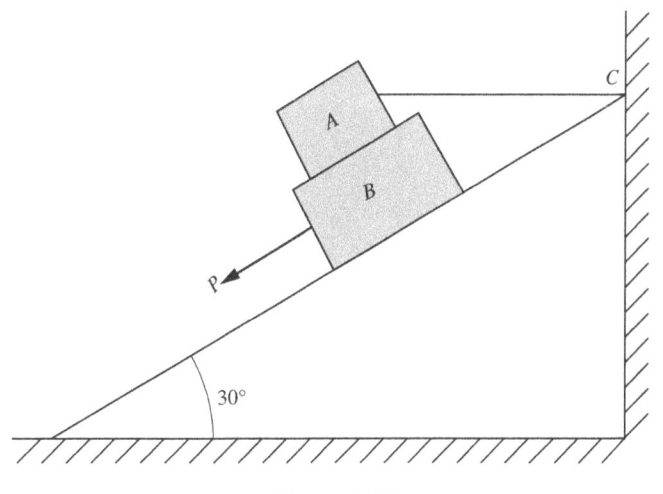

Figura 9-31

9.31 Observe a Fig. 9-32. O cubo A, de massa igual a 8 kg, tem 100 mm de lado. O ângulo $\theta = 15°$. Se o coeficiente de atrito é 0,25, o cubo irá deslizar ou tombar à medida que a força P é aumentada?

Resp.   Deslizar: $P_{\text{tombamento}} = 48,0$ N, $P_{\text{deslizamento}} = 39,2$ N

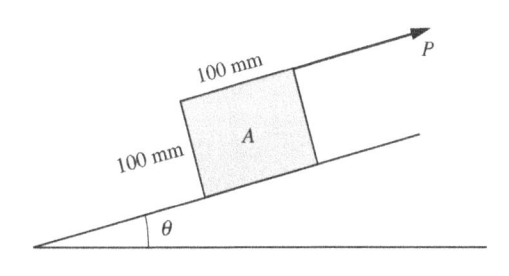

Figura 9-32

9.32 Observe a Fig. 9-33. A massa A é de 23 kg; a massa B é de 36 kg. Os coeficientes de atrito são, entre A e B, 0,60, entre B e o plano, 0,20, e entre a corda e o tambor fixo, 0,30. Determine a máxima massa m na iminência do movimento.

Resp. $m = 18,9$ kg

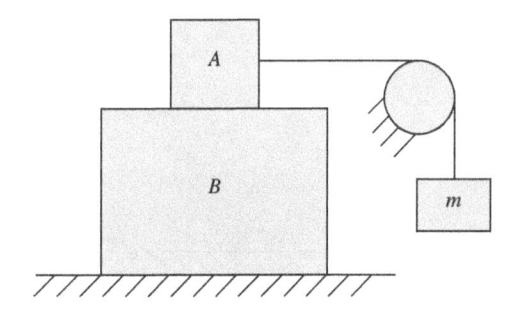

Figura 9-33

9.33 Observe a Fig. 9-34. O corpo homogêneo A pesa 500 N. Os coeficientes de atrito são 0,3, entre A e o plano, e $2/\pi$, entre a corda e o tambor. Qual valor de W causará o iminente movimento de A?

Resp. $W = 340$ N

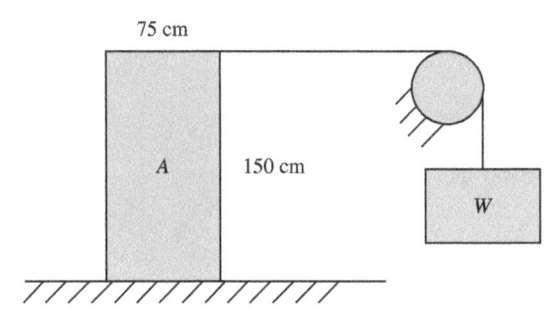

Figura 9-34

9.34 Uma corda suporta o peso E de 200 N, passa por uma polia e é conectada a um anteparo em A, conforme mostrado na Fig. 9-35. O peso C é de 240 N. Qual o coeficiente de atrito μ mínimo entre a corda externa e a polia para que haja equilíbrio?

Resp. $\mu = 0{,}292$

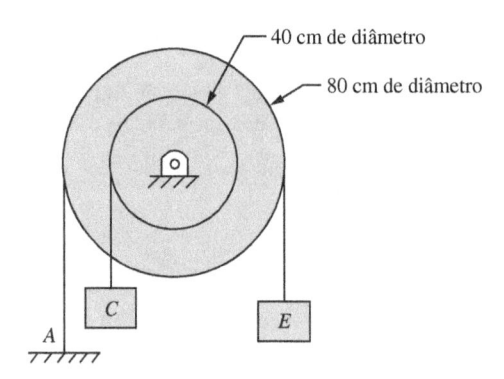

Figura 9-35

9.35 Observe a Fig. 9-36. A barra homogênea A, de massa 18 kg e comprimento 2 m, está inclinada 60° em relação ao plano horizontal. A massa m de 7 kg está amarrada por uma corda a essa barra. A corda que se conecta à barra é horizontal. O coeficiente de atrito entre a corda e o tambor B é 0,20. Qual é o mínimo coeficiente de atrito entre a barra e o plano para que haja equilíbrio?

Resp. $\mu = 0{,}284$

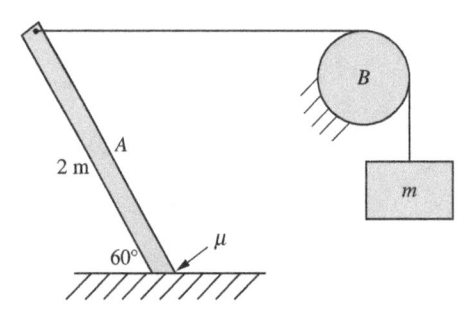

Figura 9-36

9.36 Observe a Fig. 9-37. O ângulo de atrito estático entre o bloco de massa *m* e o plano é ϕ. Para os ângulos mostrados na figura, qual é a expressão para a força *P* que move o bloco para cima no plano?

Resp. $P = [9{,}8m\,\text{sen}(\theta + \phi)]/[\cos(\beta - \phi)]$

9.37 No Problema 9.36, mostre que o valor mínimo de *P* para um dado ângulo θ é $9{,}8m\,\text{sen}(\theta + \phi)$.

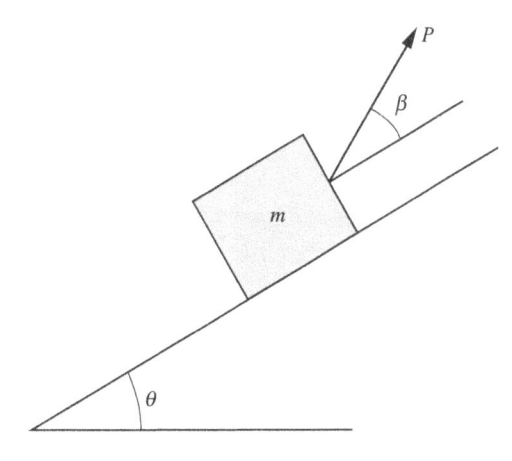

Figura 9-37

9.38 Uma barra homogênea de comprimento *L* e peso *w* repousa horizontalmente, conforme mostrado na Fig. 9-38, com sua extremidade livre sobre um bloco de peso *W*. O bloco *W* está em repouso em um plano inclinado de um ângulo α com a horizontal. Determine o coeficiente de atrito mínimo μ entre o bloco e o plano para que haja equilíbrio. Considere que não há atrito entre a barra e o bloco.

Resp. $\mu = (\text{sen}\,2\alpha)/(w/W + 2\cos^2\alpha)$

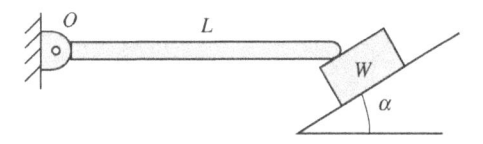

Figura 9-38

9.39 Na Fig. 9-39, um cone de embreagem é desenhado mostrando as superfícies que se encaixam. Assuma que as partes que se encaixam são forçadas ao contato com uma pressão normal nas superfícies igual a 70 kPa. A área de contato é o produto da dimensão de 5 cm pela circunferência média das partes em contato. A força normal total em kN é a pressão normal à superfície multiplicada pela área encontrada. Se o coeficiente de atrito é $\mu = 0{,}35$, determine a força de atrito entre as superfícies em contato.

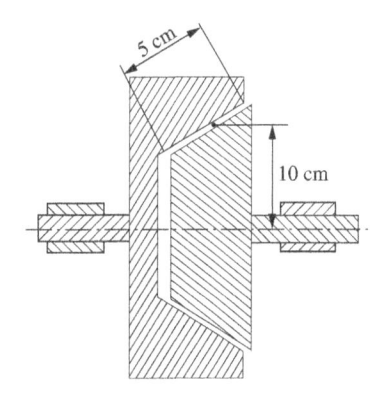

Resp. $F = 770$ N

Figura 9-39

9.40 O elevador mostrado na Fig. 9-40 desliza por um eixo vertical quadrado de 75 mm. Quão distante um peso de 9,8*m* pode ser posicionado de modo que o elevador deslize sem travar no eixo? Considere $\mu = 0,25$.

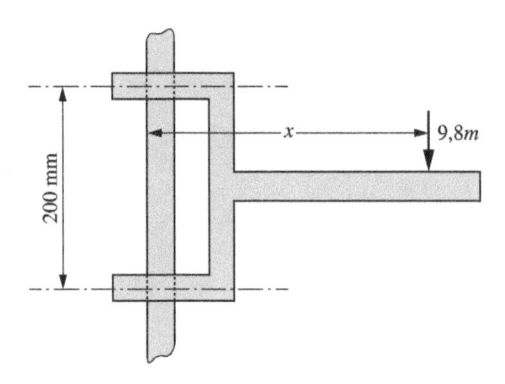

Resp. $x = 438$ mm

Figura 9-40

9.41 Observe a Fig. 9-41. O bloco homogêneo de 360 kg repousa contra uma parede vertical, para a qual o coeficiente de atrito é 0,25. A força *P* é aplicada ao ponto médio da face direita e na direção mostrada na figura. Qual deverá ser o intervalo para os valores de *P* que não perturbam o equilíbrio?

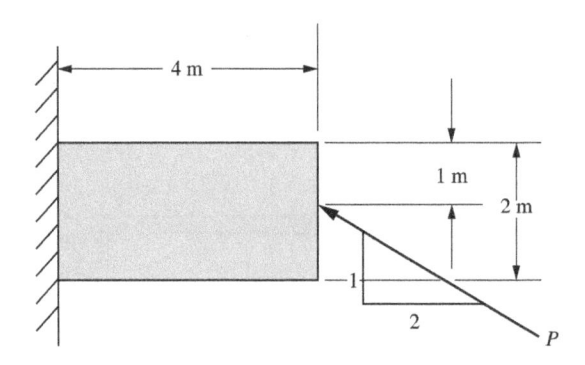

Resp. $5260 \text{ N} < P < 7890 \text{ N}$

Figura 9-41

9.42 Qual é o conjugado *M* necessário para produzir a iminência de movimento da roda de peso *W* e raio *r* mostrada na Fig. 9-42? O coeficiente de atrito para todas as superfícies é μ.

Resp. $M = \mu W r (1 + \mu)/(1 + \mu^2)$

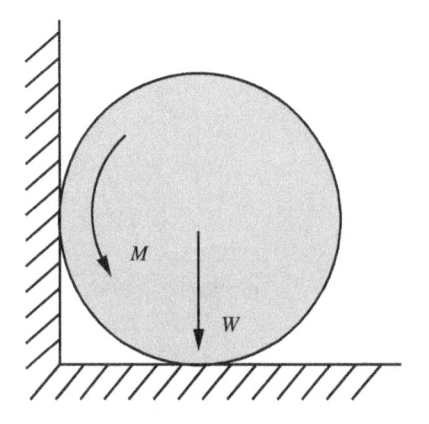

Figura 9-42

9.43 Uma força vertical P aplicada na alavanca AB sustenta uma massa de 20 kg impedindo sua queda, conforme mostrado na Fig. 9-43. O coeficiente de atrito entre a alavanca e o tambor de 300 mm de diâmetro é 0,25. Desprezando a massa do tambor e da alavanca, determine a força P necessária para sustentar a massa.

Resp. $P = 327$ N

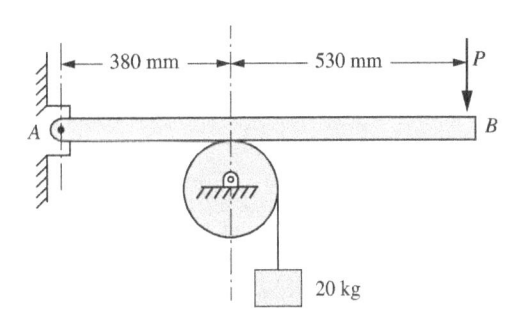

Figura 9-43

9.44 Na Fig. 9-44, W_1 pesa 200 N e W_2 pesa 120 N. Eles são unidos por uma corda paralela ao plano. O coeficiente de atrito entre W_1 e o plano é 0,25, e entre W_2 e o plano é 0,5. Determine o valor do ângulo θ para o qual o deslizamento ocorrerá. Qual é a tensão na corda?

Resp. $\theta = 19{,}0°$, $T = 17{,}6$ N

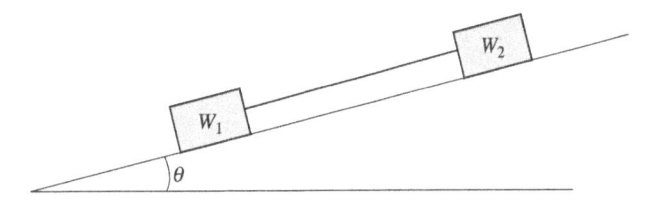

Figura 9-44

9.45 Determine à força P que leva a iminência de movimento se o coeficiente de atrito entre os blocos e o plano mostrados na Fig. 9-45 é 0,25. A força P e as cordas são paralelas ao plano. A polia é livre de atrito.

Resp. $P = 6{,}6$ N

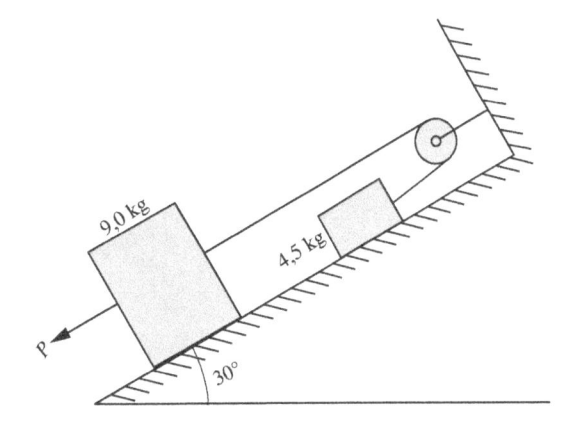

Figura 9-45

9.46 O tambor mostrado na Fig. 9-46 está submetido a um torque anti-horário de 1,81 N·m. Qual é a força *P* horizontal necessária para que haja resistência ao movimento? O coeficiente de atrito entre os dispositivos de frenagem (articulados junto a *B*) e o tambor é de 0,40. Despreze o peso dos dispositivos de frenagem. Todas as dimensões estão em cm.

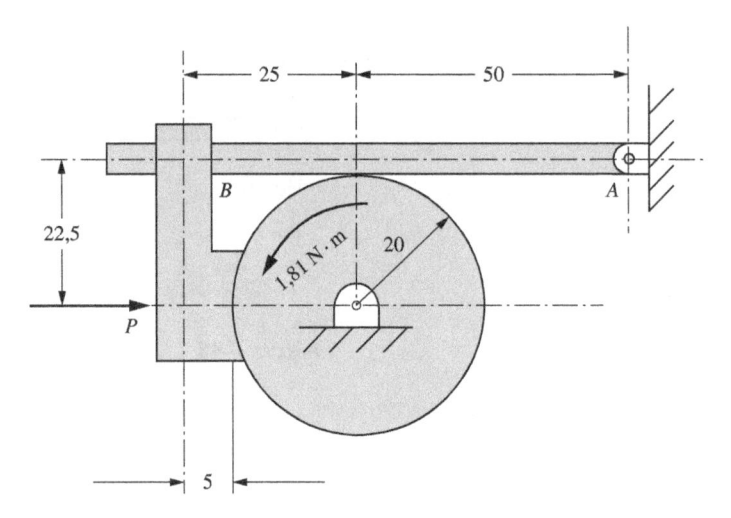

Resp. $P = 15,3$ N

Figura 9-46

9.47 Um corpo de massa igual a 30 kg repousa em um plano inclinado 45° em relação à horizontal. O coeficiente de atrito é 0,333. Qual o intervalo de valores para a força *P* que impedem o movimento da massa para cima ou para baixo no plano?

Resp. $147 \text{ N} < P < 588 \text{ N}$

9.48 Um plano é inclinado a um ângulo θ com a horizontal. Um corpo de peso *W* apenas permanece em repouso nesse plano. Determine a menor força *P* que faz o corpo subir o plano. (Sugestão: $\theta = \alpha$, uma vez que θ é o ângulo de repouso; assuma também que *P* atua com um ângulo β em relação ao plano.)

Resp. $P = W \text{ sen } 2\theta$

9.49 Observe a Fig. 9-47. A barra uniforme tem massa igual a 35 kg. Qual é a força *P*, orientada para a direita, necessária para iniciar o movimento da barra? O coeficiente de atrito para todas as superfícies é 0,30.

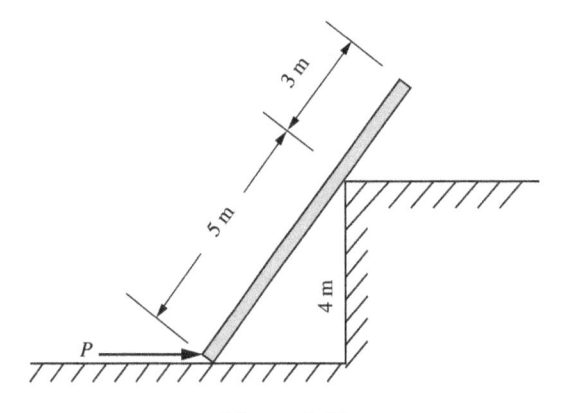

Resp. $P = 246$ N

Figura 9-47

9.50 Dois blocos de pesos iguais W podem deslizar sobre uma superfície horizontal. O coeficiente de atrito entre os blocos e a superfície é μ. Uma corrente de comprimento L é suspensa entre os blocos e suporta um peso de $2W$ em seu ponto central. Quão distantes esses blocos devem ficar para que haja equilíbrio?

Resp. $x = \dfrac{2\mu L}{\sqrt{1 + 4\mu^2}}$

9.51 Um prisma cuja seção transversal é um polígono regular de n lados repousa em uma face horizontal. Um inseto rasteja para cima. O coeficiente de atrito entre o inseto e a face é μ. Mostre que a maior face que o inseto pode escalar (contando a face horizontal) é dada pela expressão $n/360 \times \text{tg}^{-1}(\mu + 360/n)$.

9.52 A barra A, sem peso, é articulada em C a um prisma homogêneo B de 600 N, conforme mostra a Fig. 9-48. Uma força horizontal P é aplicada, 20 cm acima do plano horizontal. Se o coeficiente de atrito entre o plano e a barra, assim como entre o plano e o prisma, é 0,4, que valor de P será necessário para produzir a iminência de movimento? Faça a análise para o deslizamento e o tombamento do prisma.

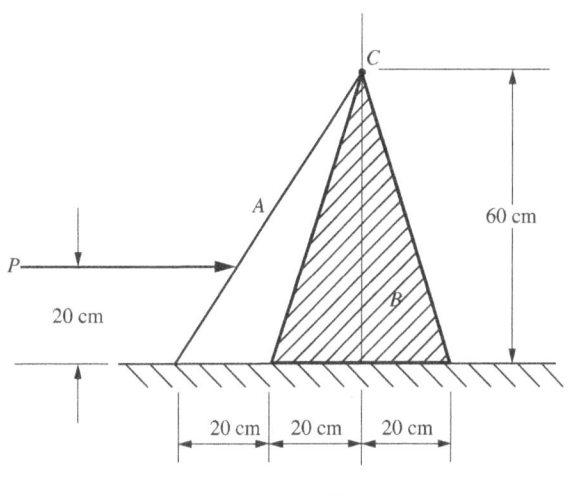

Resp. $P = 209$ N

Figura 9-48

9.53 A prancha fina e uniforme da Fig. 9-49 pesa 44 N / m. Dados os coeficientes de atrito nas faces de suporte conforme mostrado, qual o conjugado M que causará a iminência de movimento do disco no sentido anti-horário? O raio do disco é 15 cm.

Resp. 1,07 N·m

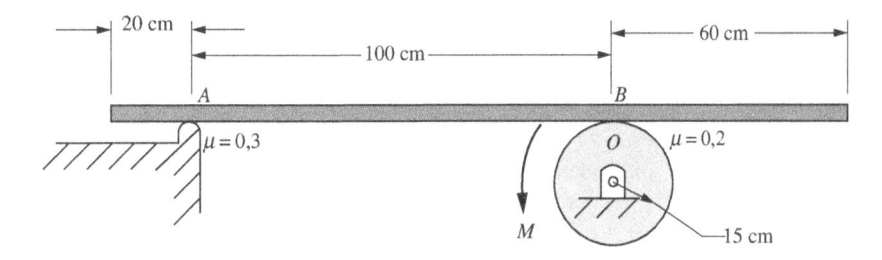

Figura 9-49

9.54 Repita o Prob. 9.53 com o conjugado *M* no sentido horário e com o coeficiente de atrito no disco igual a 0,1.

Resp. 0,832 N·m

9.55 Aplicando os resultados do Prob. 9.53, qual a força horizontal que, atuando na prancha, causará a iminência do movimento da prancha para a direita?

Resp. 18,2 N

9.56 Na Fig. 9-50, uma barra de peso igual a 51 N e com um comprimento de 180 cm apóia-se a 30 cm da sua extremidade esquerda e repousa sobre uma roda de 15 cm de raio junto a sua extremidade direita. O peso da roda é de 17 N. Os coeficientes de atrito são os mostrados. Encontre a intensidade da força *P* que produzirá a iminência de movimento da roda.

Resp. 4,1 N

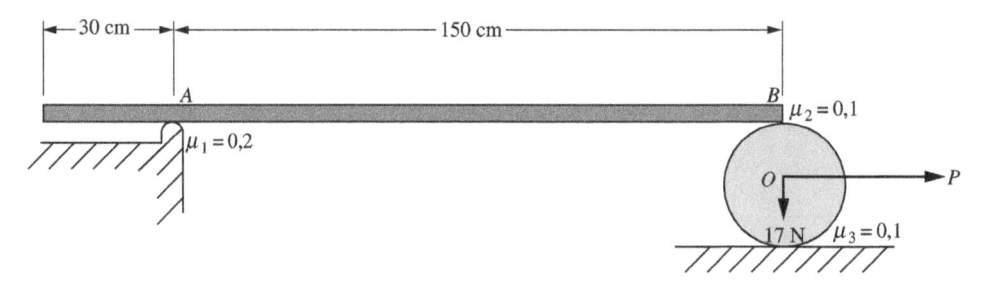

Figura 9-50

9.57 Resolva o Prob. 9.56 com $\mu_1 = \mu_2 = 0,15$.

Resp. 6,12 N

9.58 Na Fig. 9-51, o bloco *A* pesa 15 N e a roda *B* pesa 20 N. *A* e *B* estão conectados por uma corrente sem peso. O coeficiente de atrito sob *A* é 0,25 e sob *B* é 0,15. O diâmetro da roda é de 1 m. Qual será o valor do conjugado *M* que causa a iminência de movimento de *B*?

Resp. 1,5 N·m

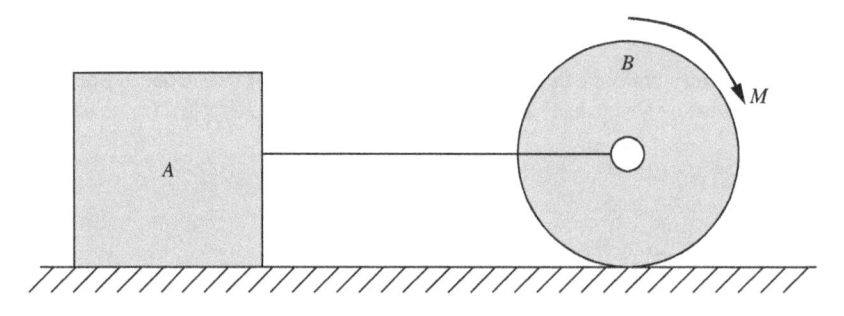

Figura 9-51

9.59 No Prob. 9-58, qual será o coeficiente de atrito mínimo sob a roda em *B* que produz a iminência de movimento de *A*? Qual o conjugado *M* que causará o movimento do sistema?

Resp. $\mu_B = 0,19$, $M = 1,87$ N·m

9.60 Um macaco de parafuso tem 118 fios por metro, com raio médio por fio igual a 1,65 cm. Uma alavanca de 46 cm de comprimento é usada para elevar ou abaixar uma carga de 10,7 kN. Se o coeficiente de atrito é 0,10, qual força perpendicular ao braço é necessária para (*a*) elevar a carga e (*b*) para abaixar a carga?

Resp. (*a*) 71 N, (*b*) 6,9 N

9.61 Suponha que o raio médio da superfície de contato entre o bujão e o parafuso no Prob. 9-60 é 3,56 cm. Qual valor de *P* é necessário para elevar a carga se o coeficiente de atrito entre o bujão e o parafuso é 0,07?

Resp. 130 N

9.62 Uma prensa manual possui 200 fios quadrados por metro. O diâmetro médio é de 3 cm. Se o coeficiente de atrito é 0,08, qual é a força que pode ser exercida pela prensa por uma força de 90 N aplicada na direção normal a uma alavanca de 50 cm de comprimento?

Resp. 22 kN

9.63 O parafuso de uma prensa tem 240 fios por metro. O diâmetro médio é de 3,5 cm e o coeficiente de atrito é de 0,14. Se forças de 178 N são aplicadas como conjugado com braço de momento igual a 51 cm, qual força exercerá a prensa? Veja a Fig. 9-52.

Resp. 29 kN

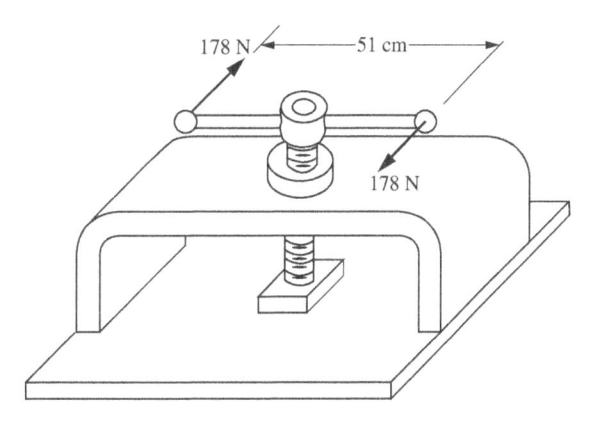

Figura 9-52

9.64 Qual é a força *P*, aplicada perpendicularmente à alavanca da morsa na Figura 9-53, necessária para fixar a peça *A* com uma força de 89 N? O parafuso de rosca quadrada da morsa é feito com 400 fios por metro. O diâmetro médio do parafuso é de 11,1 mm. O coeficiente de atrito é 0,20.

Resp. $P = 1,3$ N

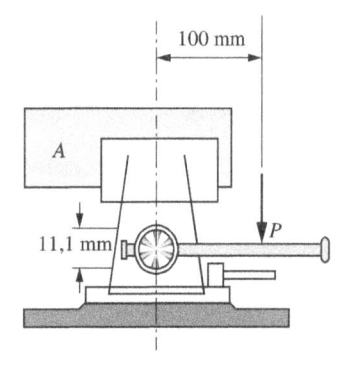

Figura 9-53

9.65 A rosca quadrada de um macaco tem passo igual a 10 mm e um diâmetro médio de 76 mm. O diâmetro médio da superfície de contato entre o bujão e o parafuso é de 89 mm. O coeficiente de atrito entre todas as superfícies é 0,10. Qual é a força necessária a ser aplicada na extremidade da alavanca de 900 mm de comprimento para elevar a carga de 18 kN?

Resp. $P = 190$ N

9.66 (*a*) Determine a carga que pode ser elevada com um macaco de rosca simples, com 100 fios por metro e um diâmetro médio de 76 mm, quando uma força de 890 N é aplicada a uma barra de comprimento igual a 760 mm. Utilize $\mu = 0,05$. (*b*) Se o diâmetro médio da superfície de contato entre o bujão e o parafuso é de 89 mm, e o coeficiente de atrito entre essas superfícies é 0,12, qual é o valor da carga que poderá ser elevada por uma força de 890 N?

Resp. (*a*) $W = 192$ kN, (*b*) $W = 76$ kN

9.67 Um macaco tem um parafuso de rosca quadrada com passo igual a 7,6 mm. O diâmetro médio da rosca é de 51 mm. O bujão tem um diâmetro interno de 51 mm e um diâmetro externo de 76 mm. Se o coeficiente de atrito para todas as superfícies é 0,15, qual é a força necessária para movimentar a carga de 22200 N (*a*) para cima e (*b*) para baixo? Considere uma barra com 910 mm de comprimento.

Resp. (*a*) 240 N para elevar, (*b*) 180 N para abaixar

9.68 Um macaco com parafuso de rosca quadrada tem 80 fios por metro e um diâmetro médio de 61 mm. Utilizando o coeficiente de atrito igual a 0,08, determine a capacidade desse macaco se a força no braço de alavanca de 450 mm pode ser no máximo igual a 130 N.

Resp. $W = 13$ kN

9.69 Observe a Fig. 9-54. O peso de *A* é igual a 2200 N e o de *B* é igual a 440 N. Qual é a força *P* que deverá ser aplicada perpendicularmente ao braço de alavanca da chave afastada de 500 mm da linha de centro do macaco para elevar *A*? O macaco tem um passo de 8 mm e um diâmetro médio de 51 mm. O coeficiente de atrito entre a chave e o parafuso é de 0,15.

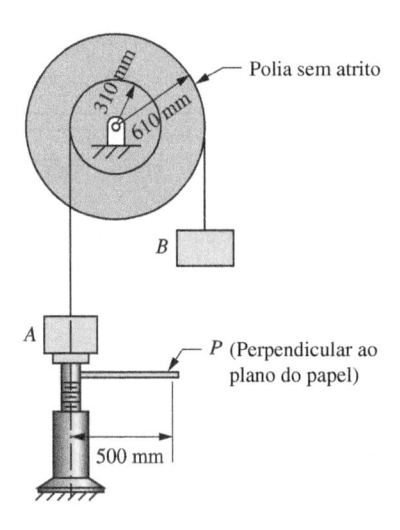

Resp. $P = 13,5$ N

Figura 9-54

9.70 Qual é a força necessária para manter uma massa de 50 kg suspensa por uma corda enrolada por três voltas em torno de um tambor fixo? Considere $\mu = 0{,}3$.

Resp. $F = 1{,}7$ N

9.71 No Prob. 9.70, qual seria a força necessária para elevar a massa?

Resp. $F = 140$ kN

9.72 Na Fig. 9-55, uma massa de 20 kg está presa a uma corda que envolve um tambor fixo por 0,25 de seu contorno. O coeficiente de atrito é 0,25. Determine (*a*) o valor de *F* que impede a queda da massa e (*b*) o valor de *F* que inicia a elevação da massa.

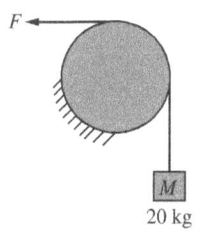

Resp. (*a*) 132 N, (*b*) 290 N

Figura 9-55

9.73 Um peso *W* é preso a uma corda que é enrolada em um tambor fixo. Se a corda for enrolada em duas voltas no tambor, uma força de 890 N é necessária para suportar o peso. Se são três voltas em torno do tambor, a força necessária para suportar o peso será de 670 N. Qual é esse peso?

Resp. $W = 1600$ N

9.74 Um trabalhador desce uma caldeira de 1800 N em um poço por meio de uma corda ajustada por 1¼ de volta em torno de uma barra horizontal. Se o coeficiente de atrito é de 0,35, qual deverá ser a força exercida?

Resp. $W = 114$ N

9.75 Uma corda enrolada com três voltas em torno de um poste horizontal com uma ação de 30 N deverá sustentar uma massa de 100 kg. Determine o coeficiente de atrito entre a corda e o poste.

Resp. $\mu = 0{,}185$

9.76 Observe a Fig. 9-56. As duas polias são mantidas afastadas por uma mola cuja força compressiva é *S*. O diâmetro de cada polia é *d*. O coeficiente de atrito entre a correia e a polia é μ. Determine o máximo torque que pode ser transmitido.

Resp. Torque $= \frac{1}{2}Sd(e^{\mu\pi} - 1)/(e^{\mu\pi} + 1)$

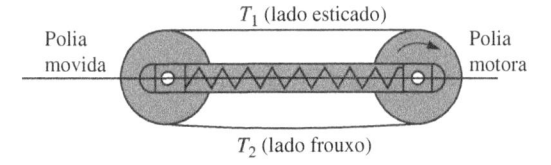

Figura 9-56

9.77 Observe a Fig. 9-57. Uma massa de 55 kg é impedida de cair por uma corda que contorna 0,25 de volta no tambor *B* e 1,25 de volta no tambor *A*. Considerando que o tambor *B* é liso e que o coeficiente de atrito entre a corda e o tambor *A* é 0,25, qual é o valor da força de sustentação *F*?

Resp. $F = 75,7$ N

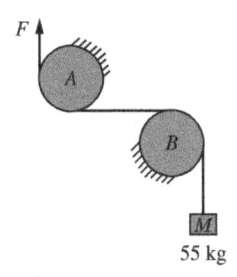

Figura 9-57

9.78 No Prob. 9.77, assuma que o coeficiente de atrito entre a corda e o tambor *B* não é zero, mas 0,25. Qual será o novo valor da força *F*? (*Sugestão*: Use o diagrama de corpo livre de *B* para determinar a tensão na corda entre *A* e *B*.)

Resp. $F = 44,8$ N

9.79 Uma massa de 200 kg é contida por uma corda que passa em volta de um poste horizontal aplicando uma força de 220 N. Se o coeficiente de atrito entre a corda e o poste é 0,25, quantas voltas a corda deverá dar em volta do poste?

Resp. 1,39 voltas

9.80 Observe a Fig. 9-58. Determine o intervalo de valores para a tensão *T* que mantém o equilíbrio. O coeficiente de atrito entre a correia e cada tambor fixo é $1/\pi$. A tensão na outra extremidade da correia é de 15 N.

Resp. $1,23$ N $< T < 183$ N

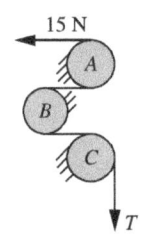

Figura 9-58

9.81 Na Fig 9-59, o corpo *A* pesa 445 N e o corpo *B* pesa 1335 N. O coeficiente de atrito entre *A* e o plano é igual a 0,20, entre *A* e *B* é 0,20 e entre a corda e o tambor é 0,25. Determine o peso mínimo *W* que causa a iminência de movimento de *B*.

Resp. $W = 740$ N

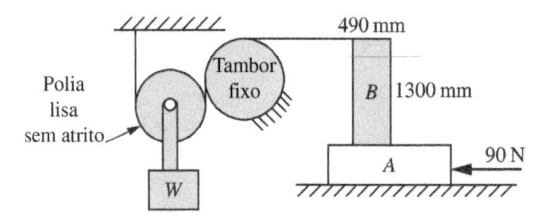

Figura 9-59

9.82 Uma plataforma de peso desprezível é mantida na posição horizontal por uma corda fixa em cada extremidade, passando por dois tambores fixos, conforme mostrado na Fig. 9-60. Se o coeficiente de atrito entre a corda e cada um dos tambores é 0,20, determine quão distante do centro um peso de 45 N pode ser colocado sem que se perturbe o balanço.

Resp. $x = 54,7$ cm

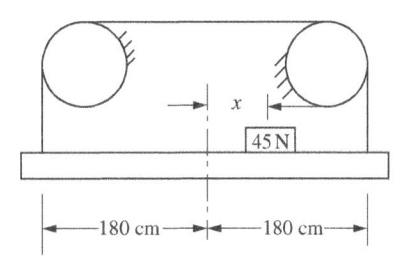

Figura 9-60

9.83 Qual é a força horizontal necessária para mover um trem de 10,7 MN ao longo de trilhos nivelados se o coeficiente de resistência ao rolamento é 0,23 mm e as rodas têm 914 mm de diâmetro?

Resp. $P = 5300$ N

9.84 Uma lona de freio envolvendo o tambor D é fixada em um nível horizontal em B e C, conforme mostrado na Fig. 9-61. O diâmetro do tambor é de 450 mm. O coeficiente de atrito entre a lona de freio e o tambor é de 0,333. A força P é de 30 N. Qual é o momento de frenagem possível (*a*) se o tambor rotaciona no sentido horário e (*b*) se o tambor rotaciona do sentido anti-horário?

Resp. $M_a = 10,2$ N·m, $M_b = 29,1$ N·m

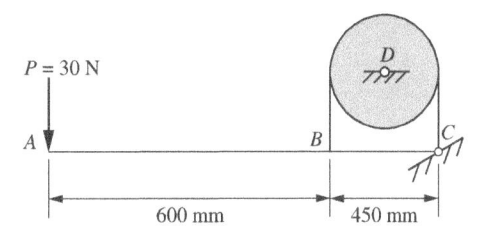

Figura 9-61

9.85 Observe a Fig. 9-62. Qual é a força P necessária para permitir que o breque impeça o movimento do tambor sob a ação do momento M? O coeficiente de atrito entre o breque e o tambor é μ. O ângulo de envolvimento é β.

Resp. $P = (M/rc)/[(ae^{\mu\beta} - b)/(e^{\mu\beta} - 1)]$

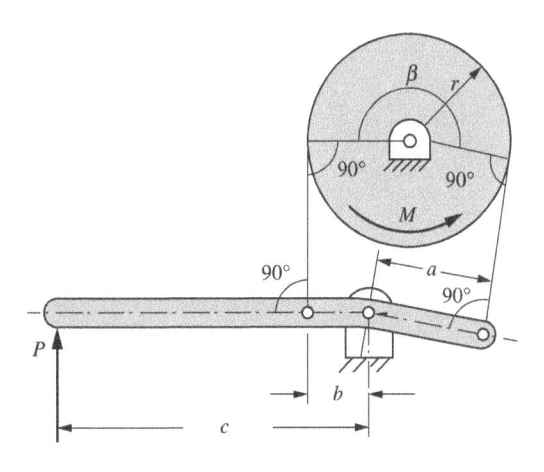

Figura 9-62

9.86 A massa $m = 90$ kg pende de uma polia composta A, livre para rotacionar sem atrito nos mancais, conforme mostrado na Fig. 9-63. O coeficiente de atrito entre a face de breque B e a polia é de 0,25. Qual é a força P mínima necessária para impedir a rotação?

Resp. $P = 567$ N

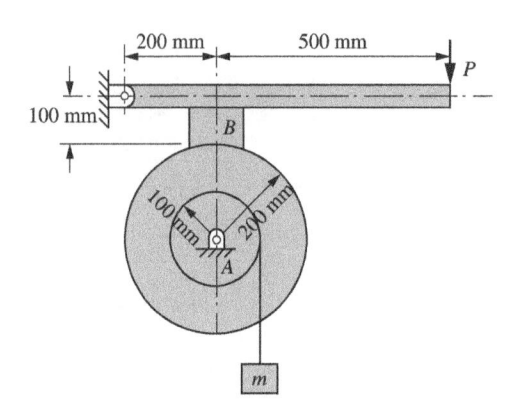

Figura 9-63

9.87 Uma massa m de 1400 kg repousa sobre uma viga de madeira. A viga repousa sobre roletes de 200 mm de diâmetro. Considerando o coeficiente de resistência ao rolamento entre a viga e os roletes de 0,89 mm, qual força horizontal será necessária para mover a carga por uma superfície em nível?

Resp. $P = 122$ N

9.88 Uma roda de 500 mm de diâmetro transporta uma carga de 20000 N. Se uma força horizontal de 20 N é necessária para mover a roda por uma superfície em nível, determine o coeficiente de resistência ao rolamento.

Resp. $a = 0,25$ mm

9.89 Um automóvel pesando 17300 N tem rodas de 737 mm de diâmetro. Assumindo um coeficiente de resistência ao rolamento entre os pneus e a pista de 0,5 mm, determine a força necessária para superar o atrito de rolamento em uma pista em nível.

Resp. $P = 24$ N

9.90 Uma força horizontal central de 1,4 N é necessária para mover um tambor de 900 mm de diâmetro por uma superfície em nível. Assumindo que o coeficiente de resistência ao rolamento é de 0,635 mm, qual é a massa do tambor?

Resp. $m = 101$ kg

9.91 O mancal de escora mostrado na Fig. 9-64 suporta uma carga de 3000 N. Se o coeficiente de atrito é 0,20, e se considerarmos a pressão uniformemente distribuída, qual será o torque M necessário?

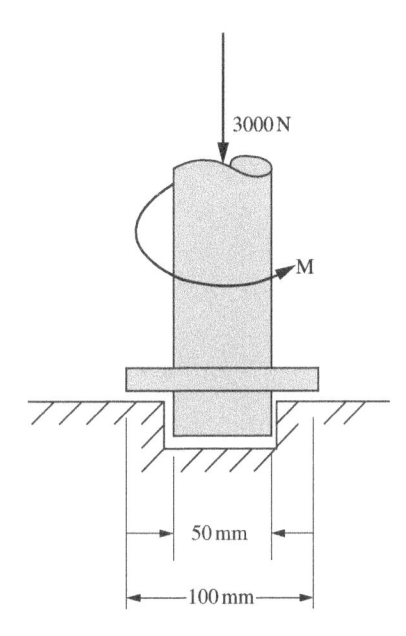

Resp. $M = 23$ N·m

Figura 9-64

Capítulo 10

Trabalho Virtual

10.1 DESLOCAMENTO VIRTUAL E TRABALHO VIRTUAL

O *deslocamento virtual* δs de uma partícula é qualquer mudança arbitrária e infinitesimal de sua posição consistente com as restrições impostas a essa partícula. Esse deslocamento é imaginário; ele, na verdade, nunca ocorre.

Define-se o *trabalho virtual* δU realizado por uma força como $F_t \delta s$, onde F_t é a intensidade da componente da força na direção do deslocamento virtual δs.

O trabalho virtual δU realizado por um conjugado de momento M é dado por $M \delta \theta$, onde $\delta \theta$ é deslocamento virtual angular.

10.2 EQUILÍBRIO

Equilíbrio de uma partícula: A condição necessária e suficiente para o equilíbrio de uma partícula é que a soma do trabalho virtual realizado por todas as forças que agem na partícula durante qualquer deslocamento virtual δs seja zero.

Equilíbrio de um corpo rígido: A condição necessária e suficiente para o equilíbrio de um corpo rígido é que a soma do trabalho virtual realizado por todas as forças que agem na partícula durante qualquer deslocamento virtual consistente com as restrições impostas seja zero.

Equilíbrio de um sistema de corpos rígidos conectados: Define-se da mesma forma que para o corpo rígido. Tenha em mente que, para um deslocamento virtual consistente com as restrições, nenhum trabalho será realizado pelas forças internas, pelas reações nos pinos lisos ou pelas forças perpendiculares as direções do movimento. As forças externas que realmente realizam trabalho (incluindo o atrito, se ele existir) são chamadas de forças aplicadas ativas.

Equilíbrio de um sistema: Existe se a energia potencial[*] V tiver um valor estacionário. Assim, se V é função de uma variável independente, como x, então $dV/dx = 0$ levará ao valor (ou valores) de equilíbrio de x.

10.3 EQUILÍBRIO ESTÁVEL

O equilíbrio estável ocorre se a energia potencial V é mínima. Se, na Fig. 10-1(a), uma conta é colocada na parte baixa do aro circular livre de atrito, a intuição indica que se trata de uma posição em equilíbrio estável e com energia potencial mínima da conta, porque qualquer perturbação da conta será sucedida pelo seu retorno à posição na parte baixa do aro. Usando o eixo x como referência (ponto de partida), a energia potencial do peso W da conta em qualquer posição abaixo do eixo x é

$$V = -Wy = -W\sqrt{a^2 - x^2} \tag{10.1}$$

---

[*] A energia potencial V da massa m a uma distância h acima de qualquer plano escolhido como referência (ponto de partida) é mgh. Se m está abaixo do plano de referência, V será dado por $-mgh$. A energia potencial V de uma mola de constante k que é esticada ou comprimida por uma distância x contada a partir de sua posição não solicitada é $\frac{1}{2}kx^2$.

(a) Equilíbrio estável (b) Equilíbrio instável

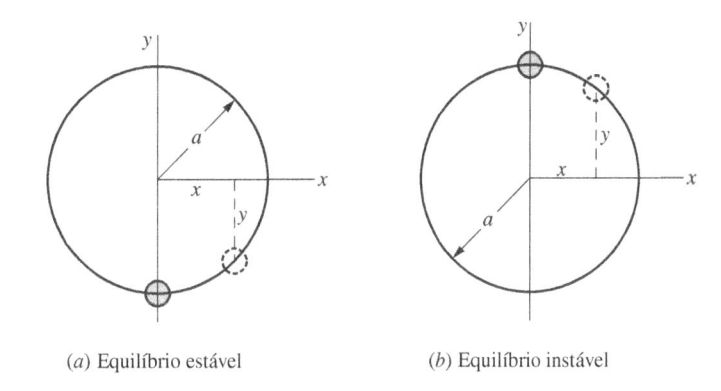

Figura 10-1 Estados de equilíbrio de uma conta em um aro livre de atrito.

Faça *dV/dx* igual a zero para determinar a posição de equilíbrio:

$$\frac{dV}{dx} = \frac{Wx}{\sqrt{a^2 - x^2}} = 0 \qquad (10.2)$$

Assim, a solução desejada é $x = 0$ (a conta está, então, embaixo). Ao determinar o tipo de equilíbrio, é necessário avaliar d^2V/dx^2 na posição de equilíbrio. Assim,

$$\frac{d^2V}{dx^2} = \frac{W}{\sqrt{a^2 - x^2}} + \frac{Wx^2}{(a^2 - x^2)^{3/2}} \qquad (10.3)$$

e em $x = 0$, $d^2V/dx^2 = W/a$ (positivo), mostrando equilíbrio estável.

10.4 EQUILÍBRIO INSTÁVEL

Ocorre o equilíbrio instável se a energia potencial *V* é máxima. Se, na Fig. 10-1(*b*), a conta é posicionada no topo do aro, a intuição indica que se trata de uma posição de equilíbrio instável, com energia potencial máxima para a conta. Considerando o eixo *x* de referência (ponto de partida), a energia potencial da conta em qualquer posição acima do eixo *x* é

$$V = Wy = W\sqrt{a^2 - x^2} \qquad (10.4)$$

Faça *dV/dx* igual a zero para determinar a posição de equilíbrio:

$$\frac{dV}{dx} = -\frac{Wx}{\sqrt{a^2 - x^2}} = 0 \qquad (10.5)$$

Assim, a solução desejada é $x = 0$ (a conta, então, está no topo). Observe também que

$$\frac{d^2V}{dx^2} = -\frac{W}{\sqrt{a^2 - x^2}} - \frac{Wx^2}{(a^2 - x^2)^{3/2}} \qquad (10.6)$$

e em $x = 0$, $d^2V/dx^2 = -W/a$ (negativo), mostrando equilíbrio instável.

10.5 EQUILÍBRIO NEUTRO

Existe o equilíbrio neutro se um sistema permanece em qualquer posição que seja imposta. Por exemplo, uma conta pode ser colocada em qualquer posição de uma haste horizontal, pois ela permanecerá onde for colocada.

10.6 RESUMO DO EQUILÍBRIO

Para determinar o(s) valor(es) da(s) variável(veis) para a(s) qual(is) um sistema encontra-se em equilíbrio, expressa-se a energia potencial V do sistema como função dessas variável(veis). Na discussão feita, x era a variável. Então, faça $dV/dx = 0$ para determinar o(s) valor(es) de x para o equilíbrio. Avalie d^2V/dx^2 para verificar o tipo de equilíbrio:

$$\frac{d^2V}{dx^2} > 0 \quad \text{equilíbrio estável} \tag{10.7}$$

$$\frac{d^2V}{dx^2} < 0 \quad \text{equilíbrio instável} \tag{10.8}$$

$$\frac{d^2V}{dx^2} = 0 \quad \text{equilíbrio neutro} \tag{10.9}$$

Problemas Resolvidos

10.1 Uma escada homogênea com massa M e comprimento l é mantida em equilíbrio por uma força horizontal P, conforme mostrado na Fig. 10-2. Usando o método do trabalho virtual, expresse P em função de M.

Solução

Assumindo que x é positivo para a direita, o trabalho virtual realizado por P para um incremento δx é $-P\,\delta x$, uma vez que P é orientada para a esquerda.

Assumindo que y é positivo para cima, o trabalho virtual realizado para baixo pela força gravitacional para um incremento δy é $-Mg\,\delta y$.

O trabalho virtual total δU é zero; assim

$$\delta U = -P\,\delta x - Mg\,\delta y = 0 \tag{1}$$

Considerando a figura, $x = l\,\text{sen}\,\theta$ e $y = \frac{1}{2}l\cos\theta$. Então,

$$\delta x = l(\cos\theta)\,\delta\theta \quad \text{e} \quad \delta y = -\frac{1}{2}l(\text{sen}\,\theta)\,\delta\theta$$

Substituindo esses valores na equação (1), obtemos

$$P = \frac{1}{2}Mg\,\text{tg}\,\theta$$

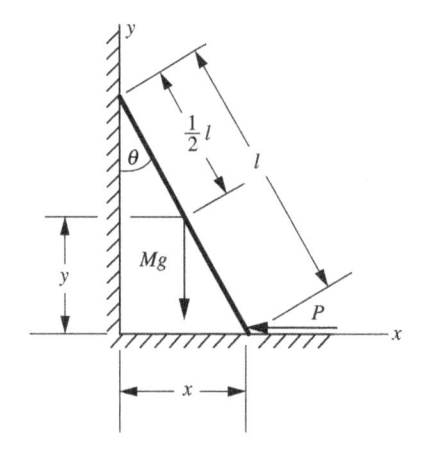

Figura 10-2

10.2 No mecanismo de acionamento mostrado na Fig. 10-3, expresse a relação entre as forças F e P em termos do ângulo θ.

Solução

Assumindo x positivo para a direita, o trabalho virtual realizado por F em um incremento δx, é $-F\,\delta x$, porque F está orientada para a esquerda. Assumindo y positivo para cima, o trabalho virtual realizado por P em um incremento δy é $-P\,\delta y$, porque P está orientada para baixo. O trabalho virtual total δU é zero; assim,

$$\delta U = -F\,\delta x - P\,\delta y = 0 \tag{1}$$

Considerando a figura, $x = 2l\cos\theta$ e $y = l\,\text{sen}\,\theta$. Então,

$$\delta x = -2l(\text{sen}\,\theta)\,\delta\theta \quad \text{e} \quad \delta y = l(\cos\theta)\,\delta\theta$$

Substituindo esses valores na equação (1), obtemos

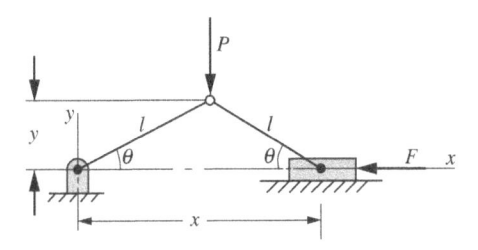

$$P = 2F\tan\theta$$

Figura 10-3

10.3 Usando o método do trabalho virtual, determine a relação entre o momento M aplicado à manivela R e a força F aplicada na cruzeta do cursor do mecanismo de manivela mostrado na Fig. 10-4.

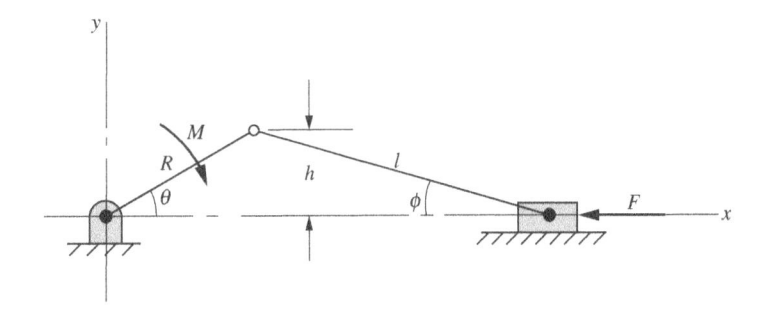

Figura 10-4

Solução

Assumindo θ positivo no sentido anti-horário, o trabalho virtual realizado por M para um incremento $\delta\theta$ é $-M\,\delta\theta$. Assumindo x positivo para a direita, o trabalho virtual realizado por F para um incremento δx é $-F\,\delta\theta$. O trabalho virtual total δU é zero; assim,

$$\delta U = -M\,\delta\theta - F\,\delta x = 0 \tag{1}$$

No entanto, baseado na figura, $x = R\cos\theta + l\cos\phi$. Para expressar ϕ em termos de θ, fazemos $h = R \operatorname{sen}\theta = l \operatorname{sen}\phi$ e obtemos $\cos\phi = \sqrt{1 - \operatorname{sen}^2\phi} = \sqrt{1 - (R/l)^2 \operatorname{sen}^2\theta}$. Colocando

$$\delta x = -R(\operatorname{sen}\theta)\,\delta\theta - \frac{R^2}{l}\frac{\operatorname{sen}\theta\cos\theta}{\sqrt{1 - (R/l)^2 \operatorname{sen}^2\theta}}\,\delta\theta$$

na equação (1), obtemos

$$M = FR(\operatorname{sen}\theta)\left[1 + \frac{R\cos\theta}{l\sqrt{1 - (R/l)^2 \operatorname{sen}^2\theta}}\right]$$

10.4 Veja a Fig. 10-5. Usando o método do trabalho virtual, determine o valor de F necessário para a manutenção do equilíbrio do pórtico sob a ação da força P. Cada membro tem comprimento igual a $2a$ e $\theta = 45°$.

Solução

Suponha que θ seja um ângulo qualquer para fins de análise. O valor de $\theta = 45°$ será imposto *a posteriori*. Se houver um incremento $\delta\theta$, P realizará trabalho negativo. A *magnitude* do incremento diferencial será $|\delta(a\cos\theta)| = a\operatorname{sen}\theta\,\delta\theta$. Ao mesmo tempo, a força F realizará trabalho positivo. A *magnitude* do diferencial de movimento na direção de qualquer uma das forças F será $\delta(a\operatorname{sen}\theta) = a\cos\theta\,\delta\theta$. Assim,

$$\delta U = -P(a\operatorname{sen}\theta\,\delta\theta) + 2F(a\cos\theta\,\delta\theta) = 0$$

A solução é

$$F = \frac{1}{2}P\operatorname{tg}\theta$$

Em $\theta = 45°$, $F = 0{,}5P$.

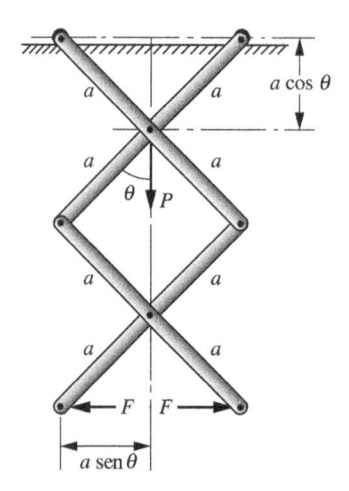

Figura 10-5

10.5 Três hastes homogêneas com 2 m de comprimento, cada uma pesando 40 N, são mantidas em posição de equilíbrio por uma força horizontal de 60 N, conforme mostrado na Fig. 10-6. Determine os valores de θ_1, θ_2 e θ_3 na posição de equilíbrio.

Solução

Para um incremento δx, a força de 60 N realizará trabalho positivo. Para um incremento δy_1, δy_2 e δy_3, os pesos de 40 N realizaram trabalho positivo. Assim,

$$\delta U = 60\,\delta x + 40\,\delta y_1 + 40\,\delta y_2 + 40\,\delta y_3 = 0$$

Partindo da figura,

$$x = 2\,\text{sen}\,\theta_1 + 2\,\text{sen}\,\theta_2 + 2\,\text{sen}\,\theta_3$$

$$y_1 = 1\cos\theta_1 \qquad y_2 = 2\cos\theta_1 + 1\cos\theta_2 \qquad y_3 = 2\cos\theta_1 + 2\cos\theta_2 + 1\cos\theta_3$$

Assim,

$$\delta x = 2\cos\theta_1\,\delta\theta_1 + 2\cos\theta_2\,\delta\theta_2 + 2\cos\theta_3\,\delta\theta_3$$
$$\delta y_1 = -\text{sen}\,\theta_1\,\delta\theta_1$$
$$\delta y_2 = -2\,\text{sen}\,\theta_1\,\delta\theta_1 - \text{sen}\,\theta_2\,\delta\theta_2$$
$$\delta y_3 = -2\,\text{sen}\,\theta_1\,\delta\theta_1 - 2\,\text{sen}\,\theta_2\,\delta\theta_2 - \text{sen}\,\theta_3\,\delta\theta_3$$

Substituindo,

$$\delta U = 60(2\cos\theta_1\,\delta\theta_1 + 2\cos\theta_2\,\delta\theta_2 + 2\cos\theta_3\,\delta\theta_3)$$
$$- 40(\text{sen}\,\theta_1\,\delta\theta_1) - 40(2\,\text{sen}\,\theta_1\,\delta\theta_1 + \text{sen}\,\theta_2\,\delta\theta_2)$$
$$- 40(2\,\text{sen}\,\theta_1\,\delta\theta_1 + 2\,\text{sen}\,\theta_2\,\delta\theta_2 + \text{sen}\,\theta_3\,\delta\theta_3) = 0$$

Para resolver em θ_1, admita apenas $\delta\theta_1$. Isso conduz a

$$(120\cos\theta_1 - 40\,\text{sen}\,\theta_1 - 80\,\text{sen}\,\theta_1 - 80\,\text{sen}\,\theta_1)\,\delta\theta_1 = 0. \quad \therefore\ \theta_1 = 30{,}97°$$

Para resolver em θ_2, admita apenas $\delta\theta_2$. Isso conduz a

$$(120\cos\theta_2 - 40\,\text{sen}\,\theta_2 - 80\,\text{sen}\,\theta_2)\,\delta\theta_2 = 0. \quad \therefore\ \theta_2 = 45°$$

Consideração semelhante leva a

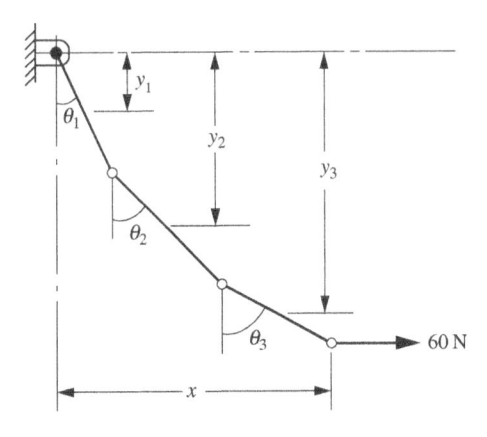

$$(120\cos\theta_3 - 40\,\text{sen}\,\theta_3)\,\delta\theta_3 = 0. \quad \therefore\ \theta_3 = 71{,}6°$$

Figura 10-6

10.6 A mola horizontal da Fig. 10-7 é comprimida em 12,5 cm para a posição mostrada. O coeficiente de atrito entre o bloco de 400 N e o plano horizontal é igual a 0,3. Utilizando o método do trabalho virtual, determine o momento M que deverá ser aplicado à barra vertical articulada na extremidade superior para produzir movimento para a direita.

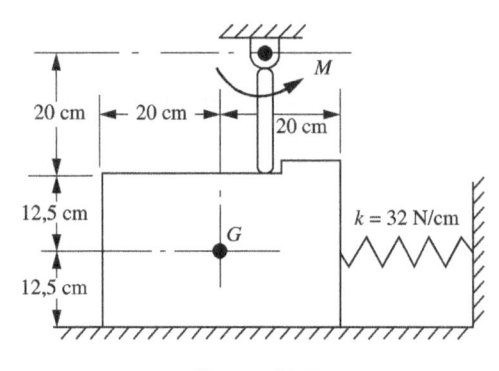

Figura 10-7

Solução

Assuma que o bloco percorre uma distância δx para a direita. Dessa forma, a mola comprime-se de 12,5 para $12,5 + \delta x$ cm. Além disso, a barra rotaciona de uma distância angular igual a $\delta x/20$. A força normal que o plano exerce no bloco é de 400 N e, portanto, a força de atrito é de 120 N. O trabalho virtual total realizado é igual à soma do trabalho negativo da força de atrito, do trabalho negativo da mola e do trabalho positivo do momento. Assim,

$$\delta U = -120\,\delta x - \frac{1}{2}(32)[(12,5 + \delta x)^2 - 12,5^2] + M\frac{\delta x}{20} = 0$$

ou

$$-120\,\delta x - 16(156,2 + 25\,\delta x + \delta x^2 - 156,2) + M\frac{\delta x}{20} = 0$$

Desde que δx seja pequeno, desprezemos δx^2, e a expressão se torna

$$-120\,\delta x - 400\,\delta x + M\frac{\delta x}{20} = 0$$

Assim, $M = 10400$ N·cm ou 104 N·m.

10.7 Usando o princípio do trabalho virtual, determine as componentes das reações nos pinos em A e B na Fig. 10-8(a). Despreze o atrito em todos os pinos. A força em E é horizontal.

(a)

(b)

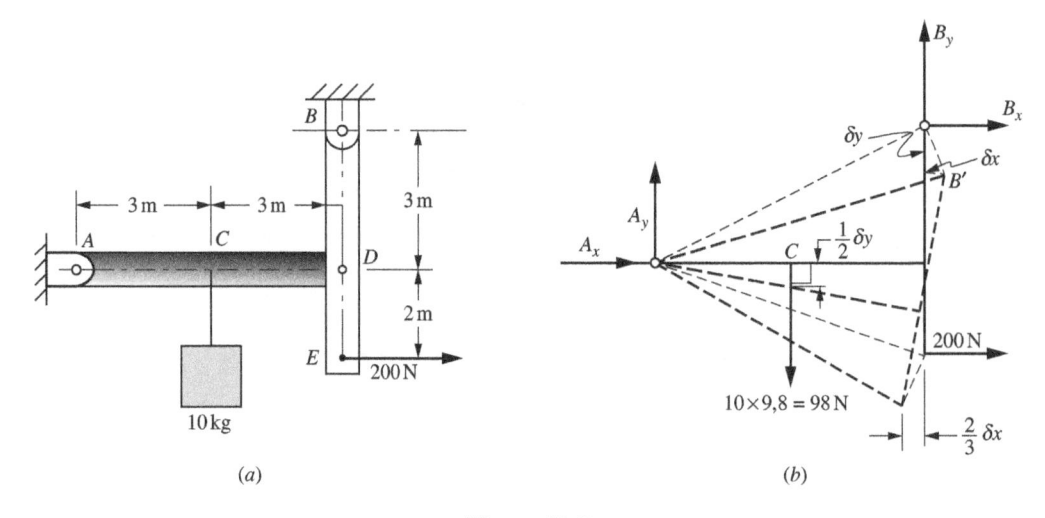

Figura 10-8

Solução

O diagrama de corpo livre na Fig. 10-8(b) mostra o pino B removido e um movimento virtual angular $\delta\theta$ dado em relação ao pino A. O deslocamento virtual de B para B' pode ser imaginado como um deslocamento δy para baixo e um deslocamento δx para a direita. Para esse pequeno deslocamento angular, todos os pontos do elemento BDE se movem para baixo de uma quantidade δy; por isso, o ponto C se deslocará a metade do deslocamento de D. Uma vez que a barra BDE rotaciona de um ângulo $\delta\theta$, o ponto E sofrerá um deslocamento horizontal que é de dois terços daquele do ponto B ($\frac{2}{3}\delta x$). As reações do pino em A não realizam trabalho. O trabalho virtual é, então,

$$\delta U = +98\left(\frac{1}{2}\delta y\right) - B_y\,\delta y + B_x\,\delta x - 200\left(\frac{2}{3}\delta x\right) = 0$$

ou

$$\delta U = (49 - B_y)\,\delta y + (B_x - 133)\,\delta x = 0$$

Agora, uma vez que δx e δy são deslocamentos virtuais completamente independentes e arbitrários, δU será zero se, e só se,

$$49 - B_y = 0 \qquad \text{e} \qquad B_x - 133 = 0$$

Daí, obtemos que $B_y = 49$ N para cima e $B_x = 133$ N para a direita.

As equações de equilíbrio podem ser aplicadas como segue:

$$\sum F_x = A_x + B_x + 200 = 0 \qquad \text{ou} \qquad A_x = 333\,\text{N para a esquerda}$$
$$\sum F_y = A_y - 98 + B_y = 0 \qquad \text{ou} \qquad A_y = 49\,\text{N para cima}$$

Sem o método do trabalho virtual, teria sido necessário utilizar diagramas de corpo livre de várias partes do pórtico.

10.8 Dois pesos, W e w, são suportados, conforme mostrado na Fig. 10-9, por uma barra de peso desprezível que gira em relação a um eixo que passa por O e é perpendicular ao plano do papel. Discuta o equilíbrio.

Discussão

Se $\theta = 0°$ é escolhido como configuração padrão de referência, então, para qualquer ângulo θ, W perde a energia potencial $Wa(1 - \cos\theta)$, enquanto w ganha $wb(1 - \cos\theta)$. A energia potencial total V do sistema para um ângulo θ é

$$V = -Wa(1 - \cos\theta) + wb(1 - \cos\theta)$$

Para estudar o equilíbrio, faça $dV/d\theta = 0$:

$$\frac{dV}{d\theta} = -Wa\,\text{sen}\,\theta + wb\,\text{sen}\,\theta = 0$$

Que é satisfeita quando $\theta = 0$ ($\theta = 0°$) ou quando $wb = Wa$ (θ pode ser um ângulo qualquer).

Para discutir a estabilidade, encontre

$$\frac{d^2V}{d\theta^2} = -Wa\cos\theta + wb\cos\theta$$

Em seguida, avalie $d^2V/d\theta^2$ para as duas condições de equilíbrio. Em $\theta = 0°$,

$$\frac{d^2V}{d\theta^2} = -Wa + wb$$

Para termos o equilíbrio estável, o valor deve ser positivo; isso ocorre quando $wb > Wa$. O outro estado de equilíbrio ocorre quando $wb = Wa$, isto é, quando $d^2V/d\theta^2 = 0$; isso quer dizer equilíbrio neutro.

Para resumir, se $wb > Wa$, o sistema estará em equilíbrio estável quando $\theta = 0°$. Se $wb = Wa$, o sistema poderá permanecer em qualquer posição na qual ele for colocado.

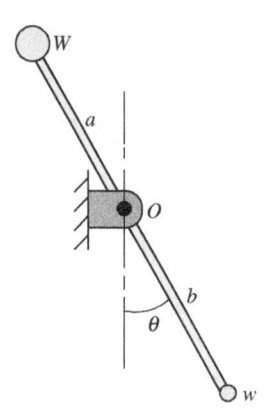

Figura 10-9

10.9 Uma barra uniforme de comprimento l e peso W é mantida em equilíbrio por uma mola de constante k, mostrada na Fig. 10-10. Quando $\theta = 0°$, a mola não está solicitada. Discuta o equilíbrio.

Discussão

Utilizando $\theta = 0°$ como configuração padrão de referência, a barra na posição θ perde energia potencial igual a $\frac{1}{2}Wl(1 - \cos \theta)$ e a mola ganha a quantidade $\frac{1}{2}kx^2$. Partindo da geometria, $x^2 = a^2 + l^2 - 2al\cos\theta$. Assim, a energia potencial V para o sistema em qualquer ângulo θ é

$$V = -\frac{1}{2}Wl(1 - \cos\theta) + \frac{1}{2}k(a^2 + l^2 - 2al\cos\theta)$$

e

$$\frac{dV}{d\theta} = -\frac{1}{2}Wl\,\text{sen}\,\theta + kal\,\text{sen}\,\theta$$

que será zero para $\text{sen}\,\theta = 0$ ($\theta = 0°$) ou para $k = W/2a$.

Em seguida, encontre

$$\frac{d^2V}{d\theta^2} = -\frac{1}{2}Wl\cos\theta + kal\cos\theta$$

Em $\theta = 0°$,

$$\frac{d^2V}{d\theta^2} = -\frac{1}{2}Wl + kal$$

que será positivo se $k > \frac{1}{2}W/a$. Para qualquer outro ângulo, $d^2V/d\theta^2 = 0$ se $k = W/2a$.

Concluindo, se $k = W/2a$, o sistema permanecerá na posição em que ele for colocado.

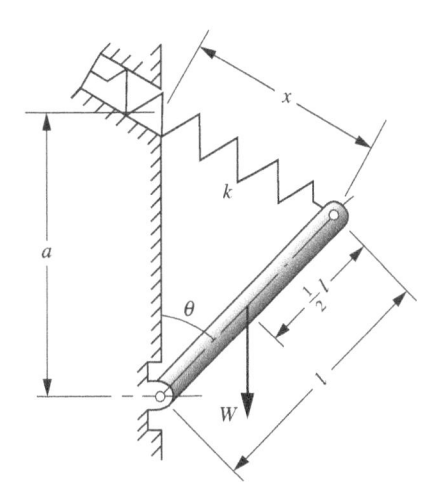

Figura 10-10

10.10 Na Fig. 10-11, as duas engrenagens idênticas rotacionam sem atrito com relação aos seus eixos. Uma barra sem peso e com 60 cm de comprimento, rigidamente conectada à engrenagem, suporta um peso de 80 N. A outra engrenagem é conectada à mola vertical de constante $k = 2000$ N/m. Determine o(s) ângulo(s) θ para o equilíbrio.

Solução

Se $\theta = 0°$ é considerada como uma configuração de referência e a mola está livre de solicitação, então, para qualquer outro ângulo θ, o peso perde uma energia potencial igual a $WL(1 - \cos \theta)$. A mola ganha a quantidade $\frac{1}{2}k(r\theta)^2$.
A energia potencial total do sistema é

$$V = -WL(1 - \cos \theta) + \frac{1}{2}kr^2\theta^2$$

Então,

$$\frac{dV}{d\theta} = -WL \operatorname{sen} \theta + kr^2\theta \quad \text{e} \quad \frac{d^2V}{d\theta^2} = -WL \cos \theta + kr^2$$

A primeira derivada será zero se $\theta = 0°$ ou se $\operatorname{sen} \theta = (kr^2/WL)\theta$. Se $\theta = 0°$,

$$\frac{d^2V}{d\theta^2} = -WL + kr^2 = -80(0,6) + 2000(0,15)^2 = -3 \text{ (não estável)}$$

O outro ângulo de equilíbrio é determinado a partir de

$$\operatorname{sen} \theta = \frac{kr^2}{WL}\theta = \frac{2000(0,15)^2}{80(0,6)}\theta = 0,938\theta$$

que, por tentativa e erro, é satisfeita por $\theta = 35,5°$. Então,

$$\frac{d^2V}{d\theta^2} = -80(0,6)\cos 35,5° + 45 = 5,9$$

o que indica equilíbrio estável.

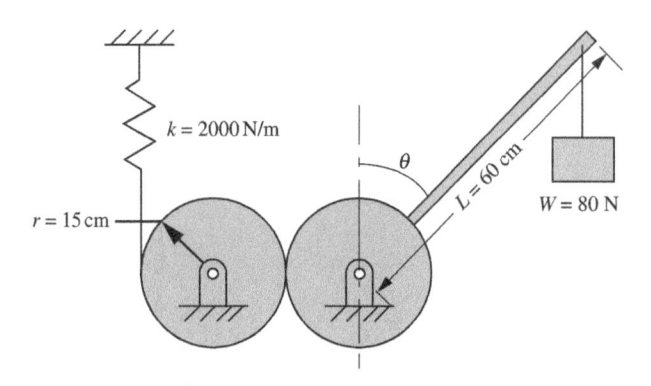

Figura 10-11

10.11 Uma correia uniforme de massa M é colocada sobre uma esfera de raio r, conforme mostrado na Fig. 10-12. Encontre a tensão T na correia quando ela se encontra no plano horizontal a uma distância b medida na vertical a partir do topo. Utilize o método do trabalho virtual.

Solução

A correia está a uma altura y acima do plano xz. Seu comprimento é $L = 2\pi x = 2\pi\sqrt{r^2 - y^2}$. Se um deslocamento virtual para baixo δy é dado à correia, o trabalho virtual realizado é

$$\delta U = +Mg\,\delta y + T\delta L = 0$$

Substituindo

$$\delta L = \frac{2\pi\left(\dfrac{1}{2}\right)(-2y\,\delta y)}{(r^2 - y^2)^{1/2}} = \frac{-2\pi y\,\delta y}{(2br - b^2)^{1/2}}$$

obtém-se

$$T = \frac{Mg(2br - b^2)^{1/2}}{2\pi(r - b)}$$

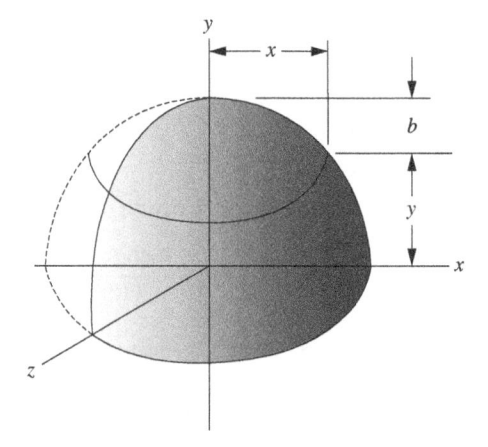

Figura 10-12

Problemas Complementares

10.12 Utilizando o método do trabalho virtual, encontre a força T na seção transversal do elemento horizontal em função da carga P e do ângulo θ. Veja a Fig. 10-13.

Resp. $T = \dfrac{3}{4} P \operatorname{tg} \theta$

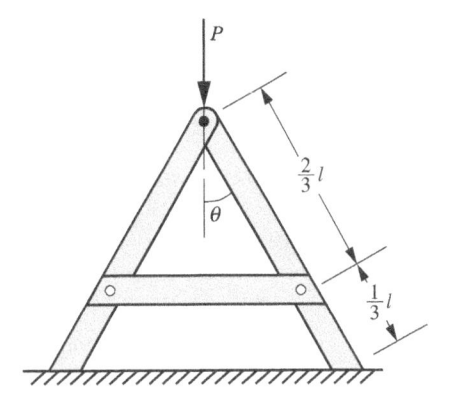

Figura 10-13

10.13 Na Fig. 10-14, as massas m_1 e m_2 são mantidas nos planos ortogonais livres de atrito por uma barra rígida inextensível de comprimento l. Encontre o ângulo θ no equilíbrio.

Resp. $\operatorname{tg} \theta = (m_2/m_1) \cos \theta_1$

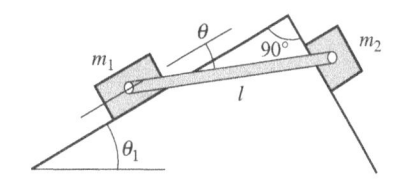

Figura 10-14

10.14 Considere a Fig. 10-15. Utilizando o método do trabalho virtual, encontre a força P necessária para suportar a massa m em equilíbrio.

Resp. $P = mg/2$

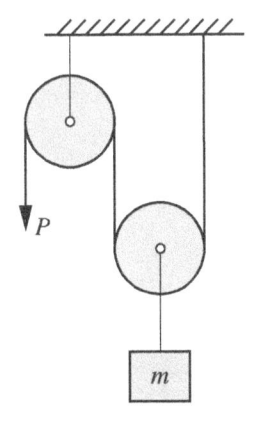

Figura 10-15

10.15 Na Fig. 10-16, as barras AB, AC, HK e KL têm comprimento igual a a m. As outras barras têm comprimento igual a $2a$m. As barras estão conectadas por meio de pinos sem atrito. Utilizando o método do trabalho virtual, determine a relação entre P e Q.

Resp. $Q = 4P$

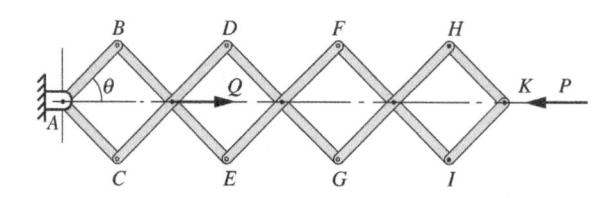

Figura 10-16

10.16 Na Fig. 10-17, uma mola com sua extremidade livre em A está 5 cm afastada em relação a sua posição não tensionada. No ponto B, ela está esticada 10 cm com relação a sua posição não tensionada. Se a constante da mola é $k = 10$ kN/m, calcule o trabalho, contrário à força de mola, realizado ao mover-se a extremidade livre de A para B.

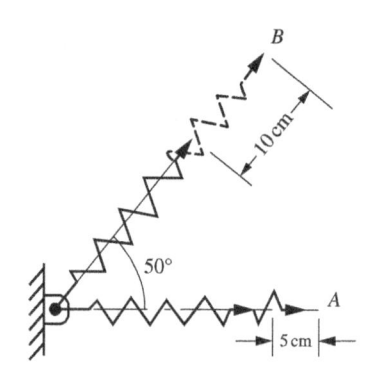

Resp. $U = 6$ N·m

Figura 10-17

10.17 Uma corrente de peso W é colocada em um cone reto de altura h e base de raio r. Determine a tensão T na corrente quando ela se encontra em um plano horizontal a uma distância b abaixo do ápice.

Resp. $T = Wh/2\pi r$

10.18 As duas massas m_A e m_B são conectadas a uma superfície cilíndrica e lisa por uma corda leve e inextensível, conforme mostrado na Fig. 10-18. Se os ângulos entre os respectivos raios é de 90°, determine o ângulo θ de equilíbrio. O equilíbrio é estável?

Resp. $\tan \theta = m_A/m_B$; não

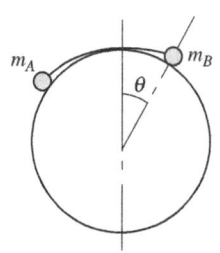

Figura 10-18

10.19 Suponha que as massas do problema anterior são conectadas conforme mostrado na Fig. 10-19. Determine o ângulo θ de equilíbrio. Qual é o tipo de equilíbrio?

Resp. $\operatorname{sen} \theta = m_A/m_B$, instável

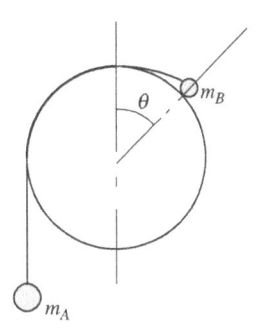

Figura 10-19

10.20 Na Fig. 10-20, a escada homogênea de peso igual a 160 N repousa sobre uma superfície lisa. A mola não está solicitada quando $\theta = 0°$. Estude as condições de equilíbrio se a constante de mola é $k = 600$ N / m.

Resp. $\theta = 0°$, equilíbrio estável; $\theta = 27°$, equilíbrio instável

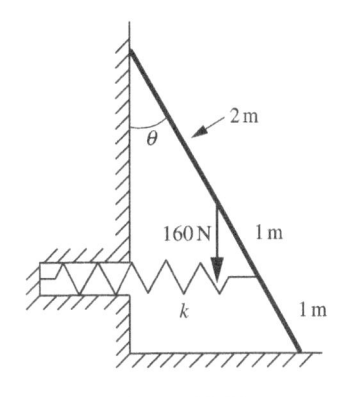

Figura 10-20

10.21 A Fig. 10-21 mostra uma balança de Roberval na qual $r_2 > r_1$ e os pesos dos elementos são considerados desprezíveis. Qual é a relação entre R_1 e R_2 para o equilíbrio?

Resp. $R_1 = R_2$

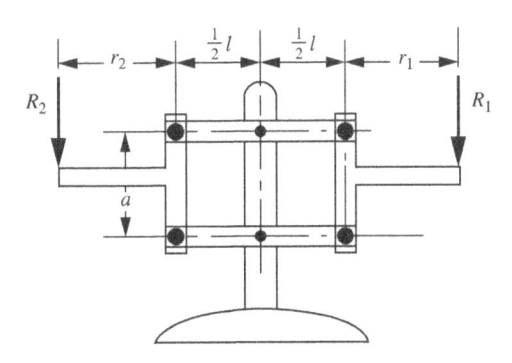

Figura 10-21

10.22 Determine o ângulo θ para que o sistema de três barras conectadas mostrado na Fig. 10-22 esteja em equilíbrio. Para esse ângulo, qual é o tipo de equilíbrio estabelecido?

Resp. $\theta = 7,59°$, instável

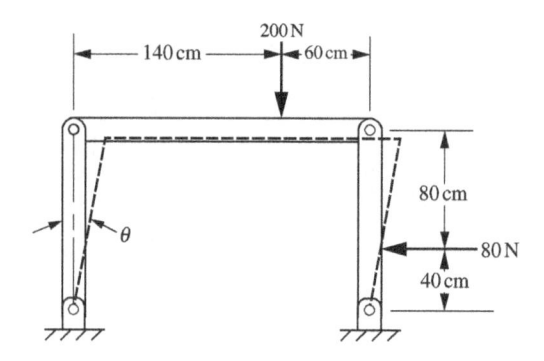

Figura 10-22

10.23 A Fig. 10-23 mostra uma barra homogênea com 50 kg de massa e 3 m de comprimento. Quais são os valores da constante de mola k que asseguram o equilíbrio estável? A mola não está deformada na Fig. 10-23.

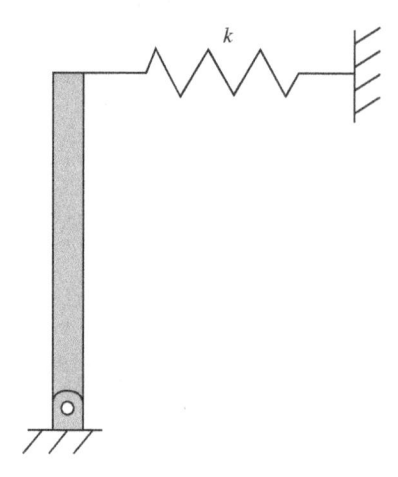

Resp. $k > 81,7 \text{ N}/\text{m}$

Figura 10-23

Capítulo 11

Centroides e Momentos de Primeira Ordem

11.1 CENTROIDE DE UMA SEÇÃO COMPOSTA

O centroide de uma seção composta de n quantidades semelhantes, $\Delta_1, \Delta_2, \Delta_3, \ldots, \Delta_n$, situadas nos pontos $P_1, P_2, P_3, \ldots, P_n$, cujos vetores posição em relação a um ponto O determinado são $\mathbf{r}_1, \mathbf{r}_2, \mathbf{r}_3, \ldots, \mathbf{r}_n$, tem sua posição $\bar{\mathbf{r}}$ definida por

$$\bar{\mathbf{r}} = \frac{\sum_{i=1}^{n} \mathbf{r}_i \Delta_i}{\sum_{i=1}^{n} \Delta_i} \tag{11.1}$$

onde $\Delta_i = i$ ésima quantidade (que poderia ser, por exemplo, um comprimento, uma área, um volume ou uma massa).

$\mathbf{r}_i =$ vetor posição do i ésimo elemento

$\sum_{i=1}^{n} \Delta_i =$ soma dos n elementos

$\sum_{i=1}^{n} \mathbf{r}_i \Delta_i =$ momento de primeira ordem em relação ao ponto O de todos os elementos.

Em termos das coordenadas x, y e z, o centroide tem as coordenadas

$$\bar{x} = \frac{\sum_{i=1}^{n} x_i \Delta_i}{\sum_{i=1}^{n} \Delta_i} \qquad \bar{y} = \frac{\sum_{i=1}^{n} y_i \Delta_i}{\sum_{i=1}^{n} \Delta_i} \qquad \bar{z} = \frac{\sum_{i=1}^{n} z_i \Delta_i}{\sum_{i=1}^{n} \Delta_i} \tag{11.2}$$

onde $\Delta_i =$ magnitude da i ésima quantidade (elemento)

$x_i, y_i, z_i =$ coordenadas de P_i no qual concentra-se a quantidade Δ_i

$\bar{x}, \bar{y}, \bar{z} =$ coordenadas do centroide da montagem

11.2 CENTROIDE DE QUANTIDADES CONTÍNUAS

O centroide de uma quantidade contínua pode ser localizado utilizando no cálculo elementos infinitesimais das quantidades (como dL para linhas, dA para áreas, dV para volumes ou dm para massas). Portanto, para a massa m, podemos escrever

$$\bar{\mathbf{r}} = \frac{\int \mathbf{r}\, dm}{\int dm} \tag{11.3}$$

Em termos das coordenadas x, y e z, o centroide de uma quantidade contínua tem as coordenadas

$$\bar{x} = \frac{\int x\, dm}{\int dm} = \frac{Q_{yz}}{m} \qquad \bar{y} = \frac{\int y\, dm}{\int dm} = \frac{Q_{xz}}{m} \qquad \bar{z} = \frac{\int z\, dm}{\int dm} = \frac{Q_{xy}}{m} \tag{11.4}$$

onde Q_{xy}, Q_{yz}, Q_{xz} = momentos de primeira ordem em relação aos planos xy, yz, xz.

O centroide de uma massa homogênea coincide com o centroide de seu volume.

A tabela seguinte indica os momentos de primeira ordem Q de várias quantidades Δ em relação aos planos coordenados.

Δ	Q_{xy}	Q_{yz}	Q_{xz}	Dimensões
Linha	$\int z\, dL$	$\int x\, dL$	$\int y\, dL$	L^2
Área	$\int z\, dA$	$\int x\, dA$	$\int y\, dA$	L^3
Volume	$\int z\, dV$	$\int x\, dV$	$\int y\, dV$	L^4
Massa	$\int z\, dm$	$\int x\, dm$	$\int y\, dm$	mL

Na tabela, Q_{xy}, Q_{yz}, Q_{xz} = momentos de primeira ordem em relação aos planos xy, yz, xz
L = comprimento
m = massa
dL, dA, dV, dm = elementos diferenciais de linha, área, volume e massa, respectivamente

Note que em duas dimensões, p.ex., no plano xy, Q_{xz} converte-se em Q_x e Q_{yz} converte-se em Q_y.

11.3 TEOREMA DE PAPPUS GULDINUS

Primeiro teorema: *a área de uma superfície gerada pela revolução de uma curva plana em relação a um eixo que não a intercepta é igual ao produto do comprimento dessa curva pela distância percorrida pelo centroide G dessa curva ao gerar a superfície.*

Suponha, conforme mostra a Fig. 11-1, que a curva AB de comprimento L está no plano xy e revoluciona de um ângulo θ em relação ao eixo x para a posição $A'B'$. O comprimento dL no movimento ao longo da distância $y\theta$ gera a superfície $dS = y\theta\, dL$. Então,

$$S = \int dS = \int y\theta\, dL = \theta \int y\, dL = \theta \bar{y} L \tag{11.5}$$

Uma vez que $\theta \bar{y}$ é a distância percorrida pelo centroide G da curva, o primeiro teorema fica provado.

Segundo teorema: *o volume do sólido gerado pela revolução de uma área plana em relação a um eixo que não a intercepta é igual ao produto da área pelo comprimento do caminho que o centroide percorre durante a geração do sólido.*

Suponha, como mostra a Fig. 11-2, que a região $ABCD$ de área A está no plano xy e revoluciona de um ângulo θ em relação ao eixo x para a posição $AB'C'D$. A área dA move-se pela distância $y\theta$, gerando o volume $dV = y\theta\, dA$. Então,

$$V = \int dV = \int y\theta\, dA = \theta \int y\, dA = \theta \bar{y} A \tag{11.6}$$

Uma vez que $\theta \bar{y}$ é a distância percorrida pelo centroide G da área, o segundo teorema fica provado.

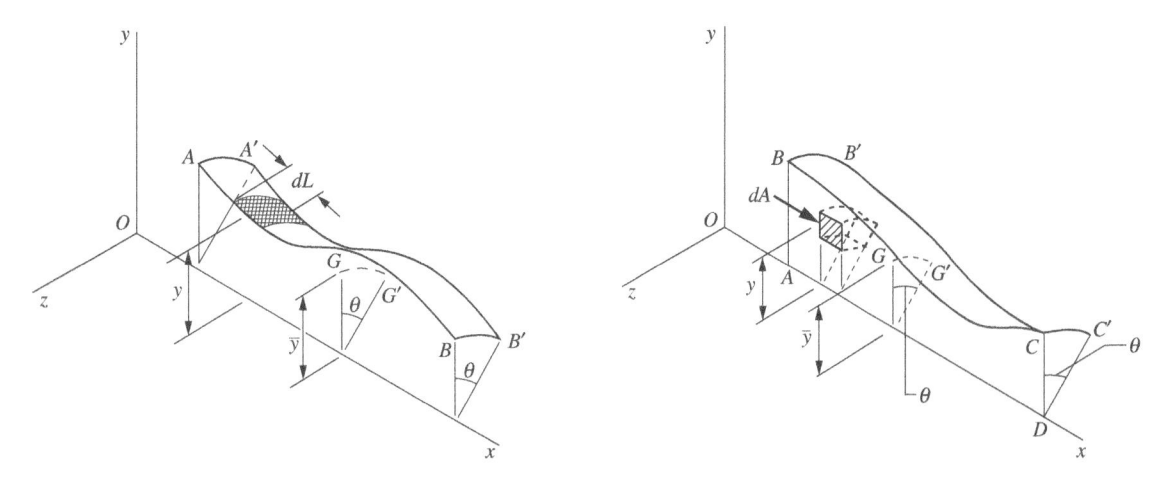

Figura 11-1 Área gerada pela revolução de uma curva plana.

Figura 11-2 Volume gerado pela revolução de uma área plana.

11.4 CENTRO DE PRESSÃO

Quando uma área é submetida a uma pressão, existe um ponto nessa área ao qual se pode aplicar a força concentrada equivalente, produzindo o mesmo efeito externo. Esse ponto é denominado *centro de pressão*. Se a pressão é uniformemente distribuída pela área, o centro de pressão coincide com o centroide da área.

Problemas Resolvidos

11.1 Determine Q_x e Q_y para a área delimitada pela parábola $y^2 = 4ax$ e as linhas $y = 0$, $x = b$.

Solução

Para determinar Q_x, escolha uma faixa diferencial paralela ao eixo x, conforme mostrado na Fig. 11-3. A altura da faixa é dy e sua largura é $b - x$. O momento de primeira ordem da área em relação ao eixo x é

$$Q_x = \int y\, dA = \int_0^{2\sqrt{ab}} y(b-x)\, dy$$

Observe que o limite superior de y é determinado permitindo que x seja igual a b, de onde obtém-se $y = \pm \sqrt{4ab}$. Escolha o valor positivo.

$$Q_x = \int_0^{2\sqrt{ab}} y\left(b - \frac{y^2}{4a}\right) dy = \frac{b(2\sqrt{ab})^2}{2} - \frac{(2\sqrt{ab})^4}{16a} = ab^2$$

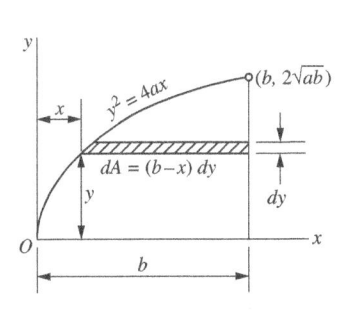

Figura 11-3

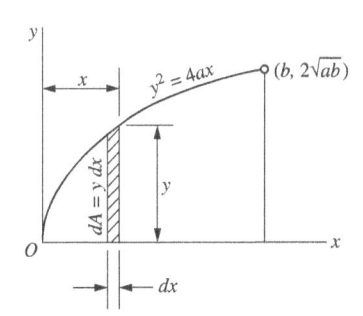

Figura 11-4

Para determinar Q_y, escolha o elemento diferencial paralelo ao eixo y, conforme mostrado na Fig. 11-4. Ele está a uma distância x do eixo y. Assim, o momento de primeira ordem em relação ao eixo y é

$$Q_y = \int x\, dA$$

Mas dA é o produto de y, distância da parábola ao eixo x, por dx, que é a largura do elemento. Ainda, x deve variar entre 0 e b para incluir a área dada. Assim,

$$Q_y = \int_0^b xy\, dx = \int_0^b x\sqrt{4ax}\, dx = 2\sqrt{a}\int_0^b x^{3/2} dx = \left[\frac{2}{5}(2\sqrt{a})x^{5/2}\right]_0^b = \frac{4}{5}b^2\sqrt{ab}$$

11.2 Determine Q_x e Q_y do Problema 11.1, utilizando o elemento diferencial mostrado na Fig. 11-5.

Solução

Neste caso, uma integração dupla é envolvida, como a seguir:

$$Q_x = \int y\, dA = \int_0^b \int_0^{2\sqrt{ax}} y\, dy\, dx = \int_0^b \left[\frac{1}{2}y^2\right]_0^{2\sqrt{ax}} dx = \int_0^b 2ax\, dx = ab^2$$

$$Q_y = \int x\, dA = \int_0^b \int_0^{2\sqrt{ax}} dy\, x\, dx = \int_0^b [y]_0^{2\sqrt{ax}} x\, dx = \int_0^b 2\sqrt{ax}\, x\, dx = \frac{4}{5}b^2\sqrt{ab}$$

O limite superior da variável y foi expresso em função de x, porque o somatório na vertical é limitado pela curva, cuja altura é variável.

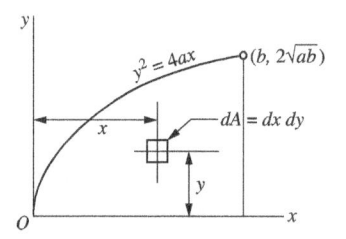

Figura 11-5

11.3 Determine o momento do volume de um cone circular reto com relação a sua base. Considere a Fig. 11-6.

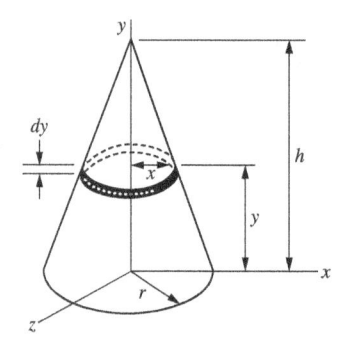

Figura 11-6

Solução

Conforme mostrado na Fig. 11-6, escolha uma faixa de volume diferencial paralela à base. Ela está a uma distância y acima do plano xz, que contém a base do cone.

Uma seção transversal no plano xy fornece triângulos retângulos semelhantes, conforme mostrado na Fig. 11-7. Assim, $x/r = (h - y)/h$ e

$$dV = \pi x^2 \, dy = \frac{\pi r^2}{h^2}(h-y)^2 \, dy$$

Para encontrar Q_{xy}, o momento de primeira ordem em relação à base, utilize

$$\begin{aligned}
Q_{xy} &= \int y \, dV = \int_0^h y \pi \frac{r^2}{h^2}(h-y)^2 \, dy \\
&= \frac{\pi r^2}{h^2} \int_0^h (h^2 y - 2hy^2 + y^3) \, dy \\
&= \frac{\pi r^2}{h^2} \left(h^2 \frac{y^2}{2} - 2h \frac{y^3}{3} + \frac{y^4}{4} \right)_0^h \\
&= \frac{\pi r^2}{h^2} h^4 \left(\frac{1}{2} - \frac{2}{3} + \frac{1}{4} \right) = \frac{1}{12} \pi r^2 h^2
\end{aligned}$$

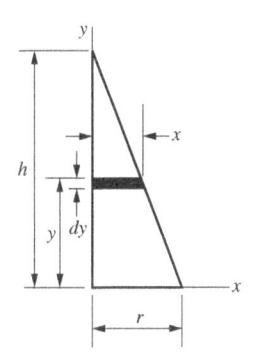

Figura 11-7

11.4 Determine a localização do centroide do arco de circunferência da Fig. 11-8.

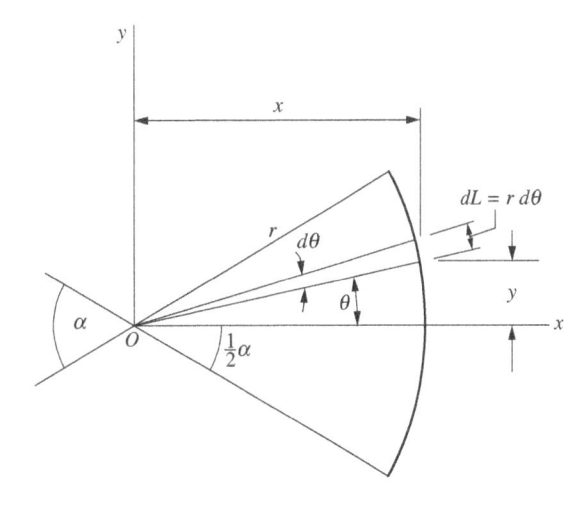

Figura 11-8

Solução

O eixo de simetria escolhido é o x. As coordenadas polares frequentemente simplificam o processo de integração. Partindo da figura,

$$x = r\cos\theta, \qquad y = r\,\text{sen}\,\theta$$

$$\bar{x} = \frac{Q_y}{L} = \frac{\int x\,dL}{\int dL} = \frac{\int_{-\alpha/2}^{\alpha/2} xr\,d\theta}{\int_{-\alpha/2}^{\alpha/2} r\,d\theta}$$

$$= \frac{\int_{-\alpha/2}^{\alpha/2} r^2\cos\theta\,d\theta}{\int_{-\alpha/2}^{\alpha/2} r\,d\theta}$$

$$= \frac{r^2[\text{sen}\,\alpha/2 - \text{sen}(-\alpha/2)]}{r[\alpha/2 - (-\alpha/2)]}$$

$$= \frac{r(\text{sen}\,\alpha/2 + \text{sen}\,\alpha/2)}{\alpha}$$

$$= \frac{2r\,\text{sen}\,\alpha/2}{\alpha}$$

Observe que está subentendido que o ângulo α é para todo o círculo.

Se $\bar{y}$ fosse determinado pelo mesmo método, a integração conduziria a termos em cosseno, os quais desapareceriam se os limites fossem substituídos. Assim, $\bar{y} = 0$. No entanto, isso pode ser observado diretamente, em razão do centroide sempre localizar-se em um eixo de simetria.

Se o arco é um semicírculo, α é igual a 180° ou a π rad. Então,

$$\bar{x} = \frac{2r\,\text{sen}\,\pi/2}{\pi} = \frac{2r}{\pi}$$

Isso não é igual ao centroide da área de um arco circular, que é determinado no Problema 11.8.

11.5 Determine a localização do centroide de um arame fletido formado pelos três segmentos mostrados na Fig. 11-9.

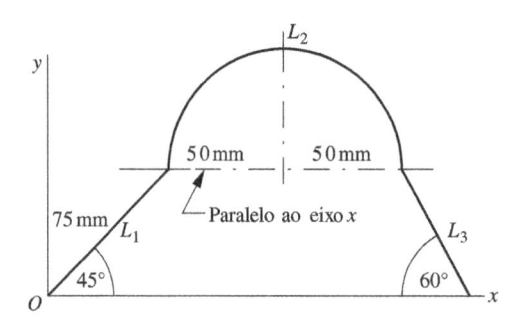

Figura 11-9

Solução

Suponha que

$L_1 =$ um segmento de 75 mm a 45° com o eixo x
$L_2 =$ um segmento semicircular
$L_3 =$ um segmento a 60° com o eixo x

O comprimento de $L_3 = \dfrac{75\cos 45°}{\text{sen}\,60°} = 61{,}2$ mm

A tabela seguinte indica as distâncias centroidais de cada componente.

Componente	Comprimento	$\bar{x}$	$\bar{y}$
L_1	75	$(75/2)\cos 45° = 26,5$	$(75/2)\sin 45° = 26,5$
L_2	$\pi r = 157$	$75\cos 45° + 50 = 103$	$75\sin 45° + 2r/\pi = 84,9$
L_3	61,2	$75\cos 45° + 100 + (61,2/2)\cos 60°$ $= 168,3$	$(61,2/2)\sin 60° = 26,5$

Para localizar o centroide, utiliza-se a equação (11.2):

$$\bar{x} = \frac{L_1\bar{x}_1 + L_2\bar{x}_2 + L_3\bar{x}_3}{L_1 + L_2 + L_3} = \frac{(75 \times 26,5) + (157 \times 103) + (61,2 \times 168,3)}{75 + 157 + 61,2} = 97,1 \text{ mm}$$

$$\bar{y} = \frac{L_1\bar{y}_1 + L_2\bar{y}_2 + L_3\bar{y}_3}{L_1 + L_2 + L_3} = \frac{(75 \times 26,5) + (157 \times 84,9) + (61,2 \times 26,5)}{293,2} = 57,8 \text{ mm}$$

Observe que $2r/\pi$, utilizado para determinar $\bar{y}_2$, foi obtido no Problema 11.4.

11.6 Determine a localização do centroide da barra construída conforme mostrado na Fig. 11-10. Admita que o diâmetro da barra é desprezível quando comparado com as demais dimensões da figura.

Solução

A Fig. 11-11 indica a trigonometria necessária à localização do centroide do arco. Ele estará no eixo de simetria, que forma com a vertical um ângulo de 75° e está a uma distância do centro do arco igual a $(2r/\alpha)\sin \alpha/2$, onde $\alpha = 150\pi/180$ rad. (Veja o Problema 11.4.)

Assim, a distância até o centroide medida sobre o raio é $[2(1)/2,62]\sin 75° = 0,738$ cm. A distância $\bar{y}$ até o arco é, portanto, $-0,738 \sin 15° = -0,191$ cm.

O comprimento de um arco é $r\alpha = 1(2,62) = 2,62$ cm.

Figura 11-10

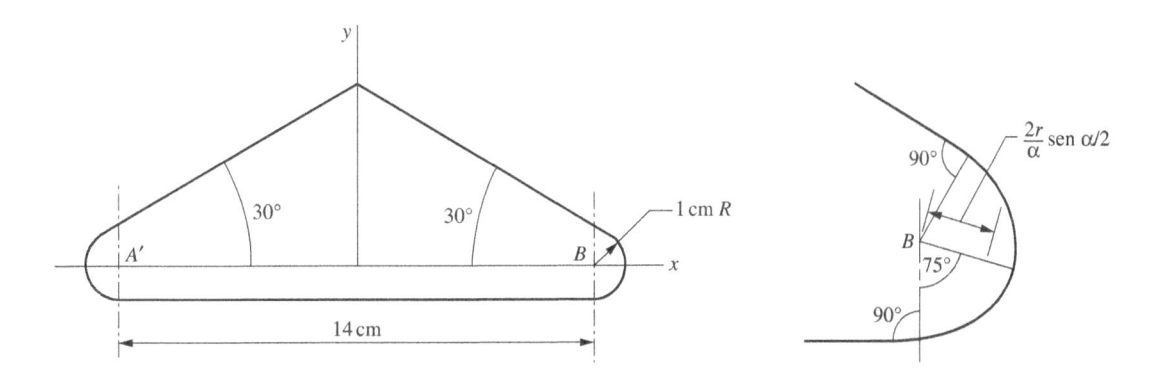

Figura 11-11

A Figura 11-12 indica o método de determinação do comprimento do lado inclinado:

$$DF = AB = 7 \text{ cm}$$
$$BF = BC \cos 30° = 1(0,866) = 0,866 \text{ cm}$$
$$FC = BC \sin 30° = 1(0,500) = 0,500 \text{ cm}$$
$$DC = DF + FC = 7,5 \text{ cm}$$
$$EC = \frac{DC}{\cos 30°} = \frac{7,5}{0,866} = 8,66 \text{ cm}$$

O centroide de EC está em G, a uma distância igual a $\bar{y}_{\text{inclinada}}$ do eixo x, onde

$$\bar{y}_{\text{inclinada}} = GH + FB = \frac{1}{2}(8,66 \sin 30°) + 0,866 = 3,03 \text{ cm}$$

O centroide da barra horizontal está abaixo do eixo x. Assim, seu $\bar{y}$ é -1 cm.
Por simetria, $\bar{x}$ para a figura composta é 0.
Para determinar $\bar{y}$ para a figura composta, aplica-se a seguinte equação:

$$\bar{y} = \frac{2L_{\text{arc}}\bar{y}_{\text{arc}} + L_{\text{hor}}\bar{y}_{\text{hor}} + 2L_{\text{inclinada}}\ \bar{y}_{\text{inclinada}}}{2L_{\text{arc}} + L_{\text{hor}} + 2L_{\text{inclinada}}}$$

$$= \frac{2(2{,}62)(-0{,}191) + 14(-1) + 2(8{,}66)(3{,}03)}{2(2{,}62) + 14 + 2(8{,}66)}$$

$$= 1{,}02\,\text{cm}$$

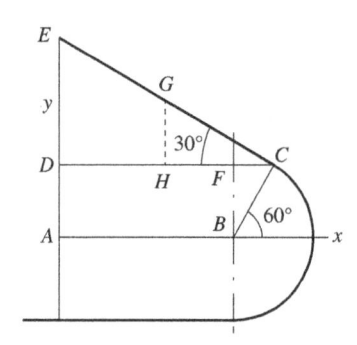

Figura 11-12

11.7 Determine a posição do centroide do triângulo.

Solução

Adote o eixo x ao longo de um dos lados, conforme mostrado na Fig. 11-13. Escolha o elemento diferencial de área $dA = s\,dy$.

Observe que $s/b = (h - y)/h$. A coordenada $\bar{y}$ do centroide é

$$\bar{y} = \frac{Q_x}{A} = \frac{\int y\,dA}{A} = \frac{\int_0^h ys\,dy}{\frac{1}{2}bh} = \frac{\int_0^h y\left[\frac{b}{h}(h-y)\right]dy}{\frac{1}{2}bh} = \frac{h}{3}$$

Agora é possível determinar $\bar{x}$, mas geralmente é o bastante saber que o centroide está posicionado em um ponto cuja distância a partir da base é um terço da altura. Desenhe duas linhas paralelas a quaisquer dois lados cujas distâncias a esses lados seja um terço das respectivas alturas em relação aos mesmos lados. A intersecção dessas duas linhas é o centroide.

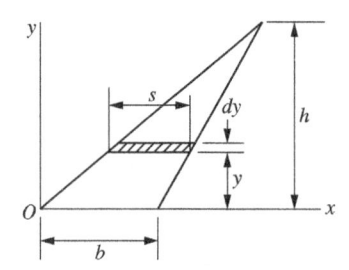

Figura 11-13

11.8 Determine o centroide de um setor de circunferência cujo raio é r e o ângulo de abertura é 2α. O eixo de simetria é o x. Resolva fazendo uso (a) do elemento diferencial mostrado na Fig. 11-14 e (b) do elemento diferencial mostrado na Fig. 11-15.

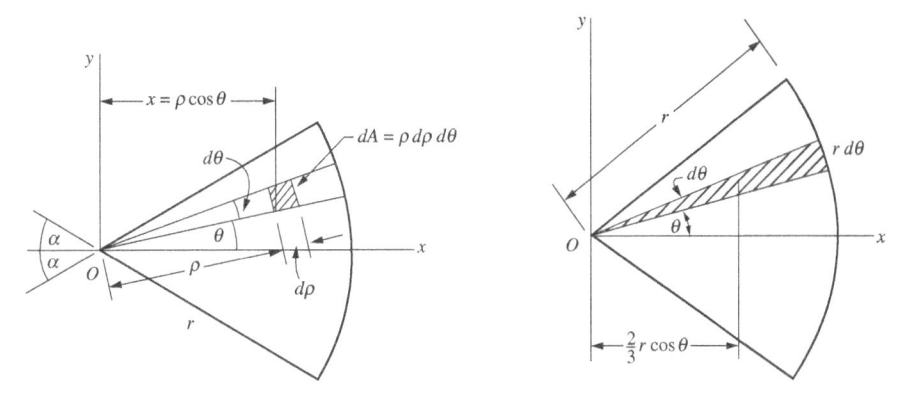

Figura 11-14   **Figura 11-15**

Solução

(a) Usando o elemento diferencial da Fig. 11-14, escrevemos

$$\bar{x} = \frac{Q_y}{A} = \frac{\int x\, dA}{\int dA} = \frac{\int_{-\alpha}^{\alpha}\int_0^r \rho\cos\theta\, \rho\, d\rho\, d\theta}{\int_{-\alpha}^{\alpha}\int_0^r \rho\, d\rho\, d\theta} = \frac{\int_{-\alpha}^{\alpha}[\rho^3/3]_0^r \cos\theta\, d\theta}{\int_{-\alpha}^{\alpha}[\rho^2/2]_0^r\, d\theta} = \frac{(r^3/3)[\operatorname{sen}\alpha - \operatorname{sen}(-\alpha)]}{(r^2/2)[\alpha - (-\alpha)]}$$

$$= \frac{2r\operatorname{sen}\alpha}{3\alpha}$$

Para um setor semicircular, $2\alpha = \pi$ rad e

$$\bar{x} = \frac{2r\operatorname{sen}\pi/2}{3\pi/2} = \frac{4r}{3\pi}$$

É claro que, $\bar{y} = 0$ pela simetria da figura.

(b) Usando o elemento diferencial da Fig. 11-15, nota-se que o centroide do triângulo infinitesimal está a dois terços da distância do vértice (a origem) até a base. Observe que $\bar{x}$ para o triângulo infinitesimal é $\frac{2}{3}r\cos\theta$. Assim,

$$\bar{x} = \frac{Q_y}{A} = \frac{\int_{-\alpha}^{\alpha}\left(\frac{1}{2}r\, d\theta\, r\right)\left(\frac{2}{3}r\cos\theta\right)}{\int_{-\alpha}^{\alpha}\frac{1}{2}r\, d\theta\, r} = \frac{\frac{1}{3}r^3\int_{-\alpha}^{\alpha}\cos\theta\, d\theta}{\frac{1}{2}r^2\int_{-\alpha}^{\alpha}d\theta} = \frac{2r\operatorname{sen}\alpha}{3\alpha}$$

11.9 Determine a localização do centroide da área delimitada pela parábola $y^2 = 4ax$ e pelas linhas $x = 0$, $y = b$.

Solução

Escolha uma faixa diferencial paralela ao eixo x, conforme mostrado na Fig. 11-16:

$$\bar{x} = \frac{Q_y}{A} = \frac{\int_0^b \left(\frac{1}{2}x\right)x\, dy}{\int_0^b x\, dy} = \frac{\frac{1}{2}\int_0^b x^2\, dy}{\int_0^b x\, dy} = \frac{\frac{1}{2}\int_0^b (y^4/16a^2)\, dy}{\int_0^b (y^4/4a)\, dy} = \frac{3b^2}{40a}$$

Analogamente,

$$\bar{y} = \frac{Q_x}{A} = \frac{\int_0^b yx\, dy}{b^3/12a} = \frac{\int_0^b (y^3/4a)\, dy}{b^3/12a} = \frac{b^4/16a}{b^3/12a} = \frac{3}{4}b$$

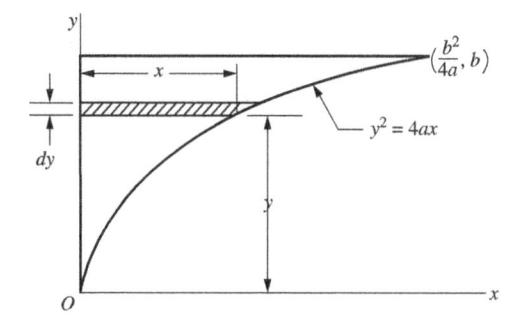

Figura 11-16

11.10 Determine o centroide da área remanescente depois de remover de um círculo de raio r outro circulo de diâmetro r, conforme mostrado na Fig. 11-17.

Solução

Por simetria, $\bar{y} = 0$, isto é, o centroide está no eixo x.

Usando a fórmula para áreas compostas na qual A_L é a área do círculo maior e A_S é a área do círculo menor, teremos

$$\bar{x} = \frac{A_L x_L - A_S x_S}{A_L - A_S} = \frac{\pi r^2(0) - (\pi r^2/4)(-r/2)}{\pi r^2 - \pi r^2/4} = \frac{1}{6}r$$

Assim, o centroide está no eixo x, a uma distância de $\frac{1}{6}r$ à direita do eixo y.

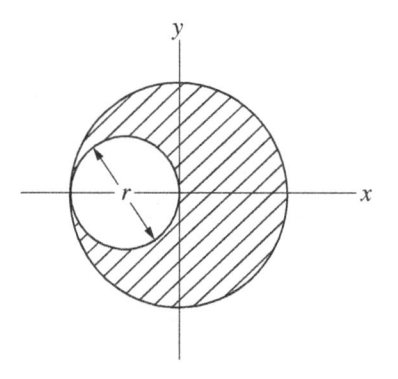

Figura 11-17

11.11 Uma área semicircular é removida do trapézio mostrado na Fig. 11-18. Determine o centroide da área remanescente.

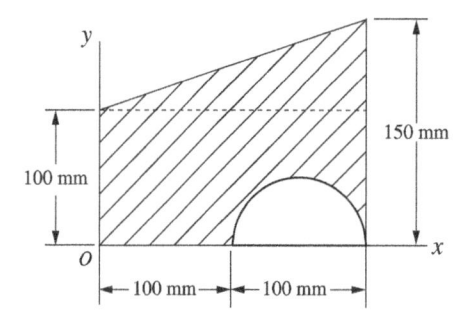

Figura 11-18

Solução

A área sombreada consiste de (1) um retângulo mais (2) um triângulo menos (3) uma área semicircular:

$$\bar{x} = \frac{A_1\bar{x}_1 + A_2\bar{x}_2 - A_3\bar{x}_3}{A_1 + A_2 - A_3} = \frac{2 \times 10^4(100) + 5 \times 10^3(133,3) - \pi(50)^2(150)/2}{2 \times 10^4 + 5 \times 10^3 - \pi(50)^2/2} = 98,6 \text{ mm}$$

$$\bar{y} = \frac{A_1\bar{y}_1 + A_2\bar{y}_2 - A_3\bar{y}_3}{A_1 + A_2 - A_3}$$

$$= \frac{2 \times 10^4(50) + 5 \times 10^3(100 + 50/3) - [\pi(50)^2/2][(4 \times 50)/3\pi]}{21\,070} = 71,2 \text{ mm}$$

11.12 A área na Fig. 11-19(a) revoluciona em torno do eixo y. Determine o centroide do volume resultante mostrado na Fig. 11-19(b).

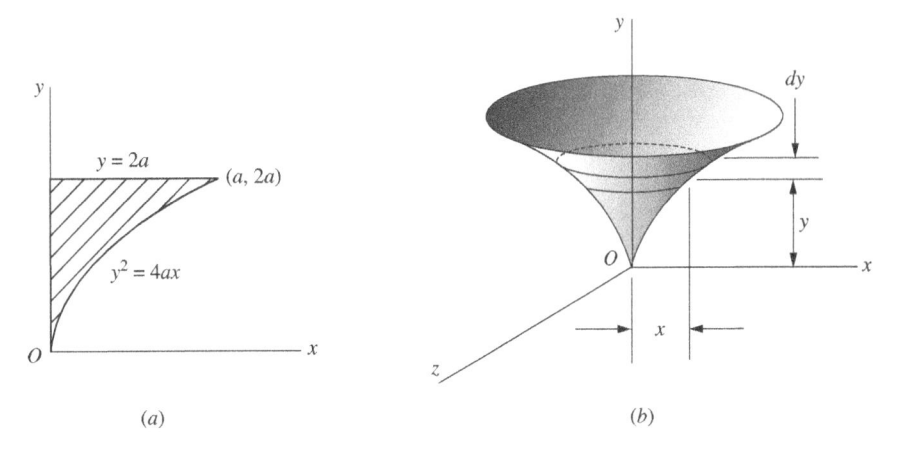

Figura 11-19

Solução

Por simetria, na Fig. 11-19(b), $\bar{x} = 0$, $\bar{z} = 0$. Escolha um volume diferencial paralelo ao plano xz. Sua espessura ou altura será dy e estará a uma distância y acima do palno xz. Seu raio é x. A distância $\bar{y}$ será

$$\bar{y} = \frac{Q_{xz}}{V} = \frac{\int_0^{2a} y(\pi x^2\, dy)}{\int_0^{2a} \pi x^2\, dy} = \frac{\pi \int_0^{2a} y(y^4/16a^2)\, dy}{\pi \int_0^{b} (y^4/16a^2)\, dy} = \frac{[y^6/6]_0^{2a}}{[y^5/5]_0^{2a}} = \frac{5}{3}a$$

11.13 Determine a localização de $\bar{x}$ para o volume de qualquer pirâmide ou cone cuja base coincida com o plano yz. A altura é h e a área da base é A.

Solução

Na Fig. 11-20, escolha um volume diferencial a uma distância x do plano yz. Sua área varia com x. Chame essa área de A_x e a espessura de dx.

Partindo de considerações geométricas,

$$\frac{A_x}{A} = \frac{(h-x)^2}{h^2}$$

Então,

$$\bar{x} = \frac{Q_{yz}}{V} = \frac{\int x \, dV}{\int dV} = \frac{\int_0^h x A_x \, dx}{\int_0^h A_x \, dx} = \frac{\int_0^h x(A/h^2)(h-x)^2 \, dx}{\int_0^h (A/h^2)(h-x)^2 \, dx} = \frac{1}{4}h$$

Portanto, o centroide de qualquer pirâmide ou cone está a um quarto de sua altura em relação à base.

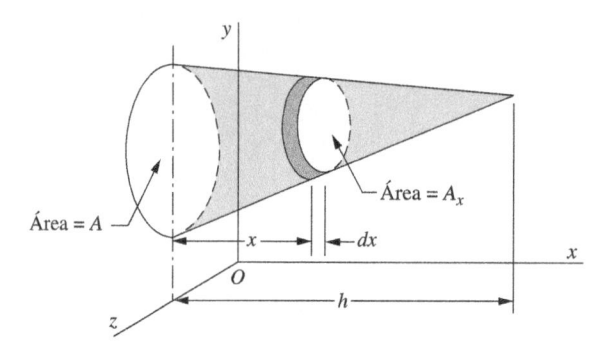

Figura 11-20

11.14 Calcule a posição do centroide de um volume que corresponde a um quarto do cilindro circular reto mostrado na Fig. 11-21.

Solução

É necessário apenas derivar o valor de $\bar{x}$, uma vez que $\bar{z} = \bar{x}$ e, é claro, $\bar{y}$, é a metade da altura h. Escolha o volume diferencial dV paralelo ao plano yz:

$$dV = zh \, dx$$

Contudo, uma vez que a seção cortada do sólido por qualquer plano paralelo ao plano xz produz um quarto de círculo, a relação entre x e z é $x^2 + z^2 = r^2$. A distância $\bar{x}$ é, então,

$$\bar{x} = \frac{Q_{yz}}{V} = \frac{\int x \, dV}{\int dV} = \frac{\int_0^r xzh \, dx}{\int_0^r zh \, dx}$$

$$= \frac{\int_0^r hx(r^2 - x^2)^{1/2} \, dx}{\int_0^r h(r^2 - x^2)^{1/2} \, dx} = \frac{h \left[-\frac{1}{3}(r^2 - x^2)^{3/2} \right]_0^r}{h[(x/2)(r^2 - x^2)^{1/2} + (r^2/2) \operatorname{sen}^{-1}(x/r)]_0^r} = \frac{4r}{3\pi}$$

Observe que o resultado é exatamente o mesmo que para o centroide de um quadrante de círculo. Isso era esperado, uma vez que o único fator que poderia influenciar a posição centroidal no sólido, quando comparada a da área, seria a altura h, que demonstrou ser comum a ambos os termos, numerador e denominador.

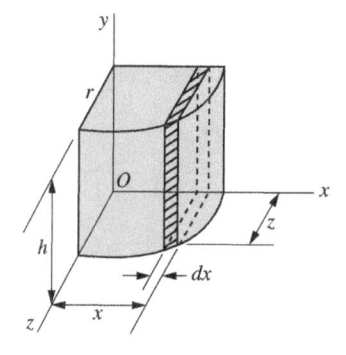

Figura 11-21

11.15 Uma esfera de raio r é cortada de uma esfera maior de raio R. A distância entre seus centros é a. Determine a localização do centroide do volume remanescente.

Solução

Este é um exemplo da técnica utilizada para composição de volumes. Os dois volumes são

$$V_R = \frac{4}{3}\pi R^3 \qquad V_r = \frac{4}{3}\pi r^3$$

Considere que a origem dos eixos x, y e z está no centro da esfera maior e que o sentido positivo do eixo x está orientado segundo os centros das duas esferas. Consequentemente, $\bar{x}_R = 0$ e $\bar{x}_r = a$. A coordenada x do centroide será, então,

$$\bar{x} = \frac{V_R \bar{x}_R - V_r \bar{x}_r}{V_R - V_r} = \frac{\frac{4}{3}\pi R^3(0) - \frac{4}{3}\pi r^3(a)}{\frac{4}{3}\pi R^3 - \frac{4}{3}\pi r^3} = \frac{-ar^3}{R^3 - r^3}$$

Isso significa que o centroide está na linha de centros das circunferências e à esquerda do plano yz, a uma distância de $ar^3/(R^3 - r^3)$.

11.16 Determine a localização do centroide do volume composto mostrado na Fig. 11-22. O orifício de 40 mm é executado na direção normal ao centro da face do topo.

Solução

Considerando a simetria da figura, $\bar{z} = 120$ mm.

Designaremos o paralelepípedo como 1, a parte triangular como 2 e a cilíndrica como 3. Os valores necessários nas fórmulas abaixo são dados na seguinte tabela

Parte	V	$\bar{x}$	$\bar{y}$
1	1728×10^3	60	30
2	432×10^3	140	20
3	$7{,}54 \times 10^3$	60	30

$$\bar{x} = \frac{1728 \times 10^3(60) + 432 \times 10^3(140) - 75{,}4 \times 10^3(60)}{1728 \times 10^3 + 432 \times 10^3 - 75{,}4 \times 10^3} = 76{,}6 \text{ mm}$$

$$\bar{y} = \frac{1728 \times 10^3(30) + 432 \times 10^3(20) - 75{,}4 \times 10^3(30)}{2084{,}6 \times 10^3} = 27{,}9 \text{ mm}$$

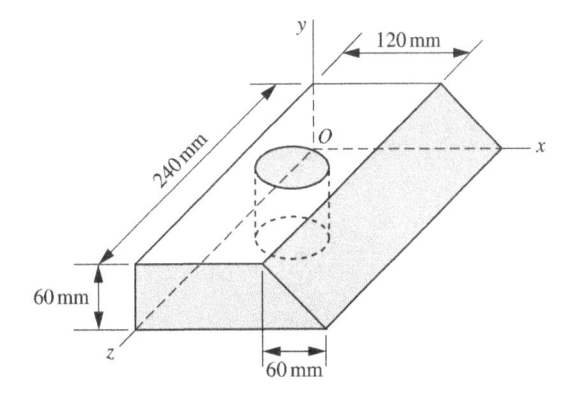

Figura 11-22

11.17 Três esferas cujos volumes são 10, 15 e 25 cm³ estão localizadas em relação ao eixo, conforme o mostrado na Fig. 11-23. Todas elas são normais em relação ao eixo x. Determine a localização do centroide dos três volumes. Todas as distâncias estão em cm.

Solução

Considere que o eixo de referência x se orienta ao longo do eixo. Utilize a forma tabular para organizar os dados.

V	$\bar{x}$	$\bar{y}$	$\bar{z}$
10	4	4 cos 30°	−4 sen 30°
15	12	−6 cos 45°	6 sen 45°
25	24	−4 cos 60°	−4 sen 60°

$$\bar{x} = \frac{(10 \times 4) + (15 \times 12) + (25 \times 24)}{10 + 15 + 25} = 16,4 \text{ cm}$$

$$\bar{y} = \frac{(10 \times 4 \times 0,866) - (15 \times 6 \times 0,707) - (25 \times 4 \times 0,500)}{50} = -1,58 \text{ cm}$$

$$\bar{z} = \frac{(-10 \times 4 \times 0,500) + (15 \times 6 \times 0,707) - (25 \times 4 \times 0,866)}{50} = -0,86 \text{ cm}$$

A propósito, o mesmo procedimento poderia ser seguido se os números 10, 15 e 25 representassem pesos ou massas concentrados nos mesmos centros das esferas correspondentes.

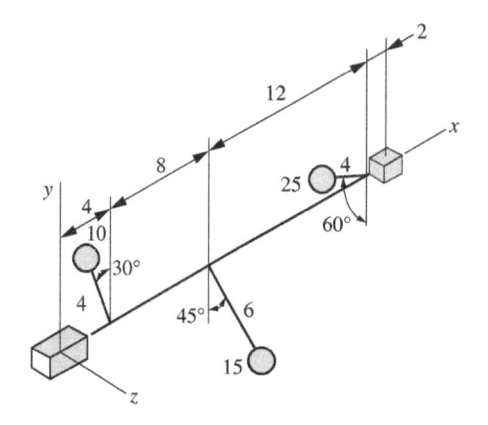

Figura 11-23

11.18 Determine a localização do centroide da superfície de um hemisfério com relação a sua base.

Solução

Observe a Fig. 11-24. O plano xz é escolhido como base do hemisfério. Escolhe-se uma faixa diferencial de área dS na superfície, como na figura. Observe que a largura dL dessa superfície diferencial não é vertical, mas tangente. Com $\theta = \text{tg}^{-1}(y/x)$. Então

$$\overline{dL}^2 = \overline{dx}^2 + \overline{dy}^2 = \left(\frac{\overline{dx}^2}{dx^2} + \frac{\overline{dy}^2}{dx^2}\right)\overline{dx}^2 \quad \text{ou} \quad dL = \sqrt{1 + (dy/dx)^2}\, dx$$

$$\bar{y} = \frac{Q_{xz}}{S} = \frac{\int y\, dS}{\int dS} = \frac{\int y(2\pi x\, dL)}{\int 2\pi x\, dL} = \frac{\int_0^r 2\pi yx\sqrt{1 + (dy/dx)^2}\, dx}{\int_0^r 2\pi x\sqrt{1 + (dy/dx)^2}\, dx}$$

No plano xy, a equação da circunferência é $x^2 + y^2 = r^2$. Então, $y = \sqrt{r^2 - x^2}$. Diferenciando, $dy/dx = -x(r^2 - x^2)^{-1/2}$. Fazendo essas substituições,

$$\bar{y} = \frac{2\pi r \int_0^r x\, dx}{2\pi r \int_0^r x(r^2 - x^2)^{-1/2}\, dx} = \frac{1}{2} r$$

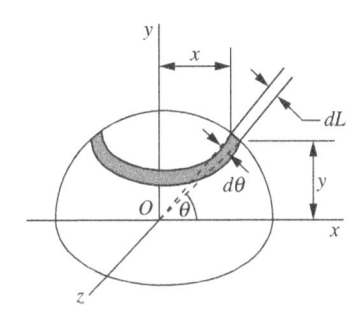

Figura 11-24

11.19 Determine a localização do centroide da superfície de um cone reto em relação a sua base. Sua altura é h. Considere a Fig. 11-25.

Solução

Na Fig. 11-25, o eixo x é orientado segundo a altura do cone. O elemento diferencial de superfície dS é $2\pi y\, dL$. A coordenada $\bar{x}$ do centroide é

$$\bar{x} = \frac{Q_{yz}}{S} = \frac{\int x\, dS}{\int dS} = \frac{\int x 2\pi y\, dL}{\int 2\pi y\, dL}$$

Se r é o raio da base, então, por semelhança de triângulos no plano xy, $y/r = (h - x)/h$. Assim, $dy/dx = -r/h$ e $dL = dx\sqrt{1 + (dy/dx)^2} = dx\sqrt{1 + r^2/h^2}$.

Substituindo e simplificando,

$$\bar{x} = \frac{\int_0^h (hx - x^2)\, dx}{\int_0^h (h - x)\, dx} = \frac{h}{3}$$

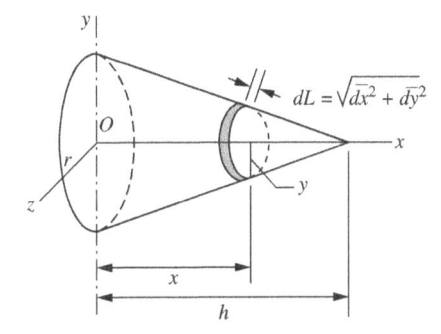

Figura 11-25

11.20 Encontre a posição do centro de massa da parte direita do elipsoide homogêneo $x^2/a^2 + y^2/b^2 + z^2/c^2 = 1$.

Solução

Escolha o diferencial de massa paralelo ao plano yz, conforme mostrado na Fig. 11-26. A densidade é designada por δ. Observe que $dV = A\,dx$, onde A é a área de uma elipse cujos eixos têm comprimento $2y$ e $2z$. A área $A = \pi yz$. A massa do volume diferencial é

$$dm = \delta\,dV = \delta\pi yz\,dx$$

Então,

$$\bar{x} = \frac{Q_{yz}}{m} = \frac{\int x\,dm}{\int dm} = \frac{\delta\pi \int_0^a xyz\,dx}{\delta\pi \int_0^a yz\,dx}$$

Para determinar y em função de x, faça $z = 0$ na equação do elipsoide. Isso fornece

$$\frac{x^2}{a^2} + \frac{y^2}{b^2} = 1 \quad \text{ou} \quad y = \frac{b}{a}\sqrt{a^2 - x^2}$$

Analogamente, com $y = 0$,

$$\frac{x^2}{a^2} + \frac{z^2}{c^2} = 1 \quad \text{ou} \quad z = \frac{c}{a}\sqrt{a^2 - x^2}$$

Substituindo e simplificando, temos

$$\bar{x} = \frac{\int_0^a \left(x\frac{b}{a}\sqrt{a^2-x^2}\frac{c}{a}\sqrt{a^2-x^2}\right)dx}{\int_0^a \left(\frac{b}{a}\sqrt{a^2-x^2}\frac{c}{a}\sqrt{a^2-x^2}\right)dx} = \frac{3}{8}a$$

Evidentemente, $\bar{y} = \bar{z} = 0$.

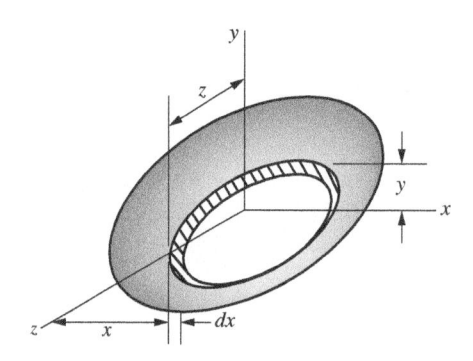

Figura 11-26

11.21 Determine a posição do centro de massa do hemisfério cuja densidade δ varia com o quadrado da distância a partir da base.

Solução

Admita que a base do hemisfério esteja no plano yz, conforme mostrado na Fig. 11-27. Então a densidade varia com x^2, ou $\delta = Kx^2$. Escolha a massa dm paralela ao plano yz e a uma distância x do plano yz. Então,

$$\bar{x} = \frac{Q_{yz}}{m} = \frac{\int x\, dm}{\int dm} = \frac{\int_0^r x\delta\pi y^2\, dx}{\int_0^r \delta\pi y^2\, dx}$$

No plano xy, as coordenadas (x, y) repousam em uma circunferência de raio r. Assim, $y^2 = r^2 - x^2$. Substituindo os valores de y^2 e δ, a equação fica

$$\bar{x} = \frac{\int_0^r xKx^2\pi(r^2 - x^2)\, dx}{\int_0^r Kx^2\pi(r^2 - x^2)\, dx} = \frac{\int_0^r x^3(r^2 - x^2)\, dx}{\int_0^r x^2(r^2 - x^2)\, dx} = \frac{\frac{1}{12}r^6}{\frac{2}{15}r^5} = \frac{5}{8}r$$

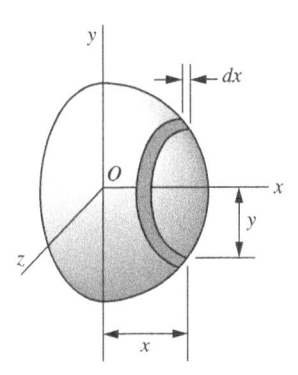

Figura 11-27

11.22 A densidade em qualquer ponto de uma haste esbelta varia com a primeira potência da distância do ponto, medida a partir de uma das extremidades da haste. Onde se localizará o centro de massa?

Solução

A densidade é proporcional à distância x medida a partir da origem escolhida em uma das extremidades da haste, isto é, $\delta = Kx$, onde δ é a massa por unidade de comprimento. Para determinar dm, multiplique o diferencial de comprimento dx no ponto x pela densidade naquele ponto. Isso leva à equação $dm = \delta\, dx = Kx\, dx$. Então,

$$\bar{x} = \frac{\int x\, dm}{\int dm} = \frac{\int_0^L xKx\, dx}{\int_0^L Kx\, dx} = \frac{2}{3}L$$

O centro de massa da haste está a dois terços de seu comprimento, medido a partir da extremidade adotada como referência.

11.23 Encontre a área da superfície do toroide anelar formado pela revolução do círculo em relação ao eixo x na Fig. 11-28. Utilize o teorema de Pappus Guldinus.

Solução

O centroide da circunferência está à distância d do eixo x. Portanto, em uma revolução completa, o centroide se move em um caminho circular de raio d. A distância percorrida é igual a $2\pi d$. O comprimento $2\pi r$ da curva gerada é a circunferência do círculo. Assim, a área da superfície do toroide é

$$A = 2\pi d \times 2\pi r = 4\pi^2 rd$$

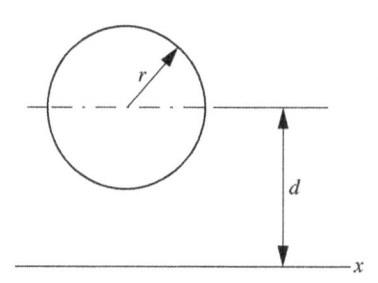

Figura 11-28

11.24 Determine a localização do centroide de um quadrante de círculo usando o teorema de Pappus Guldinus e o volume da esfera, que é dado por $4\pi r^3/3$.

Solução

Essa é, na verdade, uma aplicação inversa dos teoremas. A área na Fig. 11-29, quando revolucionada, gera um hemisfério cujo volume é $2\pi r^3/3$. O comprimento do caminho do centroide é o volume dividido pela área do quadrante:

$$L = \frac{2\pi r^3/3}{\pi r^2/4} = \frac{8}{3}r$$

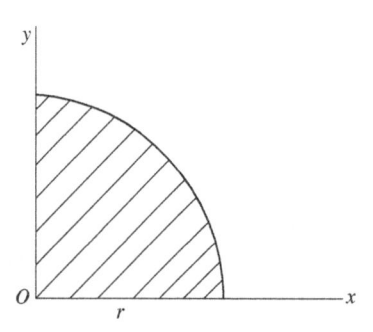

Figura 11-29

Mas o comprimento do caminho do centroide é $2\pi\bar{y}$. Assim,

$$2\pi\bar{y} = 8r/3, \qquad \text{ou} \qquad \bar{y} = 4r/3\pi.$$

Esse valor foi obtido previamente pelos métodos do cálculo. Veja o Problema 11.8.
Evidentemente, para um quadrante do círculo, $\bar{x} = \bar{y}$.

11.25 Na Fig. 11-30 uma caixa com dimensões L, b e h está parcialmente cheia de cascalho, cuja densidade é δ kg/m^3. Considerando que a altura da distribuição do cascalho varia linearmente de zero, na extremidade esquerda, até a altura h, na extremidade direita, determine a distância do centro de pressão medida com base na extremidade esquerda da caixa.

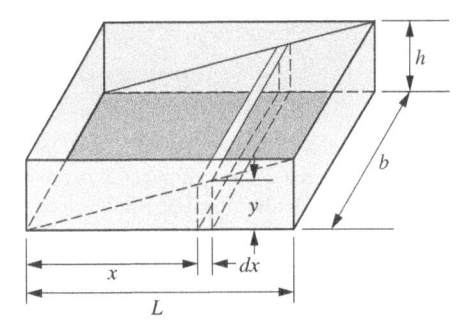

Figura 11-30

Solução

A uma distância x a partir da extremidade esquerda, considere o volume diferencial conforme o mostrado. A altura é $y = xh/L$ e a força gravitacional em dV é $dW = g\delta\,(xh/L)b\,dx$. Para determinar a posição do centro de pressão, utilize

$$\bar{x} = \frac{\int x\,dW}{\int dW} = \frac{(g\delta hb/L)\int_0^L x^2\,dx}{(g\delta hb/L)\int_0^L x\,dx} = \frac{2}{3}L$$

O centro de pressão do cascalho está em uma vertical localizada a $2L/3$, a partir da extremidade esquerda, e a $b/2$ para trás, a contar da parede dianteira. A massa total de cascalho, se disposta ao longo dessa vertical, induziria forças nos apoios da caixa equivalentes às calculadas para a massa distribuída.

11.26 (*a*) Considere a Fig. 11-31. Uma superfície suporta um material cujo peso é w N/m^3 e tem uma altura y que varia de forma conhecida com a distância x medida a partir da extremidade esquerda. Determine cada uma das reações R_R à direita. Considere que b é constante e que a altura y em uma dada faixa não varia ao longo da distância b.
(*b*) Na parte (*a*), suponha que $w = 150$ N/m^3 e que a altura da carga varia linearmente de zero, na extremidade esquerda, a 2 m, na extremidade direita, conforme mostrado na Fig. 11-32. O vão é de 8 m e a distância b é de 2 m. Determine a reação em cada um dos suportes à direita, desprezando o peso das superfícies.

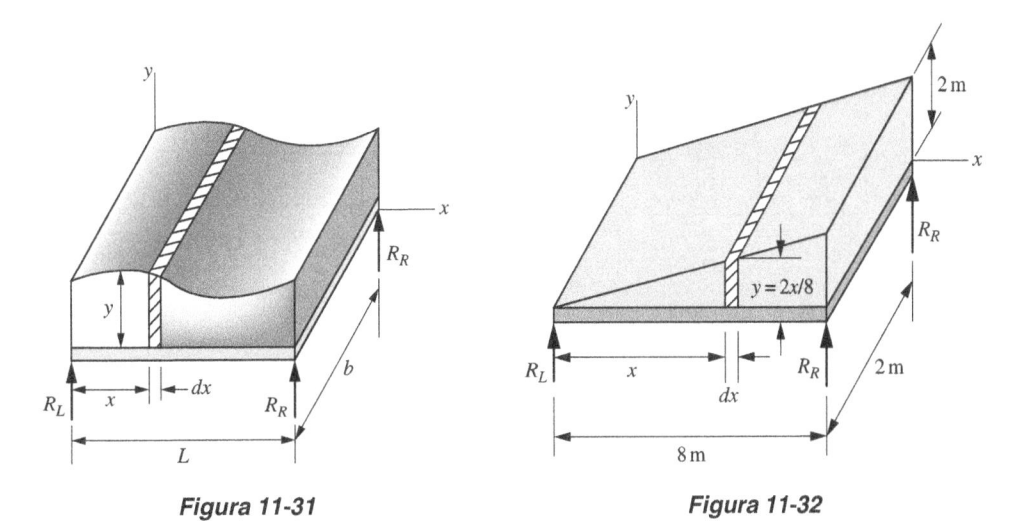

Figura 11-31   *Figura 11-32*

Solução

(a) O peso de um volume diferencial a uma distância x, contada da extremidade esquerda, é $dW = wby\,dx$. O momento do peso dW em relação à extremidade esquerda (o plano vertical perpendicular a L) é $x\,dW = wbyx\,dx$.

A soma dos momentos dos pesos de todos os volumes diferenciais em relação à extremidade esquerda deve ser compensada pelos momentos das duas reações de apoio R_R da direita. Então,

$$\int_0^L wbyx\,dx = 2R_R L$$

A integração pode ser executada diretamente se y for uma função conveniente de x.

(b) A altura diferencial y de um carregamento a uma distância x, contada da extremidade esquerda, é $y = 2x/8 = x/4$.

O momento da carga total em relação ao eixo que contém as reações esquerdas é

$$M = \int x\,dW = \int x(150\,dV) = \int_0^8 x\left[150\left(\frac{x}{4}\right)(2)\,dx\right] = 12\,800\,\text{N·m}$$

O momento das duas reações à direita deve ser igual ao momento da carga em relação à borda esquerda. Assim,

$$2R_R(8) = 12800 \quad \text{ou} \quad R_R = 800\,\text{N}$$

O momento da carga também pode ser encontrado usando uma distribuição de carga dada em N/m ao longo da superfície. Se a carga na borda da direita tem 2 m de altura, estende-se por 2 m ao longo da superfície e por 1 m na direção do eixo x com centro na borda da direita, a intensidade da carga será $2 \times 2 \times 1 \times 150 = 600$ N por metro linear. Portanto, nesse problema, a carga varia de zero na extremidade esquerda a 600 N/m na extremidade direita.

A carga em um comprimento dx distante x da extremidade esquerda é $p_x\,dx$ onde p_x = carga por metro linear em x. Por semelhança de triângulos, $p_x/x = 600/8$ ou $p_x = 75x$. Então o momento do total da carga em relação à borda esquerda é

$$M = \int_0^8 xp_x\,dx = \int_0^8 x(75x)\,dx = 12\,800\,\text{N·m}$$

11.27 O tanque aberto mostrado na Fig. 11-33(a) está cheio de água, cuja densidade de massa é igual a 1000 kg/m³. Uma placa, com a borda inferior fixada por uma dobradiça, cobre um orifício retangular de altura igual a 300 mm e largura igual a 600 mm. Determine a força induzida nos parafusos superiores B pela água que age contra a placa. (*Observação*: Na solução, todas as dimensões são em metros.)

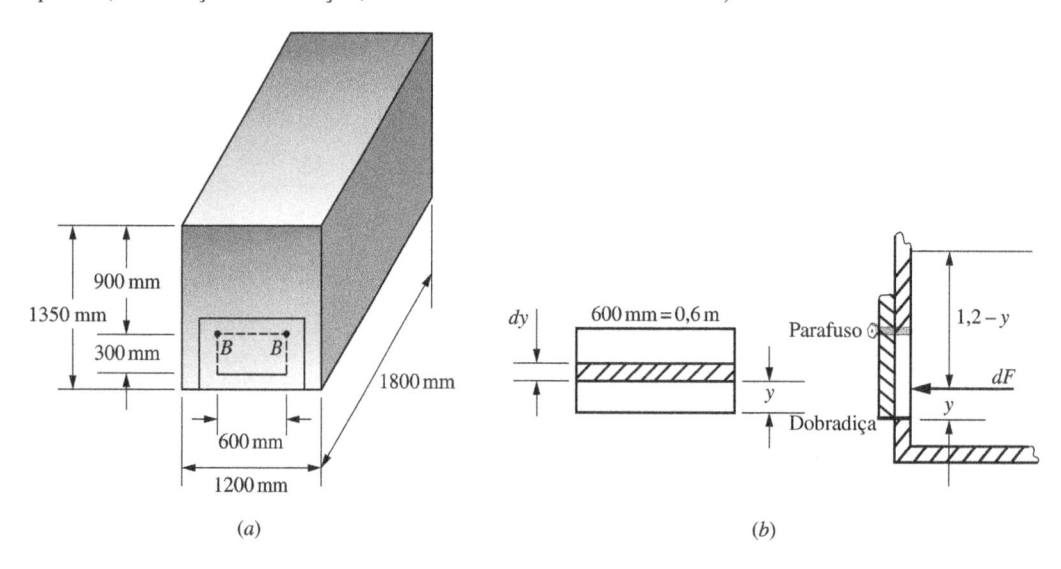

Figura 11-33

Solução

O diagrama na Fig. 11-33(b) mostra o elemento diferencial da placa a uma distância y sobre o fundo do orifício. Uma vez que estamos interessados apenas na área da placa que a água pressiona, o elemento de área dA será 0,6 dy. [*Observação*: Se a largura da placa fosse uma função de y, então a área diferencial deveria ser $f(y)\,dy$.]

A força dF da água no elemento diferencial escolhido é o produto da área dA pela pressão à distância y acima do fundo do orifício.

A pressão p no ponto y acima do fundo do orifício é numericamente igual à força gravitacional exercida pela coluna de água de 1 m² de área de seção transversal e $(1,2 - y)$ m de altura:

$$p = 9,8 \times 1000(1,2 - y)\ \text{N/m}^2$$

Então a força diferencial na pequena área é

$$dF = 9,8 \times 1000(1,2 - y)(0,6)\,dy$$

O momento de dF em relação à dobradiça da parte inferior do orifício é $y\,dF$. O momento da força total da água é $\int y\,dF$. Isso deve ser compensado pelo momento que as forças nos parafusos F_B aplicam com relação à parte de baixo do orifício. Assim,

$$2F_B(0,3) = \int_0^{0,3} y\,9,8 \times 1000(1,2 - y)(0,6)\,dy. \quad \therefore\ F_B = 441\ \text{N}$$

11.28 A figura 11-34(a) mostra uma comporta retangular que separa fluidos de densidades diferentes. A comporta é articulada no topo e repousa contra um batente no fundo. Determine d, correspondente à maior diferença de profundidades que permite que a comporta permaneça fechada.

Solução

A figura 11-34(b) mostra a distribuição de pressões na comporta. A máxima pressão no fundo à esquerda é p_1, devido ao peso de uma coluna de fluido (água) com 6 m de altura. Utilizando $p = \gamma h$, onde γ é o peso específico do fluido,

$$p_1 = 9800 \times 6 = 58\,800\ \text{N/m}^2$$

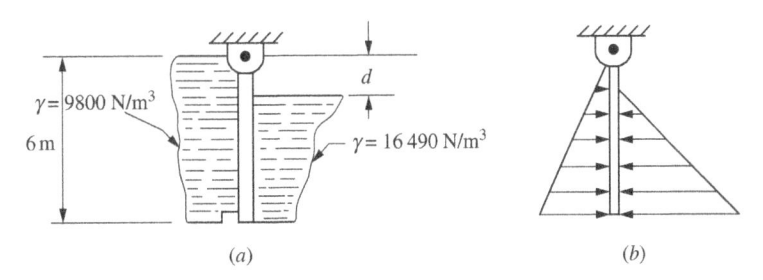

Figura 11-34

A força total no lado esquerdo é

$$F_1 = \frac{1}{2}p_1 \times \text{área} = \frac{1}{2}(58800)(6w)$$

onde w é a largura da comporta (perpendicular ao papel). Essa força F_1 atua no centro de pressão, o qual, para uma distribuição triangular, encontra-se no centroide do triângulo (4 m a contar do topo da comporta).

A pressão máxima no fundo à direita é exercida por uma coluna de altura igual a $(6-d)$ m.

$$p_2 = 16\,490(6-d) \text{ N/m}^2$$

A força total no lado direito é

$$F_2 = \frac{1}{2} p_2 \times \text{área} = \frac{1}{2}(16\,490)(6-d)(6-d)w$$

Essa força F_2 atua no centro de pressão, o qual encontra-se à altura de $\frac{1}{3} \times$ altura $= \frac{1}{3}(6-d)$ a contar do fundo.

Com o objetivo de calcular os momentos em relação à dobradiça, usamos o braço de 4 m para F_1 e o braço de $6 - \frac{1}{3}(6-d) = 4 + \frac{1}{3}d$ para F_2. Igualando os dois momentos para ter o equilíbrio, obtemos

$$\frac{1}{2}(58\,800)(6w)\,4 = \frac{1}{2}(16\,490)(6-d)^2 w\left(4 + \frac{1}{3}d\right)$$

ou

$$d^3 - 108d + 175 = 0$$

O valor $d = 1{,}65$ m é o que satisfaz essa equação.

*Problemas Complementares**

11.29 Um filamento é estirado considerando uma posição no eixo x, 10 cm à direita da origem, até um ponto no eixo y, 10 cm acima da origem. Calcule o momento de primeira ordem desse filamento em relação ao eixo x.

Resp. $Q = 70{,}7$ cm^2

11.30 Calcule Q_x para a massa m de meio anel do volante mostrado na Fig. 11-35. Considere a espessura do volante pequena em relação ao seu raio. Utilize coordenadas polares, conforme indicado. A densidade é igual a δ unidades de massa por unidade de comprimento.

Resp. $Q_x = 2\delta r^2 = 2rm/\pi$

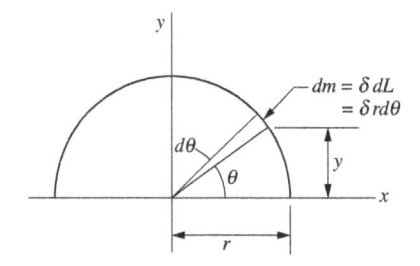

Figura 11-35

11.31 Calcule o momento de primeira ordem de uma área de meio círculo em relação ao seu diâmetro.

Resp. $Q = 2r^3/3$

11.32 Determine Q_x e Q_y para a área delimitada por $y^2 = 4ax$, $x = 0$, $y = b$.

Resp. $Q_x = b^4/16a$, $Q_y = b^5/160a^2$

---

* A tabela de momentos de primeira ordem e centroides no Apêndice B pode ser útil na solução de problemas numéricos.

11.33 Calcule Q para o volume de um hemisfério em relação a sua base.

Resp. $Q = \pi r^4/4$

11.34 Utilize os resultados do Problema 11.33 para determinar Q em relação à base de um hemisfério cujo raio é igual a 150 mm.

Resp. $Q = 398 \times 10^6$ mm^4

11.35 Determine Q_x e Q_y para um quarto de uma elipse cujos eixos maior e menor são, respectivamente, 100 mm e 75 mm.

Resp. $Q_x = 23\,400$ mm^3, $Q_y = 31\,300$ mm^3

11.36 Utilize os resultados do Problema 11.3 para determinar o momento de primeira ordem de um cone reto de base circular com raio igual a 75 mm em relação a sua base. A altura do cone é igual a 100 mm.

Resp. $Q_x = 14{,}7 \times 10^6$ mm^4

11.37 Uma barra uniforme com 45 cm de comprimento é dobrada formando um ângulo de 90° em seu ponto médio. Determine a localização do seu centroide adotando os eixos orientados segundo os lados da barra.

Resp. $\bar{x} = \bar{y} = 5{,}62$ cm

11.38 Suponha que a barra do Problema 11.37 seja dobrada de modo que o ângulo formado em seu ponto médio seja de 70°; quão distante seu centroide ficará da linha que liga suas extremidades?

Resp. $d = 9{,}22$ cm

11.39 Um arame no plano xy é dobrado conforme mostrado na Fig. 11-36. Determine a localização de seu centro de gravidade.

Resp. $\bar{x} = 56{,}5$ mm, $\bar{y} = 103$ mm

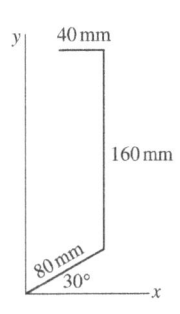

Figura 11-36

11.40 Encontre a posição do centroide da figura composta pelas linhas mostradas na Fig. 11-37.

Resp. $\bar{x} = -77{,}0$ mm, $\bar{y} = 67{,}6$ mm

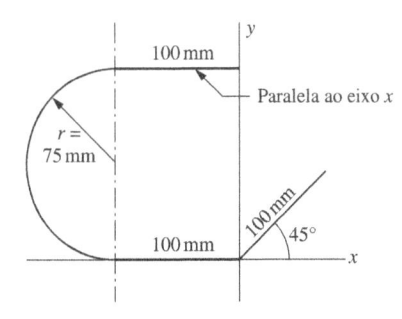

Figura 11-37

11.41 Determine a posição do centroide de uma haste uniforme dobrada na forma de um triângulo. Veja a Fig. 11-38.
Resp. $\bar{x} = 6{,}3$ cm, $\bar{y} = 7{,}78$ cm

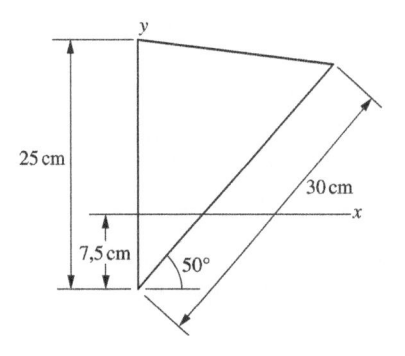

Figura 11-38

11.42 Demonstre que os valores abaixo correspondem às áreas indicadas.

	FIGURA	ÁREA	Q_x	Q_y	Centroide $\bar{x}$	$\bar{y}$
(a)	$y = \frac{b}{a^2}x^2$	$\frac{1}{3}ab$	$\frac{1}{10}ab^2$	$\frac{1}{4}a^2b$	$\frac{3}{4}a$	$\frac{3}{10}b$
(b)	$y = \frac{b}{a^2}x^2$	$\frac{2}{3}ab$	$\frac{2}{5}ab^2$	$\frac{1}{4}ba^2$	$\frac{3}{8}a$	$\frac{3}{5}b$
(c)	$y = \frac{b}{a^n}x^n$	$\frac{ab}{n+1}$	$\frac{ab^2}{2(2n+1)}$	$\frac{a^2b}{n+2}$	$\frac{n+1}{n+2}a$	$\frac{n+1}{2(2n+1)}b$
(d)	$y = \frac{b}{a^n}x^n$	$\frac{n}{n+1}ab$	$\frac{n}{2n+1}ab^2$	$\frac{n}{2(n+2)}a^2b$	$\frac{n+1}{2(n+2)}a$	$\frac{n+1}{2(n+2)}b$
(e)	$y = b - \frac{b}{a^2}x^2$	$\frac{2}{3}ab$	$\frac{4}{15}ab^2$	$\frac{1}{4}a^2b$	$\frac{3}{8}a$	$\frac{2}{5}b$
(f)	$y = \frac{b}{a}[a^2-x^2]^{1/2}$	$\frac{\pi ab}{4}$	$\frac{ab^2}{3}$	$\frac{a^2b}{3}$	$\frac{4a}{3\pi}$	$\frac{4b}{4}$

11.43 Determine a posição do centroide da área delimitada pela parábola $y^2 = 4ax$ e pelas linhas $x = 0$ e $y = b$.
Resp. $\bar{x} = 3b^2/40a, \bar{y} = 3b/4$

11.44 Calcule o valor de $\bar{x}$ para a área entre a curva $ay^2 = x^3$ e as linhas $x = a$ e $y = 0$.
Resp. $\bar{x} = 5a/7$

11.45 Determine a posição do centroide da área delimitada por $y^2 = 2x$, $x = 3$ e $y = 0$.
Resp. $\bar{x} = 1,8, \bar{y} = 3\sqrt{6}/8$

11.46 Determine a posição do centroide da área entre a parábola $y^2 = 4ax$ e a linha $y = bx$.
Resp. $\bar{x} = 8a/5b^2, \bar{y} = 2a/b$

11.47 Determine a posição do centroide da área delimitada pela curva $x^2 = y$ e a linha $x = y$.
Resp. $\bar{x} = 0,5, \bar{y} = 0,5$

11.48 Determine a posição do centroide da área delimitada pelas parábolas $y^3 = 4x$ e $x^2 = 4y$.
Resp. $\bar{x} = \bar{y} = 1,8$

11.49 Determine a coordenada y do centroide da área entre o eixo x e a curva $y = \text{sen}\, x$. Considere o intervalo $0 \leq x \leq \pi$.
Resp. $\bar{y} = \pi/8$

11.50 Determine $\bar{x}$ para a área delimitada pela hipérbole $xy = c^2$ e as linhas $x = a$, $x = b$ e $y = 0$.
Resp. $\bar{x} = (b - a)/(\ln b - \ln a)$

11.51 Determine a posição do centroide da área entre a elipse $x^2/a^2 + y^2/b^2 = 1$ e as linhas $x = a$ e $y = b$.
Resp. $\bar{x} = 0,776a, \bar{y} = 0,776b$

11.52 Determine o centroide da área composta da Fig. 11-39.
Resp. $\bar{x} = 64,4$ mm, $\bar{y} = 80,6$ mm

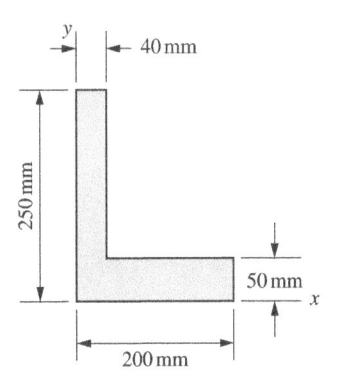

Figura 11-39

11.53 Calcule a distância medida a partir da linha superior até o centroide da seção T da Fig. 11-40.

Resp. $d = 7{,}71$ cm

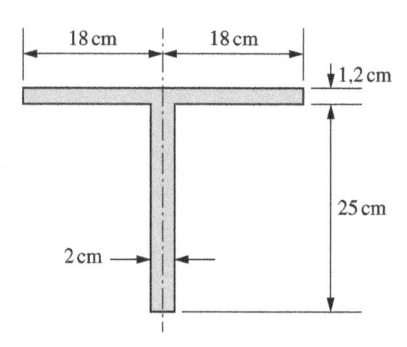

Figura 11-40

11.54 Determine a posição do centroide da área sombreada formada ao remover-se o triângulo da área semicircular mostrada na Fig. 11-41.

Resp. $\bar{x} = 0$, $\bar{y} = 23{,}4$ mm

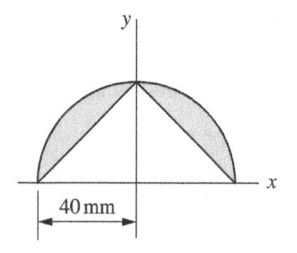

Figura 11-41

11.55 Determine as coordenadas do centroide da área sombreada na Fig. 11-42. A área removida é semicircular.

Resp. $\bar{x} = 96$ mm, $\bar{y} = 68$ mm

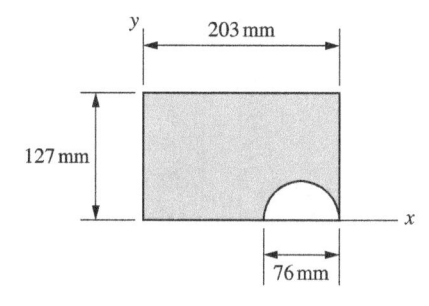

Figura 11-42

Determine a posição dos centroides das figuras seguintes em relação aos eixos mostrados.

11.56 Figura 11-43.

Resp. $\bar{x} = 10{,}0$ mm, $\bar{y} = 110$ mm

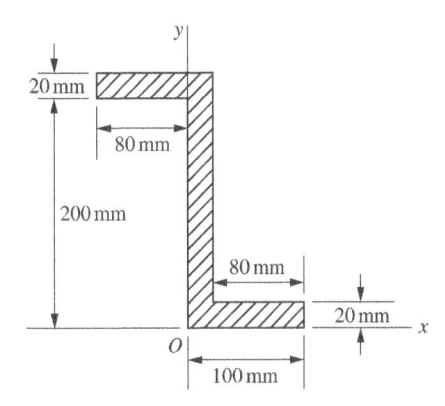

Figura 11-43

11.57 Figura 11-44.

Resp. $\bar{x} = 0$, $\bar{y} = 17{,}3$ cm

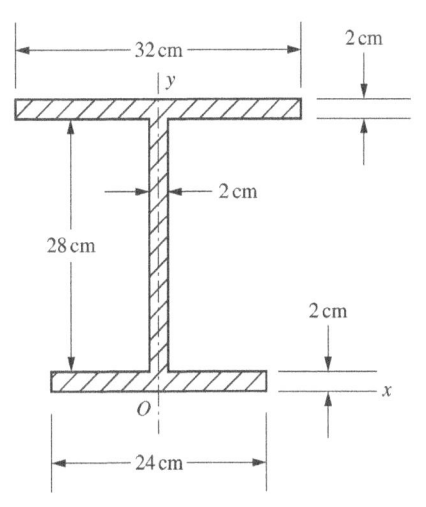

Figura 11-44

11.58 Figura 11-45.

Resp. $\bar{x} = 11{,}9$ mm, $\bar{y} = 0$ mm

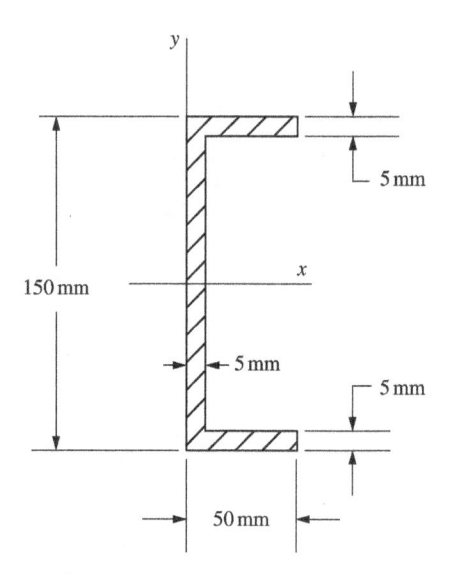

Figura 11-45

11.59 Figura 11-46.

Resp. $\bar{x} = 5{,}3$ cm, $\bar{y} = 14{,}4$ cm

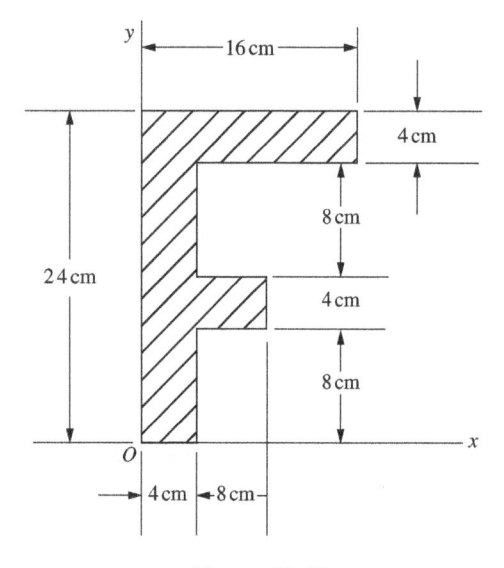

Figura 11-46

11.60 Figura 11-47.

Resp. $\bar{x} = 99{,}3$ mm, $\bar{y} = 41{,}1$ mm

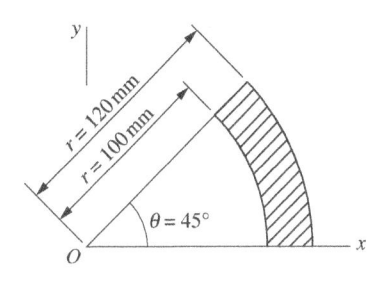

Figura 11-47

11.61 Figura 11-48.

Resp. $\bar{x} = 12$ cm, $\bar{y} = 13{,}6$ cm

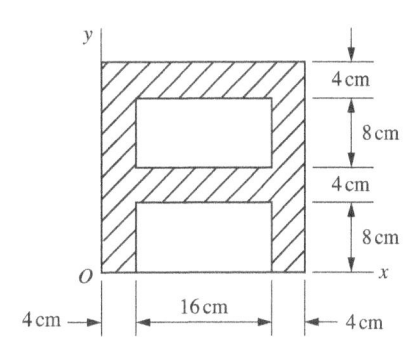

Figura 11-48

11.62 Demonstre por integração que o centroide do volume de um cone circular reto está a uma distância da base igual a um quarto de sua altura.

11.63 Um cone é formado revolucionando a área delimitada pelas linhas $by = ax$, $y = 0$ e $x = b$ em torno do eixo x. Determine $\bar{x}$ para o volume do cone.

Resp. $\bar{x} = 3b/4$

11.64 Mostre por integração que o centroide do volume de um hemisfério está a uma distância da base igual a três oitavos do raio.

11.65 A área formada pela parábola $y^2 = 4ax$ e as linhas $x = b$ e $y = 0$ é revolucionada em torno do eixo x. Mostre que $\bar{x}$ para o volume do paraboloide formado é igual a $2b/3$.

11.66 O primeiro quadrante da elipse $x^2/a^2 + y^2/b^2 = 1$ é revolucionado em torno do eixo x. Mostre que $\bar{x}$ para o volume gerado é igual a $3a/8$.

11.67 A área delimitada pela hipérbole $x^2/a^2 - y^2/b^2 = 1$ e pelas linhas $y = 0$ e $x = 2a$ é revolucionada em torno do eixo x. Calcule $\bar{x}$ para o sólido assim gerado.

Resp. $\bar{x} = 27a/16$

11.68 A área delimitada pela curva $y = \operatorname{sen} x$ e pelas linhas $y = 0$, $x = 0$ e $x = \pi/2$ é revolucionada em torno do eixo x. Determine $\bar{x}$ para o volume gerado.

Resp. $\bar{x} = \pi/4 + 1/2\pi$

11.69 A área formada pela curva $y = e^x$ e pelas linhas $x = 0$, $x = b$ e $y = 0$ é revolucionada em relação ao eixo x. Determine a posição do centroide do volume formado.

Resp. $\bar{x} = (be^{2b} - \frac{1}{2}e^{2b} + \frac{1}{2})/(e^{2b} - 1)$

11.70 A área formada pela curva $x^2/a^2 + y^2/b^2 = 1$ e pelas linhas $x = a$ e $y = b$ é revolucionada em relação ao eixo x. Determine $\bar{x}$ para o volume gerado.

Resp. $\bar{x} = 3a/4$

11.71 Determine a posição do centroide do volume de um cone circular reto com base de diâmetro igual a 100 mm e altura de 200 mm.

Resp. $d = 50$ mm

11.72 Um cone circular reto, com altura de 32 cm e raio da base igual a 24 cm, é soldado a um hemisfério com 48 cm de diâmetro, de modo que suas bases coincidam. Determine a localização do centroide do volume composto.

Resp. Distância a partir do vértice do cone = 34,2 cm

11.73 Um cone circular reto de altura igual a 250 mm e base com diâmetro igual a 200 mm repousa no topo de um cilindro de seção circular com a mesma base e 300 mm de altura. Calcule a posição do centroide do volume composto.

Resp. Distância a partir do vértice do cone = 354 mm

11.74 Um hemisfério de raio a repousa sobre um cilindro circular reto de base também igual a a. Se a altura do cilindro é a, determine a posição do centroide do volume composto.

Resp. Distância a partir da base do cilindro = 0,85a

11.75 Um tronco de cone circular reto tem uma altura de 2 m. O raio das bases são 1 m e 2 m, respectivamente. Determine a posição do centroide desse volume.

Resp. Distância a partir da base maior = 0,785 m

11.76 De um hemisfério de raio a corta-se um cone de mesma base e altura. Mostre que o centroide do volume remanescente está a uma distância da base igual a $a/2$.

11.77 Um bloco tem 600 mm × 600 mm × 1200 mm. Um orifício de 150 mm de diâmetro é feito na direção normal ao centro da face (600-por-600). Se a profundidade do orifício é igual a 460 mm, determine a posição do centroide do volume remanescente.

Resp. Distância da base = 593 mm

11.78 A Figura 11-49 ilustra uma peça torneada. Determine a posição de seu centroide em relação a sua extremidade esquerda.

Resp. $d = 10,96$ cm

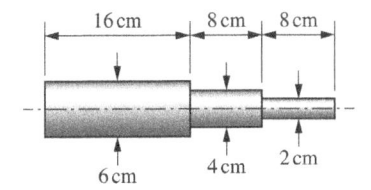

Figura 11-49

11.79 Duas esferas de volumes 5 cm³ e 15 cm³ estão conectadas por uma pequena haste de volume igual a 10 cm³. Se a distância entre os centros das esferas é igual a 10 cm, quão distante do centro da esfera de 5 cm³ está o centroide do conjunto?

Resp. $d = 6,67$ cm

11.80 Uma esfera de raio igual a 400 mm tem uma cavidade esférica de 100 mm de raio. Se a distância entre os centros das esferas é 200 mm, onde estará o centroide? Considere que o eixo positivo está orientado do centro da esfera maior para o centro da cavidade.

Resp. $d = -3,18$ mm

11.81 Repita o Problema 11.19 colocando o vértice na origem dos eixos.

Resp. $d = -2h/3$

11.82 Um tanque consiste em um cilindro de 10 m de diâmetro e 10 m de altura. Ele possui um fundo hemisférico e uma tampa cônica com 2,5 m de altura. Determine a posição do centro de gravidade do tanque vazio assumindo que este é o mesmo que o centro de gravidade da superfície externa.

Resp. $\bar{y} = 8,8$ m medidos a partir do fundo

11.83 Um hemisfério cujo raio é igual a 75 mm está conectado a um cone com base de mesmas dimensões e uma altura de 100 mm. Onde estará o centroide da superfície, considerando que a abertura entre eles é total?

Resp. Distância do vértice = 105 mm

11.84 Um tanque aberto é feito de um cilindro circular reto com 72 cm de altura e diâmetro igual a 40 cm. O fundo prolonga-se abaixo do cilindro por 8 cm, formando um cone de base coincidente com o cilindro. Determine a posição do centroide da superfície.

Resp. Distância do vértice = 39 cm

11.85 O raio da base de um cone circular reto é igual a 200 mm. Sua altura é igual a 250 mm. Determine a localização do centroide (*a*) de sua superfície inclinada e (*b*) de seu volume em relação à base.

Resp. (*a*) $d = 83,3$ mm, (*b*) $d = 62,5$ mm

11.86 Determine a posição do centro de massa do primeiro octante do elipsoide homogêneo $x^2/a^2 + y^2/b^2 + z^2/c^2 = 1$.

Resp. $\bar{x} = 3a/8$, $\bar{y} = 3b/8$, $\bar{z} = 3c/8$

11.87 Determine a posição do centro de massa de um hemisfério no qual a densidade varia ponto a ponto (*a*) com a primeira potência da base e (*b*) com o quadrado da distância radial contada do centro.

Resp. (*a*) $d = 8r/15$, (*b*) $d = 0{,}417r$

11.88 Determine a posição do centro de massa de um cone circular reto no qual a densidade varia ponto a ponto diretamente conforme a distância do ponto à base.

Resp. $d = 2h/5$

11.89 Uma marreta tem uma cabeça cilíndrica de madeira e uma empunhadura cilíndrica também de madeira. A cabeça tem um diâmetro de 10 cm e um comprimento de 15 cm. A empunhadura tem um diâmetro de 3,18 cm e um comprimento de 30 cm. Onde se situará o centro de massa com relação à extremidade livre da empunhadura? A madeira pesa 7800 N/m^3.

Resp. $d = 32$ cm

11.90 Um cilindro de 50 mm de diâmetro e 50 mm de altura é cortado de um cone circular reto com base de 200 mm de diâmetro e 250 mm de altura. A base do cilindro repousa no plano da base do cone. Se o cone é feito de aço com densidade de 7850 kg/m^3, quão distante estará acima da base o centro de massa da massa restante?

Resp. $d = 64{,}0$ mm

11.91 Um tanque de 2,5 m de diâmetro tem seu centro de massa 1,2 m acima do fundo quando vazio. Ele é preenchido até uma altura de 1,8 m com óleo (densidade de 880 kg/m^3). Determine a posição do centro de massa do tanque com o óleo se o tanque tem uma massa de 3600 kg quando vazio.

Resp. Distância acima da base $= 0{,}995$ m

11.92 Um orifício de 6 cm de diâmetro é executado até uma profundidade de 18 cm na direção do centro e normal à face superior de um cubo de bronze com 24 cm de lado. O orifício é preenchido com chumbo. O bronze pesa 82,5 kN/m^3 e o chumbo pesa 112 kN/m^3. Determine a posição do centro de massa dos dois metais em relação à base.

Resp. 12,1 cm

11.93 Um cilindro de aço tem base com 12 cm de diâmetro e altura igual a 18 cm. Um orifício com a forma de um cone circular reto, com sua base coincidindo com a base do cilindro e o seu eixo coincidindo com o eixo do cilindro, é preenchida com chumbo. O diâmetro da base do cone é igual a 6 cm e sua altura é igual a 3 cm. O aço pesa 77 kN/m^3 e o chumbo pesa 112 kN/m^3. Determine a posição do centroide com relação à base.

Resp. $d = 8{,}9$ cm

11.94 Na Fig. 11-50, calcule a distância desde o lado esquerdo da composição de massas até seu centro de massa. O cilindro maior tem densidade de 7850 kg/m^3 e o cilindro menor tem densidade igual a 8500 kg/m^3.

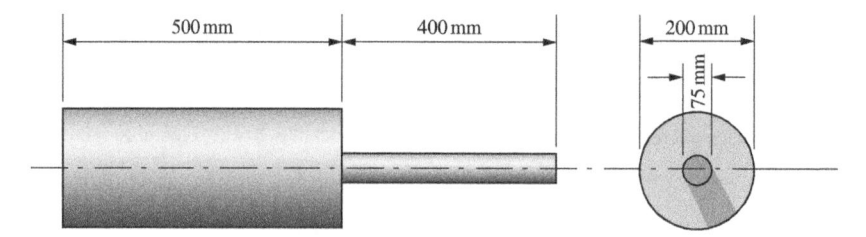

Resp. $d = 300$ mm

Figura 11-50

11.95 Na Fig. 11-51, determine a área da superfície gerada pela revolução do arco de uma semicircunferência de raio r em relação ao eixo y. Observe que o centroide do arco de semicircunferência está a uma distância $\bar{x} = d + 2r/\pi$.

Resp. $S = 2\pi^2 rd + 4\pi r^2$

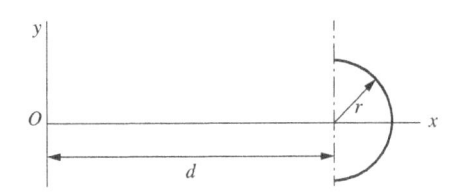

Figura 11-51

11.96 Determine o volume gerado pela revolução da área semicircular de raio r em relação ao eixo y. Considere a Fig. 11-52.

Resp. $V = \pi^2 r^2 d + \frac{4}{3}\pi r^3$

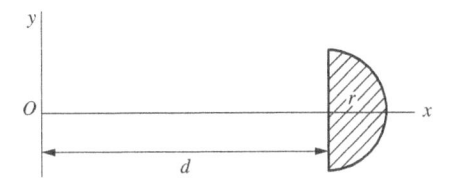

Figura 11-52

11.97 Determine o volume do sólido gerado pela revolução da elipse $x^2/a^2 + y^2/b^2 = 1$ em relação à linha $x = 2a$.

Resp. $V = 4\pi^2 a^2 b$

11.98 A Fig. 11-53 mostra o volante de um pequeno compressor. Considera-se que a seção transversal do aro é retangular, com um entalhe semicircular de 2 cm de raio. Calcule a distância do centro até o centroide da seção transversal cuja área é a mostrada em $A - A$. Utilizando essa distância centroidal, determine apenas o volume do aro.

Resp. $V = 6080$ m^3

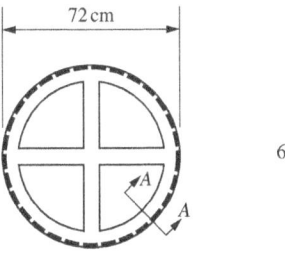

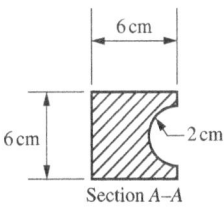

Figura 11-53

11.99 Um triângulo retângulo de base h e altura r é revolucionado em torno de sua base por 360°. Qual é volume gerado por essa área triangular?

Resp. $V = \pi r^2 h/3$

11.100 Um triângulo retângulo *ABC* é mostrado na Fig. 11-54.

(*a*) Determine a localização do centroide das três linhas que formam os lados.

(*b*) Determine a posição do centroide da área fechada.

(*c*) Considere as massas de 3, 2 e 1 kg, concentradas respectivamente nos pontos A, B e C, e determine a posição do centro de massa.

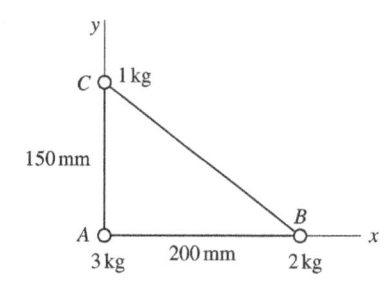

Resp. (*a*) $\bar{x} = 75$ mm, $\bar{y} = 50$ mm; (*b*) $\bar{x} = 66,7$ mm, $\bar{y} = 50$ mm; (*c*) $\bar{x} = 66,7$ mm, $\bar{y} = 25$ mm

Figura 11-54

11.101 Uma parede de 6 m de altura é submetida à pressão de água na sua face vertical. Onde se situará o centro de pressão da água na parede?

Resp. 4 m abaixo da superfície

11.102 No Problema 11.101, qual é o momento de tombamento que a água exerce em relação à base para uma seção de 12 m de comprimento e 1 m de espessura? A densidade da água é de 1000 kg/m^3.

Resp. $4,23 \times 10^6$ N·m   ou   4,23 MN·m

11.103 Uma viga de 6 m de comprimento suporta uma carga de 1200 N/m uniformemente distribuída por uma distância de 2 m a partir da extremidade esquerda. A partir dessa carga de 1200 N/m, a força cresce linearmente até um máximo de 3600 N/m na extremidade da direita. Quais são as reações nas extremidades?

Resp. $R_L = 4670$ N, $R_R = 7330$ N

11.104 Uma viga é submetida a um carregamento uniformemente distribuído de *w* N/m por um terço de seu comprimento. A carga passa, então, a decrescer uniformemente até zero na extremidade da direita. Qual é a força total atuante e como ela se distribui para os apoios?

Resp. $P = 2wL/3$, $R_L = 23wL/54$, $R_R = 13wL/54$

11.105 A comporta *AB* de um tanque preenchido com água está inclinada conforme mostrado na Fig. 11-55 e tem uma largura de 600 mm (perpendicular à vista mostrada). A comporta é articulada em *B* e apoiada em *A*. Determine (*a*) a força normal total que age na comporta devido à água e (*b*) a força resistente necessária em *A*.

Resp. (*a*) 11,4 kN, (*b*) 5,3 kN

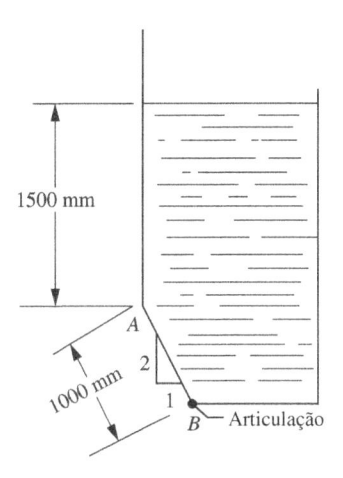

Figura 11-55

11.106 Observe a Fig. 11-56. Uma placa fecha um orifício quadrado de 300 mm de lado em um tanque, que é preenchido por óleo com densidade de 800 kg/m³. Dois parafusos em A e dois em B são utilizados para fixar a placa. Determine a força em cada parafuso devido à pressão do óleo.

Resp. Força em cada parafuso em $A = 179$ N e em $B = 192$ N

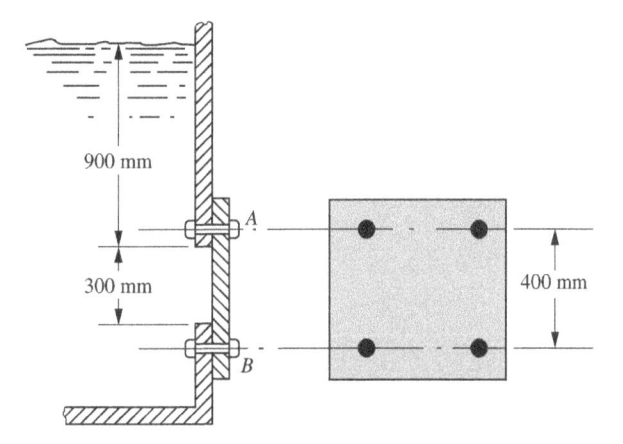

Figura 11-56

11.107 Suponha que a placa do problema anterior fechasse um orifício circular com 300 mm de diâmetro. Determine, então, a força em cada parafuso.

Resp. A força em cada parafuso é em $A = 140$ N e em $B = 150$ N

11.108 Uma barragem de concreto tem a seção transversal conforme a mostrada na Fig. 11-57. Determine a reação no solo em 1 m de largura da parte inferior da seção da barragem (entrando no papel). Use o peso específico da água igual a 9800 N/m³, do concreto igual a 23600 N/m³. (*Dica*: Inclua no diagrama de corpo livre o volume de água sobre a face inclinada da barragem.)

Resp. $R_h = 176$ kN, $R_v = 725$ kN a 2,66 m à direita de A

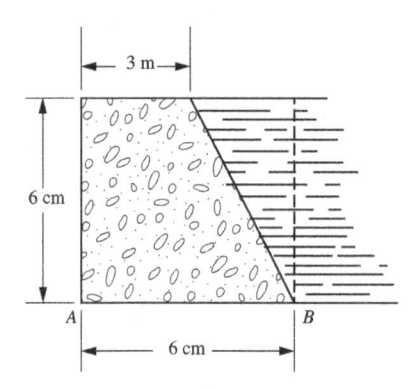

Figura 11-57

11.109 Uma cuba semicilíndrica com 900 mm de raio é preenchida por um fluido de densidade igual a 16 000 N/m³. Uma comporta vertical na extremidade da cuba mantém o fluido dentro da cuba. Determine a intensidade da força resultante na comporta e sua localização em relação ao topo. Considere o Problema 11.8.

Resp. $F = 7780$ N, $y = 530$ mm abaixo do topo

11.110 Resolva o Prob. 11.109 para uma cuba de seção triangular com 900 mm de profundidade e com largura de 900 mm no topo.

Resp. $F = 1940$ N, $y = 450$ mm

11.111 Na Fig. 11-58, qual é a máxima altura que a barragem pode ter para que se tenha a iminência de tombamento? Utilize o peso específico do Problema 11.108.

Resp. $h = 14$ m

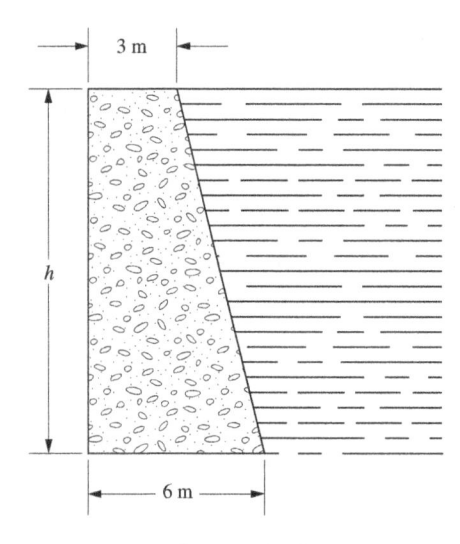

Figura 11-58

Capítulo 12

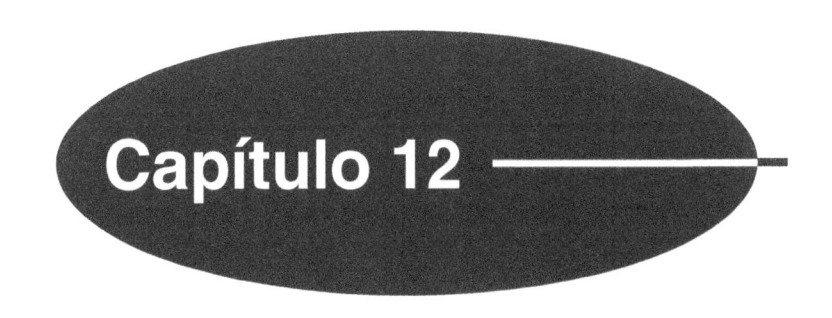

Momentos de Inércia

12.1 MOMENTO DE INÉRCIA DE UMA ÁREA

O *momento de inércia I* de um elemento de área em relação a um eixo em seu plano é o produto da área do elemento pelo quadrado de sua distância do eixo. O momento de inércia* é também denominado de momento de segunda ordem da área.

Na Fig. 12-1, os momentos de inércia das áreas diferenciais são

$$dI_x = y^2\, dA$$
$$dI_y = x^2\, dA$$
(12.1)

O momento de inércia de uma área é a soma dos momentos de inércia de seus elementos:

$$I_x = \int y^2\, dA$$
$$I_y = \int x^2\, dA$$
(12.2)

O *raio de giração k* de uma área com relação a um eixo é definido por

$$k = \sqrt{\frac{I}{A}}$$
(12.3)

12.2 MOMENTO DE INÉRCIA POLAR DE UMA ÁREA

O *momento polar de inércia J* de um elemento em relação a um eixo perpendicular a seu plano é o produto da área do elemento pelo quadrado da distância desse eixo. Isso pode ser imaginado como o momento de segunda ordem em relação ao eixo *z*.

Na Fig. 12-1, o momento polar de inércia da área de um elemento é

$$dJ = \rho^2\, dA = (x^2 + y^2)\, dA = dI_y + dI_x$$
(12.4)

---

* O termo "segundo momento" é mais apropriado que "momento de inércia", já que inércia implica em massa. No entanto, é comum o uso de "momento de inércia" para ambas, áreas e massas.

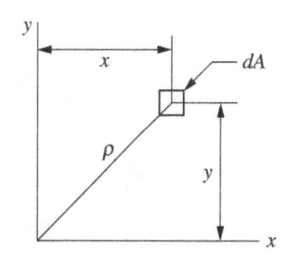

Figura 12-1 Elemento de área usado na definição do momento de segunda ordem de uma área.

O momento polar de inércia de uma área é a soma dos momentos polares de inércia de cada um de seus elementos:

$$J = \int \rho^2 \, dA \tag{12.5}$$

12.3 PRODUTO DE INÉRCIA DE UMA ÁREA

O *produto de inércia* de um elemento de área na figura é definido por

$$dI_{xy} = xy \, dA \tag{12.6}$$

O produto de inércia de uma área é a soma dos produtos de inércia de seus elementos:

$$I_{xy} = \int xy \, dA \tag{12.7}$$

12.4 TEOREMA DOS EIXOS PARALELOS

O *teorema dos eixos paralelos* preconiza que o momento axial ou polar de inércia de uma área em relação a qualquer eixo é igual ao momento de inércia $\bar{I}$ da área em relação a um eixo paralelo que passa pelo centroide da área mais o produto da área pelo quadrado da distância entre os dois eixos paralelos.

Na Fig. 12-2, x e y são eixos quaisquer por O, enquanto x' e y' são eixos coplanares e paralelos, que passam pelo centroide C. O teorema dos eixos paralelos estabelece que

$$\begin{aligned} I_x &= \bar{I}_{x'} + Ad^2 \\ I_y &= \bar{I}_{y'} + Ab^2 \\ I_O &= \bar{J} + Ar^2 \end{aligned} \tag{12.8}$$

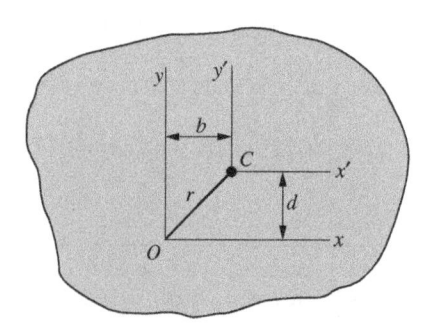

Figura 12-2 Eixos utilizados para aplicação do teorema dos eixos paralelos.

O produto de inércia de uma área em relação a qualquer par de eixos é igual ao produto de inércia em relação aos dois eixos paralelos centroidais mais o produto da área pelas respectivas distâncias entre os eixos paralelos:

$$I_{xy} = \bar{I}_{x'y'} + Abd \tag{12.9}$$

onde b e d são as coordenadas de C em relação aos eixos (x, y) por O, ou as coordenadas de O em relação aos eixos (x', y') por C. No primeiro caso, d e b são positivos; no segundo caso, eles serão negativos. Em ambos os casos, seus produtos são positivos. Observe a Fig. 12-2.

12.5 ÁREAS COMPOSTAS

O momento axial ou polar de inércia, ou produto de inércia, de uma área composta é a soma dos momentos axiais ou polares de inércia, ou produtos de inércia, das áreas componentes que formam o todo.

As unidades de qualquer das quantidades anteriores são dadas em potências de quarta ordem do comprimento. No SI, as unidades são m^4 ou mm^4. Nas unidades usuais do sistema americano, as mais frequentes são in^4. Ao utilizar mm^4, é conveniente introduzir a potência 10^6 mm^4 (especialmente nas tabelas que relacionam essas propriedades em unidades do SI).

Momentos de inércia de áreas frequentemente utilizadas estão relacionadas na Tabela 12.1. Elas podem ser usadas em determinados problemas.

12.6 SISTEMAS DE EIXOS ROTACIONADOS

Os momentos de inércia de qualquer área em relação a um sistema de eixos rotacionados (x', y') podem expressar-se em termos dos momentos e produtos de inércia com relação aos eixos (x, y), conforme o seguinte:

$$\begin{aligned} I_{x'} &= \tfrac{1}{2}(I_x + I_y) + \tfrac{1}{2}(I_x - I_y)\cos 2\theta - I_{xy}\operatorname{sen} 2\theta \\ I_{y'} &= \tfrac{1}{2}(I_x + I_y) - \tfrac{1}{2}(I_x - I_y)\cos 2\theta + I_{xy}\operatorname{sen} 2\theta \\ I_{x'y'} &= \tfrac{1}{2}(I_x - I_y)\operatorname{sen} 2\theta + I_{xy}\cos 2\theta \end{aligned} \tag{12.10}$$

onde I_x, I_y = momentos de inércia em relação aos eixos (x, y)
$I_{x'}, I_{y'}$ = momentos de inércia em relação aos eixos (x', y'), que têm a mesma origem que os eixos (x, y), mas estão rotacionados de um ângulo θ
I_{xy} = produto de inércia com relação aos eixos (x, y)
$I_{x'y'}$ = produto de inércia com relação aos eixos (x', y')

Para uma demonstração disso, veja o Problema 12.21.

Momentos de inércia extremos de qualquer área ocorrem em relação a eixos principais: um conjunto particular de eixos (x', y') para o qual $2\theta' = \operatorname{tg}^{-1}[-2I_{xy}/(I_x - I_y)]$:

$$\begin{aligned} (I_{x'})_{\max} &= \tfrac{1}{2}(I_x + I_y) \pm \sqrt{\tfrac{1}{4}(I_x - I_y)^2 + I_{xy}^2} \\ (I_{y'})_{\max} &= \tfrac{1}{2}(I_x + I_y) \mp \sqrt{\tfrac{1}{4}(I_x - I_y)^2 + I_{xy}^2} \end{aligned} \tag{12.11}$$

Para detalhes, considere o Problema 12.22.

12.7 CÍRCULO DE MOHR

O círculo de Mohr é um mecanismo que torna desnecessário memorizar fórmulas associadas à rotação de eixos. Observe os Problemas 12.23 e 12.24.

12.8 MOMENTO DE INÉRCIA DE MASSA

O momento de inércia de um elemento de massa é o produto da massa desse elemento pelo quadrado da distância do elemento ao eixo de referência. O momento de inércia de uma massa é a soma dos momentos axiais de todos os seus elementos. Portanto, para uma massa da qual dm é um de seus elementos com coordenadas (x, y, z), valem as seguintes definições (ver Fig. 12-3):

$$I_x = \int (y^2 + z^2)\, dm$$
$$I_y = \int (x^2 + z^2)\, dm \qquad (12.12)$$
$$I_z = \int (x^2 + y^2)\, dm$$

onde $I_x, I_y, I_z =$ momentos de inércia axiais (com relação aos x, y e z, respectivamente).

Para uma placa fina essencialmente contida no plano xy, aplicam-se as seguintes relações:

$$I_x = \int y^2\, dm$$
$$I_y = \int x^2\, dm \qquad (12.13)$$
$$J_O = \int \rho^2\, dm = \int (x^2 + y^2)\, dm = I_x + I_y$$

onde $I_x, I_y =$ momentos de inércia axiais em relação aos eixos x e y, respectivamente, e $J_O =$ momento de inércia axial em relação ao eixo z.

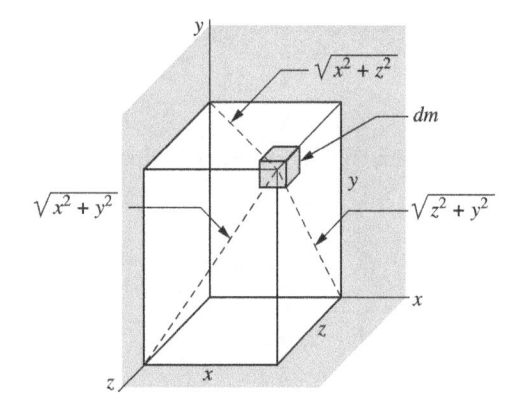

Figura 12-3 Elemento de massa utilizado para o momento de inércia de massa.

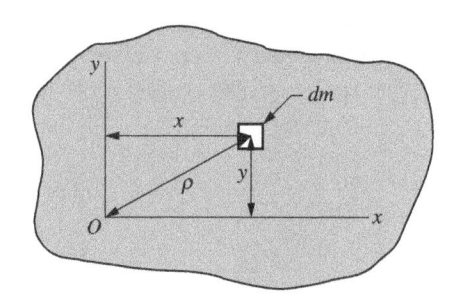

Figura 12-4 Elemento de massa utilizado para o produto de inércia de massa.

O raio de giração k de um corpo com relação a um eixo é

$$k = \sqrt{\frac{I}{m}} \tag{12.14}$$

isto é, a raiz quadrada do quociente de seu momento de inércia dividido pela massa.

12.9 PRODUTO DE INÉRCIA DE MASSA

O produto de inércia de uma massa é a soma dos produtos de inércia de seus elementos (observe a Fig. 12-4):

$$I_{xy} = \int xy\, dm \tag{12.15}$$

O produto de inércia é zero se um dos eixos de referência, ou ambos, for um eixo de simetria.

12.10 TEOREMA DOS EIXOS PARALELOS PARA A MASSA

O teorema dos eixos paralelos estabelece que o momento de inércia de um corpo em relação a um eixo é igual ao momento de inércia $\bar{I}$ em relação a um eixo paralelo que passa pelo centro de gravidade do corpo mais o produto da massa do corpo pelo quadrado da distância entre os dois eixos paralelos (considere a Fig. 12-2):

$$\begin{aligned} I_x &= \bar{I}_x + md^2 \\ I_y &= \bar{I}_y + mb^2 \end{aligned} \tag{12.16}$$

12.11 MASSA COMPOSTA

Os momentos de inércia, ou produtos de inércia, de uma massa composta, com relação a um eixo, é a soma dos momentos de inércia, ou produtos de inércia, dos componentes da massa, com relação aos mesmos eixos.

As unidades de todos os momentos anteriores envolvem unidades de massa e o quadrado dos comprimentos. No SI, as unidades são kg · m². Nas unidades usuais do sistema americano, as unidades são lb-sec²-ft.

Momentos centroidais de inércia de massa para algumas formas são relacionadas na Tabela 12-2 com referência aos problemas nos quais os resultados são obtidos.

Tabela 12.1 Momentos de inércia de áreas

FIGURA	ÁREA E MOMENTO	FIGURA	ÁREA E MOMENTO
RETÂNGULO	$A = bh$ $I_x = \frac{1}{12}bh^3$ $I_b = \frac{1}{3}bh^3$	TRIÂNGULO	$A = \frac{1}{2}bh$ $I_x = \frac{1}{36}bh^3$ $I_b = \frac{1}{12}bh^3$
RETÂNGULO VAZADO	$A = BH - bh$ $I_x = \frac{1}{12}(BH^3 - bh^3)$	ELIPSE	$A = \pi ab$ $I_x = \frac{1}{4}\pi ab^3$
CÍRCULO	$A = \pi r^2$ $I_x = \frac{1}{4}\pi r^4$	SEMIELIPSE	$A = \frac{1}{2}\pi ab$ $I_x = 0{,}11ab^3$
SEMICÍRCULO	$A = \frac{1}{2}\pi r^2$ $I_x = 0{,}11r^4$	QUARTO DE CÍRCULO	$A = \frac{1}{4}\pi r^2$ $I_x = 0{,}055r^4$

Tabela 12.2 Momentos centroidais de inércia de massas

PROBLEMA	FIGURA	NOME	I_x	I_y	I_z
12.26		Barra esbelta	—	$\frac{1}{2}ml^2$	$\frac{1}{12}ml^2$
12.28		Paralelepípedo retangular	$\frac{1}{12}m(a^2+b^2)$	$\frac{1}{12}m(a^2+c^2)$	$\frac{1}{12}m(b^2+c^2)$
12.29		Disco circular fino	$\frac{1}{4}mR^2$	$\frac{1}{4}mR^2$	$\frac{1}{2}mR^2$
12.32 12.33		Cilindro circular reto	$\frac{1}{12}m(3R^2+h^2)$	$\frac{1}{2}m(3R^2+h^2)$	$\frac{1}{2}mR^2$
12.34		Esfera	$\frac{2}{5}mR^2$	$\frac{2}{5}mR^2$	$\frac{2}{5}mR^2$
12.36		Cone circular reto	$\frac{3}{10}mR^2$	$\frac{3}{5}m\left(\frac{1}{4}R^2+h^2\right)$	$\frac{3}{5}m\left(\frac{1}{4}R^2+h^2\right)$

Problemas Resolvidos

12.1 Determine o momento de inércia do retângulo de base b e altura h em relação a um eixo centroidal paralelo à base. Considere a Fig. 12-5.

Solução

Escolha um elemento de área dA paralelo à base e a uma distância y do eixo centroidal x conforme mostra a Fig. 12-6:

$$I_x = \bar{I} = \int y^2 \, dA = \int_{-h/2}^{h/2} y^2 b \, dy = \frac{1}{12}bh^3$$

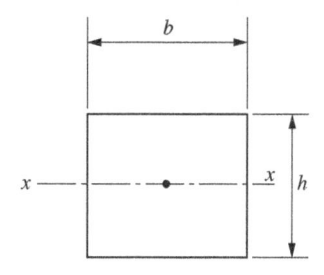

Figura 12-5

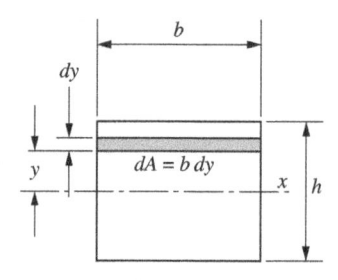

Figura 12-6

12.2 Determine o momento de inércia do retângulo no Problema 12.1 com relação a sua base. Considere a Fig. 12-7.

Solução

$$I_x = \int y^2 \, dA = \int_0^h y^2 b \, dy = \frac{1}{3}bh^3$$

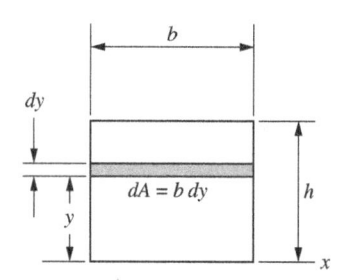

Figura 12-7

12.3 Determine o momento de inércia de um retângulo em relação a sua base utilizando o teorema dos eixos paralelos. Veja a Fig. 12-8. Considere conhecidos os resultados do Problema 12.1.

Solução

$$I_x = \bar{I} + A\left(\frac{1}{2}h\right)^2 = \frac{1}{12}bh^3 + bh\left(\frac{1}{4}h^2\right) = \frac{1}{3}bh^3$$

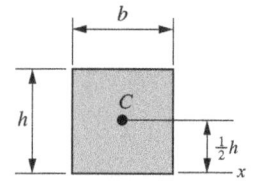

Figura 12-8

12.4 Determine o momento de inércia de um triângulo de base b e altura h em relação ao eixo centroidal paralelo a sua base. Considere a Fig. 12-9 e a Tabela 12.1.

Solução

$$I_{mn} = \int y^2\, dA = \int_{-h/3}^{2h/3} y^2 z\, dy = \int_{-h/3}^{2h/3} y^2 \frac{b}{h}\left(\frac{2}{3}h - y\right) dy = \frac{1}{36} bh^3$$

já que, por semelhança de triângulos,

$$\frac{b}{h} = \frac{z}{\frac{2}{3}h - y} \qquad \text{ou} \qquad z = \frac{b}{h}\left(\frac{2}{3}h - y\right)$$

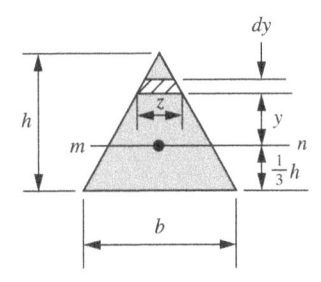

Figura 12-9

12.5 Determine o momento de inércia de um triângulo de base b e altura h em relação à base. Observe a Figura 12-10.

Solução

$$I_{mn} = \int y^2\, dA = \int_0^h y^2 z\, dy = \int_0^h y^2 \frac{b}{h}(h - y)\, dy = \frac{1}{12} bh^3$$

já que, por semelhança de triângulos,

$$\frac{z}{h-y} = \frac{b}{h} \qquad \text{ou} \qquad z = \frac{b}{h}(h - y)$$

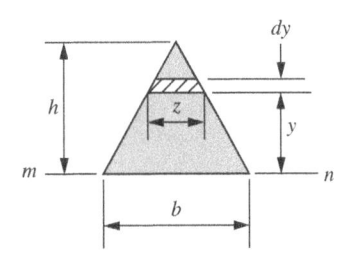

Figura 12-10

12.6 Conhecendo os resultados do Problema 12.5 (um problema de integração comparativamente mais simples), encontre o momento de inércia do triângulo em relação ao seu eixo centroidal paralelo à base. Veja a Fig. 12-11.

Solução

Esta é uma aplicação na forma inversa do teorema dos eixos paralelos (12.8):

$$\bar{I} = I_{mn} - A\left(\frac{1}{3}h\right)^2 = \frac{1}{12}bh^3 - \left(\frac{1}{2}bh\right)\left(\frac{1}{3}bh\right)^2 = \frac{1}{36}bh^3$$

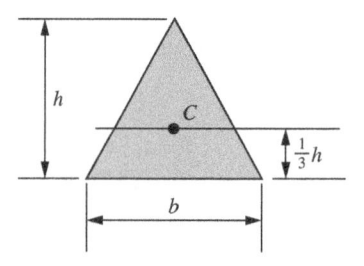

Figura 12-11

12.7 Determine o momento de inércia de um círculo de raio r em relação ao seu diâmetro. Considere a Fig. 12-12.

Solução

$$I_x = \int y^2\, dA = 2\int_0^r y^2(2x\, dy) = 4\int_0^r y^2\sqrt{r^2 - y^2}\, dy$$

$$= 4\left[-\frac{1}{4}y\sqrt{(r^2-y^2)^3} + \frac{1}{8}r^2\left\{y\sqrt{r^2-y^2} + r^2\operatorname{sen}^{-1}(y/r)\right\}\right]_0^r$$

$$= 4\left[0 + \frac{1}{8}r^2(0 + r^2\operatorname{sen}^{-1}1) + 0 - \frac{1}{8}r^2(0+0)\right] = 4\left(\frac{1}{8}r^4\right)\left(\frac{1}{2}\pi\right) = \frac{1}{4}\pi r^4$$

Observe que essa integral poderia ter sido avaliada entre $-r$ e r em vez de multiplicar por dois a integração entre 0 e r. Isso é admissível porque o momento de inércia das duas metades em relação ao diâmetro é igual ao momento de inércia do todo.

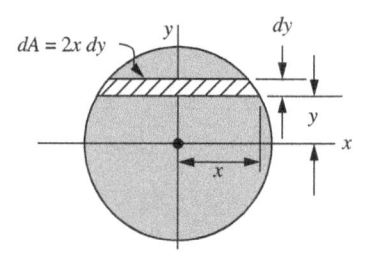

Figura 12-12

12.8 Determine o momento de inércia do círculo de raio r em relação ao diâmetro usando a área diferencial dA mostrada na Fig. 12-13.

Solução

$$I_x = \bar{I} = \int y^2\, dA$$

onde $y = \rho\operatorname{sen}\theta$ e $dA = \rho\, d\rho\, d\theta$. Então,

$$I_x = \bar{I} = \int_0^{2\pi}\int_0^r \rho^3\, d\rho\operatorname{sen}^2\theta\, d\theta = \int_0^{2\pi}\operatorname{sen}^2\theta\, d\theta\left[\frac{\rho^4}{4}\right]_0^r$$

$$= \frac{1}{4}r^4\left[\frac{1}{2}\theta - \frac{1}{4}\operatorname{sen}2\theta\right]_0^{2\pi} = \frac{1}{4}r^4\left(\pi - \frac{1}{4}\operatorname{sen}4\pi - 0 + \frac{1}{4}\operatorname{sen}0\right) = \frac{1}{4}\pi r^4$$

Este problema ilustra o cálculo do momento de inércia partindo de uma escolha diferente de elemento de área.

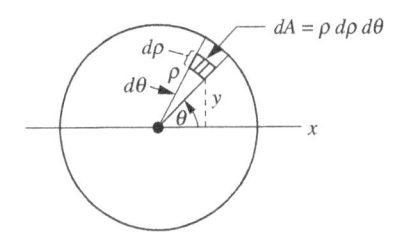

Figura 12-13

12.9 Determine o momento polar de inércia para um círculo de raio *r* em relação a um eixo por seu centro e perpendicular ao plano que contém esse círculo. Considere a Fig. 12-14.

Solução

Escolha a área diferencial em forma anelar com raio ρ e espessura $d\rho$. Assim, dA será igual à circunferência $2\pi\rho$ vezes a espessura $d\rho$:

$$\bar{J} = \int \rho^2 \, dA = \int_0^r \rho^2 2\pi\rho \, d\rho = 2\pi \left[\frac{1}{4}\rho^4\right]_0^r = \frac{1}{2}\pi r^4$$

Neste ponto, é possível derivar o valor do momento de inércia axial em relação ao diâmetro. Uma vez que

$$\bar{J} = I_x + I_y \qquad \text{e} \qquad I_x = I_y. \qquad \therefore I_x = \frac{1}{2}\bar{J} = \frac{1}{4}\pi r^4$$

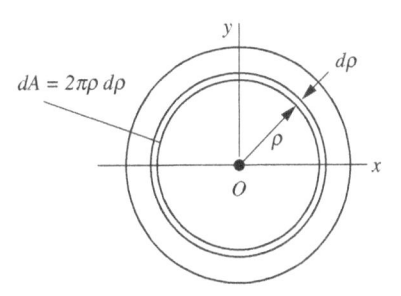

Figura 12-14

12.10 Determine os momentos de inércia I_x, I_y e $\bar{J}$ para a elipse mostrada na Fig. 12-15.

Solução

$$I_x = \int y^2 \, dA = \int_{-b}^{b} y^2 (2x \, dy)$$

onde $x^2/a^2 + y^2/b^2 = 1$ ou $x = (a/b)\sqrt{b^2 - y^2}$. Então, (uma tabela de integrais pode ser útil)

$$I_x = \int_{-b}^{b} y^2 (2a/b)\sqrt{b^2 - y^2} \, dy$$

$$= (2a/b)\left[-\frac{1}{4}y\sqrt{(b^2-y^2)^3} + \frac{1}{8}b^2\left\{y\sqrt{b^2-y^2} + b^2 \operatorname{sen}^{-1}(y/b)\right\}\right]_{-b}^{b} = \frac{1}{4}\pi a b^3$$

Uma integração análoga levaria a

$$I_y = \frac{1}{4}\pi a^3 b$$

Então,

$$\bar{J} = I_x + I_y = \frac{1}{4}\pi ab(a^2 + b^2)$$

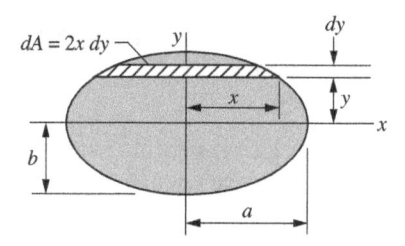

Figura 12-15

12.11 Determine o momento de inércia da seção T mostrada na Fig. 12-16 em relação ao eixo centroidal paralelo à base.

Solução

O primeiro passo é calcular a posição do centroide C usando os dois retângulos mostrados. Assim,

$$\bar{y} = \frac{\bar{y}_1 A_1 + \bar{y}_2 A_2}{A_1 + A_2} = \frac{10\,800 \times 30 + 7200 \times 120}{180 \times 60 + 60 \times 120} = 66\text{ mm}$$

Em seguida, determine I para cada retângulo em relação aos seus próprios eixos centroidais paralelos as suas bases utilizando $I = \frac{1}{12}bh^3$:

$$I_1 = \frac{1}{12}(180)(60^3) = 3{,}24 \times 10^6 \text{ mm}^4$$

$$I_2 = \frac{1}{12}(60)(120^3) = 8{,}64 \times 10^6 \text{ mm}^4$$

O passo final é o transporte dos eixos centroidais de cada subdivisão para o eixo que passa por C para determinar $\bar{I}$ para a área total. Pelo teorema dos eixos paralelos ($d_1 = 36$ mm; $d_2 = 54$ mm),

$$\bar{I} = (I_1 + A_1 d_1^2) + (I_2 + A_2 d_2^2) = (3{,}24 \times 10^6 + 10\,800 \times 36^2) + (8{,}64 \times 10^6 + 7200 \times 54^2)$$

$$= 46{,}9 \times 10^6 \text{ mm}^4$$

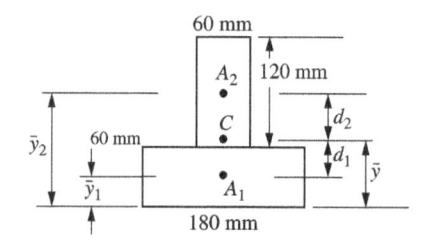

Figura 12-16

12.12 Determine o momento de inércia em relação a um eixo centroidal paralelo à base da área composta mostrada na Fig.12-17.

Solução

O primeiro passo é determinar a localização do centroide da área composta. Suponha que T seja a área retangular superior, B a área retangular inferior e C a área circular. Usando a base como reta de referência, temos

$$\bar{y} = \frac{A_T \bar{y}_T + A_B \bar{y}_B - A_C \bar{y}_C}{A_T + A_B - A_C}$$

$$= \frac{(100 \times 100)(150) + (200 \times 100)(50) - [\pi(60)^2/4](150)}{(100 \times 100) + 200 \times 100 - \pi(60^2)/4} = 76,4 \text{ mm}$$

A distância d_T do centroide da área superior ao centroide comum é

$$150 - 76,4 = 73,6 \text{ mm}$$

Analogamente,

$$d_B = 76,4 - 50 = 26,4 \text{ mm} \quad \text{e} \quad d_C = 150 - 76,4 = 73,6 \text{ mm}$$

Os valores de I para cada componente de área em relação ao seu próprio eixo centroidal paralelo à base da área composta são os seguintes:

$$I_T = \frac{1}{12} b_T h_T^3 = \frac{1}{12}(100)(100)^3 = 8,33 \times 10^6 \text{ mm}^4$$

$$I_B = \frac{1}{12} b_B h_B^3 = \frac{1}{12}(200)(100)^3 = 16,67 \times 10^6 \text{ mm}^4$$

$$I_C = \frac{1}{4} \pi r^4 = \frac{1}{4} \pi (30)^4 = 0,64 \times 10^6 \text{ mm}^4$$

Finalmente, utilizando o teorema dos eixos paralelos,

$$I = (I_T + A_T d_T^2) + (I_B + A_B d_B^2) - (I_C + A_C d_C^2)$$

$$= [8,33 \times 10^6 + (100)(100)(73,6)^2] + [16,67 \times 10^6 + (200)(100)(26,4)^2]$$

$$- [0,64 \times 10^6 + \pi 30^2 (73,6)^2] = 77,1 \times 10^6 \text{ mm}^4$$

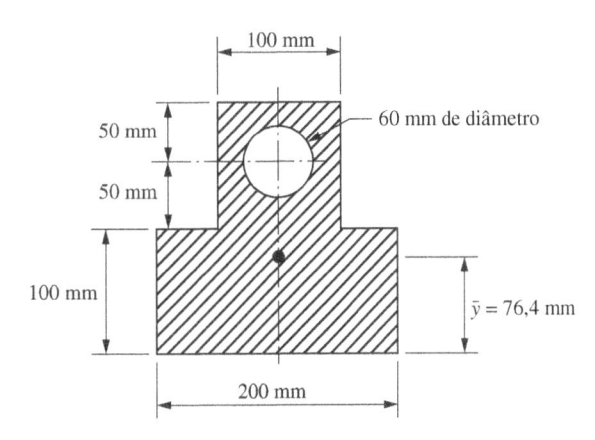

Figura 12-17

12.13 Determine o momento de inércia para o canal mostrado na Fig. 12-18 em relação ao eixo centroidal paralelo à base b.

Solução

Neste caso, o eixo centroidal está, por simetria, à meia altura acima da base. Considere que o canal é formado por um retângulo de base b e altura h do qual subtraíram-se dois triângulos de altura t e base a e um retângulo de base a e altura $2d$. Observe a Fig. 12-19.

Para determinar I_x para o canal, subtraia o I_x dos triângulos e do retângulo menor daquele I_x do retângulo maior. Isto é,

$$I_x = I_1 - (I_2 + I_3 + I_4) \tag{1}$$

Então, usando a Tabela 12.1 e o teorema dos eixos paralelos,

$$I_1 = \frac{1}{12}bh^3$$

$$I_2 = I_3 = \frac{1}{36}at^3 + \frac{1}{2}at\left(d + \frac{1}{3}t\right)^2 = \frac{1}{36}at^3 + \frac{1}{2}atd^2 + \frac{1}{3}at^2d + \frac{1}{18}at^3$$

$$I_4 = \frac{1}{12}a(2d)^3 = \frac{2}{3}ad^3$$

Finalmente, a equação (1) fornece

$$I_x = \frac{1}{12}bh^3 - atd^2 - \frac{2}{3}at^2d - \frac{1}{6}at^3 - \frac{2}{3}ad^3$$

É óbvio que esse resultado resultará numérico quando valores forem atribuídos às dimensões.

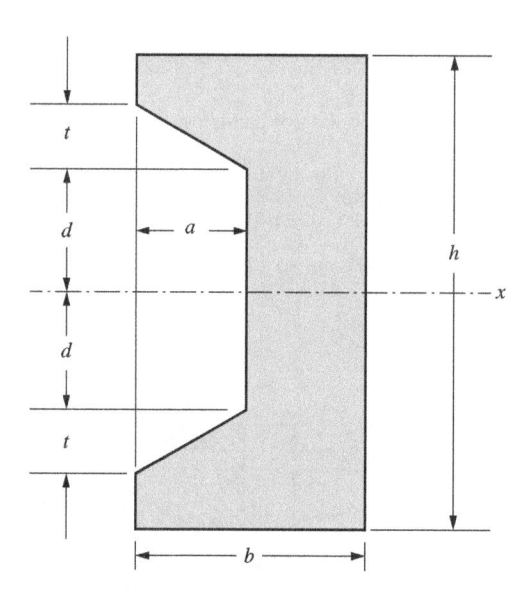

Figura 12-18

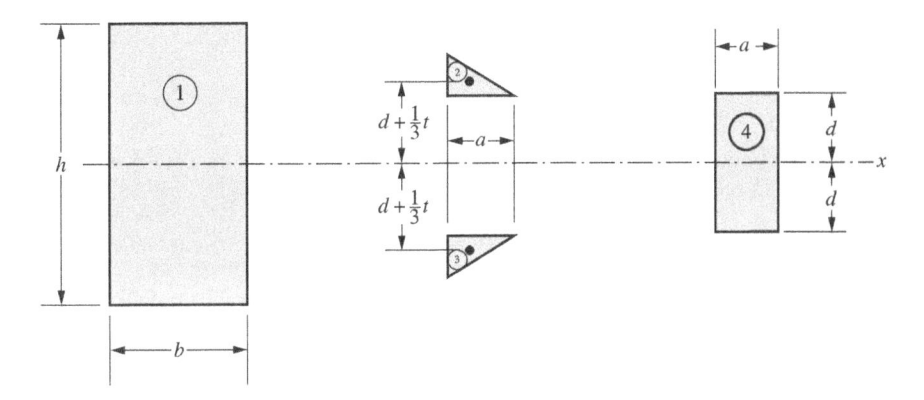

Figura 12-19

12.14 Uma coluna é construída com pranchas de 40 mm de espessura, conforme mostrado na Fig. 12-20. Determine o momento de inércia em relação ao eixo centroidal paralelo a um lado.

Solução

A localização do centroide no ponto médio é feita por inspeção. Para determinar $\bar{I}$, apenas é necessário dobrar o somatório dos momentos axiais das áreas 1 e 2 em relação a uma reta que passa pelo ponto médio.

$$I_1 = \frac{1}{12}b_1h_1^3 = \frac{1}{12}(40)(160^3) = 13{,}65 \times 10^6 \text{ mm}^4$$

$$I_2 = \frac{1}{12}b_2h_2^3 + A_2d_2^2 = \frac{1}{12}(80)(40^3) + 3200 \times 60^2 = 11{,}95 \times 10^6 \text{ mm}^4$$

$$\bar{I} = 2(13{,}65 + 11{,}95) \times 10^6 = 51{,}2 \times 10^6 \text{ mm}^4$$

Outra técnica simples é subtrair I do quadrado interno de I para o quadrado externo, ambos em relação a um eixo que passa pelo ponto médio e paralelo a um lado:

$$\bar{I}_1 = I_O - I_i = \frac{1}{12}b_O h_O^3 - \frac{1}{12}b_i h_i^3 = \frac{1}{12}(160 \times 160^3) - \frac{1}{12}(80 \times 80^3) = 51{,}2 \times 10^6 \text{ mm}^4$$

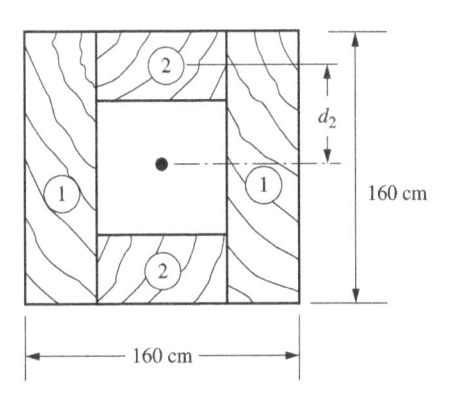

Figura 12-20

12.15 Determine o momento de inércia em relação ao eixo centroidal horizontal da seção Z mostrada na Fig. 12-21. Qual é o raio de giração?

Solução

O eixo centroidal é um eixo de simetria, neste caso. O momento de inércia $\bar{I}$ é, então, igual à soma dos momentos de segunda ordem da área 2 mais duas vezes o da área 1:

$$A = (162)(12) + 2(75 \times 12) = 3{,}74 \times 10^3 \text{ mm}^2$$

$$I_1 = \frac{1}{12} b_1 h_1^3 + A_1 d_1^2 = \frac{1}{12}(75)(12)^3 + (75 \times 12)(75)^2 = 5{,}07 \times 10^6 \text{ mm}^4$$

$$I_2 = \frac{1}{12} b_2 h_2^3 = \frac{1}{12}(12)(162)^3 = 4{,}25 \times 10^6 \text{ mm}^4$$

$$\bar{I} = 2I_1 + I_2 = 14{,}4 \times 10^6 \text{ mm}^4$$

$$k = \sqrt{\frac{\bar{I}}{A}} = \sqrt{\frac{14{,}4 \times 10^6}{3{,}74 \times 10^3}} = 62{,}1 \text{ mm}$$

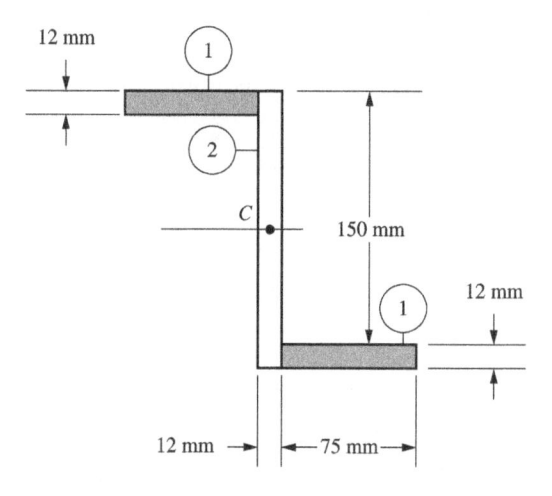

Figura 12-21

12.16 Qual é o produto de inércia em relação a dois lados adjacentes de um retângulo de base b e altura h?

Solução

Conforme mostrado na Fig. 12-22(a), os eixos x e y estão orientados em relação a lados adjacentes. Denote o produto de inércia por I_{xy}. Então

$$I_{xy} = \int xy\, dA = \int_0^h \int_0^b xy\, dx\, dy = \left[\frac{1}{2}x^2\right]_0^b \left[\frac{1}{2}y^2\right]_0^h = \frac{1}{4}b^2 h^2$$

Em seguida, escolha o eixo y como lado direito do retângulo [veja Fig. 12-22(b)]. Então

$$I_{xy} = \int_0^h \int_{-b}^0 xy\, dx\, dy = \left[\frac{1}{2}x^2\right]_{-b}^0 \left[\frac{1}{2}y^2\right]_0^h = \left(0 - \frac{1}{2}b^2\right)\left(\frac{1}{2}h^2 - 0\right) = -\frac{1}{4}b^2 h^2$$

Isso indica que o produto de inércia pode ser positivo ou negativo, dependendo da localização da área em relação aos eixos.

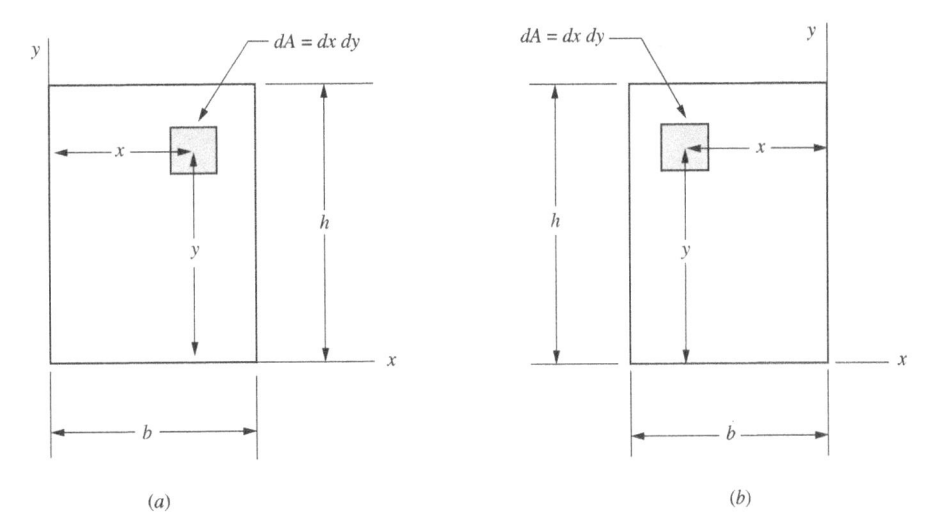

Figura 12-22

12.17 Determine o produto de inércia em relação ao eixo centroidal paralelo aos lados de um retângulo de base b e altura h.

Solução

A Fig. 12-23 mostra que os limites de integração x' são de $-b/2$ a $b/2$. Os limites de integração y' são de $-h/2$ a $h/2$. Assim,

$$I_{x'y'} = \int x'y'\, dA = \int_{-h/2}^{h/2} \int_{-b/2}^{b/2} x'y'\, dx'\, dy' = \int_{-h/2}^{h/2} y' \left[\frac{1}{2}\left(\frac{b}{2}\right)^2 - \frac{1}{2}\left(\frac{b}{2}\right)^2\right] dy' = 0$$

Isso também poderia ser deduzido a partir do resultado do Problema 12.16, usando o teorema dos eixos paralelos para o produto de inércia:

$$I_{xy} = I_{x'y'} + A\left(\frac{1}{2}b\right)\left(\frac{1}{2}h\right)$$

onde ½b e ½h são as distâncias perpendiculares entre os eixos x, y e x', y':

$$I_{x'y'} = \frac{1}{4}b^2h^2 - bh\left(\frac{1}{2}b\right)\left(\frac{1}{2}h\right) = 0$$

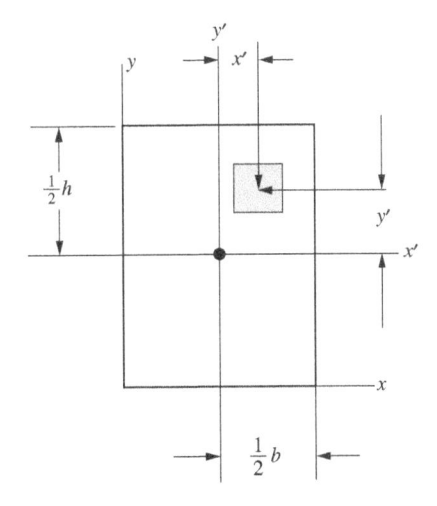

Figura 12-23

12.18 Determine o produto de inércia com relação à base e à altura de um triângulo retângulo. Considere a Fig. 12-24.

Solução

Por definição,

$$I_{xy} = \int_0^h \int_0^x xy\, dx\, dy$$

O limite superior da variável de integração x depende de y. Portanto, ela deve ser avaliada a partir da equação da reta inclinada, que é

$$y = -\frac{h}{b}x + h \quad \text{ou} \quad x = -\frac{b}{h}(y - h)$$

$$I_{xy} = \int_0^h \int_0^{-(b/h)(y-h)} xy\, dx\, dy = \int_0^h \left[\frac{1}{2}x^2\right]_0^{-(b/h)(y-h)} y\, dy = \int_0^h \frac{b^2}{2h^2}(y^2 - 2yh + h^2) y\, dy = \frac{1}{24}b^2 h^2$$

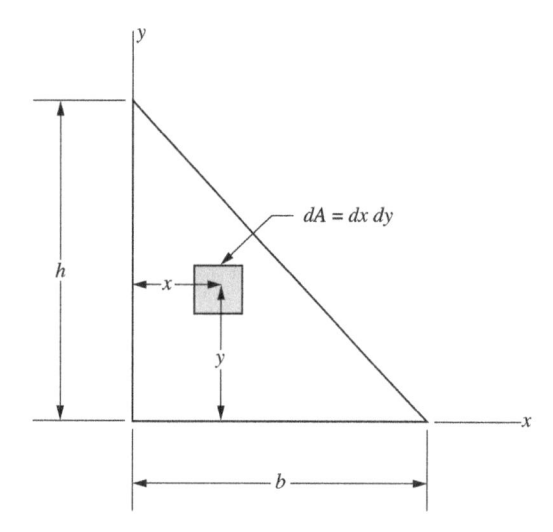

Figura 12-24

12.19 Determine o produto de inércia com relação ao raio de contorno de um quadrante de um círculo de raio r. Utilize (a) o elemento de área mostrado na Fig. 12-25 e (b) o elemento de área mostrado na Fig. 12-26.

Solução

(a) Pela definição,

$$I_{xy} = \int_0^r \int_0^x xy\, dx\, dy$$

A integral dupla significa um somatório, em primeiro lugar, em relação à variável x, que depende de y de acordo com a equação $x^2 + y^2 = r^2$. Substituindo,

$$I_{xy} = \int_0^r \int_0^{\sqrt{r^2-y^2}} xy\, dx\, dy = \int_0^r \left[\frac{1}{2}x^2\right]_0^{\sqrt{r^2-y^2}} y\, dy = \int_0^r \frac{1}{2}(r^2 - y^2) y\, dy = \frac{1}{8}r^4$$

(b) Igualmente,

$$I_{xy} = \iint xy \, dA = \int_0^r \int_0^{\pi/2} \rho(\cos\theta)\rho(\operatorname{sen}\theta)\rho \, d\rho \, d\theta$$

$$= \int_0^{\pi/2} \left[\frac{1}{4}\rho^4\right]_0^r \cos\theta \operatorname{sen}\theta \, d\theta = \frac{1}{4}r^4 \left[\frac{1}{2}\operatorname{sen}^2\theta\right]_0^{\pi/2} = \frac{1}{8}r^4$$

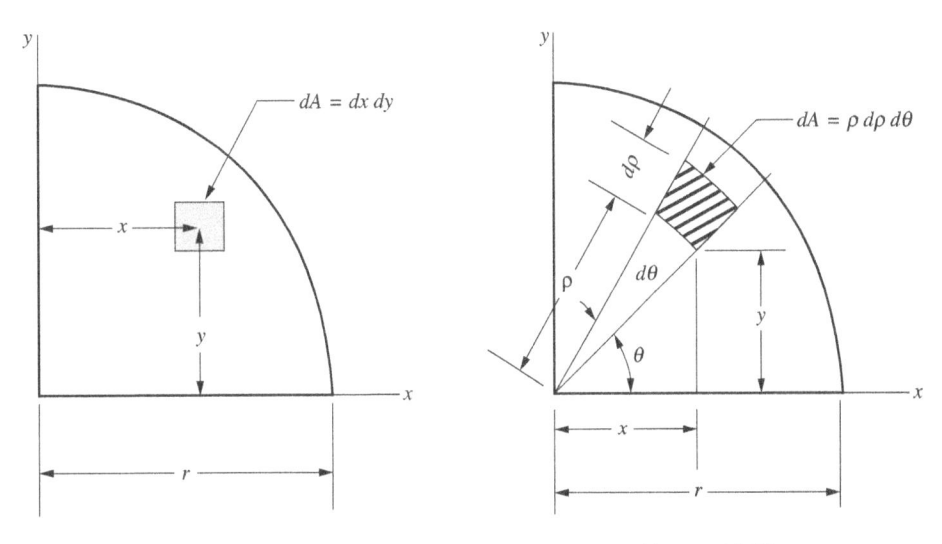

Figura 12-25 *Figura 12-26*

12.20 No Problema 12.19, determine o produto de inércia para um quadrante de círculo de raio r igual a 50 mm.

Solução

$$I_{xy} = \frac{1}{8}r^4 = \frac{1}{8}(50)^4 = 7{,}81 \times 10^5 \text{ mm}^4$$

12.21 Mostre que os momentos de inércia de uma área em relação a um conjunto de eixos rotacionado (x', y') pode ser expresso da seguinte forma:

$$I_{x'} = \frac{1}{2}(I_x + I_y) + \frac{1}{2}(I_x - I_y)\cos 2\theta - I_{xy}\operatorname{sen} 2\theta$$

$$I_{y'} = \frac{1}{2}(I_x + I_y) - \frac{1}{2}(I_x - I_y)\cos 2\theta + I_{xy}\operatorname{sen} 2\theta$$

$$I_{x'y'} = \frac{1}{2}(I_x - I_y)\operatorname{sen} 2\theta + I_{xy}\cos 2\theta$$

onde I_x, I_y = momentos de inércia em relação aos eixos (x, y)
 $I_{x'}, I_{y'}$ = momentos de inércia em relação aos eixos (x', y')
 I_{xy} = produto de inércia em relação aos eixos (x, y)
 $I_{x'y'}$ = produto de inércia em relação aos eixos (x', y')

Solução

A Figura 12-27 indica um elemento de área dA. Por definição,

$$I_{x'} = \int y'^2 \, dA, \qquad I_{y'} = \int x'^2 \, dA, \qquad I_{x'y'} = \int x'y' \, dA \qquad (1)$$

Mas, na figura, $x' = x\cos\theta + y\,\text{sen}\,\theta$ e $y' = -x\,\text{sen}\,\theta + y\cos\theta$. Elevando ao quadrado,

$$x'^2 = x^2\cos^2\theta + 2xy\cos\theta\,\text{sen}\,\theta + y^2\,\text{sen}^2\,\theta$$

$$y'^2 = x^2\,\text{sen}^2\,\theta - 2xy\,\text{sen}\,\theta\cos\theta + y^2\cos^2\theta$$

Também,

$$x'y' = -x^2\cos\theta\,\text{sen}\,\theta - xy\,\text{sen}^2\,\theta + xy\cos^2\theta + y^2\cos\theta\,\text{sen}\,\theta$$

Substituindo na equação (1),

$$I_{x'} = \int x^2\,\text{sen}^2\,\theta\,dA - \int xy\,\text{sen}\,2\theta\,dA + \int y^2\cos^2\theta\,dA$$

$$I_{y'} = \int x^2\cos^2\theta\,dA + \int xy\,\text{sen}\,2\theta\,dA + \int y^2\,\text{sen}^2\,\theta\,dA$$

$$I_{x'y'} = \int -x^2\cos\theta\,\text{sen}\,\theta\,dA + \int y^2\,\text{sen}\,\theta\cos\theta\,dA + \int xy(\cos^2\theta - \text{sen}^2\,\theta)\,dA$$

Uma vez que a integração sobre a área é independente de θ, as equações acima podem ser escritas (usando $I_x = \int y^2 dA$, $I_y = \int x^2\,dA$ e $I_{xy} = \int xy\,dA$) como

$$I_{x'} = I_y\,\text{sen}^2\,\theta - I_{xy}\,\text{sen}\,2\theta + I_x\cos^2\theta$$

$$I_{y'} = I_y\cos^2\theta + I_{xy}\,\text{sen}\,2\theta + I_x\,\text{sen}^2\,\theta$$

$$I_{x'y'} = \frac{1}{2}(I_x - I_y)\,\text{sen}\,2\theta + I_{xy}\cos 2\theta$$

Utilizando $\cos^2\theta = \frac{1}{2}(1 + \cos 2\theta)$ e $\text{sen}^2\,\theta = \frac{1}{2}(1 - \cos 2\theta)$, obtemos, finalmente,

$$I_{x'} = \frac{1}{2}(I_x + I_y) + \frac{1}{2}(I_x - I_y)\cos 2\theta - I_{xy}\,\text{sen}\,2\theta$$

$$I_{y'} = \frac{1}{2}(I_x + I_y) - \frac{1}{2}(I_x - I_y)\cos 2\theta + I_{xy}\,\text{sen}\,2\theta$$

$$I_{x'y'} = \frac{1}{2}(I_x - I_y)\,\text{sen}\,2\theta + I_{xy}\cos 2\theta$$

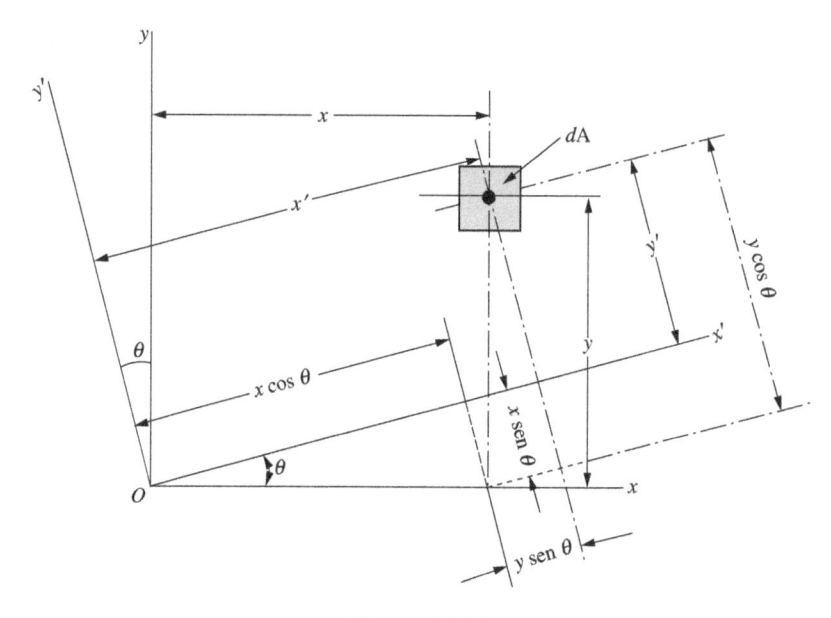

Figura 12-27

12.22 Determine os valores de $I_{x'}$ e $I_{y'}$ no Problema 12.21 em relação aos *eixos principais*, sistema de eixos que produz valores máximos ou mínimos de I.

Solução

Para determinar o valor de θ que torna $I_{x'}$ um máximo, derive a expressão de $I_{x'}$ em relação a θ e iguale a expressão resultante a zero. Assim,

$$\frac{dI_{x'}}{d\theta} = \frac{1}{2}(I_x - I_y)(-2\operatorname{sen} 2\theta) - I_{xy}(2\cos 2\theta) = 0 \quad \text{ou} \quad \operatorname{tg} 2\theta' = -\frac{2I_{xy}}{I_x - I_y}$$

O valor θ' é o valor de θ que faz com que $I_{x'}$ seja um máximo (ou mínimo). É necessário avaliar $\operatorname{sen} 2\theta'$ e $\cos 2\theta'$; isso é mais facilmente feito considerando a Fig. 12-28. Assim,

$$\cos 2\theta' = \pm \frac{I_x - I_y}{\sqrt{(I_x - I_y)^2 + 4I_{xy}^2}} \qquad \operatorname{sen} 2\theta' = \mp \frac{2I_{xy}}{\sqrt{(I_x - I_y)^2 + 4I_{xy}^2}}$$

Substituindo esses valores e simplificando, obtemos

$$I_{x'} = \frac{1}{2}(I_x + I_y) \pm \sqrt{\left[\frac{1}{2}(I_x - I_y)\right]^2 + I_{xy}^2}$$

Derivando a expressão de $I_{y'}$ com relação a θ, podemos observar que o mesmo valor de θ' faz $I_{y'}$ um máximo (ou mínimo). Substituindo os valores de $\operatorname{sen} 2\theta'$ e $\cos 2\theta'$, obtemos

$$I_{y'} = \frac{1}{2}(I_x + I_y) \mp \sqrt{\left[\frac{1}{2}(I_x - I_y)\right]^2 + I_{xy}^2}$$

Uma vez que $I_{y'}$ tem um sinal de menos antes da raiz para valores de θ' que fornecem um sinal de mais antes da raiz no cálculo de $I_{x'}$, podemos concluir afirmando que, com relação aos eixos principais (x', y'), um valor, por exemplo, $I_{x'}$, é um máximo enquanto o outro valor, $I_{y'}$, é um mínimo. Observe ainda que, para esse valor particular de θ' (eixos principais),

$$I_{x'y'} = \frac{1}{2}(I_x - I_y)\operatorname{sen} 2\theta + I_{xy}\cos 2\theta = 0$$

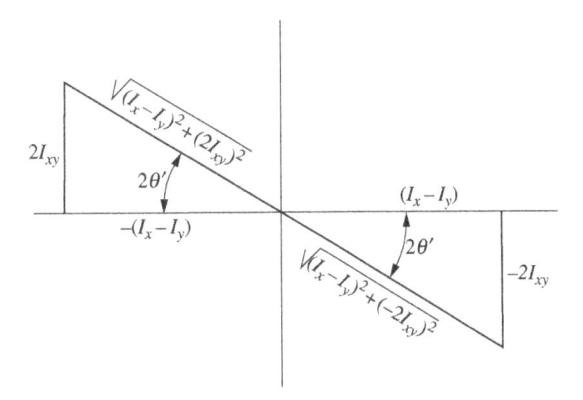

Figura 12-28

12.23 Dados I_x, I_y e I_{xy} de uma área em relação aos eixos (x, y), determine graficamente, utilizando o Círculo de Mohr, os valores de $I_{x'}$, $I_{y'}$ e $I_{x'y'}$ para um sistema de eixos (x', y') rotacionado no sentido anti-horário de um ângulo θ com relação aos eixos (x, y).

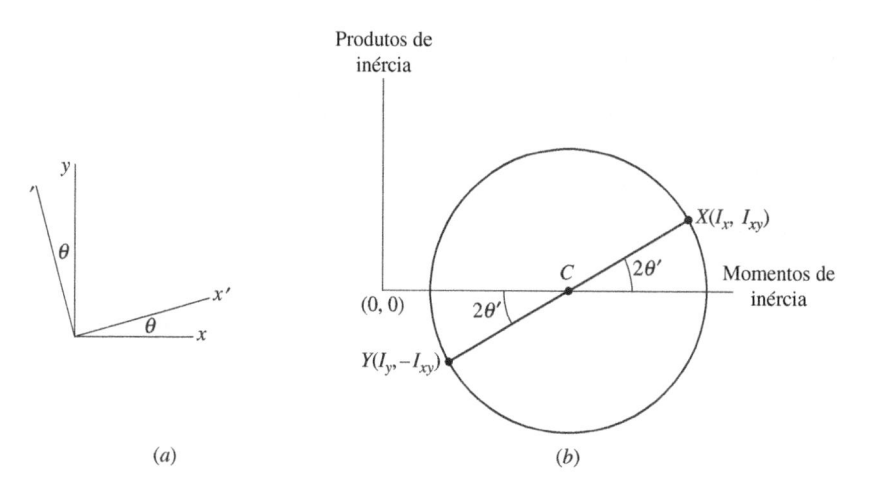

Figura 12-29

Solução

A Figura 12-29(a) mostra a orientação dos eixos. Na Fig. 12-29(b), há um conjunto de retas ortogonais. Qualquer momento de inércia I se localizará à direita do eixo vertical. Qualquer produto de inércia se localizará acima ou abaixo do eixo horizontal.

Considere que $I_x > I_y$ e I_{xy} positivo. Posicione o ponto X de coordenadas (I_x, I_{xy}) e o ponto Y de coordenadas $(I_y, -I_{xy})$. Desenhe o segmento de reta XY que cruza o eixo horizontal em C conforme mostrado. Desenhe uma circunferência com centro em C e contendo os pontos X e Y (veja a Fig. 12-29(b)).

Em seguida, desenhe uma reta formando um ângulo igual a 2θ a partir do segmento de reta XY no sentido anti-horário. As coordenadas de X' e Y' são os valores de $I_{x'}$, $I_{y'}$ e $I_{x'y'}$ (veja a Fig. 12-30).

Esses valores podem ser verificados da seguinte forma: Desenhe retas verticais XA e YB, a distância $BC = CA = \frac{1}{2}(I_x - I_y)$. A distância XA é I_{xy}. O raio da circunferência CX é a hipotenusa do triângulo retângulo ACX, assim como qualquer raio será igual a $\sqrt{\left[\frac{1}{2}(I_x - I_y)\right]^2 + I_{xy}^2}$.

Agora a coordenada I de X' é igual à distância de O até o centro $\frac{1}{2}(I_x + I_y)$ mais a projeção de CX' na horizontal. CX' (o raio) forma um ângulo $(2\theta + 2\theta')$ com o eixo horizontal de I. O ângulo $2\theta'$ do Problema 12.22 é o ângulo que torna $I_{x'}$ um máximo:

$$\text{Projeção de } CX' = \sqrt{\left[\frac{1}{2}(I_x - I_y)\right]^2 + I_{xy}^2}\, [\cos(2\theta + 2\theta')]$$

$$= \sqrt{\left[\frac{1}{2}(I_x - I_y)\right]^2 + I_{xy}^2}\, [\cos 2\theta \cos 2\theta' - \operatorname{sen} 2\theta \operatorname{sen} 2\theta'] \tag{1}$$

Substituindo,

$$\cos 2\theta' = \frac{CA}{CX} = \frac{\frac{1}{2}(I_x - I_y)}{\sqrt{\left[\frac{1}{2}(I_x - I_y)\right]^2 + I_{xy}^2}} \quad \text{e} \quad \operatorname{sen} 2\theta' = \frac{AX}{CX} = \frac{I_{xy}}{\sqrt{\left[\frac{1}{2}(I_x - I_y)\right]^2 + I_{xy}^2}}$$

na equação (1) e simplificando, encontramos

$$\text{Projeção de } CX' = \frac{1}{2}(I_x - I_y)\cos 2\theta - I_{xy}\operatorname{sen} 2\theta$$

Assim,

$$I_{x'} = \frac{1}{2}(I_x + I_y) + \frac{1}{2}(I_x - I_y)\cos 2\theta - I_{xy}\operatorname{sen} 2\theta$$

Analogamente

$$I_{y'} = \frac{1}{2}(I_x + I_y) - \frac{1}{2}(I_x - I_y)\cos 2\theta + I_{xy}\operatorname{sen} 2\theta$$

Observe que o máximo I ocorre na extremidade da direita do diâmetro horizontal do círculo cujo valor é igual à distância do centro mais o raio. Assim,

$$I_{\text{máx}} = \frac{1}{2}(I_x + I_y) + \sqrt{\left[\frac{1}{2}(I_x - I_y)\right]^2 + I_{xy}^2}$$

O valor mínimo estará na extremidade esquerda desse diâmetro e é

$$I_{\text{mín}} = \frac{1}{2}(I_x + I_y) - \sqrt{\left[\frac{1}{2}(I_x - I_y)\right]^2 + I_{xy}^2}$$

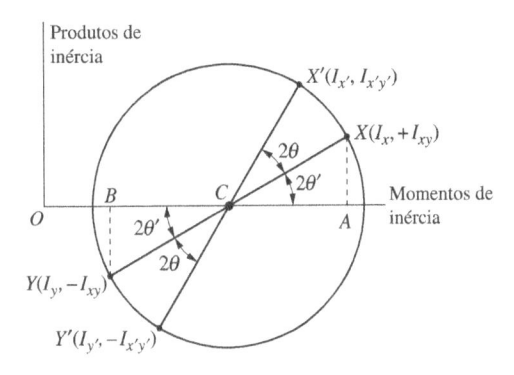

Figura 12-30

12.24 Determine os momentos de inércia centroidais principais para a cantoneira de abas desiguais mostrada na Fig. 12-31.

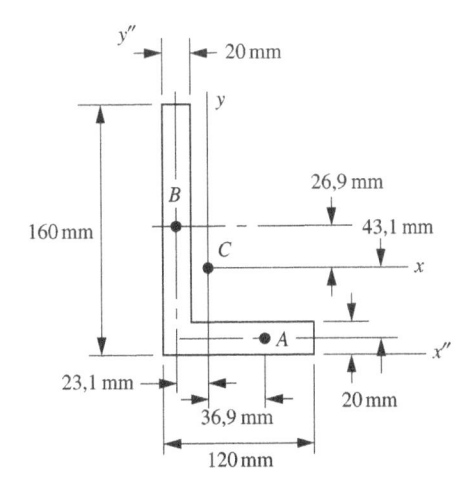

Figura 12-31

Solução

Primeiro determine a localização do centroide da cantoneira usando os eixos (x'', y'') conforme mostrado. A cantoneira é dividida nas partes A (20×100) e B (20×160):

$$\bar{x}'' = \frac{2000 \times 70 + 3200 \times 10}{100 \times 20 + 160 \times 20} = 33,1 \text{ mm}$$

$$\bar{y}'' = \frac{2000 \times 10 + 3200 \times 80}{100 \times 20 + 160 \times 20} = 53,1 \text{ mm}$$

Em seguida, desenhe os eixos (x, y) pelo centroide C cujas coordenadas foram determinadas. Então determine I_x e I_y pela translação dos eixos centroidais paralelos de A e B:

$$I_x = \frac{1}{12}(100)(20^3) + 2000(43,1^2) + \frac{1}{12}(20)(160^3) + 3200(26,9)^2 = 12,92 \times 10^6 \text{ mm}^4$$

$$I_y = \frac{1}{12}(20)(100^3) + 2000(36,9^2) + \frac{1}{12}(160)(20^3) + 3200(23,1)^2 = 6,20 \times 10^6 \text{ mm}^4$$

Para determinar os momentos principais de inércia, deve-se determinar o valor do produto de inércia I_{xy}. Este também deve ser transladado a partir dos eixos centroidais paralelos de A e B, considerando-se que os produtos de inércia em relação aos eixos centroidais de A e B são ambos nulos, porque esses eixos centroidais são também eixos de simetria. Assim, em termos das distâncias de translação, o valor de I_{xy} converte-se em

$$I_{xy} = 0 + (160 \times 20)(-23,1)(26,9) + 0 + (100 \times 20)(36,9)(-43,1) = -5,17 \times 10^6 \text{ mm}^4$$

Observação: Os sinais das distâncias de translação são importantes na determinação do produto de inércia. Na equação acima, os valores 36,9 e $-43,1$ são as coordenadas do centroide de A em relação aos eixos (x, y). Da mesma forma, os valores $-23,1$ e 26,9 são as coordenadas do centroide de B em relação aos eixos (x, y).

A análise via Círculo de Mohr será usada para determinar os valores dos momentos principais e seus eixos. Os pontos X e Y são posicionados conforme mostrado na Fig. 12-32. Então, utilizando xy como diâmetro, desenhe o círculo.
A distância até o centro do círculo é $\frac{1}{2}(I_x + I_y) = 9,56$, e o raio do círculo é $\sqrt{3,36^2 + 5,17^2} = 6,17$. Assim,

$$I_{\text{máx}} = (9,56 + 6,17) \times 10^6 = 15,73 \times 10^6 \text{ mm}^4$$

e ocorre no sentido horário, a contar do eixo vertical um ângulo θ' definido por $\theta' = \frac{1}{2}\text{tg}(5,17/3,36) = 28,5°$. O valor mínimo de I é

$$I_{\text{min}} = (9,56 - 6,17) \times 10^6 = 3,39 \times 10^6 \text{ mm}^4$$

e está localizado no sentido horário, a contar do eixo horizontal, conforme mostrado na Fig. 12-33.

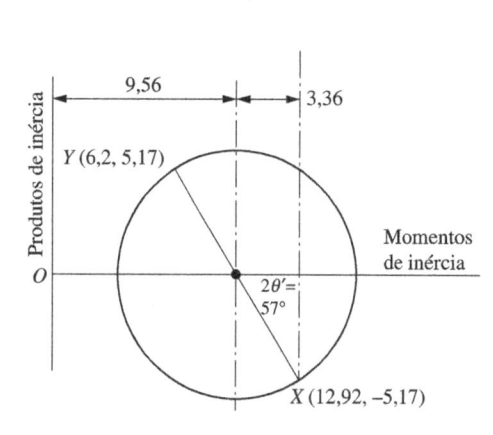

Figura 12-32

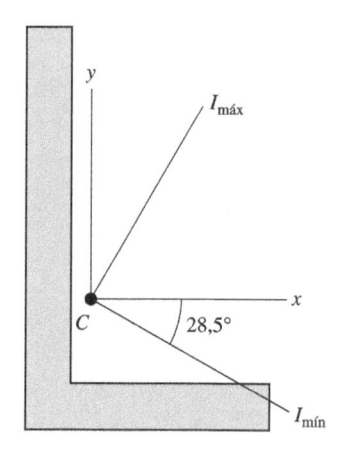

Figura 12-33

12.25 Calcule os momentos principais de inércia para a cantoneira de abas iguais em relação ao seu centroide. Considere a Fig. 12-34.

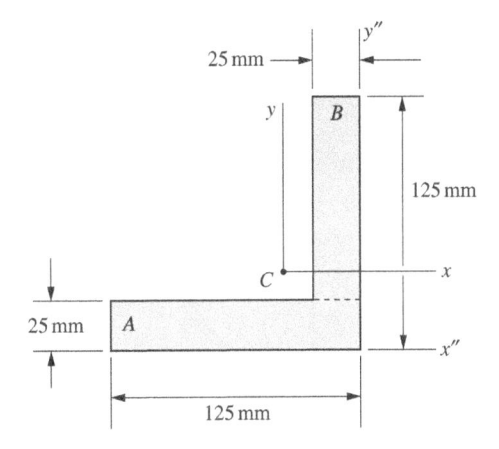

Figura 12-34

Solução

Primeiro determine a posição do centroide da cantoneira, a qual se divide em duas áreas, A e B:

$$\bar{x}'' = \frac{-(25)(125)(125/2) - (25)(100)(25/2)}{(25)(125) + (25)(100)} = -40,3 \text{ mm}$$

$$\bar{y}'' = \frac{+(25)(125)(25/2) + (25)(100)(75)}{5625} = +40,3 \text{ mm}$$

O centroide está 40,3 mm acima da base e 40,3 mm para a esquerda de seu lado direito.

Em seguida, determine os valores de I_x, I_y e I_{xy} para os eixos (x, y) que passam pelo centroide da área total. Isso é feito transportando-se cada valor relativo aos centroides individuais das partes A e B:

$$I_x = \frac{1}{12}(125)(25)^3 + 125 \times 25(40,3 - 12,5)^2 + \frac{1}{12}(25)(100)^3 + 25 \times 100(75 - 40,3)^2 = 7,67 \times 10^6 \text{ mm}^4$$

$$I_y = \frac{1}{12}(25)(125)^3 + 25 \times 125(62,5 - 40,3)^2 + \frac{1}{12}(100)(25)^3 + 100 \times 25(40,3 - 12,5)^2 = 7,67 \times 10^6 \text{ mm}^4$$

O segundo resultado confirma o primeiro; eles devem ser iguais para a cantoneira de abas iguais. Então,

$$I_{xy} = 0 + (125)(25)(+22,2)(+27,8) + 0 + (100)(25)(-27,8)(-34,7) = 4,34 \times 10^6 \text{ mm}^4$$

Utilizando a construção do círculo de Mohr com o ponto X de coordenadas I_x e I_{xy}, isto é, $7,67 \times 10^6$ e $4,34 \times 10^6$, e com o ponto Y de coordenadas I_y e $-I_{xy}$, isto é, $7,67 \times 10^6$ e $-4,34 \times 10^6$, é evidente que o raio é $4,34 \times 10^6$. Veja a Fig. 12.35. Assim,

$$I_{\text{máx}} = 7,67 \times 10^6 + 4,34 \times 10^6 = 12,0 \times 10^6 \text{ mm}^4$$

$$I_{\text{mín}} = 7,67 \times 10^6 - 4,34 \times 10^6 = 3,33 \times 10^6 \text{ mm}^4$$

Os eixos principais são $2\theta = 90°$ no círculo de Mohr ou $45°$ na situação real. O valor máximo no círculo de Mohr é no sentido horário a partir do ponto X. Assim, na situação real, isto corresponde a um giro horário de $45°$, a contar do eixo x. Analogamente, o valor mínimo está a $90°$ no sentido horário, a contar do ponto Y, e na situação real corresponde a um giro de $45°$ no sentido horário, a contar do eixo y, conforme mostrado na Fig. 12-36.

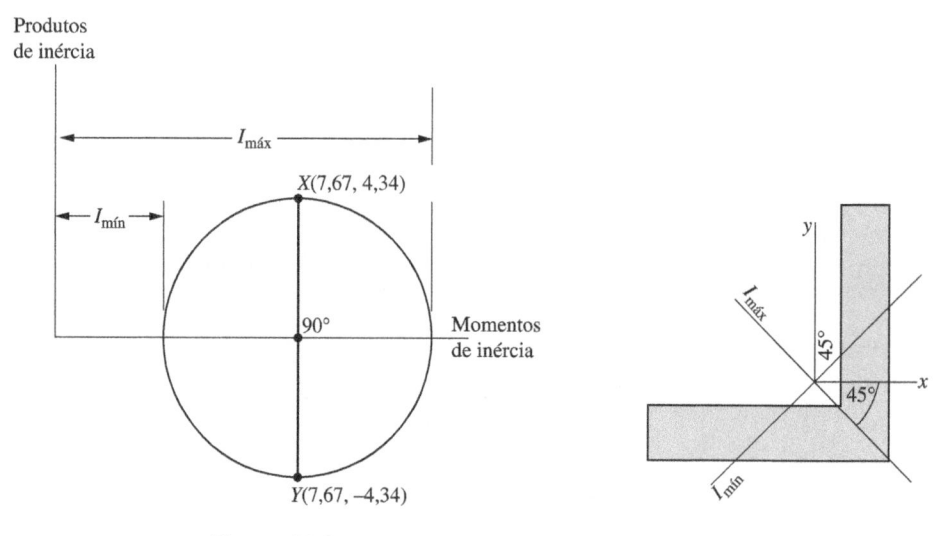

Figura 12-35

Figura 12-36

12.26 Derive a expressão do momento de inércia de massa em relação ao eixo centroidal perpendicular à barra de comprimento L, massa m e seção transversal pequena, conforme mostrado na Fig. 12-37. Determine seu raio de giração.

Solução

Por definição, $I_y = \int x^2 dm$. No entanto, dm é a massa de uma porção da barra com comprimento dx. Sua massa dm é dx/L da massa total m, isto é, $(dx/L)m = dm$.
Assim,

$$I_y = \int_{-L/2}^{L/2} x^2 \frac{m}{L} dx = \frac{1}{12} mL^2$$

O raio de giração

$$k = \sqrt{\frac{I_y}{m}} = \frac{L}{\sqrt{12}}$$

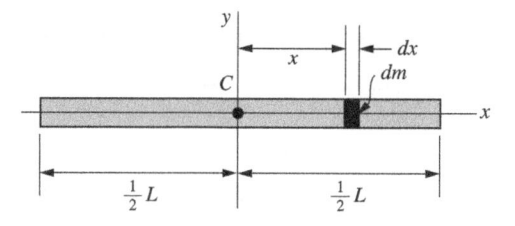

Figura 12-37

12.27 Derive a expressão para o momento de inércia de massa de uma barra em relação a um eixo que passa por uma extremidade e é perpendicular a essa barra, cujo comprimento é L. Admita que a massa é m e que a seção transversal é pequena se comparada ao comprimento. Considere a Fig. 12-38.

Solução

Assim como no Problema 12.26, escreva

$$I_y = \int x^2\, dm = \int_0^L x^2 \frac{m}{L}\, dx = \frac{1}{3} mL^2$$

O mesmo resultado poderia ser obtido pelo uso do teorema dos eixos paralelos com o resultado do Problema 12.26:

$$I_E = \bar{I} + m\left(\frac{1}{2}L\right)^2 = \frac{1}{12} mL^2 + \frac{1}{4} mL^2 = \frac{1}{3} mL^2$$

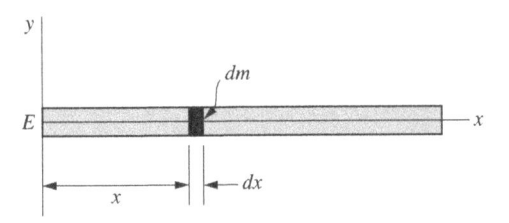

Figura 12-38

12.28 Qual é o momento de inércia de massa em relação ao eixo centroidal perpendicular à face retangular de um paralelepípedo (bloco)?

Solução

Conforme pode ser observado na Fig. 12-39, o momento de inércia do bloco em relação ao eixo z é igual à soma de uma série de placas finas, cada uma com espessura dz, seção transversal b por c e massa dm.

Primeiro determine I_z para uma placa fina de seção transversal b por c, espessura dz e massa dm (veja a Fig. 12-40). Uma vez que $I_z = I'_x + I'_y$, encontre $I'_x + I'_y$ para obter o resultado. Contudo, I'_x realmente é a soma dos momentos centroidais de uma série de barras de massa dm' com seção transversal desprezível (dx' por dz) e altura b. De acordo com o Problema 12.26, isto pode ser escrito como

$$I'_x = \int \frac{1}{12} dm'\, b^2 = \frac{1}{12} b^2\, dm$$

Raciocínio semelhante conduz a

$$I'_y = \int \frac{1}{12} dm'\, c^2 = \frac{1}{12} c^2\, dm$$

Segue-se a isso o fato de que I_z para uma placa fina de massa dm é igual a $I'_x + I'_y$, ou a $I_z = \frac{1}{12} dm(b^2 + c^2)$. Para o bloco inteiro, observa-se que

$$I_z = \int \frac{1}{12} dm(b^2 + c^2) = \frac{1}{12} m(b^2 + c^2)$$

ou, mais rigorosamente, uma vez que $dm = (dz/a)m$,

$$I_z = \int_0^a \frac{1}{12} \frac{m}{a}(b^2 + c^2)\, dz = \frac{1}{12} m(b^2 + c^2)$$

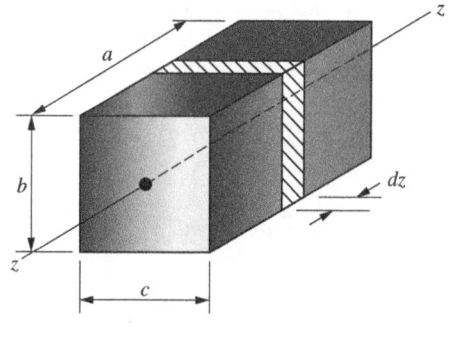

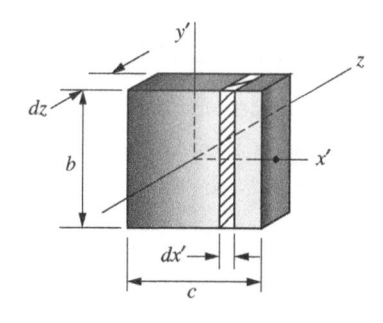

Figura 12-39 *Figura 12-40*

12.29 Determine o momento de inércia em relação a um diâmetro para um disco circular fino homogêneo de raio r, espessura t e densidade δ.

(a) Considere o disco feito de barras finas de seção transversal dx por t e alturas variáveis $2y$, conforme mostrado na Fig. 12-41.

(b) Considere o elemento diferencial conforme àquele mostrado na Fig. 12-42.

Solução

(a) A massa da tira escolhida é $dm = 2\delta ty\,dx$. Utilizando o resultado do Problema 12.26, seu momento de inércia de massa é $1/12\,dm(2y)^2$. Para o disco todo,

$$I_x = \int_{-r}^{r} \frac{1}{12}(2)\delta ty\,dx(2y)^2 = \int_{-r}^{r} \frac{2}{3}\delta ty^3\,dx$$

Mas $y = \sqrt{r^2 - x^2}$, e, substituindo, teremos

$$I_x = \int_{-r}^{r} \frac{2}{3}\delta t(\sqrt{r^2-x^2})^3\,dx = \frac{2}{3}\delta t\left[\frac{1}{4}x(\sqrt{r^2-x^2})^3 - \frac{3}{8}r^2 x\sqrt{r^2-x^2} + \frac{3}{8}r^4 \operatorname{sen}^{-1}\frac{x}{r}\right]_{-r}^{r}$$

Que leva a

$$I_x = \frac{2}{3}\delta t\frac{3}{8}r^4\left[\frac{1}{2}\pi - \left(-\frac{1}{2}\pi\right)\right] = \frac{1}{4}(\pi r^2 \delta t)r^2 = \frac{1}{4}mr^2$$

(b)

$$I_x = \int \rho^2 \operatorname{sen}^2\theta\,dm = \int_0^{2\pi}\int_0^r \rho^2 \operatorname{sen}^2\theta\,\delta t\rho\,d\rho\,d\theta = \delta t\int_0^{2\pi}\int_0^r \rho^3 \operatorname{sen}^2\theta\,d\rho\,d\theta$$

$$= \delta t\int_0^{2\pi}\left[\frac{1}{4}\rho^4\right]_0^r \operatorname{sen}^2\theta\,d\theta = \delta t\left(\frac{1}{4}r^4\right)\left[\frac{1}{2}\theta - \frac{1}{4}\operatorname{sen}\theta\right]_0^{2\pi}$$

$$= \delta t\left(\frac{1}{4}r^4\right)\left(\frac{1}{2}\times 2\pi\right) = \frac{1}{4}\delta t\pi r^4 = \frac{1}{4}(\delta t\pi r^2)r^2 = \frac{1}{4}mr^2$$

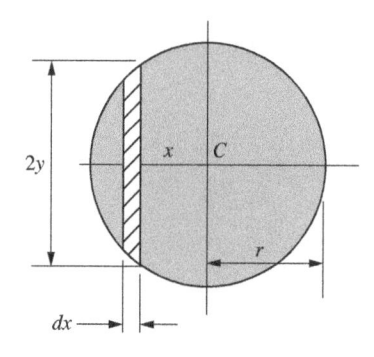

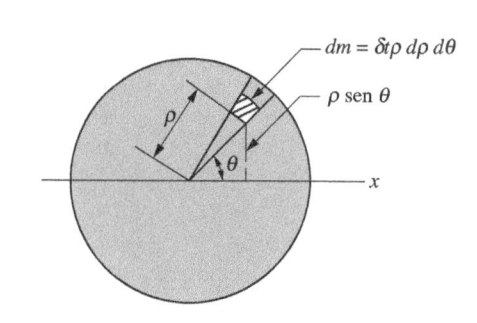

Figura 12-41 *Figura 12-42*

12.30 Admita que o disco do Problema 12.29 é feito de aço com densidade de 7800 kg/m³. Sua espessura é de 0,5 mm e seu diâmetro é de 100 mm. Determine o momento de inércia em relação ao diâmetro.

Solução
A massa do disco é

$$m = \text{densidade} \times \text{volume}$$
$$= 7800 \times \pi \times 0{,}05^2 \times 0{,}0005 = 0{,}0306 \text{ kg}$$

Seu momento de inércia de massa é

$$I_x = \frac{1}{4}mr^2 = \frac{1}{4} \times 0{,}0306 \times 0{,}05^2 = 19{,}1 \times 10^{-6} \text{ kg} \cdot \text{m}^2$$

12.31 Mostre que o momento polar de inércia para o disco do Problema 12.29 é $\frac{1}{2}mr^2$. Qual é o raio de giração? Considere a Fig. 12-43. Utilize o resultado do Problema 12.29.

Solução
Uma vez que $I_y = I_x = \frac{1}{4}mr^2$, o momento polar de inércia será

$$I_z = I_x + I_y = \frac{1}{2}mr^2$$

O raio de giração é

$$k = \sqrt{\frac{I_z}{m}} = \sqrt{\frac{\frac{1}{2}mr^2}{m}} = \frac{r}{\sqrt{2}}$$

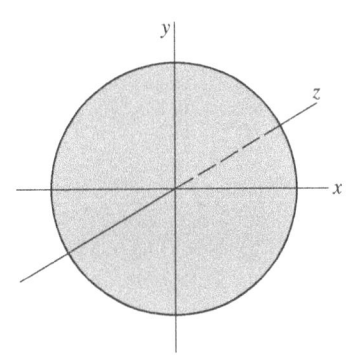

Figura 12-43

12.32 Determine o momento de inércia em relação ao eixo de um cilindro circular reto de raio R e massa m. Veja a Fig. 12-44.

Solução
Considere que o cilindro é feito de uma série de discos finos de altura dz, conforme mostrado. Para um disco fino (Problema 12.31), $I_z = \frac{1}{2}(\text{massa})R^2 = \frac{1}{2}(m\,dz/h)R^2$. Para o cilindro inteiro,

$$I_z = \int_0^h \frac{1}{2}\frac{m\,dz}{h}R^2 = \frac{1}{2}mR^2$$

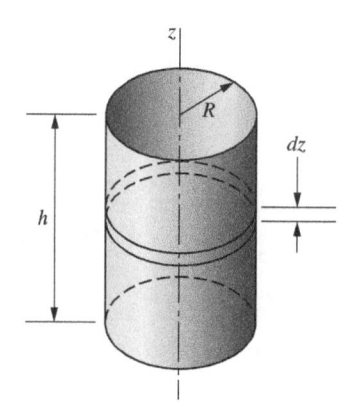

Figura 12-44

12.33 Determine o momento de inércia para um cilindro circular reto de raio R e massa m em relação ao eixo centroidal x mostrado na Fig. 12-45. Qual é o raio de giração?

Solução

Assim como no Problema 12.32, considere que o cilindro é feito de uma série de discos finos de altura dz e massa $m\,dz/h$. O momento de inércia do disco fino em relação ao eixo x' paralelo ao eixo x é dado no Problema 12-29 como $I_{x'} = ¼(m\,dz/h)R^2$. Com o transporte para o eixo x através do teorema dos eixos paralelos,

$$I_x = I_{x'} + \frac{m\,dz}{h}z^2 = \frac{1}{4}\frac{m\,dz}{h}R^2 + \frac{m\,dz}{h}z^2$$

Para determinar I_x do cilindro completo, some os I_x de todos os discos:

$$I_x = \frac{mR^2}{4h}\int_{-h/2}^{h/2} dz + \frac{m}{h}\int_{-h/2}^{h/2} z^2\,dz = \frac{1}{4}mR^2 + \frac{1}{12}mh^2 = \frac{1}{12}m(3R^2 + h^2)$$

$$k = \sqrt{\frac{I_x}{m}} = \sqrt{\frac{1}{12}(3R^2 + h^2)}$$

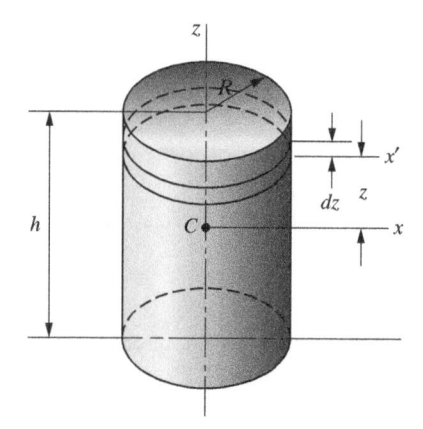

Figura 12-45

12.34 Determine o momento de inércia de massa em relação a um diâmetro de uma esfera de massa m e raio R. Qual é seu raio de giração?

Solução

Escolha um disco fino, paralelo ao plano xz, conforme mostrado na Fig. 12-46. Admita a densidade igual a δ. O momento de inércia de um disco fino de raio x em relação ao eixo y é ½(massa)x^2. Para encontrar I_y da esfera completa, some os momentos individuais conforme indicado, onde $dm = \delta\, dV = \delta(\pi x^2\, dy)$:

$$I_y = \int_{-R}^{R} \frac{1}{2}(\delta\pi x^2\, dy)x^2 = \frac{1}{2}\pi\delta \int_{-R}^{R} x^4\, dy$$

Mas, da equação da seção transversal da esfera no plano xy (o círculo), $x^2 + y^2 = R^2$. Assim,

$$I_y = \frac{1}{2}\pi\delta \int_{-R}^{R} (R^2 - y^2)^2\, dy = \frac{8}{15}\delta\pi R^5$$

Uma vez que a massa é $m = \frac{4}{3}R^3\delta$, temos

$$I_y = \left(\frac{4}{3}\pi R^3 \delta\right)\left(\frac{2}{5}R^2\right) = \frac{2}{5}mR^2$$

O raio de giração é

$$k = \sqrt{\frac{I_y}{m}} = \sqrt{\frac{2}{5}}\, R$$

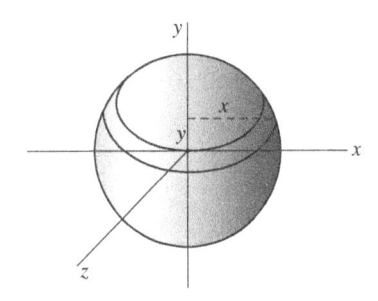

Figura 12-46

12.35 Determine o momento de inércia de massa de um cilindro circular reto vazado e homogêneo com relação ao seu eixo geométrico. Considere a Fig. 12-47.

Solução

Para o cilindro externo,

$$(I_z)_o = \frac{1}{2}m_o r_o^2 = \frac{1}{2}(\pi r_o^2 h\delta)r_o^2$$

Para o cilindro interno,

$$(I_z)_i = \frac{1}{2}m_i r_i^2 = \frac{1}{2}(\pi r_i^2 h\delta)r_i^2$$

Para o tubo,

$$I_z = (I_z)_o - (I_z)_i = \frac{1}{2}\pi\delta h(r_o^2 + r_i^2)(r_o^2 - r_i^2)$$

Expandindo,

$$I_z = \left(\frac{1}{2}h\pi\delta r_o^2 - \frac{1}{2}h\pi\delta r_i^2\right)(r_o^2 + r_i^2) = \left(\frac{1}{2}m_o - \frac{1}{2}m_i\right)(r_o^2 + r_i^2) = \frac{1}{2}m(r_o^2 + r_i^2)$$

onde m refere-se à massa do tubo.

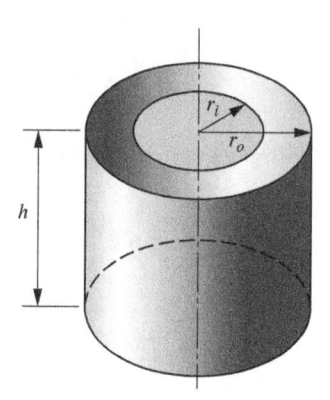

Figura 12-47

12.36 Determine os momentos de inércia em relação aos eixos x e y do cone circular reto de massa m e dimensões mostradas na Fig. 12-48. Se o cone tem uma massa de 500 kg, raio $R = 250$ mm e altura $h = 500$ mm, mostre que $I_x = 9{,}38$ kg·m² e que $I_y = 79{,}7$ kg·m².

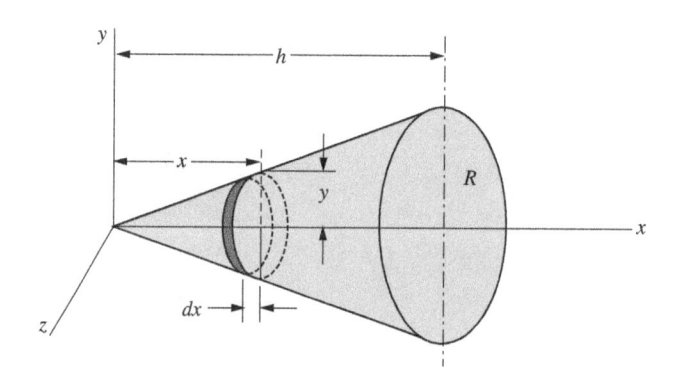

Figura 12-48

Solução

Para encontrar I_x, escolha um elemento circular fino perpendicular ao eixo x, conforme mostrado na Fig. 12-48. Admita densidade igual a δ. O momento de inércia em relação ao eixo x desse elemento de raio y é $\frac{1}{2}$(massa)y^2. Para determinar I_x do cone completo, some os momentos individuais como indicado, observando que a massa do elemento escolhido é $dm = \delta\,dV = \delta\,(\pi y^2\,dx)$. Uma vez que $y = Rx/h$ (Fig. 12-49),

$$I_x = \int_0^h \frac{1}{2}\delta(\pi y^2\,dx)y^2 = \int_0^h \frac{1}{2}\delta\pi\left(\frac{Rx}{h}\right)^4 dx = \frac{1}{10}\delta\pi R^4 h$$

Mas a massa do cone completo é $\frac{1}{3}\pi\delta R^2 h$. Então, podemos escrever

$$I_x = \left(\frac{1}{3}\pi R^2 h \delta\right)\left(\frac{3}{10}R^2\right) = \frac{3}{10}mR^2$$

Para encontrar I_y, que é igual a I_z, é necessário aplicar o teorema dos eixos paralelos para obter o momento de inércia em relação ao eixo y. Uma vez que $y = Rx/h$,

$$I_y = \int\left(\frac{1}{4}dm\,y^2 + dm\,x^2\right) = \int_0^h (\delta\pi y^2\,dx)\left(\frac{1}{4}y^2 + x^2\right)$$

$$= \int_0^h \frac{1}{4}\pi\delta\left(\frac{R^4}{h^4}\right)x^4\,dx + \int_0^h \pi\delta\left(\frac{R^2}{h^2}\right)x^4\,dx = \frac{1}{20}\pi\delta R^4 h + \frac{1}{5}\pi\delta R^2 h^3$$

Utilizando $m = \frac{1}{3}\pi\delta R^2 h$, essa expressão converte-se em

$$I_y = \frac{3}{20}mR^2 + \frac{3}{5}mh^2 = \frac{3}{5}m\left(\frac{1}{4}R^2 + h^2\right)$$

Numericamente,

$$I_x = \frac{3}{10}(500)(0{,}25)^2 = 9{,}38\,\text{kg}\cdot\text{m}^2 \qquad \text{e} \qquad I_y = \frac{3}{5}(500)\left[\frac{1}{4}(0{,}25)^2 + (0{,}5)^2\right] = 79{,}7\,\text{kg}\cdot\text{m}^2$$

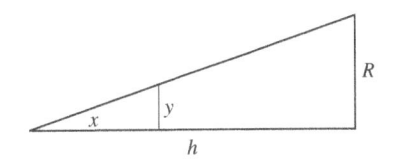

Figura 12-49

12.37 Compute o momento de inércia do volante de ferro fundido mostrado na Fig. 12-50. A densidade do ferro fundido é $\rho = 7200\,\text{kg/m}^3$. Todas as dimensões estão em mm.

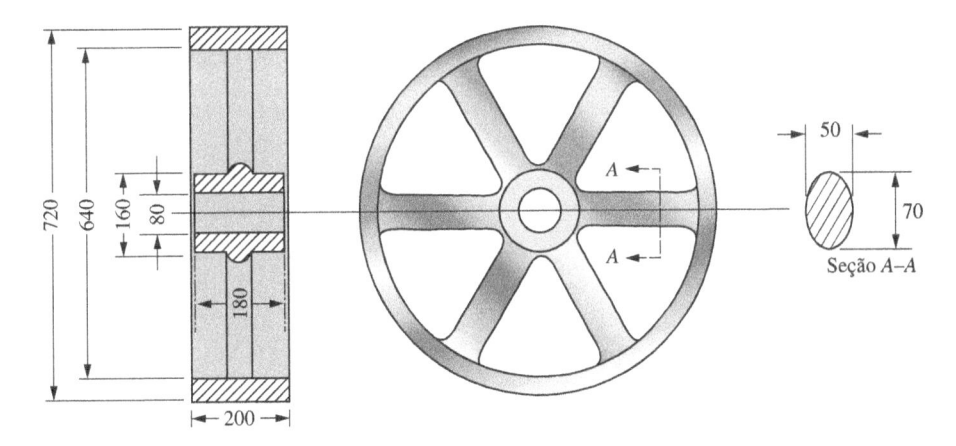

Figura 12-50

Solução

Analisando o problema, considere o cubo e o aro como cilindros vazados e os raios como hastes esbeltas. Primeiro determine as massas dos componentes:

$$m_{cubo} = (\pi r_0^2 - \pi r_i^2)h\rho = [\pi(80^2 - 40^2)180] \times 10^{-9} \times 7200 = 19{,}54 \text{ kg}$$

$$m_{aro} = (\pi r_0^2 - \pi r_i^2)h\rho = [\pi(360^2 - 320^2)200] \times 10^{-9} \times 7200 = 123 \text{ kg}$$

Para um raio de seção transversal elíptica,

$$m_{raio} = \pi ab L\rho = \pi(25 \times 35)240 \times 10^{-9} \times 7200 = 4{,}75 \text{ kg}$$

Em seguida, determine I para cada componente em relação ao eixo de rotação. Para os raios, isso implicará em um transporte para o eixo centroidal paralelo,

$$I_{cubo} = \frac{1}{2}m(r_o^2 + r_i^2) = \frac{19{,}54}{2}(80^2 + 40^2) \times 10^{-6} = 0{,}0782 \text{ kg} \cdot \text{m}^2$$

$$I_{aro} = \frac{1}{2}m(r_o^2 + r_i^2) = \frac{123}{2}(360^2 + 320^2) \times 10^{-6} = 14{,}27 \text{ kg} \cdot \text{m}^2$$

$$I_{raios} = 6\left(\frac{1}{12}mL^2 + md^2\right) = 6\left[\frac{4{,}75}{12} \times 240^2 + 4{,}75 \times 120^2\right] \times 10^{-6} = 0{,}547 \text{ kg} \cdot \text{m}^2$$

$$I_{rolante} = 0{,}0782 + 14{,}27 + 0{,}547 = 14{,}9 \text{ kg} \cdot \text{m}^2$$

Problemas Complementares*

12.38 Um retângulo tem base igual a 40 mm e altura igual a 120 mm. Calcule seu momento de inércia em relação a um eixo que passa pelo centroide e é paralelo à base.

Resp. $5{,}76 \times 10^6 \text{ mm}^4$

12.39 Determine o momento de inércia de um triângulo isósceles, de base 150 mm e lados de 125 mm, em relação a sua base.

Resp. $12{,}5 \times 10^6 \text{ mm}^4$

12.40 Determine o momento de inércia de um círculo de raio igual a 480 mm em relação ao diâmetro.

Resp. $41{,}7 \times 10^9 \text{ mm}^4$

12.41 Encontre o momento de inércia em relação ao eixo y da área plana entre a parábola $y = 9 - x^2$ e o eixo x.

Resp. 324/5

12.42 Determine o momento de inércia em relação a cada eixo coordenado da área entre a curva $y = \cos x$ de $x = 0$ até $x = \frac{1}{2}\pi$ e o eixo x.

Resp. $I_x = 2/9$, $I_y = (\pi^2/4) - 2$.

---

* A Tabela 12.1 pode ser útil na solução dos problemas numéricos.

12.43 Encontre o momento de inércia em relação a cada eixo coordenado da área entre a curva $y = \operatorname{sen} x$ de $x = 0$ até $x = \pi$ e o eixo x.

Resp. $I_x = 4/9$, $I_y = \pi^2 - 4$

12.44 Observe a Fig. 12-51. Determine o momento de inércia da figura composta em relação a um eixo que passa pelo centroide e é paralelo à base. Qual é o raio de giração?

Resp. 7,41 mm^4, 44,8 mm

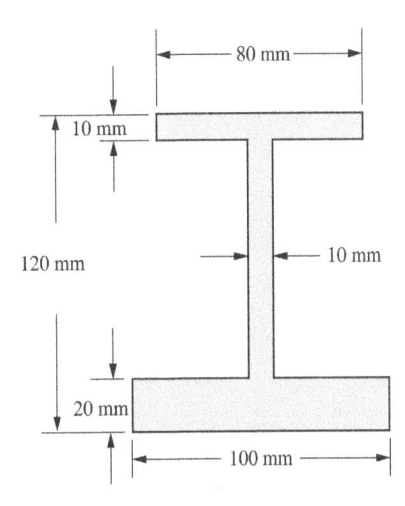

Figura 12-51

12.45 Em relação à Fig. 12-52, determine o momento de inércia da figura composta em relação ao eixo centroidal horizontal.

Resp. 883×10^6 mm^4

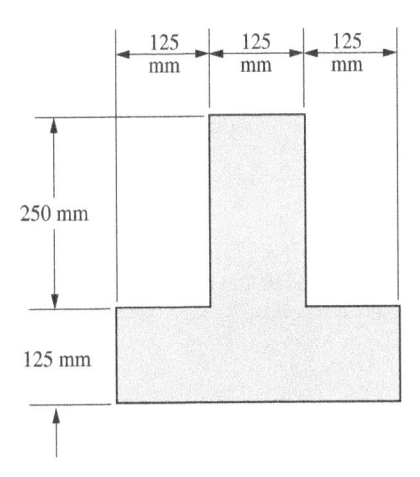

Figura 12-52

12.46 Observe a Fig. 12-53. Compute o momento de inércia da figura simétrica composta em relação ao eixo centroidal paralelo ao lado de 250 mm. Qual é o raio de giração?

Resp. $1{,}35 \times 10^6$ mm^4, 21,1 mm

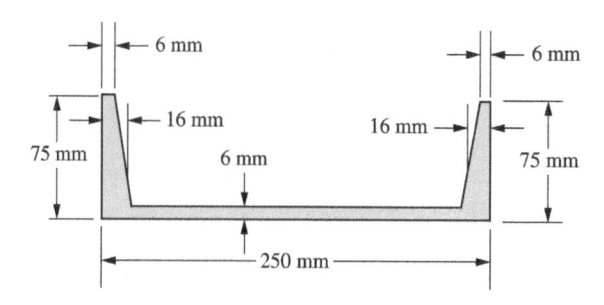

Figura 12-53

12.47 Observe a Fig. 12-54. Compute o momento de inércia da figura composta em relação ao eixo centroidal horizontal. Todas as dimensões estão em mm.

Resp. $2{,}05 \times 10^6$ mm^4

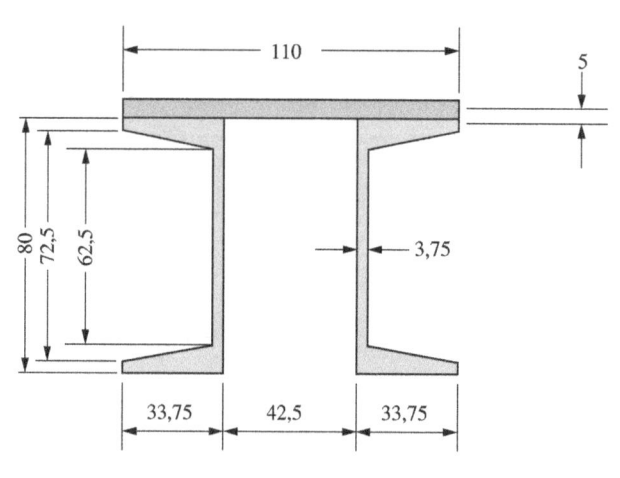

Figura 12-54

12.48 Qual é o momento polar de inércia de um círculo com 80 mm de diâmetro em relação a um eixo que passa pelo seu centroide e é perpendicular ao seu plano?

Resp. $4{,}02 \times 10^6$ mm^4

12.49 Calcule o produto de inércia de um retângulo de base igual a 100 mm e altura igual a 80 mm em relação a dois lados adjacentes.

Resp. 16×10^6 mm^4

12.50 Calcule o produto de inércia de um retângulo de base igual a 150 mm e altura igual a 100 mm em relação a dois lados adjacentes.

Resp. $56{,}3 \times 10^6$ mm^4

12.51 Determine os valores de I_x, I_y e I_{xy} para a área limitada pelo eixo x, pela reta $x = a$ e pela curva $y = (b/a^n)x^n$.

Resp. $I_x = ab^3 / 3(3n + 1)$, $I_y = a^3b/(n + 3)$, $I_{xy} = a^2b^2/2(2n + 2)$

12.52 No problema anterior, a área será triangular quando $n = 1$. Verifique os valores por integração direta.

Resp. $I_x = \frac{1}{12}ab^3$, $I_y = \frac{1}{4}a^3b$, $I_{xy} = \frac{1}{8}a^2b^2$

12.53 Determine os valores de I_x, I_y e I_{xy} para a área limitada pelo eixo y, pela reta $y = b$ e pela curva $y = (b/a^n)x^n$.

Resp. $I_x = nab^3/(3n + 1)$, $I_y = na^3b / 3(n + 3)$, $I_{xy} = na^2b^2/4(n + 1)$

12.54 As áreas nos Problemas 12.51 e 12.53 formam um retângulo quando colocadas juntas. Some os valores de I_x e compare com o resultado do Problema 12.1 para verificar se você obtém o momento de inércia de um retângulo em relação a sua base. Repita o processo para I_{xy} e compare seus resultados com os do Problema 12.16.

12.55 Determine I_y e I_{xy} para a Fig. 12-52, onde os eixos (x, y) passam pelo centroide.

Resp. $I_y = 590 \times 10^6$ mm^4, $I_{xy} = 0$

12.56 Determine I_x, I_y e I_{xy} para os eixos (x, y) que passam pelo centroide da cantoneira de abas desiguais mostrada na Fig. 12-55.

Resp. $I_x = 63,5 \times 10^6$ mm^4, $I_y = 114 \times 10^6$ mm^4, $I_{xy} = -46,9 \times 10^6$ mm^4

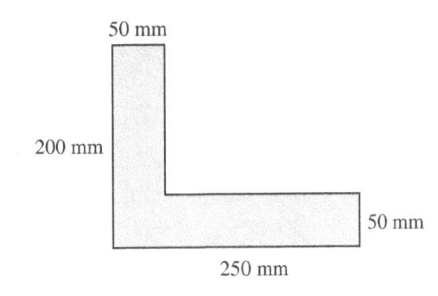

Figura 12-55

12.57 No problema anterior, use o círculo de Mohr para determinar os principais eixos e a localização dos principais momentos de inércia (veja a Fig. 12-56).

Resp. $I_{máx} = 142 \times 10^6$ mm^4 a 30,9°, no sentido horário, a partir do eixo y, $I_{mín} = 35,5 \times 10^6$ mm^4 a 30,9°, no sentido horário, a partir do eixo x.

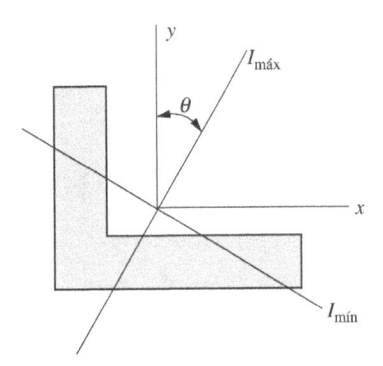

Figura 12-56

12.58 Determine a orientação dos eixos principais que passam pelo centroide da área mostrada na Fig. 12-57. Em seguida, determine os momentos principais de inércia para esses eixos.

Resp. $I_{\text{máx}} = 59{,}7 \times 10^6$ mm^4 a 28,8°, no sentido horário, a partir do eixo y, $I_{\text{mín}} = 7{,}2 \times 10^6$ mm^4 a 28,8°, no sentido horário, a partir do eixo x.

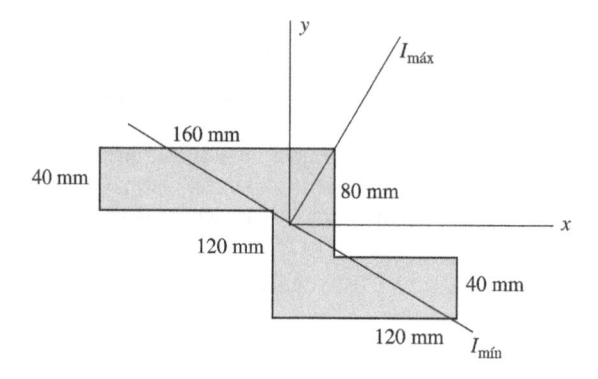

Figura 12-57

12.59 Encontre $\bar{I}_x$ para a área sombreada na Fig. 12-58. Todas as dimensões estão em mm.

Resp. 2860×10^6 mm^4

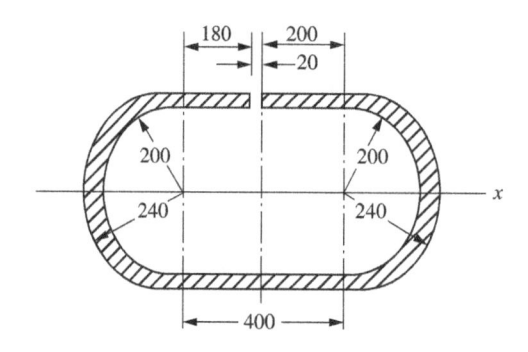

Figura 12-58

12.60 Encontre $\bar{I}_x$ para a área formada pela subtração do quadrado de lado r do círculo de raio r, conforme mostrado na Fig. 12-59.

Resp. $\bar{I}_x = 0{,}702 r^4$

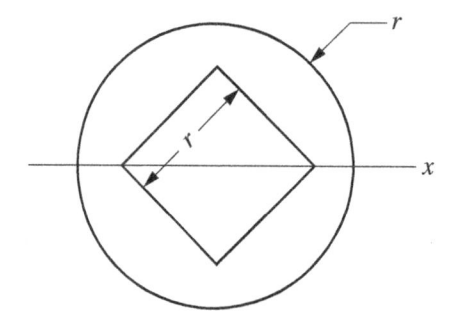

Figura 12-59

12.61 Encontre $\bar{I}_x$ para a área formada pela subtração do círculo de raio 20 mm do quadrado de lado 80 mm, conforme mostrado na Fig. 12-60.

Resp. $\bar{I}_x = 3{,}29 \times 10^6$ mm^4

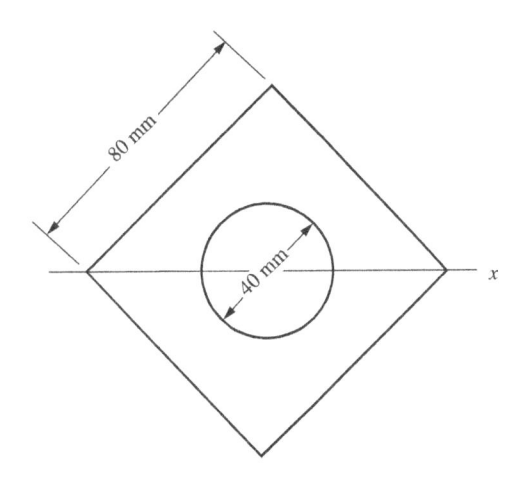

Figura 12-60

12.62 Determine os momentos de inércia do disco elíptico fino de massa m mostrado na Fig. 12-61. Considere o Problema 12.29.

Resp. $I_x = \frac{1}{4}mb^2$, $I_y = \frac{1}{4}ma^2$, $I_z = \frac{1}{4}m(a^2 + b^2)$

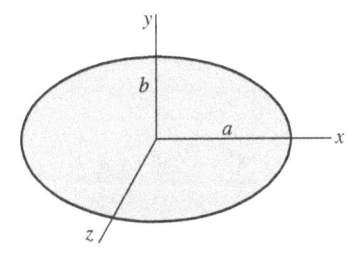

Figura 12-61

12.63 Determine os momentos de inércia do elipsoide de revolução de massa m mostrado na Fig. 12-62.

Resp. $\bar{I}_x = \frac{2}{5}mb^2$, $I_y = I_z = \frac{1}{5}m(a^2 + b^2)$

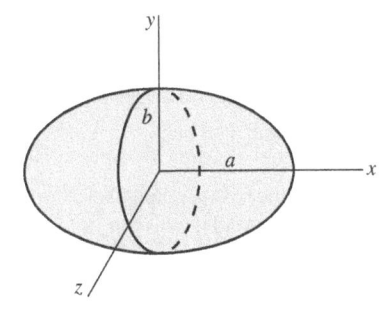

Figura 12-62

12.64 Determine os momentos de inércia do paraboloide de revolução de massa m mostrado na Fig. 12-63. A equação no plano xy é $y^2 = -(R^2/h^2)x^2 + R^2$.

Resp. $I_x = \frac{2}{3}mR^2$, $I_y = I_z = \frac{1}{5}m(R^2 + h^2)$

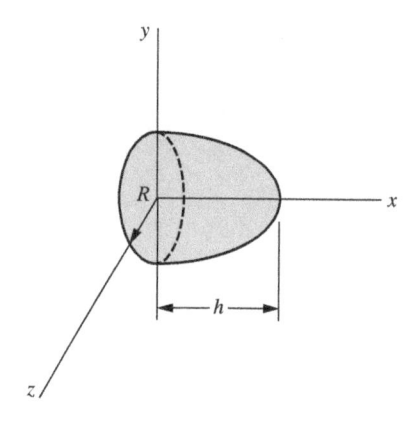

Figura 12-63

12.65 Mostre que o momento de inércia em relação a um diâmetro para uma esfera vazada fina de massa m é $(2/3)mR^2$.

12.66 Determine o momento de inércia em relação ao diâmetro para uma esfera vazada de massa m com raios interno e externo dados respectivamente por R_i e R_o.

Resp. $I = \frac{2}{5}m(R_o^5 - R_i^5)/(R_o^3 - R_i^3)$

12.67 Mostre que o momento de inércia em relação a um eixo centroidal paralelo ao lado de um cubo de massa m é $I = \frac{1}{6}ma^2$, onde a é o comprimento do lado.

12.68 Encontre o momento de inércia de uma haste de aço com 960 mm de comprimento e 10 mm de diâmetro em relação a um eixo que passa por uma de suas extremidades e é perpendicular à haste. O aço tem densidade igual a 7800 kg/m³.

Resp. 0,181 kg · m²

12.69 Determine o momento de inércia de um tubo de aço com 3000 mm de comprimento, diâmetro externo de 87,5 mm e diâmetro interno de 72,25 mm com relação ao seu eixo longitudinal. A densidade do aço é igual a 7800 kg/m³.

Resp. 0,0355 kg · m²

12.70 Encontre o momento de inércia de um eixo cilíndrico de 75 mm de diâmetro e 3 m de comprimento em relação ao seu eixo geométrico de rotação. Use a densidade igual a 8500 kg/m³.

Resp. 0,079 kg · m²

12.71 No Problema 12.70, qual é o momento de inércia de massa em relação a um eixo que (*a*) é centroidal e perpendicular ao eixo geométrico e que (*b*) passa pela extremidade e é perpendicular ao eixo geométrico?

Resp. (*a*) 84,5 kg · m², (*b*) 338 kg · m²

12.72 Calcule o momento de inércia de um prisma retangular com 150 mm de altura, 100 mm de largura e 250 mm de comprimento com relação ao seu eixo centroidal mais longo. Use a densidade igual a 640 kg/m³.

Resp. 0,0025 kg · m²

12.73 Encontre o momento de inércia de uma esfera de alumínio de 200 mm de diâmetro com relação ao seu eixo centroidal. O alumínio tem uma densidade de 2560 kg/m³.

Resp. 0,043 kg · m²

12.74 Determine o momento de inércia do volante mostrado na Fig. 12-64 (alma sólida) com relação ao seu eixo de rotação. O ferro fundido tem densidade igual a 7400 kg/m³.

Resp. 1,01 kg · m²

Figura 12-64

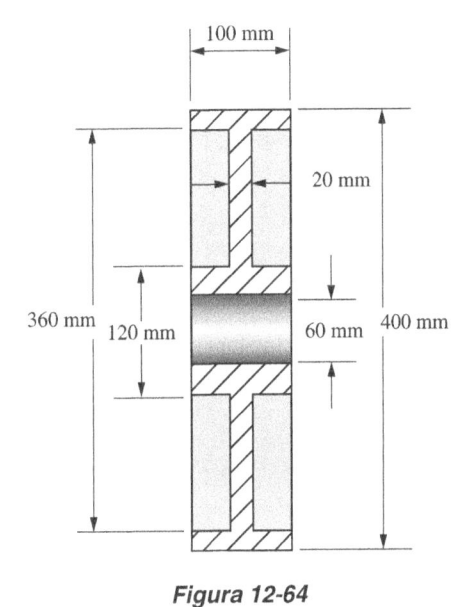

12.75 Conforme mostrado na Fig. 12-65, um cone de bronze é montado no topo de um cilindro de alumínio. A densidade do bronze é de 8500 kg/m³ e a do alumínio é de 2560 kg/m³. Determine o momento de inércia do sistema em relação ao eixo geométrico vertical.

Resp. $\bar{I}_y = 3,86$ kg · m²

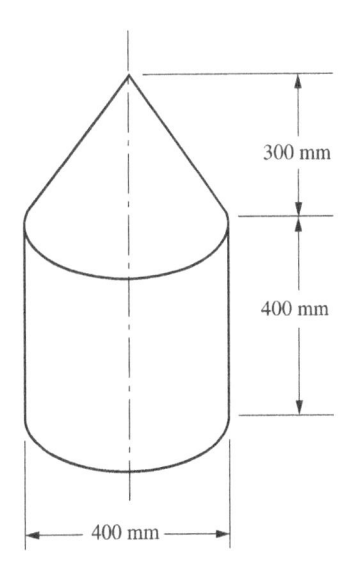

Figura 12-65

12.76 Um eixo de aço e um disco de aço são conectados conforme mostra a Fig 12-66. A densidade do aço é igual a 7850 kg/m³. Determine o momento de inércia do sistema em relação ao eixo y que passa pela sua extremidade.

Resp. $I_y = 5{,}38 \times 10^{-4}$ kg · m²

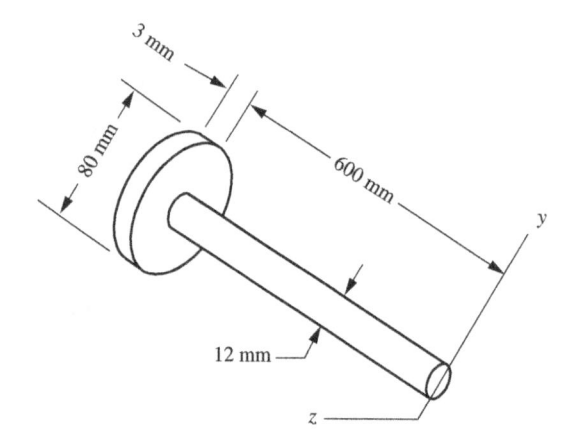

Figura 12-66

12.77 A Figura 12-67 mostra em forma esquemática um balde de aço de parede e base com espessura de 6 mm. O balde é preenchido até a metade por uma mistura de concreto. A densidade do aço é de 7850 kg/m³ e a da mistura de concreto é de 2400 kg/m³. Determine o momento de inércia total em relação ao eixo centroidal vertical.

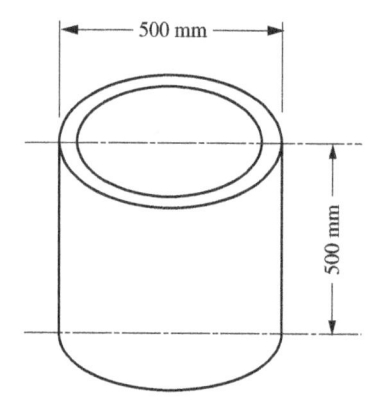

Resp. 5,79 kg · m²

Figura 12-67

12.78 Uma esfera homogênea tem massa igual a 10 kg e 1 m de diâmetro. Duas barras esbeltas são conectadas à esfera, em posições diametralmente opostas, ao longo de uma linha horizontal. Cada barra tem massa igual 2 kg e comprimento igual a 1,5 m. Qual é o momento de inércia das três massas em relação ao eixo centroidal vertical?

Resp. $I = 8$ kg · m²

12.79 Um peso semelhante a um halteres consiste de duas esferas sólidas com 100 mm de diâmetro conectadas às extremidades de uma haste esbelta de comprimento igual a 900 mm e com 25 mm de diâmetro. As esferas e a haste são de cobre com uma densidade de 9000 kg/m³. Qual é o momento de inércia de massa em relação a um eixo perpendicular à haste pelo seu ponto médio?

Resp. $I = 1{,}454$ kg · m²

12.80 A Figura 12-68 mostra um satélite de comunicações estilizado. O cubo central sólido tem quatro braços esbeltos idênticos, cada um pesando 10 N, conectados a 90°, conforme mostrado. O cubo tem um peso de 170 N. Qual é o momento de inércia de massa em relação ao eixo centroidal y?

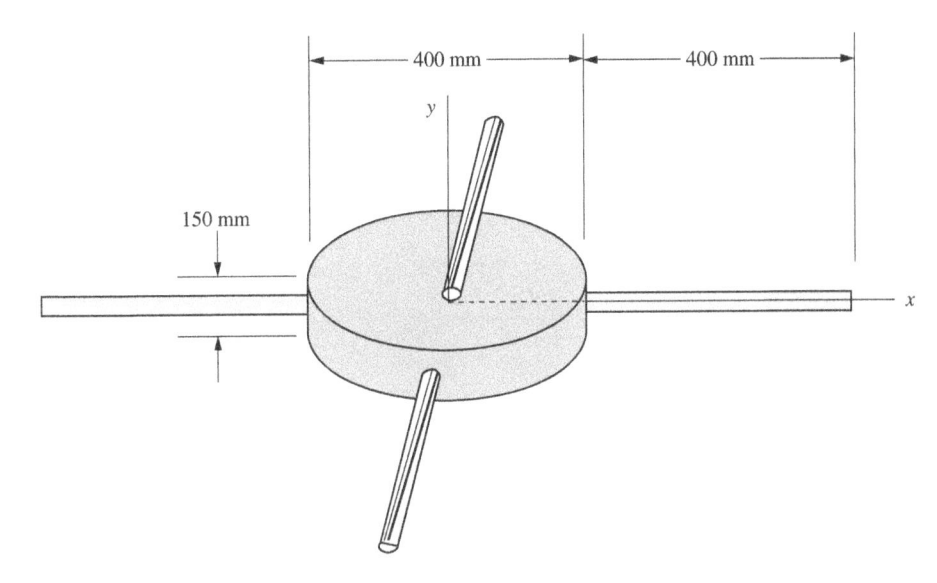

Resp. $I_y = 0{,}456$ kg · m^2

Figura 12-68

12.81 No Problema 12.80, qual é o momento de inércia de massa em relação ao eixo centroidal x?

Resp. $I_x = 0{,}228$ kg · m^2

Apêndice A

Unidades em SI

O Sistema Internacional de Unidades (abreviado como SI) tem três classes de unidades – básicas, complementares e derivadas. As sete unidades básicas e as duas unidades suplementares estão listadas a seguir. Também estão relacionadas unidades derivadas com e sem nomes especiais, conforme utilizadas na mecânica.

UNIDADES BÁSICAS

Quantidade	Unidade	Símbolo
comprimento	metro	m
massa	kilograma	kg
tempo	segundo	s
corrente elétrica	ampère	A
temperatura	kelvin	K
porção de substância	mol	mol
intensidade luminosa	candela	cd

UNIDADES COMPLEMENTARES

Quantidade	Unidade	Símbolo
ângulo plano	radiano	rad
ângulo sólido	stradiano	sr

UNIDADES DERIVADAS COM NOMES E SÍMBOLOS ESPECIAIS
(usadas na mecânica)

Quantidade	Unidade	Símbolo	Fórmula
força	newton	N	$kg \cdot m/s^2$
frequência	hertz	Hz	s^{-1}
energia, trabalho	joule	J	$N \cdot m$
potência	watt	W	J/s ou $N \cdot m/s$
tensão, pressão	pascal	Pa	N/m^2

UNIDADES DERIVADAS SEM NOMES ESPECIAIS
(usadas na mecânica)

Quantidade	Unidade	Fórmula
aceleração	metro por segundo ao quadrado	m/s^2
aceleração angular	radiano por segundo ao quadrado	rad/s^2
velocidade angular	radiano por segundo	rad/s
área	metro quadrado	m^2
densidade, massa	kilograma por metro cúbico	kg/m^3
momento de força	newton por metro	$N \cdot m$
velocidade	metro por segundo	m/s
volume	metro cúbico	m^3

PREFIXOS NO SI (frequentemente usados na mecânica)

Fator multiplicador	Prefixo	Símbolo
$1\,000\,000\,000 = 10^9$	giga	G
$1\,000\,000 = 10^6$	mega	M
$1\,000 = 10^3$	kilo	k
$0,001 = 10^{-3}$	mili	m
$0,01 = 10^{-2}$	centi	c
$0,000\,001 = 10^{-6}$	micro	μ
$0,000\,000\,001 = 10^{-9}$	nano	n

FATORES DE CONVERSÃO

CONVERTER DE	PARA	MULTIPLICAR POR
grau (ângulo)	radiano (rad)	1,745 329E–02*
pé	metro (m)	3,048 000E–01
ft / min	metro por segundo (m/s)	5,080 000E–03
ft / s	metro por segundo (m/s)	3,048 000E–01
ft / s^2	metro por segundo^2 (m/s)	3,048 000E–01
ft · lbf	joule (J)	1,355 818E+00
ft · lbf /s	watt (W)	1,355 818E+00
cavalo	watt (W)	7,456 999E+02
polegada	metro (m)	2,540 000E–02
km/h	metro por segundo (m/s)	2,777 778E–01
kW · h	joule (J)	3,600 000E+06
kip (1000 lb)	newton (N)	4,448 222E+03
litro	metro^3 (m^3)	1,000 000E–03
milha (internacional)	metro (m)	1,609 344E+03
milha (U.S.)	metro (m)	1,609 347E+03
mi / h (internacional)	metro por segundo (m/s)	4,470 400E–01
onça-força	newton (N)	2,780 139E–01
ozf · in	newton metro (N·m)	7,061 552E–03
libra (lb avoirdupois)	kilograma (kg)	4,535 924E–01
Slug · ft^2 (momento de inércia)	kilograma metro^2 (kg·m^2)	4,214 011E–02
lb / ft^3	kilograma por metro^3 (kg/m^3)	1,601 846E+01
libra-força (lbf)	newton (N)	4,448 222E+00
lbf · ft	newton metro (N·m)	1,335 818E+00
lbf · in	newton metro (N·m)	1,129 848E–01
lbf / ft	newton por metro (N/m)	1,459 390E+01
lbf / ft^2	pascal (Pa)	4,788 026E+01
lbf / in	newton por metro (N/m)	1,751 268E+02
lbf / in^2 (psi)	pascal (Pa)	6,894 757E+03
slug	kilograma (kg)	1,459 390E+01
slug / ft^3	kilograma por metro^3 (kg/m^3)	5,153 788E+02
ton (2000 lb)	kilograma (kg)	9,071 847E+02
W · h	joule (J)	3,600 000E+03

* E – 02 equivale à multiplicação por 10^{-2}

Apêndice B

Momentos de Primeira Ordem e Centroides

Linhas

Tipo	Figura	Comprimento	Q_x	Q_y	$\bar{x}$	$\bar{y}$
Linha reta	1	L	$\frac{1}{2}L^2 \operatorname{sen} \theta$	$\frac{1}{2}L^2 \cos \theta$	$\frac{1}{2}L \cos \theta$	$\frac{1}{2}L \operatorname{sen} \theta$
Quarto de círculo	2	$\frac{1}{2}\pi r$	r^2	r^2	$2r/\pi$	$2r/\pi$
Meio círculo	3	πr	$2r^2$	0	0	$2r/\pi$
Arco	4	$r\alpha$	0	$2r^2 \operatorname{sen}\frac{1}{2}\alpha$	$(r \operatorname{sen}\frac{1}{2}\alpha)/(\frac{1}{2}\alpha)$	0

Áreas de superfícies planas

Tipo	Figura	Área	Q_x	Q_y	$\bar{x}$	$\bar{y}$
Triângulo	5	$\frac{1}{2}bh$	$\frac{1}{6}bh^2$	$\frac{1}{6}b^2h$	$\frac{1}{3}b$	$\frac{1}{3}h$
Quadrante de círculo	6	$\frac{1}{4}\pi r^2$	$\frac{1}{3}r^3$	$\frac{1}{3}r^3$	$4r/3\pi$	*$4r/3\pi$
Quadrante de elipse	7	$\frac{1}{4}\pi ab$	$\frac{1}{3}ab^2$	$\frac{1}{3}a^2b$	$4a/3\pi$	†$4b/3\pi$
Setor de círculo	8	$\frac{1}{2}r^2\alpha$	0	$\frac{2}{3}r^3 \operatorname{sen}\frac{1}{2}\alpha$	$(2r \operatorname{sen}\frac{1}{2}\alpha)/(\frac{3}{2}\alpha)$	0

Volumes

Tipo	Figura	Volume	Q_{xz}	$\bar{y}$
Hemisfério	9	$\frac{2}{3}\pi r^3$	$\frac{1}{4}\pi r^4$	$\frac{3}{8}r$
Cone	10	$\frac{1}{3}\pi r^2 h$	$\frac{1}{12}\pi r^2 h^2$	$\frac{1}{4}h$
Cilindro	11	$\pi r^2 h$	$\frac{1}{2}\pi r^2 h^2$	$\frac{1}{2}h$

*Verdadeiro também para uma área semicircular tendo o eixo x por base.
†Verdadeiro também para uma área semielíptica tendo o eixo x por base.

Áreas de superfícies curvas

Tipo	Figura	Área	Q_{xz}	$\bar{y}$
Cilindro, fundo fechado	12	$\pi r(2h+r)$	$\pi r h^2$	$h^2/(2h+r)$
Cilindro, fundo e topo fechados	(não mostrada)	$2\pi r(h+r)$	$\pi r h(h+r)$	$\frac{1}{2}h$
Cone, base aberta	13	$\pi r L$	$\frac{1}{3}\pi r h L$	$\frac{1}{3}h$
Cone, base fechada	14	$\pi r(L+r)$	$\frac{1}{3}\pi r h L$	$\frac{1}{3}h(1+r/L)$
Hemisfério, base aberta	15	$2\pi r^2$	πr^3	$\frac{1}{2}r$
Hemisfério, base fechada	16	$3\pi r^2$	πr^3	$\frac{1}{3}r$

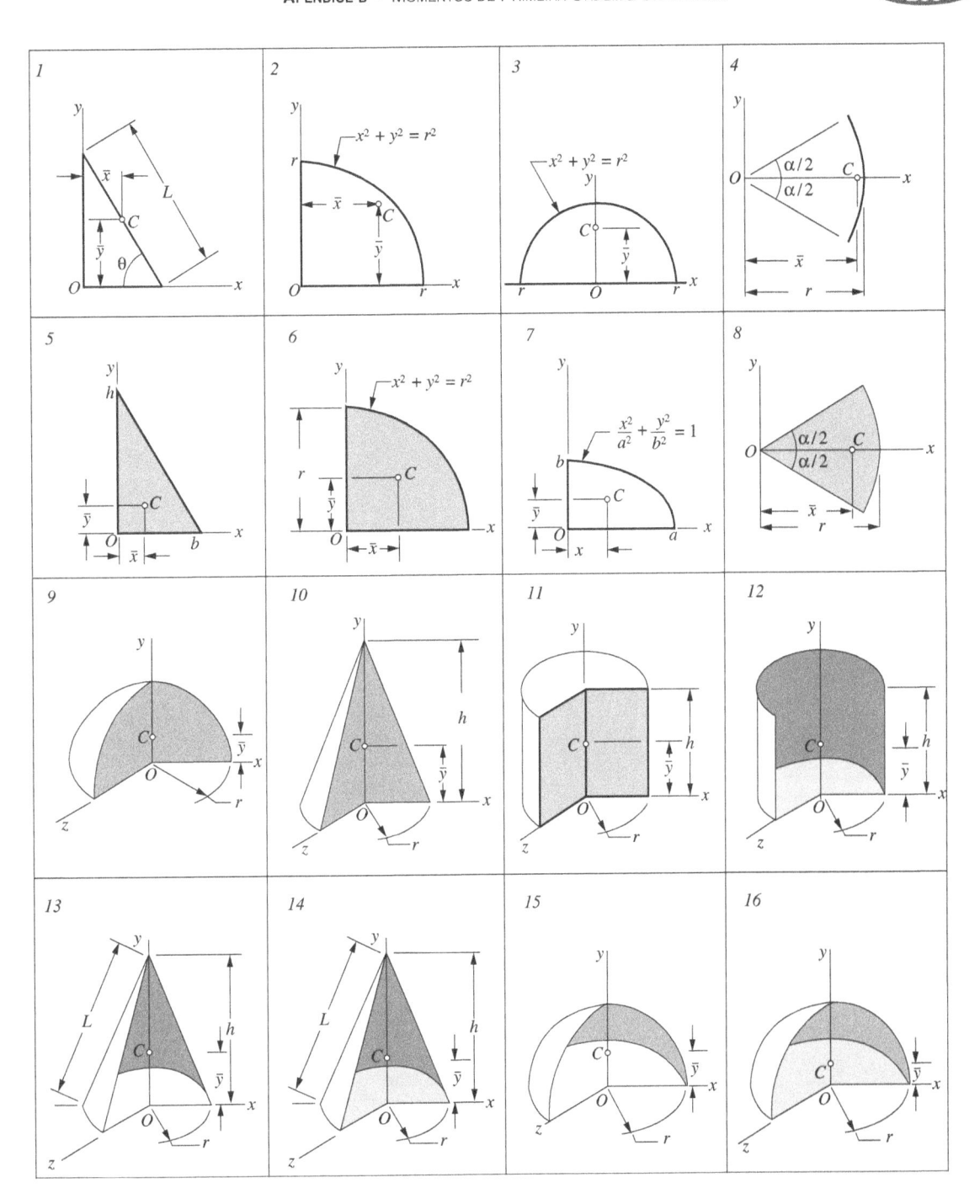

APÊNDICE B • Momentos de Primeira Ordem e Centroides

Índice

Ações concentradas, 139
Ações distribuídas, 139
Adição de vetores, 1
Ângulo de repouso, 150
Área composta, 237
Atrito, 150
    coeficiente cinético, 150
    coeficiente de, 150
    coeficiente estático, 150
Atrito limite, 150

Cabos, 118
    catenária, 119
    parabólico, 119
Catenária, 119
Centro de pressão, 201
Centroide, 199, 283
Cinta de frenagem, 152
Círculo de Mohr, 238, 256
Componentes retangulares, 2
Composição de vetores, 2
Concorrência, 35
Conexão, métodos de, 119
Conjugados, 22
Correia de atrito, 152

Deslocamento virtual, 184
Diagrama de forças cortantes, 140-141
Diagrama de momentos, 140-141
Diferenciação, 6
Diferenciação vetorial, 6
Dígitos significativos, 8

Eixos principais, 255
Elementos de dupla-força, 67
Energia potencial, 184
    de uma mola, 184
Equilíbrio, 184
    de um sistema, 184
    de uma partícula, 184
    estável, 184
    instável, 185
    neutro, 185

Fatores de conversão, 280
Flecha da catenária, 120
Força cortante em uma viga, 140

Gravidade, 8

Integração vetorial, 7

Lei dos cossenos, 8
Lei dos senos, 8
Lei dos triângulos, 2
Leis do atrito, 151

Macaco de parafuso, 151
Massa composta, 239
Método das seções, 118
Método dos nós, 118
Momento de inércia, 235
    de uma área, 235
    de uma massa, 238
    tabela de, 240, 241
Momento de primeira ordem, 199, 283
Momento de segunda ordem, 235
Momento de um conjugado, 22
Momento de uma força, 21
Momento em uma viga, 140
Momento polar, 235
Multiplicação de vetores, 3

Pappus Guldinus, teorema de, 200
Par força e conjugado, 55
Paralelogramo, 1
Pressão, centro de, 201
Produto escalar, 4
Produto vetorial, 5

Quantidades escalares, 1
Quantidades vetoriais, 1

Raio de giração, 235
Regra da mão direita, 29
Resistência ao rolamento, 152
Resultante, 1, 55

Seções, método das, 118
Segunda lei de Newton, 7
Sistema não coplanar, 55
Sistema SI, 7
Sistemas concorrentes, 35, 55, 67, 98
Sistemas coplanares, 23, 35, 56
Sistemas de forças paralelas, 35, 56, 68, 98
Subtração de vetores, 2

Teorema de Varignon, 23
Teorema dos eixos paralelos, 236, 239
Trabalho, 184
Trabalho virtual, 184
Treliças, 118
Tríada ortogonal, 3

Unidades SI, 279

Vetor deslizante, 1

Vetor fixo, 1
Vetor livre, 1
Vetor negativo, 1
Vetor nulo, 2
Vetor posição, 4
Vetor unitário, 1
Vigas, 139
Vigas engastadas, 139
Vigas suspensas, 139
Volume de um sólido, 200